Fundamentals of Analog Electronic Technology

模拟电子技术基础

宋长青 申红明 邵海宝 主编

清华大学出版社
北京

内容简介

本书是根据多年教学实践经验和工程教育的新形势，结合应用型本科人才培养目标的要求编写的。本书全面介绍了电子技术中的基本概念、原理与分析方法，注重外部应用特性，淡化了部分内部电路的理论内容，引入工程性较强的 OrCAD 16.6 软件进行仿真分析。

全书共分 12 章，包括：绪论、集成运算放大器及运算电路、半导体二极管、双极结型三极管及其基本放大电路、场效应管及其基本放大电路、差分式放大电路、功率放大电路、负反馈放大电路、正弦波信号产生电路、电压比较器及非正弦信号产生电路、直流稳压电源、OrCAD 16.6 仿真设计与分析。每章均有引言与小结，配有适当数量的习题，并在“中国大学 MOOC”网络平台建设了配套在线课程。

本书可作为高等院校电子信息类、电气类与自动化类等电类专业的技术基础课程教材或教学参考书，也可作为有关工程技术人员的参考书。

图书在版编目(CIP)数据

模拟电子技术基础/宋长青，申红明，邵海宝主编. —北京：清华大学出版社，2020.7(2020.11 重印)
ISBN 978-7-302-54890-4

Ⅰ. ①模… Ⅱ. ①宋… ②申… ③邵… Ⅲ. ①模拟电路—电子技术 Ⅳ. ①TN710.4

中国版本图书馆 CIP 数据核字(2020)第 022939 号

责任编辑：许 龙
封面设计：常雪影
责任校对：赵丽敏
责任印制：宋 林

出版发行：清华大学出版社
网 址：http://www.tup.com.cn，http://www.wqbook.com
地 址：北京清华大学学研大厦 A 座 **邮 编**：100084
社 总 机：010-62770175 **邮 购**：010-62786544
投稿与读者服务：010-62776969，c-service@tup.tsinghua.edu.cn
质量反馈：010-62772015，zhiliang@tup.tsinghua.edu.cn
印 装 者：三河市吉祥印务有限公司
经 销：全国新华书店
开 本：185mm×260mm **印 张**：21 **字 数**：505 千字
版 次：2020 年 7 月第 1 版 **印 次**：2020 年 11 月第 2 次印刷
定 价：59.80 元

产品编号：082748-02

FOREWORD 前言

“模拟电子技术基础”课程是一门具有基础理论科学和工程技术科学二重性的专业基础课,是从通识基础课程向专业工程类课程过渡的桥梁。本课程具有很强的实践应用背景,教材编写中,贴合工程教育观念,各章节涉及的理论分析、推导演算过程尽量简明扼要,强调结论,编写重点放在电路组成原理、功能特点、主要性能指标及其应用上。通过对常用电子器件、模拟电子电路及其系统的分析和设计学习,使学生获得模拟电子技术方面的基本知识、基本理论和基本技能,树立理论联系实际的工程观点,为深入学习电子技术及其在专业领域中的应用打下基础。

本书在编写上,具有如下几个特点:

(1) Spice 仿真采用设计类企业中应用较多的 Cadence 公司 OrCAD 16.6 软件,工程应用性强。针对本课程涉及的仿真设计,从最常用的功能模块展开介绍与应用,入门难度较低,便于学生使用。

(2) 注重理论与实践的结合,面向应用,关注器件或电路的外部特性,淡化了部分内部电路的理论内容。将部分知识点嵌入具体实例中,并通过相应的在线仿真来验证,体现模拟电子技术的现状与发展趋势。

(3) 针对本书,在“中国大学 MOOC”网络平台建设了配套的免费在线开放课程,提供了完整的授课视频、课件、习题以及相关的动画与仿真。借助网络资源,可实现线上线下教学互动,提高纸质教材的生动性与直观性。

本书由宋长青负责编写大纲、组织编写和统稿。各章的编写工作具体分工如下:宋长青负责编写第 5、9、10、12 章,申红明负责编写第 1、4、7、8 章,邵海宝负责编写第 2、3、6、11 章。编写过程中,南通大学章国安、王桂星和周童等教师参与讨论并提出了宝贵建议。本书的仿真部分,得到 Cadence 软件分销商科通集团与上海库源电气科技有限公司的版权支持。对此,谨致以深深的感谢。

由于我们的能力和水平有限,书中定有疏漏和欠妥之处,欢迎使用本书的教师、学生和技术人员批评指正,以便今后不断改进。

作　者

2019 年 10 月

CONTENTS 目录

第1章

绪　论

信号是反映信息的物理量，是信息的载体或表达形式。模拟信号在时间和数值上均具有连续性。本章主要介绍信号的概念，电子信息系统的组成以及各部分的作用，着重介绍放大电路的概念和性能指标。

1.1　信号

1.1.1　信号与电信号

在自然环境和人类日常生产生活中，包含了各种各样的信息，比如易于感知的环境温度、湿度、气味、风速等，也有工业生产中的所需要关心的压力、流量、振动、位移等，以及日常交流所运用的语言、文字、手势等。信号是这些信息的载体，它是传达关于某些现象的行为或属性的信息。信号的表达形式可以有多种多样的物理量，并借助这些物理量来进行传递。在工程学上，信号往往由传感器提供，通过传感器可将信号从一种形式的能量转换成另一种形式的能量。比如，麦克风将声波转换为电压波动，而扬声器则将电压波动转换为声波。

广义上，信号包含光信号、声信号、电信号等。从信号处理的实现技术上，非电信号可以转换成电信号，例如上述声音信号可以通过麦克风转换为电信号，光信号可以通过电荷耦合元件转换为电信号，温度信号可以通过热电偶转换为电信号，甚至气味信号也可以通过复杂的芯片转换为电信号。电信号是目前最便于处理的信号，电信号在提取、控制、传递、存储等方面的便利性，使得其成为信息的主要媒介被广泛研究和利用。

电信号是指随时间变化的电压 v 或电流 i，数学上可以将其描述为时间的函数，即 $v=f(t)$ 或 $i=f(t)$。在电子电路中所提到的信号均为电信号，简称信号。

1.1.2　模拟信号和数字信号

在电子电路中，通常遇到的两种主要的电信号类型为模拟信号和数字信号。在时间和幅值上均为连续的信号为模拟信号。对于模拟信号,其电压 v 或电流 i 是时间 t 的连续函数,即对于任意时间 t,电压 v 或电流 i 均具有确定的函数值,且 v 或 i 的取值是连续的。常见典型的模拟信号有正弦波、方波、三角波信号等。一般通过传感器转换得到的电信号均为模拟信号,用于处理模拟信号的电子电路称为模拟电子电路。在时间和幅值上均为离散的信号为数字信号。对于数字信号,信号的电压 v 或电流 i 的取值是离散的,其数值是某一最小量值的整数倍。用于处理数字信号的电子电路称为数字电子电路。

模拟信号和数字信号之间可以通过信号处理电路进行转换,比如将模拟信号送入计算机系统进行处理时,须将模拟信号转换为数字信号,该过程称为模/数转换,所采用的电路为模数转换电路;而计算机完成对数字信号的处理后,进一步驱动负载,当负载需要模拟信号驱动时,须将数字信号转换为模拟信号,该过程称为数/模转换,所采用的电路为数模转换电路。

本书主要讨论处理模拟信号的模拟电子电路。

1.2 模拟电子信息系统

电子系统,是指由若干相互连接、相互作用的基本电路组成的具有特定功能的电路整体。根据实际应用,电子系统的规模可大可小,有简单的比如扩音器、稳压电源等;也有较复杂的自成一体的集成芯片系统,其中包含了多种不同类型电路。根据所处理信号的类型,可以将电子信息系统分为模拟系统、数字系统和模数混合系统。这里主要介绍模拟电子信息系统的组成和各部分的作用。

模拟电子信息系统常见的功能模块包含信号的提取、信号的处理和信号的执行(图 1.2.1)。信号的提取一般采用传感器和接收器,或者来自信号发生器。通过传感器或接收器提取的信号往往是比较微弱的信号,并有可能包含不需要的噪声信号,因此需要进一步对信号进行加工处理,信号处理包含多种方法,如隔离、滤波、放大、运算、转换、比较、采样等,应根据所提取信号的实际情况考虑对信号的处理形式,在对信号的处理过程中,放大是对模拟信号最基本的处理环节,放大电路是模拟电路中的基本电路。

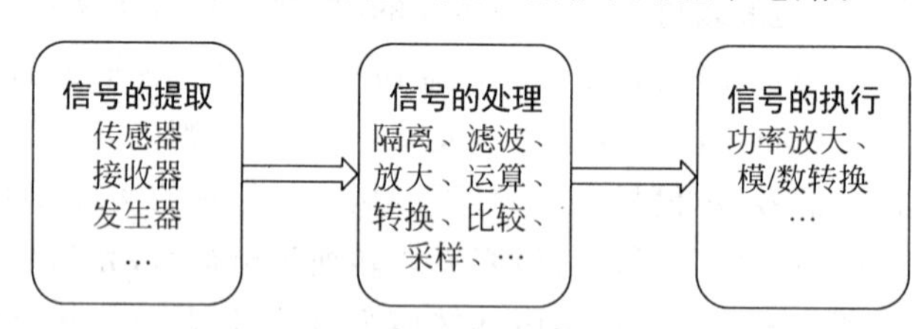

图 1.2.1 模拟电子信息系统

1.3 放大电路

在实际应用中,需要被探测的信号通常是很微弱的,通过传感器将非电量信号直接转换所得到的电信号,并不能直接被显示或用于进一步分析。比如,声音通过微音器转换所得到的电信号，其电压幅值仅为毫伏(mV)量级，该信号需要通过放大倍数为数千倍的放大器进行放大，并进行功率放大，才能驱动扬声器；数码相机的感光芯片所产生的微弱电流只有μA量级甚至更低，无法直接进行模/数转换，必须通过放大器将其转换为数伏量级的电压信号，才能够作进一步的处理和显示。在生物学中，眼角膜和眼球背面之间的电势差为5～6mV，在细胞层面所探测的电信号更小，也必须通过放大才能用于进一步分析。可见，放大电路是电子系统中极其重要的模块。

放大电路可以通过简单的有源二端口网络来描述，图1.3.1所示的放大电路中，把放大电路看成是一个黑匣子，不去关注其内部结构，信号源与输入端连接，v_i是在信号源作用下，放大电路输入端获得的电压，称为输入电压；i_i为信号源流进放大电路的电流，称为输入电流。信号经过放大电路放大后通过输出端驱动负载，R_L为放大电路的负载电阻；v_o是负载上的电压，称为输出电压；i_o是从输出端流出的电流，称为输出电流。应当指出，放大电路应当由工作电源提供能量(图中未画出)。

图1.3.1 放大电路模型

由图1.3.1，放大电路的输入信号和输出信号既可以是电压信号v，也可以是电流信号i，把输出信号和输入信号的比值定义为放大电路的增益(Gain)(即放大倍数)，则对应不同的输入输出信号形式，放大电路有不同的增益表达形式。

若输入信号取电压v_i，输出信号取电压v_o，即放大电路主要考虑电压放大能力，则

$$v_o = A_v v_i \tag{1.3.1}$$

式中，A_v为电压增益。对应的放大电路称**电压放大电路**。

若输入信号取电流i_i，输出信号取电流i_o，即放大电路主要考虑电流放大能力，则

$$i_o = A_i i_i \tag{1.3.2}$$

式中，A_i为电流增益。对应的放大电路称**电流放大电路**。

电压增益和电流增益的量纲均为1，没有单位。

若输入信号取电流i_i，输出信号取电压v_o，即放大电路主要考虑互阻放大能力，则

$$v_o = A_r i_i \tag{1.3.3}$$

式中，A_r为互阻增益，A_r互阻增益具有阻抗量纲，其单位为Ω，对应的放大电路称**互阻放大电路**。

若输入信号取电压v_i，输出信号取电流i_o，即放大电路主要考虑互导放大能力，则

$$i_o = A_g v_i \tag{1.3.4}$$

式中，A_g为互导增益，A_g具有导纳量纲，其单位为S。对应的放大电路称**互导放大电路**。

需要强调的是，放大电路应当对信号进行线性放大，输入信号和输出信号相比，波形应完全相同，只有幅值或功率上的区别，通常输出信号的幅值远大于输入信号，上述四种增益均为放大电路工作在线性条件下的增益。

根据上述四种类型的放大电路输入输出端口特性,可以进一步建立四种对应的放大电路模型。图 1.3.2 所示的四种放大电路模型图中,对应输入信号的形式,可以用电压源或者电流源对输入信号加以描述,R_{si} 是输入源的内阻;用一个等效电阻来反映输入端口电压和电流的关系,此电阻即为输入电阻 R_i;用一个信号源和其内阻来等效输出端口,该信号源是受控源,受到输入信号的控制(即对输入信号进行了放大),根据输出信号的形式,受控源可以是电压源或者电流源,其对应串联或并联的内阻为输出电阻 R_o。

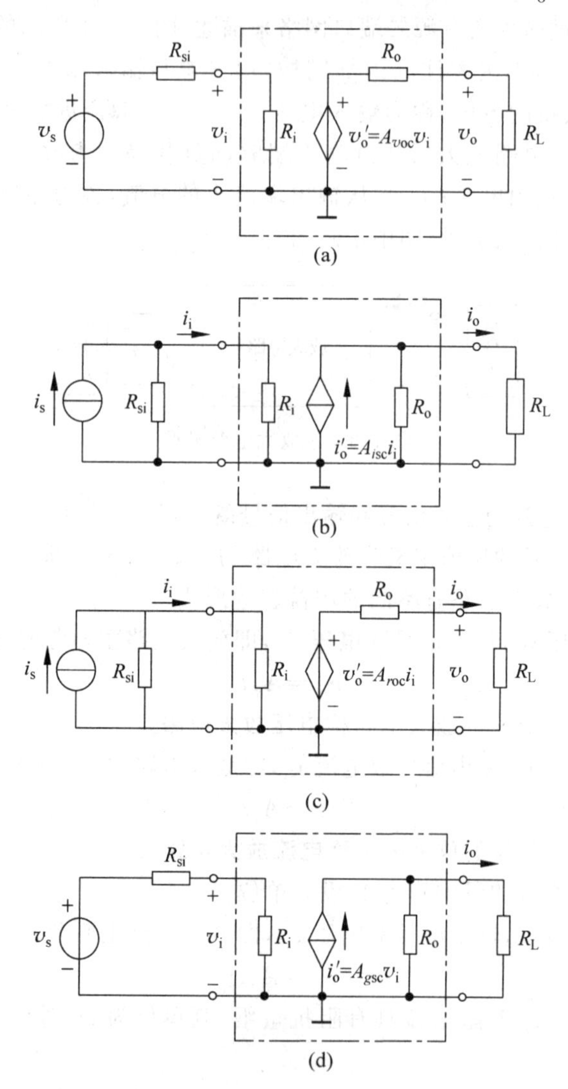

图 1.3.2　四种放大电路模型

(a) 电压放大;(b) 电流放大;(c) 互阻放大;(d) 互导放大

当输入信号为电压形式时,用电压源 v_s 和内阻 R_{si} 串联表示(图 1.3.2(a),(d)),R_{si} 和 R_i 形成了分压关系,放大电路实际的输入信号为

$$v_i=\frac{R_i}{R_{si}+R_i}v_s \tag{1.3.5}$$

由上式可知，当 $R_i \gg R_{si}$ 时，$v_i \approx v_s$，也就是说，对于输入信号为电压信号的情况，输入电阻 R_i 应尽可能大，才能避免 R_{si} 对信号源 v_s 的衰减。

当输入信号为电流形式时，用电流源 i_s 和内阻 R_{si} 并联表示(图 1.3.2(b)，(c))，R_{si} 和 R_i 形成了分流关系，放大电路实际的输入信号为

$$i_i = \frac{R_{si}}{R_{si} + R_i} i_s \tag{1.3.6}$$

由上式可知，当 $R_i \ll R_{si}$ 时，$i_i \approx i_s$，也就是说，对于输入信号为电流信号的情况，输入电阻 R_i 应尽可能小，才能避免 R_{si} 对信号源 i_s 的衰减。

当输出信号为电压形式时，输出端用电压源 v_o' 和输出电阻 R_o 串联表示，根据输入信号为电压或电流，v_o' 可能是 $A_{voc} v_i$(图 1.3.2(a))或 $A_{roc} i_i$(图 1.3.2(c))，其中，A_{voc} 和 A_{roc} 为输出开路情况下放大电路的增益，输出接负载 R_L 的情况下，R_o 和 R_L 形成了分压关系，放大电路实际的输出信号为

$$v_o = \frac{R_L}{R_o + R_L} v_o' \tag{1.3.7}$$

由上式可知，当 $R_o \ll R_L$ 时，$v_o = v_o'$，也就是说，对于输出信号为电压信号的情况，输出电阻 R_o 应尽可能小，才能避免 R_o 对输出信号 v_o' 的衰减。

当输出信号为电流形式时，输出端用电流源 i_o' 和输出电阻 R_o 并联表示，根据输入信号为电压或电流，i_o' 可能是 $A_{isc} i_i$(图 1.3.2(b))或 $A_{gsc} v_i$(图 1.3.2(d))，其中，A_{isc} 和 A_{gsc} 为负载短路条件下放大电路的增益，接负载 R_L 的情况下，R_o 和 R_L 形成了分流关系，放大电路实际的输出信号为

$$i_o = \frac{R_o}{R_o + R_L} i_o' \tag{1.3.8}$$

由上式可知，当 $R_o \gg R_L$ 时，$i_o = i_o'$，也就是说，对于输出信号为电流信号的情况，输出电阻 R_o 应尽可能大，才能避免 R_o 对输出信号 i_o' 的衰减。

根据上述分析，对于电压放大电路(图 1.3.2(a))，其输出电压为

$$v_o = \frac{R_L}{R_o + R_L} v_o' = \frac{R_L}{R_o + R_L} A_{voc} v_i \tag{1.3.9}$$

则对应的电压增益为

$$A_v = \frac{v_o}{v_i} = \frac{R_L}{R_o + R_L} A_{voc} \tag{1.3.10}$$

考虑信号源内阻，将该电路输出到负载的电压 v_o 和信号源电压 v_s 的比值记为

$$A_{vs} = \frac{v_o}{v_s} = \frac{v_o}{v_i} \cdot \frac{v_i}{v_s} = \frac{R_i}{R_{si} + R_i} \frac{R_L}{R_o + R_L} A_{voc} \tag{1.3.11}$$

A_{vs} 称为**源电压增益**。由前述分析还可得知，对于电压放大电路，其输入电阻 R_i 应足够大，而输出电阻 R_o 应足够小，理想状况下 $R_i \to \infty$，$R_o \to 0$。

对于电流放大电路、互阻放大电路和互导放大电路，也可以进行类似上述的分析，从而得到对应的增益、源增益以及理想状况下输入电阻和输出电阻的取值。表 1.3.1 列出了四种放大电路模型对应的性能指标。

表 1.3.1 四种放大电路模型参数一览表

电路类型	增益	源增益	理想 R_i	理想 R_o
电压放大	$A_v=\frac{R_L}{R_o+R_L}A_{voc}$	$A_{vs}=\frac{R_i}{R_{si}+R_i}\frac{R_L}{R_o+R_L}A_{voc}$	∞	0
电流放大	$A_i=\frac{R_o}{R_o+R_L}A_{isc}$	$A_{is}=\frac{R_{si}}{R_{si}+R_i}\frac{R_o}{R_o+R_L}A_{isc}$	0	∞
互阻放大	$A_r=\frac{R_L}{R_o+R_L}A_{roc}$	$A_{rs}=\frac{R_{si}}{R_{si}+R_i}\frac{R_L}{R_o+R_L}A_{roc}$	0	0
互导放大	$A_g=\frac{R_o}{R_o+R_L}A_{gsc}$	$A_{gs}=\frac{R_i}{R_{si}+R_i}\frac{R_o}{R_o+R_L}A_{gsc}$	∞	∞

实际上，前述四种放大电路模型输入和输出信号的电压源和电流源形式，可以根据电路原理进行戴维宁-诺顿等效变换，因此理论上四种放大电路模型之间可以任意转换。但对于具体的某一放大电路，根据信号源的特性和负载输出要求，通常只有一种模型最方便运用。

1.4 放大电路的性能指标

1.4.1 增益

在 1.3 节中介绍了放大电路的四种模型，并引入了增益的概念，由式(1.3.1)～式(1.3.4)，在具体的放大电路中，可以将输出信号(v_o, i_o)看成受控信号，它受到输入信号(v_i,i_i)控制，其系数(A_v,A_i,A_r,A_g)即为增益，代表了放大电路将输入信号转换为输出信号的能力。需要指出的是，输入信号转换为放大的输出信号，其能量来自于供电电源。换句话说，增益反映了在输入信号控制下，放大电路将供电电源的能量转换为输出信号能量的能力。

在工程应用上，通常将 A_v,A_i 两种无量纲的增益取对数，其单位为分贝(decibel,dB)，对应电压增益和电流增益有

$$A_v(\mathrm{dB})=20\lg\left|\frac{V_o}{V_i}\right|(\mathrm{dB}) \tag{1.4.1}$$

$$A_i(\mathrm{dB})=20\lg\left|\frac{I_o}{I_i}\right|(\mathrm{dB}) \tag{1.4.2}$$

需要指出，用分贝数表示放大电路增益时，仅代表输出信号与输入信号之间的大小关系，不包含相位信息。比如，当放大电路的增益为 40dB 时，表明信号经放大电路增强了 100 倍，$|A_v|=\left|\frac{V_o}{V_i}\right|=100$；当放大电路的增益为 -40dB 时，表明信号经放大电路衰减为 1/100，$|A_v|=\left|\frac{V_o}{V_i}\right|=0.01$。

采用对数形式表示放大电路的增益在工程上更为简便。一方面，采用对数坐标表示频率响应时，可以扩大增益变化的视野；另一方面，计算级联放大电路的总增益时，可以将乘法计算变为更加简单的加法计算。因此，工程上表达放大电路的增益时，广泛采用对数形式。

1.4.2 输入电阻

根据1.3节所述，四种放大电路的模型，在理论上可以根据电路原理进行戴维宁-诺顿等效变换进行任意切换，因此其输入电阻 R_i 和输出电阻 R_o 均可以用图1.3.2(a)来表示，其值为 $R_i=V_i/I_i$，输入电阻决定了放大电路从信号源索取信号的能力。为了将信号源信号输入放大电路，对 R_i 取值有不同的要求。输入信号为电压时，R_i 越大，输入端信号 V_i 越大。输入信号为电流时，R_i 越小，输入端信号 I_i 越大。应当根据具体的电路要求对输入电阻 R_i 进行设计。若考虑放大电路输入电容或电感时，应采用输入阻抗来表示电路的输入特性。

在对放大电路进行定量分析时，输入电阻 R_i 即为从放大电路输入端看进去的等效电阻，假设在输入端加一测试电压 v_t，对应的测试电流为 i_t(图1.4.1)，则输入电阻为

$$R_i=\frac{v_t}{i_t} \tag{1.4.3}$$

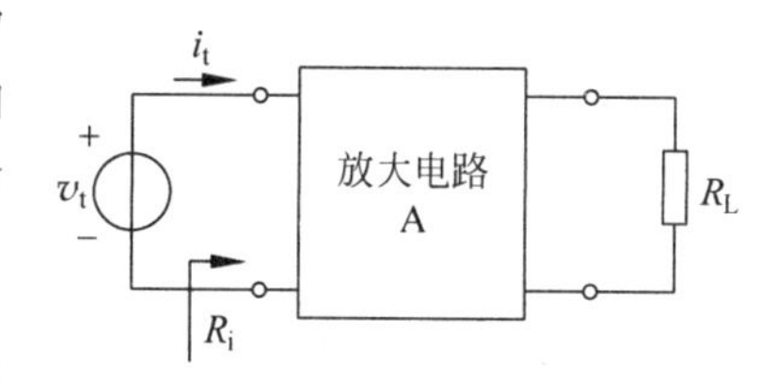

图1.4.1 放大电路的输入电阻

输入电阻可以通过实验测得，如图1.4.2所示，在信号源与放大电路输入端之间串接一个已知电阻 R_s，并测得对应的输入电压 v_i，则

$$R_i=\frac{R_s v_i}{v_t-v_i} \tag{1.4.4}$$

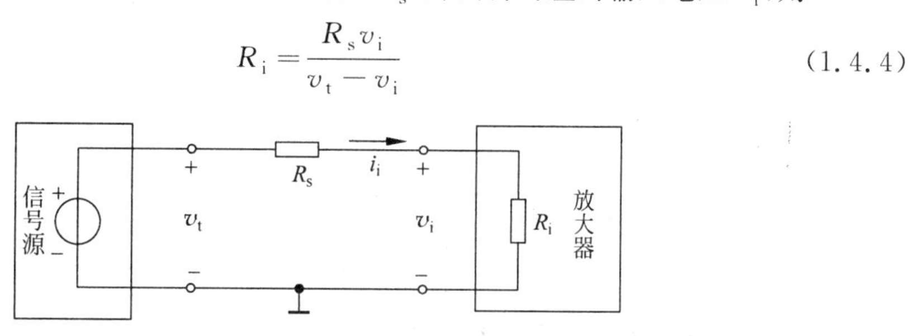

图1.4.2 实验测试输入电阻 R_i 原理图

1.4.3 输出电阻

输出电阻 R_o 的大小将影响放大电路带负载的能力。当负载变化时，负载端的输出信号大小也随之变化，输出信号的变化量受负载变化的影响越小，说明放大电路带负载的能力越强。根据放大电路输出量的表现形式，为了将经过放大的信号用于驱动负载，对 R_o 取值有不同的要求。输出信号为电压时，R_o 越小，输出端信号 V_o 越大。输出信号为电流时，R_o 越大，输出端信号 I_o 越大。应当根据具体的电路要求对输出电阻 R_o 进行设计。若考虑放大电路输出电容或电感时，应采用输出阻抗表示电路的输出特性。

在对放大电路进行定量分析时，输出电阻 R_o 可视为在输入信号源短路、负载开路时，从输出端看进去的等效电阻。假设在输出端加一测试电压 v_t，对应的测试电流为 i_t(图1.4.3)，则输出电阻为

$$R_o=\left.\frac{v_t}{i_t}\right|_{v_s=0,R_L=\infty} \tag{1.4.5}$$

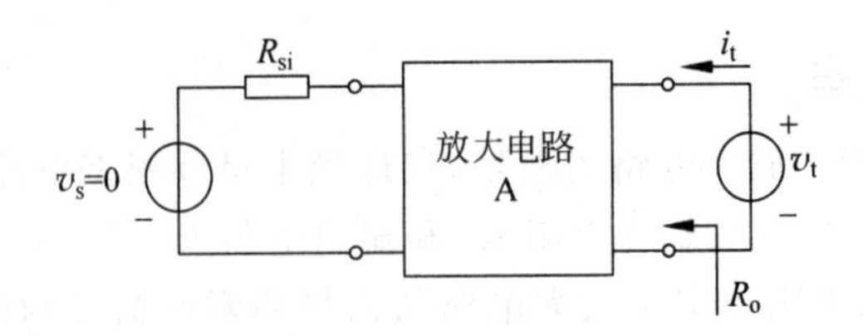

图 1.4.3　放大电路的输出电阻

输出电阻可以通过实验测得,如图 1.4.4 所示,分别测试放大电路输出开路时的输出电压 v_{o1} 和接入已知负载 R_L 情况下的输出电压 v_{o2},则输出电阻

$$R_o=\frac{v_{o1}-v_{o2}}{v_{o2}}R_L \tag{1.4.6}$$

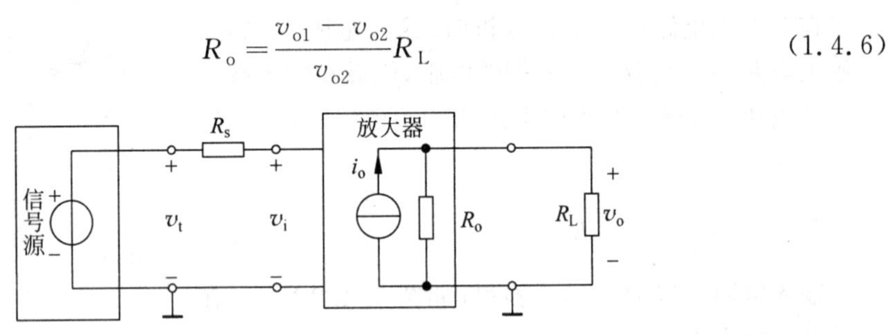

图 1.4.4　实验测试输出电阻 R_o 原理图

1.4.4 通频带

在实际的放大电路中,总是存在电容、电感以及半导体器件结电容等电抗元件,放大电路的输入输出特性必然受到输入信号频率的影响。在输入信号为正弦信号的情况下,这种输出信号随输入信号频率连续变化的稳态响应,称为放大电路的频率响应。在输入信号频率过高或者过低时,电路的增益会出现衰减,并且输出信号与输入信号之间出现相移。放大电路增益与信号角频率之间的关系称为幅频响应,输出信号与输入信号之间的相位差与角频率之间的关系称为相频响应。

图 1.4.5 所示为某放大电路的幅频响应,该曲线中间段是平坦的,即增益为常数,称为中频增益。通常,作为放大电路性能指标的增益是指中频增益,记为 A_m。随频率降低,增益会出现衰减,对应增益衰减至 $0.707|A_m|$时(在对数坐标中,该点相对中频增益下降 3dB,对应的输出功率约为中频区输出功率的一半)对应的频率称为下限截止频率(f_L),低于 f_L 的部分称为放大电路的低频区;随频率升高,增益亦出现衰减,对应增益衰减至 $0.707|A_m|$时对应的频率称为上限截止频率(f_H),高于 f_H 的部分称为放大电路的高频区。而介于 f_L 与 f_H 之间的部分称为中频区,也称为放大电路的通频带(BW),即

$$\mathrm{BW}=f_H-f_L \tag{1.4.7}$$

由于现实生活中的信号都不是某单一频率的信号,而是具有一定的频率分布范围,称为信号的带宽。比如音频信号涵盖了 20Hz～20kHz 范围,调频广播覆盖了 88～108MHz 范围,而卫星电视覆盖了 3.7～4.2GHz 范围等。为了不失真的放大信号,要求在设计放大电路时,将放大电路通频带与信号带宽相匹配。若放大电路通频带比信号带宽窄,则会出现一定频率范围内信号无法正常放大,带来频率失真,若放大电路通频带过宽,则会放大不必要

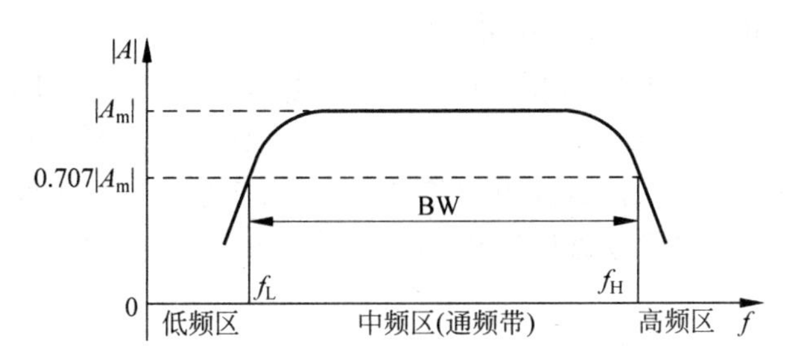

图 1.4.5 放大电路的频率指标

的噪声信号,从而增加电路成本或带来不必要的干扰。

1.4.5 非线性失真

前述所说的频率失真,是由于线性电抗元件引起的,因此又称为线性失真。而在实际的放大电路中,构成放大电路的元件本身是非线性的,且放大电路的工作电源都是有限电压。因此,实际的放大电路只在某一特定的输入输出电压范围内是线性的。超出这一范围时,放大电路的电压增益不能保持恒定,从而引起输出波形的失真。这种失真由放大电路的非线性特性导致,因此称为非线性失真。有关非线性失真的内容,后续章节会进一步详细讨论。

本章小结

(1) 信号是反映信息的物理量,包含了模拟信号和数字信号。模拟信号在时间和数值上均具有连续性,数字信号在时间和数值上均具有离散性。

(2) 模拟电子系统通常由信号的提取、处理(加工)和执行等部分组成。电子信息系统中包含了各种功能的模拟电路,其中放大电路是模拟电子电路的基础。

(3) 放大电路是最基本的模拟信号处理电路,增益、输入电阻、输出电阻、频率响应等参数是衡量放大电路性能的主要指标,也是放大电路的设计依据。

习题 1

1.1 模拟信号和数字信号有何区别?

1.2 图 1.3.2(a)所示的电压放大电路模型中,若开路电压增益为 $A_{voc}=15$,$R_{si}=1\text{k}\Omega$,$R_i=15\text{k}\Omega$,$R_o=200\Omega$,$R_L=3\text{k}\Omega$,求源电压增益 A_{vs}。

1.3 某放大电路开路时,其输出电压为 10V,当接入一 20kΩ 的负载电阻 R_L 时,其输出电压为 8V,求该放大电路的输出电阻 R_o。

1.4 某电压放大电路接入负载电阻 $R_L=1\text{k}\Omega$ 时,其输出电压比负载开路时输出电压减少了 25%,求该放大电路的输出电阻 R_o。(负载开路时 $R_L=\infty$)

1.5 已知某放大电路输入电阻 $R_i=15\text{k}\Omega$,输入端接一理想电流源 $I_i=1\mu\text{A}$,从输出端测得该放大电路短路电流为 10mA,开路电压为 10V。求放大电路接入 $R_L=5\text{k}\Omega$ 负载时对

应的电压增益 A_v 和电流增益 A_i 并用 dB 表示。

1.6 有下列三种放大电路备用。(1)高输入电阻型：$R_{i1}=1\text{M}\Omega$，$A_{voc1}=10$，$R_{o1}=10\text{k}\Omega$。(2)高增益型：$R_{i2}=10\text{k}\Omega$，$A_{voc2}=100$，$R_{o2}=1\text{k}\Omega$。(3)低输出电阻型：$R_{i3}=10\text{k}\Omega$，$A_{voc3}=1$，$R_{o3}=20\Omega$。用这三种放大电路组合，设计一个能在 100Ω 负载电阻上提供至少 0.5W 功率的放大器。已知信号源开路电压有效值为 30mV，内阻 $R_{si}=0.5\text{M}\Omega$。

第2章

集成运算放大器及运算电路

集成运算放大器(Integrated Operational Amplifier,简称 OP、OPA、OPAMP)是一种常用的模拟集成放大器件,在模拟信号的放大、运算、处理、比较和产生电路中应用广泛。本章主要介绍集成运算放大器的电路模型及其理想化的条件,比例、加/减、积分/微分等运算电路的分析计算以及运放线性应用时的虚短、虚断分析法。

2.1 集成运算放大器

集成运算放大器简称集成运放(或运放),是一种直流耦合、差模(差动模式)输入、通常为单端输出的高增益电压放大器,具有电压增益高、输入电阻大、输出电阻小、功耗低、工作可靠、使用方便等显著特点。集成运放加上一些简单的外围元件,即可构成模拟信号的基本运算电路,实现模拟信号的比例、加减、积分或微分、对数或指数等运算。

2.1.1 集成运放简介

1. 封装形式

集成运放是一种常用的模拟集成电路,其主要封装形式(外形结构)有金属圆帽式、双列直插式和扁平式,如图 2.1.1 所示。在内部结构上,它是一块由许多晶体管、电阻元件和一定的连接方式构成的集成芯片,通过外部引脚可与其他电子元器件连接。

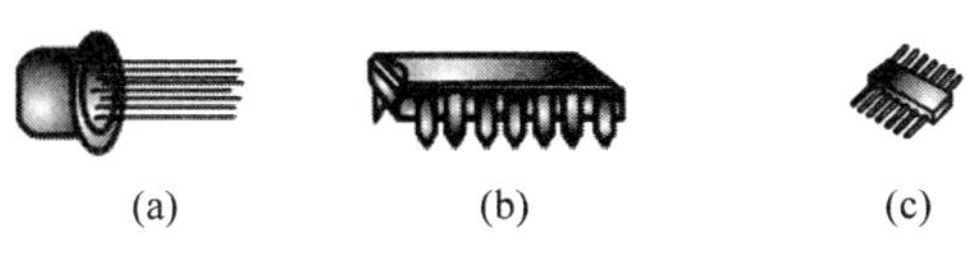

图 2.1.1 集成运放封装形式

(a) 金属圆帽式;(b) 双列直插式;(c) 扁平式

2. 组成原理

集成运放通常由输入级、中间放大级、输出级和内部直流偏置电路等组成，如图 2.1.2 所示。输入级采用双输入端的差分放大电路，可提高集成运放的性能；中间放大级采用电压放大电路，决定了整个运放的电压增益；输出级采用功率放大电路，可提高运放的带负载能力；内部直流偏置电路主要为各级放大电路提供合适的静态工作点。这些功能电路将在后续有关章节中分别介绍。

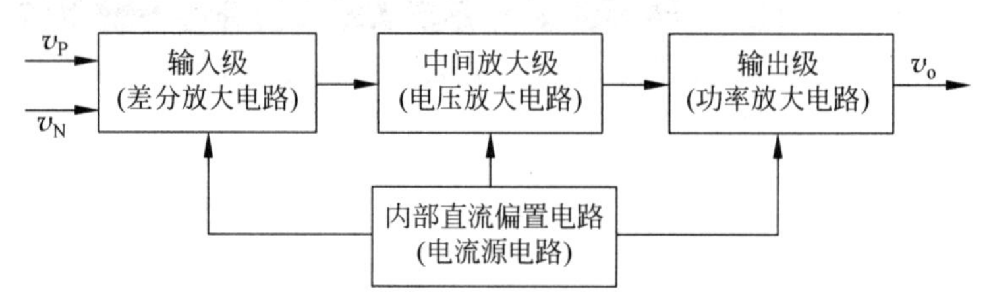

图 2.1.2　集成运放内部电路的方框原理图

3. 电路符号

运放的型号众多，其特性参数也不尽相同，但在实际电路中均可采用相同的电路符号表示，如图 2.1.3 所示。两种电路符号均代表运放，其中图 2.1.3(a)是国家标准规定的电路符号，图 2.1.3(b)是国内外通用符号，也是实际工程电路图中的习惯画法。本书采用的是第二种电路符号。

运放有两个输入端和一个输出端，在图 2.1.3 所示的图形符号中，标有“+”极性的端子代表同相输入端，标有“−”极性的端子代表反相输入端，另一侧的端子是输出端。当信号从同相端输入时，输出信号与输入信号相位相同，即同相；当信号从反相输入端输入时，输出信号与输入信号相位相反，即反相。

4. 工作电源

在实际电路的原理图中，有些运放会使用图 2.1.4(a)所示的符号，与图 2.1.3(b)不同的是，在电路符号中增加了正、负直流偏置电压源的接入端，分别用“$+V$”和“$-V$”表示。当采用正、负双电压源供电时，“$+V$”接正电源，“$-V$”接负电源；当采用单电源供电时，“$+V$”接电压源的正极，“$-V$”端接公共端或“地”。由于运放的工作电源接入方法固定，因此在分析电路工作原理时，往往将工作电源省略不画，但所有运放工作时都必须接直流偏置电源。

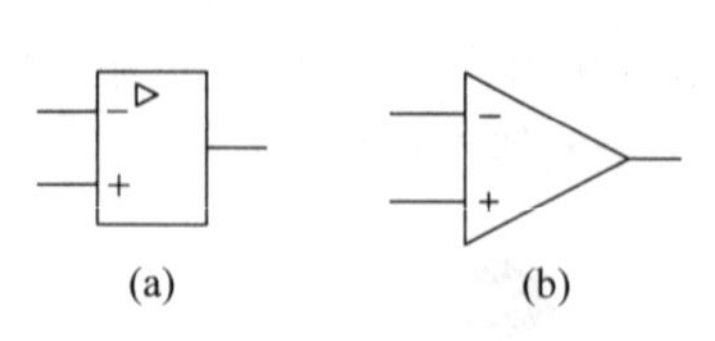

图 2.1.3　代表运放的电路符号

(a) 国家标准符号；(b) 通用符号

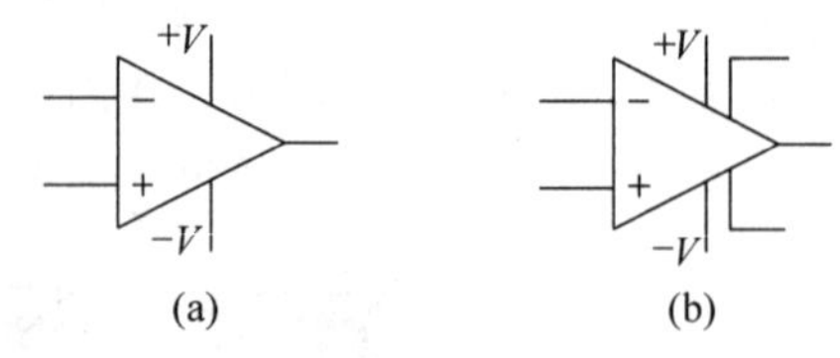

图 2.1.4　实际电路中运放符号

(a) 带有电源接入端；(b) 带有电源端和调零端

有些型号的运放还有两个调零端，如图 2.1.4(b)所示。通过调零端外接调零元件，可消除由于运放输入级电路的不对称性引起的失调。当调零端在电路中不使用时，仍可采用

图 2.1.3 所示的运放符号。

2.1.2　运放传输特性和电路模型

图 2.1.5 是用于测量运放传输特性的电路，运放的同相端(P)和反相端(N)分别接信号电源 v_1 和 v_2，即有 $v_P=v_1$、$v_N=v_2$。图中运放采用正、负双电源供电，正电源接运放的"$+V$"端、负电源接运放的"$-V$"端，电源的公共端同时也是输入、输出信号的公共端。对于通用型运放而言，其工作电源的电压范围一般为±5～±20V，如通用型运放 LM741 最小值为±5V，最大值为±22V。

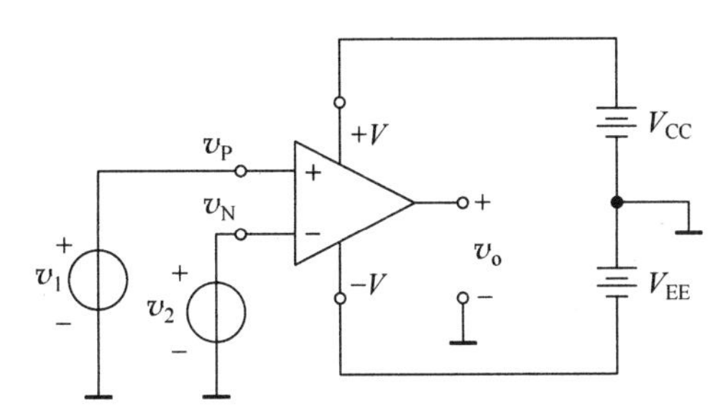

图 2.1.5　运放传输特性测量电路

1. 开环电压增益

集成运放的开环电压增益用 A_{vo} 表示，在线性工作区有

$$A_{vo}=\frac{v_o}{v_P-v_N}=\frac{v_o}{v_d} \tag{2.1.1}$$

式中，$v_d=v_P-v_N$，称为运放的差分输入电压，这种输入方式也称为差分输入。因此，在图 2.1.5 所示的电路中，输出电压可表示成

$$v_o=A_{vo}(v_P-v_N)=A_{vo}v_d=A_{vo}(v_1-v_2) \tag{2.1.2}$$

当运放工作在线性放大区时，其输入、输出之间的关系也可由叠加定理求得。例如，在图 2.1.5 电路中，当 v_1 单独作用时 $v_o'=A_{vo}v_1$，v_2 单独作用时 $v_o''=-A_{vo}v_2$，而 $v_o=v_o'+v_o''$，其结果即为式(2.1.2)。

2. 电压传输特性

运放电压传输特性描述的是输出电压 v_o 与输入电压 v_d 之间的关系，分三种情况讨论。

(1) 在线性工作区，$v_o=A_{vo}v_d$。当 $v_P>v_N$ 时，有 $v_d>0$、$v_o>0$；当 $v_P<v_N$ 时，有 $v_d<0$，$v_o<0$。因此在 v_o-v_d 平面中，电压传输特性是一条过零点的直线。

(2) 当 $v_d>0$ 且进入非线性工作区时，$v_o\neq A_{vo}v_d$，由于受到电源电压"$+V$"的限制，$v_o=V_{om}\approx+V$，V_{om} 称为正饱和电压，即 v_o 进入正饱和区。

(3) 当 $v_d<0$ 且进入非线性工作区时，$v_o\neq A_{vo}v_d$，由于受到电源电压"$-V$"的限制，$v_o=-V_{om}\approx-V$，$-V_{om}$ 称为负饱和电压，即 v_o 进入负饱和区。

根据上述分析，可近似画出运放输出电压 v_o 与差模输入电压 v_d 之间的关系，即运放电压传输特性曲线，如图 2.1.6 所示。

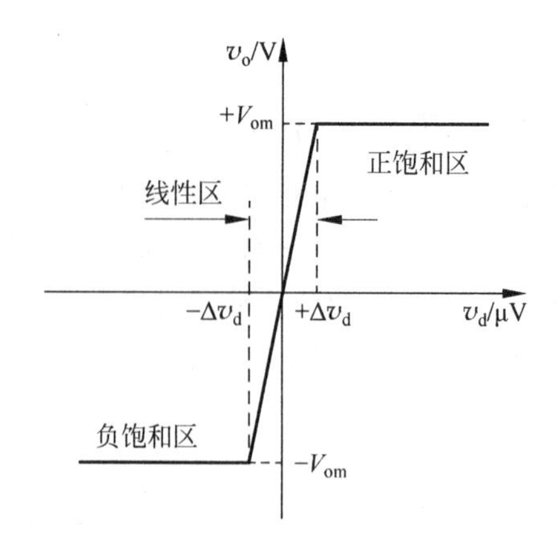

图 2.1.6 运放电压传输特性

运放的主要特点之一是开环电压增益很高，通常在 $10^4 \sim 10^6$ 之间或更高，但运放的输出电压受工作电源的限制，不可能无限增大，因此运放线性放大区很窄。例如，通用型运放 741 的开环差模电压增益典型值为 10^5，若工作电源取±15V，由式(2.1.1)可计算出差分输入信号 v_d 的线性范围为

$$v_d = \frac{v_o}{A_{vo}} \approx \frac{\pm 15\text{V}}{10^5} = 15 \times 10^{-5}\text{V} = \pm 150\mu\text{V}$$

结果表明，当差模输入信号 $|v_d| < 150\mu\text{V}$ 时，运放工作在线性区域，v_o 随着 v_d 的增加而线性增大，当 $|v_d| \geq 150\mu\text{V}$ 后，运放工作在饱和区，$v_o = \pm V_{om} \approx \pm 15\text{V}$。

当运放的工作状态处于线性区域时，称为运放的线性应用，如运放构成的各种运算电路、有源滤波电路和放大电路等，这类电路往往通过外部元器件构成闭环负反馈电路。当运放的工作状态处于非线性区域时，称为运放的非线性应用，如单门限电压比较器、迟滞比较器等，在这类电路中运放通常是开环应用或通过外围元器件构成闭环正反馈电路。

3. 电路模型

若将运放的工作范围限定在线性区域，并且忽略运放的直流偏置电压，则可用图 2.1.7 所示的等效电路(电路模型)代替运放，分析其对输入信号的传输放大能力。在等效电路中，R_i 是运放的输入电阻，其数值很大，通常大于 $10^6\Omega$；电压控制电压源的电压为 $A_{vo}(v_P - v_N)$，控制量就是运放输入端的差模电压 $v_d = (v_P - v_N)$；R_o 是运放的输出电阻，其值较小，通常仅为数十欧。

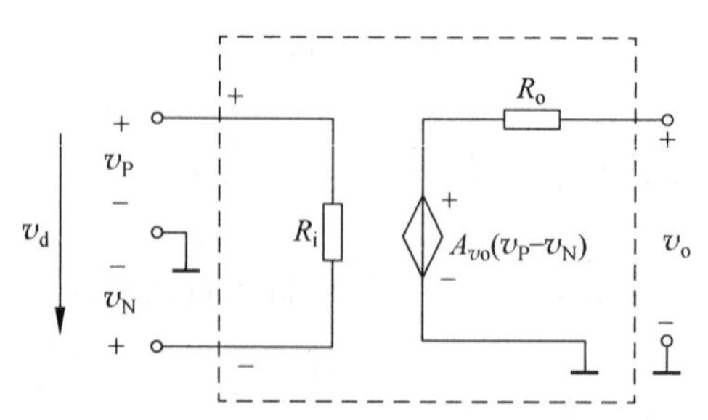

图 2.1.7 运放工作在线性区的等效电路

从电路理论分析的角度看，当运放工作在线性范围时，可用该等效电路模型替代运放，然后采用电路课程中一般电路的分析方法来分析含有集成运放的电路。但在很多工程实际中，可将运放看作理想器件，即认为运放的输入电阻、增益均为无限大，输出电阻近似为零，然后采用近似计算的方法来分析电路，由此产生的误差很小，这也是本章主要采用的分析方法。

2.1.3　集成运放线性应用时的分析方法

1. 电路模型法

电压跟随器是最简单的运放应用电路，其主要特点是输入电阻高、输出电阻低，且输出信号 v_o 等于输入信号 v_i，在电路设计中常作为阻抗变换器、缓冲器或隔离器使用。下面以该电路为例，介绍电路模型法这一分析方法。

图 2.1.8(a)是由单个运放构成的电压跟随器，采用正、负双电源供电，分别由 V_{CC}、V_{EE} 提供。图中，v_s、R_s 代表实际信号源，加在运放的同相输入端；v_o 是信号的输出端，且与反相输入端直接相连接，形成闭环负反馈电路。图 2.1.8(b)是省略直流偏置电源后该电路的另一种习惯画法，使电路变得简洁，凸显电路的功能结构和信号流向。

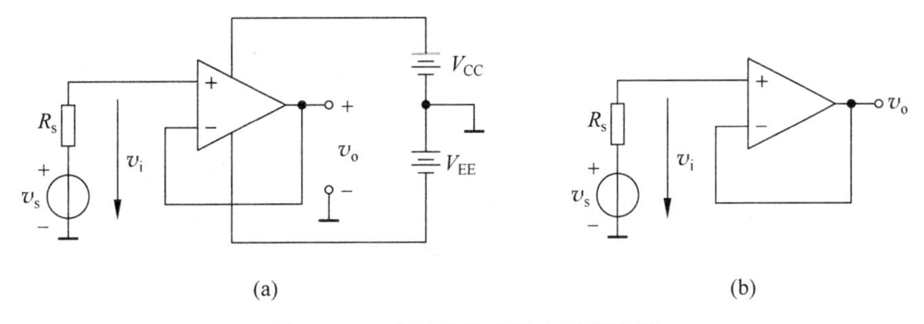

图 2.1.8　单运放构成的电压跟随器

(a) 完整电路；(b) 简洁画法

将图 2.1.8(b)中的运放用图 2.1.7 所示的电路模型代替，则电压跟随器的等效电路如图 2.1.9 所示，然后采用一般电路的分析方法，即可求出 v_o 与 v_s 之间的关系或电压增益。

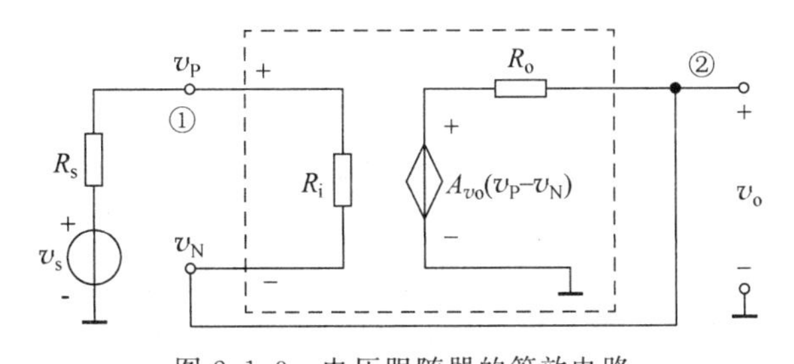

图 2.1.9　电压跟随器的等效电路

在图 2.1.9 所示电路中，分别对结点①、②列写结点电压方程，则有

$$\left(\frac{1}{R_s}+\frac{1}{R_i}\right)v_P-\frac{1}{R_i}v_o=\frac{v_s}{R_s} \tag{2.1.3}$$

$$\left(\frac{1}{R_o}+\frac{1}{R_i}\right)v_o-\frac{1}{R_i}v_P=\frac{A_{vo}(v_P-v_N)}{R_o}=\frac{A_{vo}(v_P-v_o)}{R_o} \tag{2.1.4}$$

由式(2.1.3)可得 $v_P=\dfrac{R_iv_s+R_sv_o}{R_i+R_s}$，代入式(2.1.4)化简后得

$$v_o=\frac{v_s}{1+\dfrac{R_s}{A_{vo}R_i+R_o}+\dfrac{R_i}{A_{vo}R_i+R_o}}$$

通常有 $R_i \gg R_s$ 和 $R_i \gg R_o$，且 A_{vo} 很大，所以上式分母中后两项近似为零，而第一项为1，所以有 $v_o \approx v_s$。例如，当信号源内阻 $R_s=1\text{k}\Omega$，运放的输入电阻 $R_i=1\text{M}\Omega$，$R_o=100\Omega$，$A_{vo}=10^5$，代入上式得 $v_o \approx 0.999v_s$，两者十分接近，误差很小。

2. 虚短、虚断分析法

运放线性应用时的另一种分析方法是将其看作理想器件，即认为运放的输入电阻 $R_i \approx \infty$，开环电压增益 $A_{vo} \approx \infty$，输出电阻 $R_o \approx 0$。由上述条件即可得出运放两个输入端均虚断、两个输入端之间为虚短的概念。

(1) 当 $A_{vo} \approx \infty$ 时，由式(2.1.1)可知 $v_P-v_N \approx 0$，或 $v_P \approx v_N$，即同相输入端和反相输入端的电压近似相等，可看作虚假短路，简称虚短。虚短情况下，当运放同相端接地时，反相端称为虚地。

(2) 当 $R_i \approx \infty$ 时，两个输入端的电流都近似为零，即有 $i_P \approx 0$ 和 $i_N \approx 0$，因此，运放同相输入端和反相输入端均可看成虚假断路，简称虚断。

上述两点也是运放工作于线性状态时的两条重要法则，在分析电路时应充分利用这些概念。但应注意，虚短、虚断"两虚法"的概念只能在线性状态下使用。

例如，运用虚短、虚断分析法分析图2.1.8所示电压跟随器的过程如下：由虚断可得 $i_P=i_N \approx 0$，即有 $v_P \approx v_s$；由虚短可得 $v_P \approx v_N \approx v_s$；又因为运放反相输入端和输出端直接连接，所以有 $v_o=v_N \approx v_P \approx v_s$，其结果与等效电路分析法一样，但分析过程简单得多。

实际应用中，可利用理想条件得出近似结果，然后再根据实际要求进行误差修正。除此之外，还要考虑实际运放的失调参数 V_{Io}、I_{Io}、温漂系数、共模抑制比 K_{CMR} 以及其开环带宽等参数对计算结果的影响。

2.2 比例放大电路

运算电路中的运算关系通常是指输出电压与输入电压之间的关系。分析运算电路时可将运放看作理想器件，运用虚短、虚断分析法计算电路的电压增益或输出电压的表达式。反相比例和同相比例放大电路是最基本的放大电路，以此为基础也易于构成其他的运算或功能电路，因此在电路分析中不仅要掌握虚短、虚断分析法，还应掌握这些电路的结构、特点和分析结论。

2.2.1 反相比例放大电路

1. 电路结构

基本反相比例放大电路如图2.2.1(a)所示，运放的同相输入端接地，输入电压 v_i 通过

电阻 R_1 接在反相输入端上，运放的输出端通过反馈电阻 R_f 与反相输入端相连接，形成闭环负反馈，使运放工作在线性区，v_o 是输出电压，R_L 为负载电阻。

2. 电压增益 A_v

将运放视为理想器件，运用虚短(或虚地)、虚断的分析方法，可求出该电路的电压增益 A_v。

由运放虚地(或虚短)法则可知 $v_N=v_P=0$，由虚断法则可知，流入运放输入端的电流为零，即有 $i_1=i_f$。在图 2.2.1(a)所示的参考方向下，将电流用结点电压表示，则有

$$i_1=\frac{v_i-v_N}{R_1}=\frac{v_i}{R_1},\quad i_f=\frac{v_N-v_o}{R_f}=-\frac{v_o}{R_f}$$

由于 $i_1=i_f$，因此得

$$\frac{v_i}{R_1}=-\frac{v_o}{R_f}$$

所以，该电路的电压增益为

$$A_v=\frac{v_o}{v_i}=-\frac{R_f}{R_1} \tag{2.2.1}$$

上式表明，该电路的 v_o 与 v_i 相位相反，且 A_v 由两个电阻的比值所决定，故称为反相比例放大电路或简称反相比例电路。在反相比例电路中，$|A_v|$既可大于 1，又可小于 1。当 $R_1=R_f$ 时，$A_v=-1$，则 v_o 与 v_i 大小相等、相位相反，在电路设计中可作为“反相器”或“变号器”使用。

式(2.2.1)又可写成 $v_o=-(R_f/R_1)v_i$，v_o 与 R_L 无关，即输出电压 v_o 是恒定不变的。但在实际电路中，由于受运放输出电流的限制，R_L 取值不能过小。

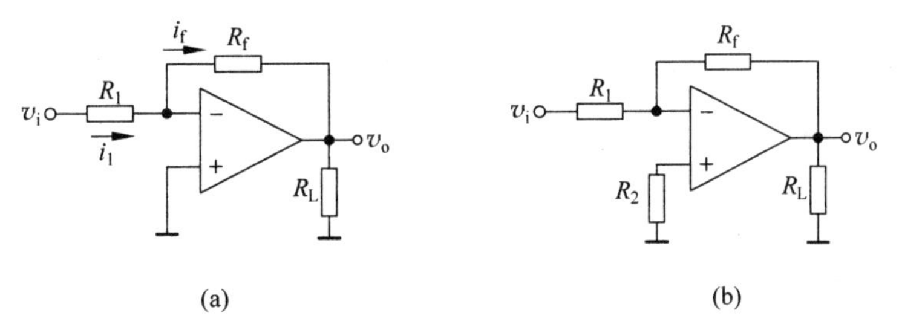

图 2.2.1 反相比例放大电路

(a) 基本电路；(b) 增加平衡电阻 R_2 后的电路

3. 输入电阻 R_i 和输出电阻 R_o

由运放的虚地法则和输入电阻的定义易求得，反相比例电路的输入电阻 $R_i=R_1$。由于该电路中 R_f 可将输出电压反馈到输入端，即引入的是电压负反馈，因此该电路的 R_o 比运放模型中的输出电阻更小，理想情况下为零。但在实际应用中，由于受运放输出电流的限制，负载电流较大时，通常需增加三极管扩流电路。

4. 平衡电阻

尽管运放内部输入级的差分电路对称性很高，但在实际电路的设计中，为减小运放失调电流 I_{Io} 的影响、提高电路的运算精度，应尽量使运放两个输入回路的参数对称。因此，在

一些要求高的场合，需要加上“平衡电阻”。图 2.2.1(b)所示的电路同样是反相比例电路，其中 R_2 就是电路中增加的平衡电阻。

平衡电阻的计算方法为：将运放两个输入端均断开，并令输入、输出信号为零，分别由运放两个输入端向外、对地看的等效直流电阻 R_P 和 R_N 应尽量相等，如图 2.2.2 所示。根据这一原则可知，$R_N=R_1/\!/R_f$，则平衡电阻 $R_2=R_1/\!/R_f$。

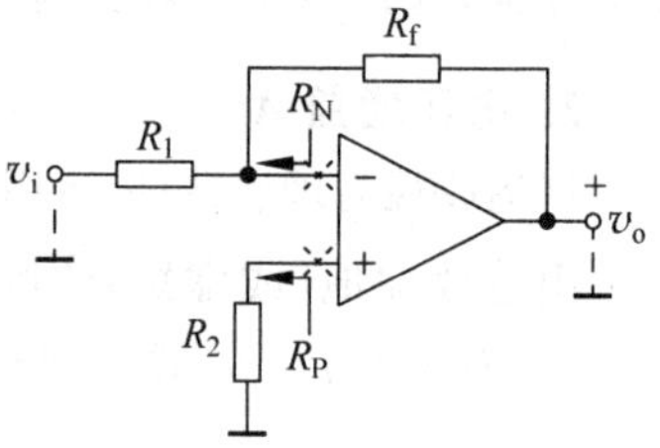

图 2.2.2 反相比例放大电路的平衡电阻

5. *I*/*V* 变换作用

在图 2.2.1(a)的电路中，设反相比例电路的输入电流为 $i_i=i_1$，则 v_o 与 i_i 的关系为

$$v_o=-R_f i_i$$

上式表明，$|v_o|$代表了输入电流 i_i 的大小且两者之间为线性关系，由此可实现输入电流-输出电压的变换，工程中称为 I/V 变换。I/V 变换电路也是常用的功能电路，如工程中的高阻测量电路，就是利用 I/V 变换电路将代表高阻(高值电阻)大小的电流转换成电压后，再进行测量和处理的。

2.2.2 同相比例放大电路

1. 电路结构

同相比例放大电路如图 2.2.3 所示，输入电压 v_i 加在运放的同相输入端，反相输入端通过电阻 R_1 接地，反馈电阻 R_f 跨接在反相输入端和输出端之间，v_o 是输出电压。这种连接方式形成另一种类型的闭环负反馈，使运放工作在线性区。

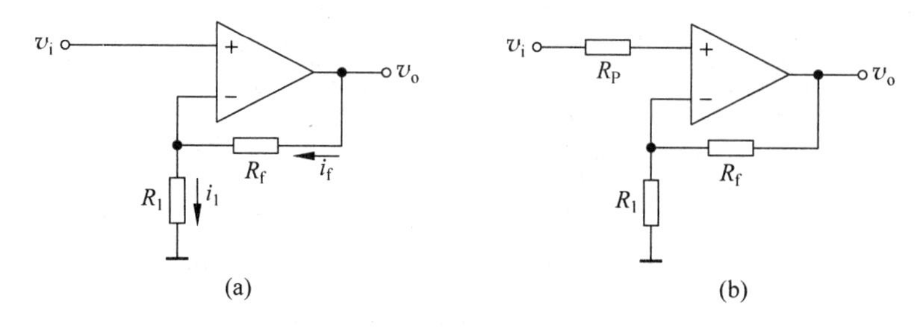

图 2.2.3 同相比例放大电路

(a) 基本电路；(b) 增加平衡电阻 R_P 后的电路

2. 电压增益 A_v

由虚短法则可得 $v_P=v_N=v_i$，由虚断法则可知 $i_1=i_f$。在图 2.2.3(a)所示的参考方向下，将电流用结点电压表示，则有

$$i_1=\frac{v_N-0}{R_1}=\frac{v_i}{R_1}$$

$$i_f=\frac{v_o-v_N}{R_f}=\frac{v_o-v_i}{R_f}$$

由于 $i_1=i_f$，因此有

$$\frac{v_i}{R_1}=\frac{v_o-v_i}{R_f}$$

所以，该电路的电压增益为

$$A_v=\frac{v_o}{v_i}=\frac{R_1+R_f}{R_1}=1+\frac{R_f}{R_1} \tag{2.2.2}$$

上式表明，该电路的 v_o 与 v_i 相位相同，且电路增益与两个电阻的比值有关，故称为同相比例放大电路或简称同相比例电路。与反相比例电路不同，该电路的 $|A_v|>1$。由式(2.2.2)还可知，v_o 与 R_L 无关，即在一定的负载条件下 v_o 也是恒定不变的。

3. 输入电阻 R_i 和输出电阻 R_o

由于同相比例放大电路中的负反馈属于电压串联型，因此该电路的 R_i 比运放模型中的输入电阻更大，R_o 比运放模型中的输出电阻更小，理想情况下 R_i 为∞，R_o 为0。

4. 平衡电阻

平衡电阻 R_P 应加在同相端，如图2.2.3(b)所示，根据前述平衡电阻的计算方法可得 $R_P=R_f/\!/R_1$。

2.2.3 电压跟随器

在2.1.3节中已对电压跟随器进行了分析，并分别用电路模型法和虚短、虚断分析法推导出 v_o 与 v_i 之间的关系，其结果为 $v_o=v_i$。

电压跟随器又可看作是同相比例电路的特例。在图2.2.3(a)所示的电路中，令 R_1 开路即 $R_1=\infty$ 时，由式(2.2.2)可得 $A_v=v_o/v_i=1$，则有 $v_o=v_i$，其电路如图2.2.4(a)所示。如果再令 $R_f=0$，则电路如图2.2.4(b)所示，与2.1.3节中的电压跟随器完全一样，这是工程中普遍采用的电路形式。

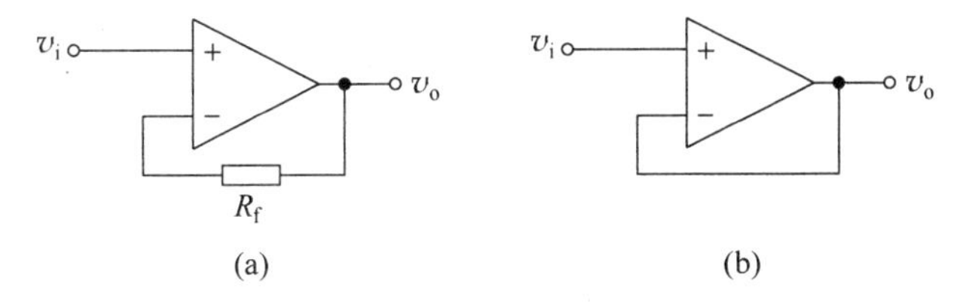

图2.2.4　两种形式的电压跟随器

(a) 由同相比例电路演变而来的电路；(b) 基本电路

电压跟随器具有 R_i 大、R_o 小和 $v_o=v_i$ 等特点，在电路中主要用来进行阻抗变换或电路隔离缓冲，使信号在传输过程中几乎没有衰减。但在实际应用中应注意，由于受到实际运放器件输出电流的限制，负载的取值不宜过小。

例2.2.1　在图2.2.5所示的电路中，已知 $R_1=R_2=R_3=10\text{k}\Omega$，为了使电压增益 $A_v=-100$，电阻 R_4 应如何选择？设运放为理想器件。

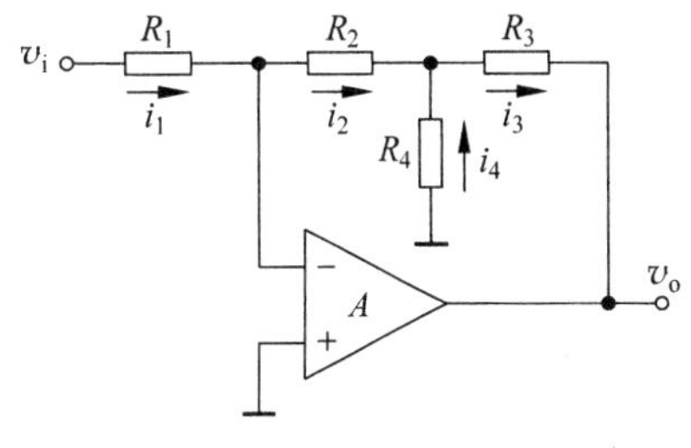

图2.2.5　例2.2.1电路

解：根据运放虚地法则可知 $v_N=0$，在图示参考方向下有 $v_{R1}=v_i$、$v_{R2}=v_{R4}$ 和 $v_o=-v_{R3}-v_{R2}$；根据虚断法则可知 $i_N=0$，因此有

$$i_1=i_2=\frac{v_{R1}}{R_1}=\frac{v_i}{R_1}$$

$$v_{R2}=v_{R4}=i_2R_2=i_4R_4,\quad 即有\ i_4=\frac{R_2}{R_4}i_2=\frac{R_2}{R_4}\cdot\frac{v_i}{R_1}=\frac{R_2}{R_1R_4}v_i$$

由 $v_o=-v_{R3}-v_{R2}$ 得

$$v_o=-R_3i_3-R_2i_2=-R_3(i_2+i_4)-R_2i_2=-i_2(R_2+R_3)-R_3i_4$$

将上述 i_2、i_4 表达式代入上式得

$$v_o=-\frac{v_i}{R_1}(R_2+R_3)-R_3\cdot\frac{R_2}{R_1R_4}\cdot v_i=-\frac{v_i}{R_1}\left(R_2+R_3+\frac{R_2R_3}{R_4}\right)$$

所以，该电路的电压增益为

$$A_v=\frac{v_o}{v_i}=-\frac{1}{R_1}\left(R_2+R_3+\frac{R_2R_3}{R_4}\right)$$

将已知条件代入上式得

$$-100=-\frac{1}{10\text{k}\Omega}\left(10\text{k}\Omega+10\text{k}\Omega+\frac{10\text{k}\Omega\times10\text{k}\Omega}{R_4}\right)$$

解之，$R_4=0.102\text{k}\Omega$。

若用图 2.2.1 反相比例电路实现 $A_v=-100$，当 $R_1=10\text{k}\Omega$ 时，则 $R_f=1\text{M}\Omega$。由此可见，用 T 型网络代替反相比例电路中的 R_f，可用低值电阻(R_2、R_3、R_4)实现高增益。

2.3 加、减法运算电路

加法运算、减法运算或加减混合运算电路均有两个或更多的输入端，其电路可由比例电路演变、结合或多级运用而构成。

2.3.1 反相加法电路

两输入端的反相加法电路如图 2.3.1 所示，输入信号 v_{i1}、v_{i2} 分别通过 R_1、R_2 加在反相输入端，运放的同相端通过 R_P(平衡电阻)接地，反馈电阻 R_f 跨接在反相输入端和输出端之间，平衡电阻的数值为 $R_P=R_1/\!/R_2/\!/R_f$。该电路也可看成是在反相比例电路的基础上增加了一组输入信号。

由运放虚地(即虚短)法则可知 $v_N=v_P=0$，由虚断法则可知 $i_N=0$，因此 $i_1+i_2=i_f$。在图 2.3.1 所示的参考方向下，将电流用结点电压表示，则有

$$i_1=\frac{v_{i1}-v_N}{R_1}=\frac{v_{i1}}{R_1}$$

$$i_2=\frac{v_{i2}-v_N}{R_2}=\frac{v_{i2}}{R_2}$$

$$i_f=\frac{v_N-v_o}{R_f}=-\frac{v_o}{R_f}$$

由于 $i_1+i_2=i_f$，因此有

$$\frac{v_{i1}}{R_1}+\frac{v_{i2}}{R_2}=-\frac{v_o}{R_f}$$

由此可求出 v_o 与输入电压 v_{i1}、v_{i2} 之间的关系为

$$v_o=-R_f\left(\frac{v_{i1}}{R_1}+\frac{v_{i2}}{R_2}\right) \tag{2.3.1}$$

当 $R_1=R_2=R_f$ 时，则有 $v_o=-(v_{i1}+v_{i2})$，输出电压是两输入电压之和，但相位相反，因此称该电路为反相加法电路。若要去除表达式中的负号，可在反相加法电路的输出端再增加一级反相器。若输入信号中有一负值，则该电路可实现“减法”运算。

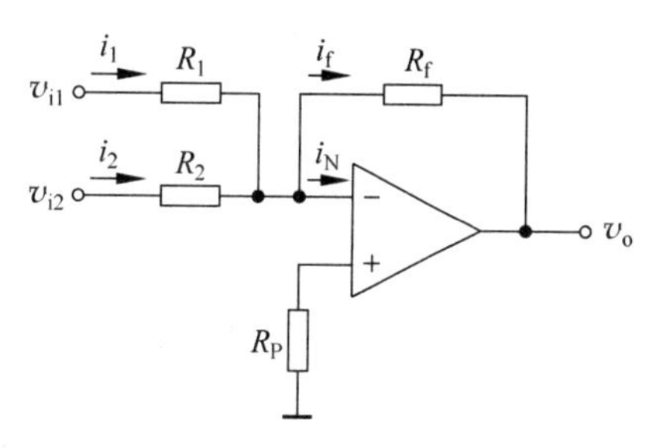

图 2.3.1　反相加法电路

该电路也可通过叠加定理求解。在图 2.3.1 所示的电路中，分别令 v_{i1}、v_{i2} 单独作用，则两个分电路如图 2.3.2 所示。

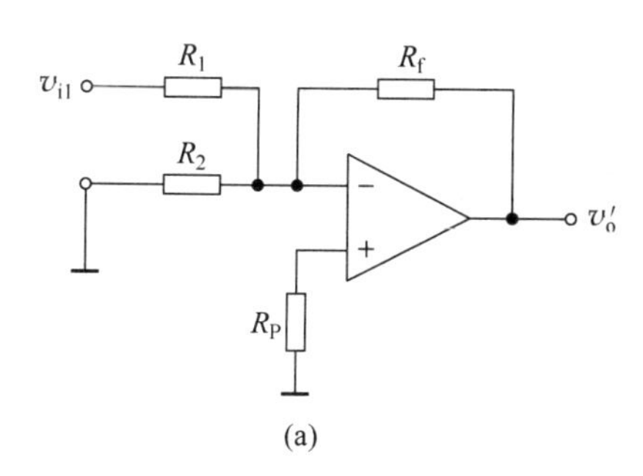

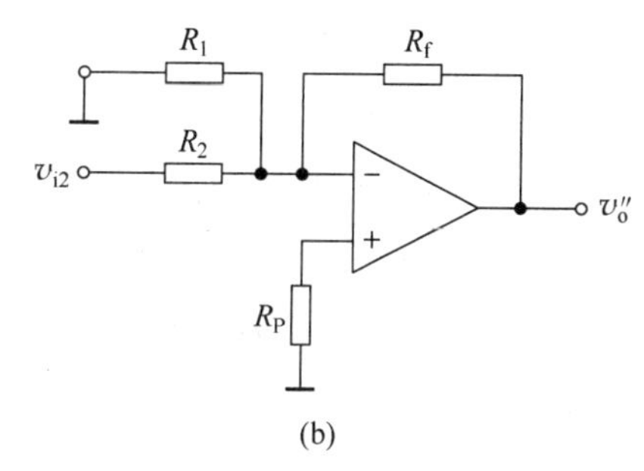

图 2.3.2　用叠加定理求解反相加法电路

(a) v_{i1} 单独作用；(b) v_{i2} 单独作用

在图 2.3.2(a)中，由运放的虚地法则可知 $v_N=v_P=0$，因此电阻 R_2 两端的电压为 0，电流也为 0，则 R_2 既可看成短路又可看成开路。R_2 开路时，图(a)即为反相比例电路，根据式(2.2.1)可得 $v_o'=-(R_f/R_1)v_{i1}$。同理，图 2.3.2(b)中的 R_1 也可看作开路，则 $v_o''=-(R_f/R_2)v_{i2}$，由叠加定理得

$$v_o=v_o'+v_o''=-\frac{R_f}{R_1}v_{i1}-\frac{R_f}{R_2}v_{i2}=-R_f\left(\frac{1}{R_1}v_{i1}+\frac{1}{R_2}v_{i2}\right)$$

其结果与式(2.3.1)相同。

若要实现三个输入电压相加，由于虚地的作用，只需在图 2.3.1 所示的电路上再增加一条输入支路即可，如图 2.3.3 所示。当 $R_1=R_2=R_3=R_f$ 时，有 $v_o=-(v_{i1}+v_{i2}+v_{i3})$，采用类似方法可实现多项加法。由于是加法电路，在实际运用中要注意避免 i_f 过大，以防电路进入非线性状态。

例 2.3.1　同相求和电路如图 2.3.4 所示，设运放为理想器件，试求输出电压 v_o。

解：先求 v_P。由运放虚断法则可知 $i_P=0$，因此 $i_4=i_1+i_2$。在图 2.3.4 所示的参考方向下，将电流用结点电压表示，则有

$$\frac{v_P}{R_4}=\frac{v_{i1}-v_P}{R_1}+\frac{v_{i2}-v_P}{R_2}$$

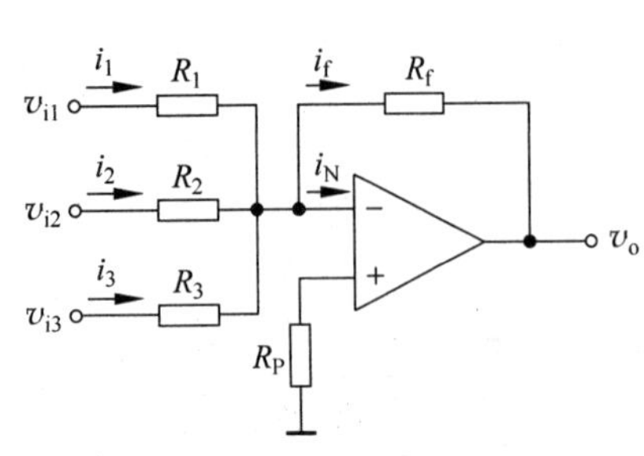

图 2.3.3 三输入端反相求和电路

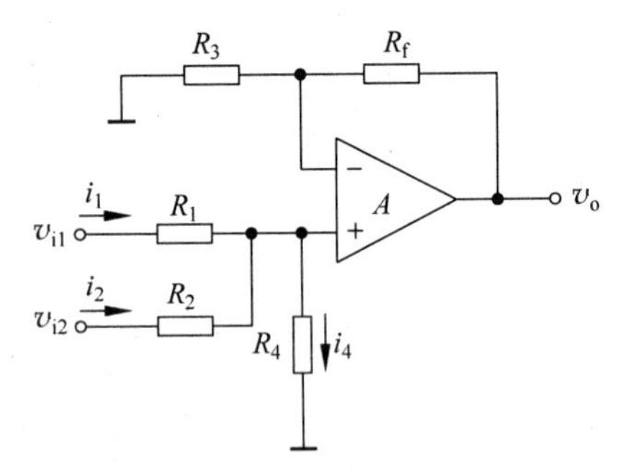

图 2.3.4 同相求和电路

整理后有

$$v_P=(R_4/\!/R_1/\!/R_2)\left(\frac{v_{i1}}{R_1}+\frac{v_{i2}}{R_2}\right)=R_P\left(\frac{v_{i1}}{R_1}+\frac{v_{i2}}{R_2}\right)$$

式中，$R_P=R_4/\!/R_1/\!/R_2$。将 v_P 看作是输入信号，则运放 A、电阻 R_3 和 R_f 构成同相比例电路，所以

$$v_o=\left(1+\frac{R_f}{R_3}\right)v_P=\left(1+\frac{R_f}{R_3}\right)R_P\left(\frac{v_{i1}}{R_1}+\frac{v_{i2}}{R_2}\right)$$

$$=\frac{R_3+R_f}{R_3R_f}R_fR_P\left(\frac{v_{i1}}{R_1}+\frac{v_{i2}}{R_2}\right)=\frac{R_f}{R_N}R_P\left(\frac{v_{i1}}{R_1}+\frac{v_{i2}}{R_2}\right)$$

式中，$R_N=R_3/\!/R_f$。当 $R_N=R_P$ 时，则有

$$v_o=R_f\left(\frac{v_{i1}}{R_1}+\frac{v_{i2}}{R_2}\right)$$

当 $R_1=R_2=R_f$ 时，上式为 $v_o=v_{s1}+v_{s2}$。

由分析结果可知，在满足 $R_P=R_N$ 的条件下，该电路可实现同相加法运算，但平衡电阻 R_P 与每个输入回路的电阻都有关，满足上述条件较困难，因此在电路设计中常用反相加法电路。

2.3.2 减法电路

1. 利用反相加法电路实现减法运算

这种减法运算电路的实现思路是，将负号项经反相器反相后，再用反相加法电路求和。例如，求 $v_o=v_{i1}-v_{i2}$ 时，可将表达式变换为 $v_o=-[v_{i2}+(-v_{i1})]$，利用反相器将 v_{i1} 变换成 $-v_{i1}$ 后再与 v_{i2} 相加，其电路组成如图 2.3.5 所示，图中 A_1 构成反相器，A_2 构成反相加法器，则输出电压 v_o 为

$$v_o=-\frac{R_2}{R_2}v_{o1}-\frac{R_2}{R_2}v_{i2}=-\frac{R_2}{R_2}\left(-\frac{R_1}{R_1}v_{i1}\right)-\frac{R_2}{R_2}v_{i2}=v_{i1}-v_{i2}$$

2. 利用差分放大电路实现减法运算

图 2.3.6 是基本的差分放大电路，或称为差动放大电路，简称差放，其输出电压 v_o 与两输入电压 v_{i1}、v_{i2} 的差值成比例，当电阻参数选择合适时，即可完成减法运算。因为电路工

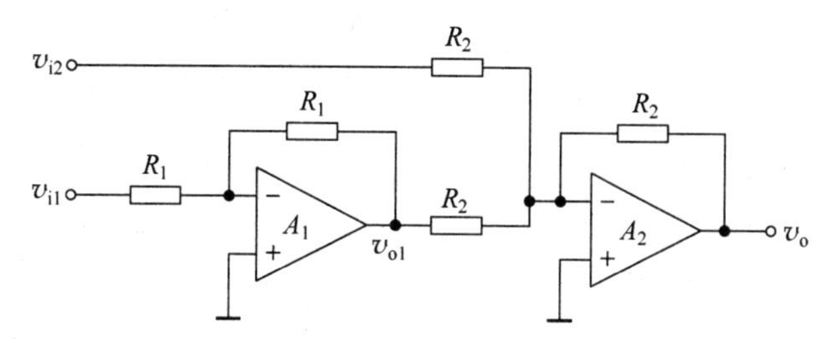

图 2.3.5 反相信号求和实现减法运算的电路

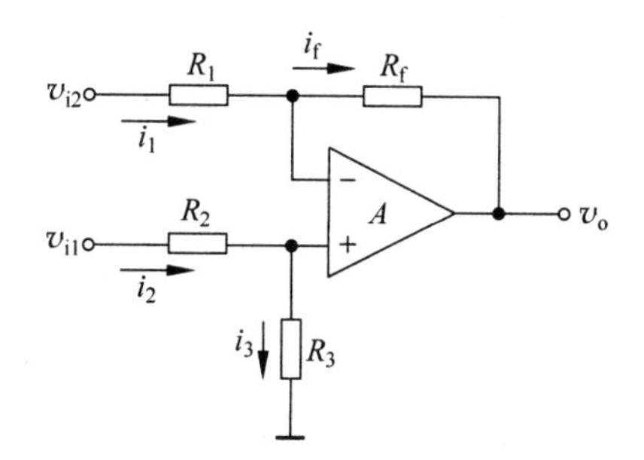

图 2.3.6 差分减法运算电路

作在线性状态，且差分电路可分解成同相比例电路和反相比例电路，所以在求解输出电压 v_o 时，既可采用虚短、虚断分析法，也可采用叠加定理来分析。

1）虚短、虚断分析法

由虚断法则可得 $i_1=i_f$ 和 $i_2=i_3$，在图示的参考方向下，将电流用结点电压表示，则有

$$\frac{v_{i2}-v_N}{R_1}=\frac{v_N-v_o}{R_f}$$

$$\frac{v_{i1}-v_P}{R_2}=\frac{v_P}{R_3}$$

由运放虚短法则又可知 $v_P=v_N$，根据这一条件以及上面两个方程，即可求得

$$v_o=\left(1+\frac{R_f}{R_1}\right)\left(\frac{R_3}{R_2+R_3}\right)v_{i1}-\frac{R_f}{R_1}v_{i2} \tag{2.3.2}$$

选择合适的电阻参数，满足条件 $R_f/R_1=R_3/R_2$，则输出电压为

$$v_o=\frac{R_f}{R_1}(v_{i1}-v_{i2}) \tag{2.3.3}$$

当电阻阻值均相等，即 $R_1=R_2=R_3=R_f$ 时，则有 $v_o=v_{i1}-v_{i2}$，该电路实现了减法运算。

2）叠加定理分析法

在图 2.3.6 所示的电路中，分别令 v_{i1}、v_{i2} 单独作用，可画出两个分电路。求出分电路的输出电压后将其叠加，即为原电路的输出电压。

令 v_{i1} 单独作用，则 $v_{i2}=0$ 即短路，分电路如图 2.3.7(a)所示，其中 v_o'是分电路的输出电压。根据运放虚断法则，R_2、R_3 可看作串联，由分压公式即可求得 v_P；将 v_P 看作输入，则运放构成的是同相比例电路，由此可得

$$v'_{o}=\left(1+\frac{R_{f}}{R_{1}}\right)v_{P}=\left(1+\frac{R_{f}}{R_{1}}\right)\left(\frac{R_{3}}{R_{2}+R_{3}}\right)v_{i1}$$

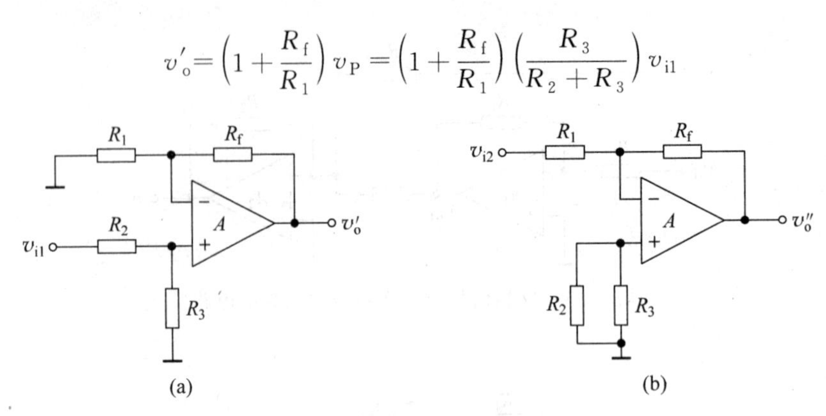

图 2.3.7 用叠加定理分析差分减法电路

(a) v_{i1} 单独作用；(b) v_{i2} 单独作用

令 v_{i2} 单独作用,则 $v_{i1}=0$ 即短路,分电路如图 2.3.7(b)所示,为基本反相比例电路,其中 v''_{o}是分电路的输出电压,因此可得

$$v''_{o}=-\frac{R_{f}}{R_{1}}v_{i2}$$

将两个分电路的输出电压相加,得

$$v_{o}=v'_{o}+v''_{o}=\left(1+\frac{R_{f}}{R_{1}}\right)\left(\frac{R_{3}}{R_{2}+R_{3}}\right)v_{i1}-\frac{R_{f}}{R_{1}}v_{i2}$$

其结果与式(2.3.2)相同。

差分放大电路在电路设计中应用很广。例如,图 2.3.8 是一种差分放大测流电路,当被测电流 i_{x} 流过取样电阻 R 时,由式(2.3.2)可求得差分放大电路的输出电压为

$$v_{o}=\frac{R_{2}}{R_{1}}(v_{1}-v_{2})=\frac{R_{2}}{R_{1}}Ri_{x} \qquad (2.3.4)$$

v_{o} 与 i_{x} 之间为线性关系,即 v_{o} 的大小可代表 i_{x},实现了电流/电压的转换(即 I/V 变换),然后通过电压型模/数变换器就可将 i_{x} 转换成数字量。

图 2.3.8 所示差分放大测流电路实际使用时,当取样电阻 R 较小(数十欧以下)时,采用差分放大电路进行 I/V 变换产生的误差较小,当 R 增大到数百欧以上时,误差变大,其主要原因是差分放大电路的输入电阻不够高。在这种情况下有两种解决方案:一种方法是在差分放大电路的两个输入端分别增加一级电压跟随器提高输入电阻;另一种方法是直接采用例 2.3.2 介绍的高输入电阻的仪用放大器,两种方法均可获得误差更小的转换结果。放大电路的输入电阻对电路性能有很大的影响,在实际电路设计应用中应注意这一点。

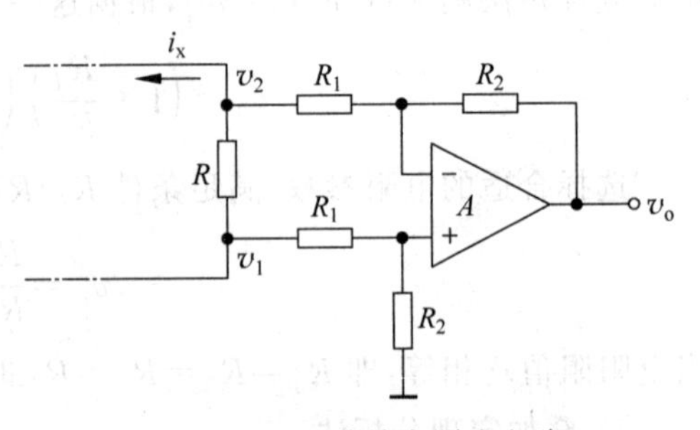

图 2.3.8 差分放大测流电路

例 2.3.2 仪用放大器的电路如图 2.3.9 所示,设运放为理想器件,试求输出电压 v_{o}。

解:运放 A_{3} 构成差分放大电路,由式(2.3.3)可得

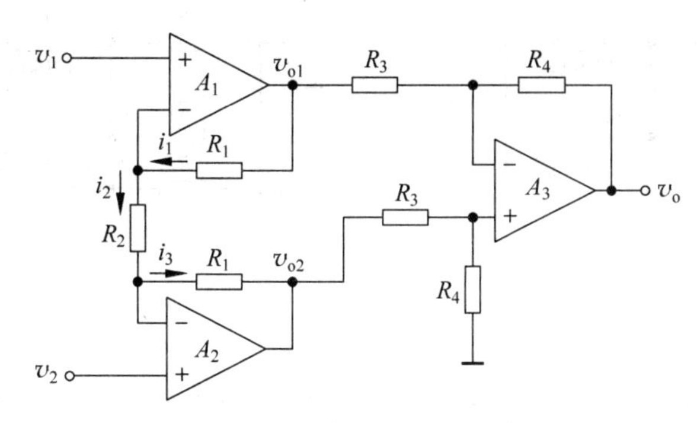

图 2.3.9　仪用放大器电路

$$v_o = \frac{R_4}{R_3}(v_{o2} - v_{o1}) \tag{2.3.5}$$

运放 A_1、A_2 均为同相端输入，由虚短、虚断法则可知，$i_1 = i_2 = i_3 = (v_{N1} - v_{N2})/R_2 = (v_1 - v_2)/R_2$，因此可得

$$v_{o2} - v_{o1} = -(2R_1 + R_2)i_1 = -(2R_1 + R_2) \times \frac{v_1 - v_2}{R_2}$$

代入式(2.3.5)后得

$$v_o = -\frac{R_4}{R_3}(2R_1 + R_2)\frac{v_1 - v_2}{R_2} = -\frac{R_4}{R_3}\left(1 + \frac{2R_1}{R_2}\right)(v_1 - v_2)$$

由结果可知，该电路可实现差分放大运算，且电路增益可通过电阻 R_2 来调节。

由于两个输入信号分别通过 A_1、A_2 同相端输入，它们的输入端电路与同相比例电路一样，因此该电路的输入电阻很高，这是与图 2.3.6 所示的差分放大电路的主要差别之一。

该电路是一种广泛用于电子测量中的仪用放大电路，已经有了专用的集成电路，如仪用放大器 AD620，其输入电阻高达 10GΩ。

2.3.3　加减混合运算电路

加减混合运算电路往往有多个输入端，上述的加法、减法电路也会混合使用，电路也较复杂。电路分析时既可根据虚短、虚断法进行分析计算，有些情况下也可将电路分解成一些基本功能电路，直接使用有关分析结果，再根据具体电路来综合。当表达式为加减混合运算时，电路设计的前提条件是元器件参数选择要合理，且保证电路工作在线性状态。

例 2.3.3　由单运放构成的运算电路如图 2.3.10(a)所示，设运放为理想器件。已知 $R_f = 120\text{k}\Omega$，若要实现的运算关系为 $v_o = 3v_{i1} - (3v_{i2} + 0.5v_{i3})$，试确定图中电阻 $R_1 \sim R_4$ 的大小。

解：该电路与差分放大电路比较，只是在反相输入端多了一个输入信号，同样可用叠加定理分析求解。

单独令 v_{i1} 为零，即 v_{i1} 短路接地，这时的分电路为两输入反相加法电路，当输出电压用 v_o' 表示时，则有

$$v_o' = -\left(\frac{R_f}{R_2}v_{i2} + \frac{R_f}{R_3}v_{i3}\right) = -\left(\frac{120\text{k}\Omega}{R_2}v_{i2} + \frac{120\text{k}\Omega}{R_3}v_{i3}\right)$$

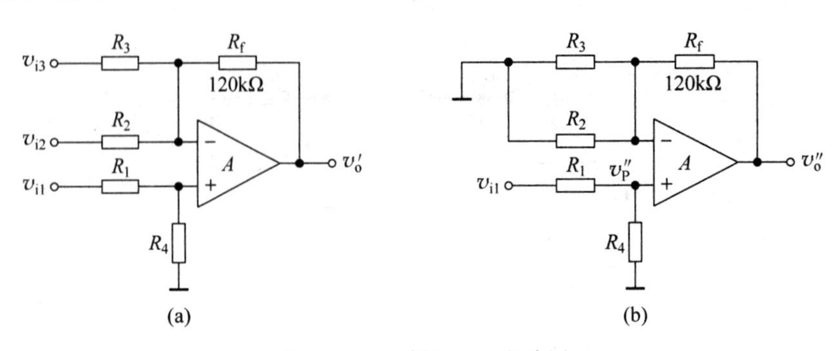

图 2.3.10　例 2.3.3 电路图

(a) 单运放运算电路图；(b) v_{i1} 单独作用时的分电路

同时令 v_{i2}、v_{i3} 为零，即 v_{i2}、v_{i3} 均短路接地，这时的分电路如图 2.3.10(b)所示，由运放虚断法则可知，R_1、R_4 等效为串联，v_o''与 v_P''之间符合同相比例运算关系，因此得

$$v_o''=\left(1+\frac{R_f}{R_2/\!/R_3}\right)v_P''=\left(1+\frac{120\text{k}\Omega}{R_2/\!/R_3}\right)\left(\frac{R_4}{R_1+R_4}\right)v_{i1}$$

由叠加定理得

$$v_o=v_o'+v_o''=\left(1+\frac{120\text{k}\Omega}{R_2/\!/R_3}\right)\left(\frac{R_4}{R_1+R_4}\right)v_{i1}-\left(\frac{120\text{k}\Omega}{R_2}v_{i2}+\frac{120\text{k}\Omega}{R_3}v_{i3}\right)$$

将上式与 $v_o=3v_{i1}-(3v_{i2}+0.5v_{i3})$ 对比，可得

$$\frac{120\text{k}\Omega}{R_2}=3,\quad \text{即 } R_2=40\text{k}\Omega$$

$$\frac{120\text{k}\Omega}{R_3}=0.5,\quad \text{即 } R_3=240\text{k}\Omega$$

$$\left(1+\frac{120\text{k}\Omega}{R_2/\!/R_3}\right)\left(\frac{R_4}{R_1+R_4}\right)=\left(1+\frac{120\text{k}\Omega}{40\text{k}/\!/240\text{k}\Omega}\right)\left(\frac{R_4}{R_1+R_4}\right)=3,\quad \text{解之得 } R_4=2R_1$$

取 $R_1=40\text{k}\Omega$，则 $R_4=2R_1=80\text{k}\Omega$。

所以，当 $R_1=R_2=40\text{k}\Omega$、$R_3=240\text{k}\Omega$、$R_4=80\text{k}\Omega$ 时，实现的运算关系为 $v_o=3v_{i1}-(3v_{i2}+0.5v_{i3})$。

例 2.3.4　图 2.3.11 是一种可实现加减混合运算的放大电路。设电路中 A_1、A_2、A_3 为理想运放，试求输出电压 v_o 与输入电压 v_1、v_2、v_3 之间的关系式。

解：(1) 根据虚短、虚断法列写方程求解。

运放 A_1：由虚短、虚断法可知，$v_{N1}=v_{P1}=v_{o2}$、$i_{R1}=i_{R3}$，由此可得

$$\frac{v_1-v_{o2}}{R_1}=\frac{v_{o2}-v_{o1}}{R_3},\quad \text{代入数值后有 } v_{o1}=10v_{o2}-9v_1$$

运放 A_2：由虚短、虚断法可知，$v_{N2}=v_{P2}$，$i_{R5}=i_{R9}$ 和 $i_{R4}=i_{R6}$，由此可得

$$\frac{v_o-v_{P2}}{R_9}=\frac{v_{P2}-v_3}{R_5}$$

由 $R_5=R_9$，可得

$$v_o-v_{P2}=v_{P2}-v_3$$

即

$$v_{P2}=\frac{v_o+v_3}{2}$$

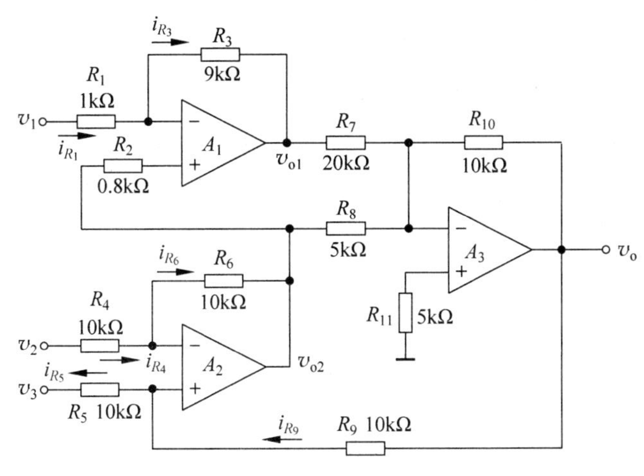

图 2.3.11　混合运算电路

由 $i_{R4}=i_{R6}$ 得

$$\frac{v_2-v_{P2}}{R_4}=\frac{v_{P2}-v_{o2}}{R_6}\quad \text{或} \quad \frac{v_2-\dfrac{v_o+v_3}{2}}{R_4}=\frac{\dfrac{v_o+v_3}{2}-v_{o2}}{R_6}$$

将元件参数代入上式，变化后得

$$v_{o2}=v_o+v_3-v_2$$

运放 A_3：构成两输入端的反相加法电路，由式(2.2.3)可得

$$v_o=-\frac{R_{10}}{R_7}v_{o1}-\frac{R_{10}}{R_8}v_{o2}=-\frac{1}{2}v_{o1}-2v_{o2}$$

将 v_{o1}、v_{o2} 代入上式得

$$\begin{aligned}v_o&=-\frac{1}{2}(10v_{o2}-9v_1)-2(v_o+v_3-v_2)\\&=-\frac{1}{2}[10(v_o+v_3-v_2)-9v_1]-2(v_o+v_3-v_2)\\&=\frac{1}{16}(9v_1+14v_2-14v_3)\end{aligned}$$

由结果可知，该电路可实现加减混合运算。

(2) 利用叠加定理求解。

由于 A_3 构成的是两输入反相加法电路，由式(2.3.1)可知，其输出电压 v_o 与负载电阻无关即 v_o 是恒定不变的，因此可将图 2.3.11 的电路等效成图 2.3.12 所示的电路形式。在图 2.3.12 中，A_1 构成两输入的差分电路，A_2 构成三输入的差分放大电路，A_3 构成两输入的反相比例电路，因电路中的运放工作在线性状态，因此可根据叠加定理分别求解 v_{o1}、v_{o2} 和 v_o。

运放 A_1：v_1 单独作用时等效为反相比例电路，v_{o2} 单独作用时等效为同相比例电路，由叠加定理可得

$$v_{o1}=\left(1+\frac{R_3}{R_1}\right)v_{o2}-\frac{R_3}{R_1}v_1$$

代入参数整理后有

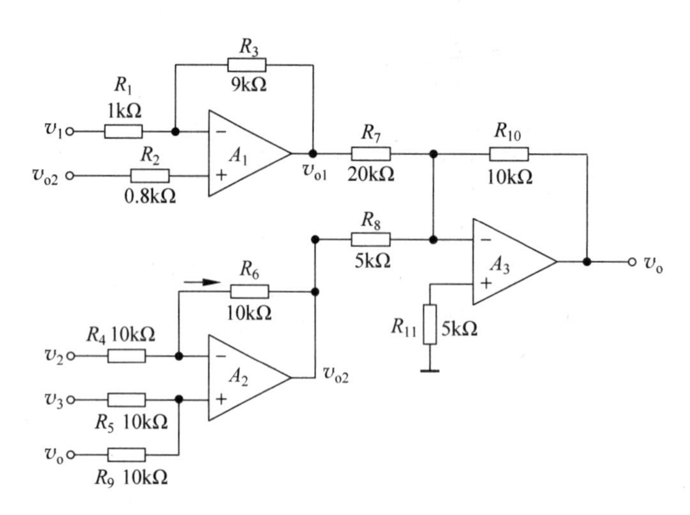

图 2.3.12　例 2.3.4 差分减法电路

$$v_{o1}=10v_{o2}-9v_1$$

运放 A_2：v_2 单独作用时等效为反相比例电路；v_3 或 v_o 单独作用时，从 A_2 的同相端看均是同相比例电路，而同相端的电压都可通过分压公式获得（由 R_5、R_9 分压），因此，由叠加定理可得

$$v_{o2}=-\frac{R_6}{R_4}v_2+\left(1+\frac{R_6}{R_4}\right)\times\frac{R_9}{R_5+R_9}v_3+\left(1+\frac{R_6}{R_4}\right)\times\frac{R_5}{R_5+R_9}v_o$$

代入电阻阻值后有

$$v_{o2}=-v_2+v_3+v_o$$

运放 A_3：两输入端的反相比例电路，由叠加定理可得

$$v_o=-\frac{R_{10}}{R_7}v_{o1}-\frac{R_{10}}{R_8}v_{o2}=-\frac{1}{2}v_{o1}-2v_{o2}$$

将 v_{o1}、v_{o2} 所求结果代入上式得

$$v_o=\frac{1}{16}(9v_1+14v_2-14v_3)$$

其结果与第一种方法相同。

通过第二种解题方法可以看出，复杂电路中往往包含了一些基本电路，如果熟练掌握了这些基本电路的电路结构、输入输出之间的关系，往往给分析计算带来很大的方便。但采用这种方法分析电路时，应特别注意电路的等效性。

2.4 积分运算和微分运算电路

由于流过电容器的电流与其端电压之间的关系即伏安特性为微分表达式，因此将反相比例电路中的两个比例电阻之一换成电容元件，即可完成积分运算或微分运算。

2.4.1 积分运算电路

将反相比例电路中的反馈 R_f 用电容 C 代替后，就构成了基本积分运算电路，如图 2.4.1

所示，图中 R_P 是平衡电阻，其阻值与 R_1 相同。

在图 2.4.1 所示的参考方向下，根据虚地、虚断法有 $i_C=i_1=v_I/R_1$ 和 $v_O=-v_C$，因此可得

$$v_O=-v_C=-\frac{1}{C}\int i_C\mathrm{d}t=-\frac{1}{C}\int\frac{v_I}{R_1}\mathrm{d}t=-\frac{1}{R_1C}\int v_I\mathrm{d}t$$

即 v_O 与 v_I 之间为"积分"关系。令 $\tau=R_1C$，称之为积分时间常数，则上式又可表示

$$v_O=-\frac{1}{\tau}\int v_I\mathrm{d}t$$

当输入电压 v_I 为阶跃函数时，如图 2.4.2 所示，则

$$v_O=-\frac{1}{R_1C}\int_0^t V_I\mathrm{d}t=-\frac{V_I}{R_1C}t=-\frac{V_I}{\tau}t \tag{2.4.1}$$

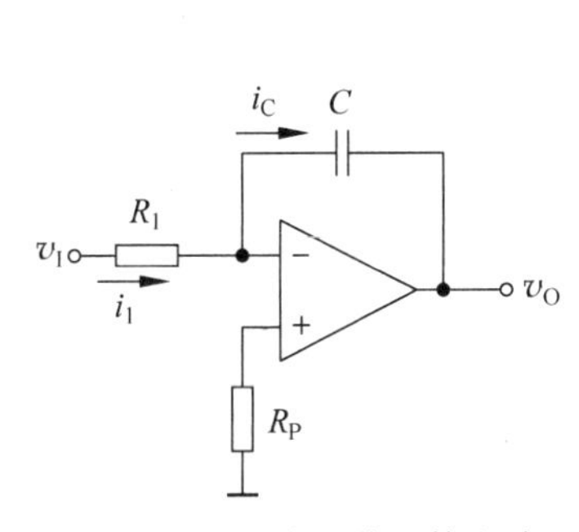

图 2.4.1　基本积分运算电路

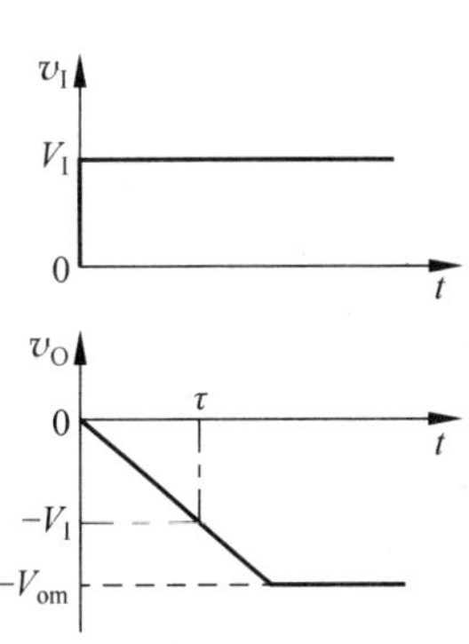

图 2.4.2　阶跃信号下积分器的输出波形

由式(2.4.1)可知，当 v_I 为阶跃函数时，在电路线性范围内，输出电压 v_O 与时间 t 成线性关系，如图 2.4.2 所示。当 $t=\tau$ 时，输出电压 $v_O=-V_I$，当时间 t 增加到一定数值后，由于受运放工作电压的限制，输出电压将进入饱和区，$v_O=-V_{om}$，该值接近于负直流偏置电压。若 $t=0$ 时电容 C 上有初始电压，则 v_O 表达式应计入初始条件，其结果为

$$v_O=-\frac{1}{\tau}\int v_I\mathrm{d}t=v_C(0)-\frac{V_I}{\tau}t \tag{2.4.2}$$

积分电路也是常用的基本电路之一，除了可实现积分运算外，在电路设计中还有许多其他方面的应用，如在波形变换中可将方波变换为三角波，在电子开关中用于延迟或定时，在模/数转换中可将电压量转换成时间量等。

例 2.4.1　积分运算电路图 2.4.1 所示，设运放的工作电源为±12V，电阻 $R_1=12\text{k}\Omega$，电容 $C=0.1\mu\text{F}$，$t=0$ 时电容两端的电压为零。若输入信号 v_I 的波形如图 2.4.3(a)所示，试画出输出电压 v_O 的波形。

解：将输入信号 v_I 分段积分，由式(2.4.2)即可求得 v_O 及其波形。由题意可知 $v_C(0)=0$，$\tau=R_1C=12\times10^3\times0.1\times10^{-6}=1.2\times10^{-3}(\text{s})$。

在 $0\leqslant t\leqslant t_1$ 时间段：

$$v_O(t)=v_C(0)-\frac{V_I}{\tau}t=0-\frac{6}{1.2\times10^{-3}}t=-5\times10^3t(\text{V})$$

当 $t=t_1=1\text{ms}$ 时，$v_O(t_1)=-5\text{V}$。

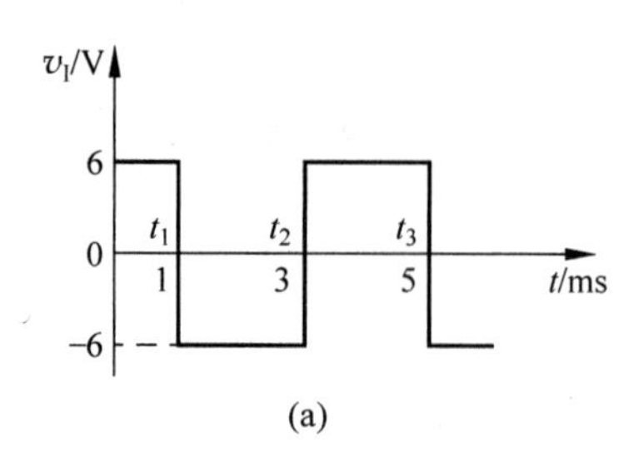

(a)

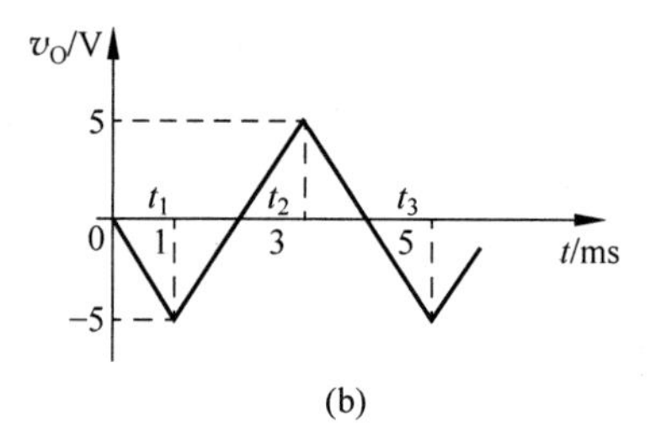

(b)

图 2.4.3 例 2.4.1 电路

(a) 输入信号波形；(b) 输出信号波形

在 $t_1<t\leqslant t_2$ 时间段：

$$v_O(t)=v_C(t_1)-\frac{V_I}{\tau}(t-t_1)=-5-\frac{-6}{1.2\times10^{-3}}(t-t_1)=-5+5\times10^3(t-t_1)(\mathrm{V})$$

当 $t=t_2=3\mathrm{ms}$ 时，$v_O(t_2)=5\mathrm{V}$。

在 $t_2<t\leqslant t_3$ 时间段：

$$v_O(t)=v_C(t_2)-\frac{V_I}{\tau}(t-t_2)=5-\frac{6}{1.2\times10^{-3}}(t-t_2)=5-5\times10^3(t-t_2)(\mathrm{V})$$

当 $t=t_3=5\mathrm{ms}$ 时，$v_O(t_2)=-5\mathrm{V}$。

根据上述计算结果，就可以画出 v_O 的波形，如图 2.4.3(b)所示。

2.4.2 微分运算电路

基本微分电路如图 2.4.4 所示，电路结构与反相比例电路相同，只是电路中的元件性质不一样；与积分电路比较，只是将电阻 R_1 与电容 C 的位置进行了互换。

在图 2.4.4 所示的参考方向下，根据虚地、虚断法有 $i_C=i_1=-v_O/R_1$ 和 $v_I=v_C$，因此得

$$v_O=-R_1i_C=-R_1\left(C\frac{\mathrm{d}v_C}{\mathrm{d}t}\right)=-R_1C\frac{\mathrm{d}v_I}{\mathrm{d}t}=-\tau\frac{\mathrm{d}v_I}{\mathrm{d}t}$$

上式表明，输出电压与输入电压之间为微分关系，式中 $\tau=R_1C$，称为微分时间常数。

微分电路除了可进行微分运算外，在线性系统中也常用作波形变换。例如，当 v_I 为阶跃函数时，则 v_O 为一个尖脉冲，如图 2.4.5 所示。图中的输出波形只反映输入波形的突变部分，即只有输入波形发生突变的瞬间才有输出。

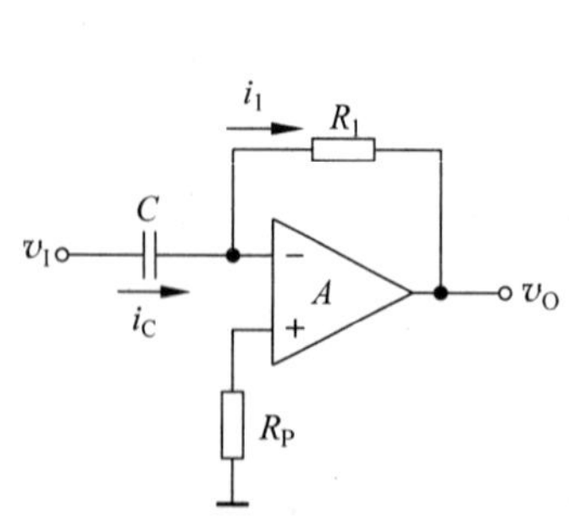

图 2.4.4 基本微分电路图

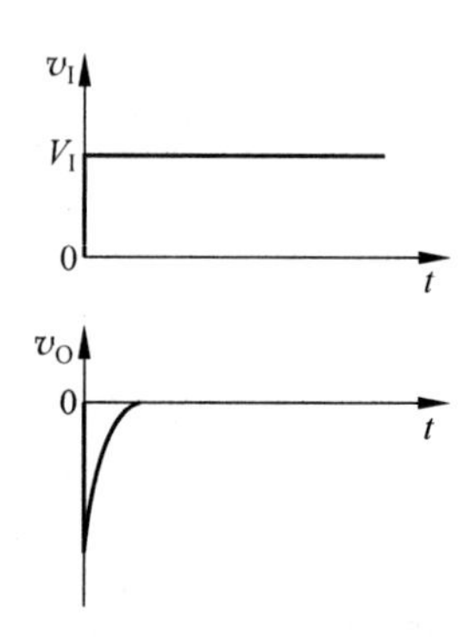

图 2.4.5 阶跃信号时微分电路的输出波形

在实际使用中应注意，由于 v_O 对 v_I 的变化非常敏感，因此微分电路的抗干扰能力较差。此外，输出电压等于输入电流与反馈电阻的乘积，当 v_I 突变时，v_O 可能会进入饱和区，严重时会使运放产生自锁现象，导致微分电路不能正常工作。

本章小结

(1) 集成运放是一种偏置电路简单、直流耦合的高增益电压放大器件，集成运放加上一些简单的外围元件就可以构成各种模拟信号运算电路或放大电路，在满足电路设计要求时可作为首选器件。

(2) 集成运放具有电压增益高、输入电阻大和输出电阻小等特点，因此在许多实际应用中均可看作理想器件。当运放构成闭环负反馈电路即工作在线性状态时，可运用虚短、虚断法则对电路进行分析计算，即将输入端看作虚假开路，两输入端视为虚假短路。

(3) 同相比例电路的特点是 R_i 大、R_o 小，且 $A_v>1$；反相比例电路的特点是 R_i 较小、R_o 小，且 v_i 与 v_o 反相，它的增益可大于 1，也可小于 1。它们是最基本的运算或放大电路，也是构成其他运算电路的基础，因此在掌握电路分析方法的同时，还应掌握这些电路的结构、特点和结论。电压跟随器可看作同相比例电路增益为 1 时的特例，通常在电路中起阻抗变换或电路缓冲、隔离的作用。

(4) 反相比例电路增加输入端可构成反相加法电路，电阻换成电容后可形成积分运算电路或微分运算电路，同相比例和反相比例电路叠加后可构成差分放大电路，这些电路除了可进行相应的信号运算外，在实际工程中还可用来完成特定的电路功能，如反相比例电路和差分放大电路可实现 I/V 转换，积分器或微分器可用来进行波形变换等。

习题 2

2.1　设集成运放的开环电压增益 A_{vo} 为 10^6，输入电阻 R_i 为 500kΩ，电源电压为±12V。试求：当输出电压的极值 V_{om} 分别为±12V 时，与之对应的差分输入信号 $v_{id}=v_P-v_N$ 分别为多少？对应的输入电流又是多少？

2.2　同相比例放大电路与反相比例放大电路相比较，哪一个输入电阻大？哪一个输入电流小？

2.3　图题 2.3 是由单个理想运放构成的电路，试求输出电压 v_o。

2.4　电路如图题 2.4 所示，设运放 A 为理想器件，试画出电压传输特性 $V_o=f(V_i)$ 的曲线，标出有关的电压值，并说明输入电压 V_i 的线性动态范围。

2.5　电路如图题 2.5 所示，设运放 A 为理想器件，试求输出电压 v_o、电流 i_o、i_L 和平衡电阻 R_P。

2.6　求图题 2.6 所示电路的输出电压 v_o。

2.7　在图题 2.7 所示电路中，为了保证电路的增益≥40dB，试估算电阻 R_4 的范围。

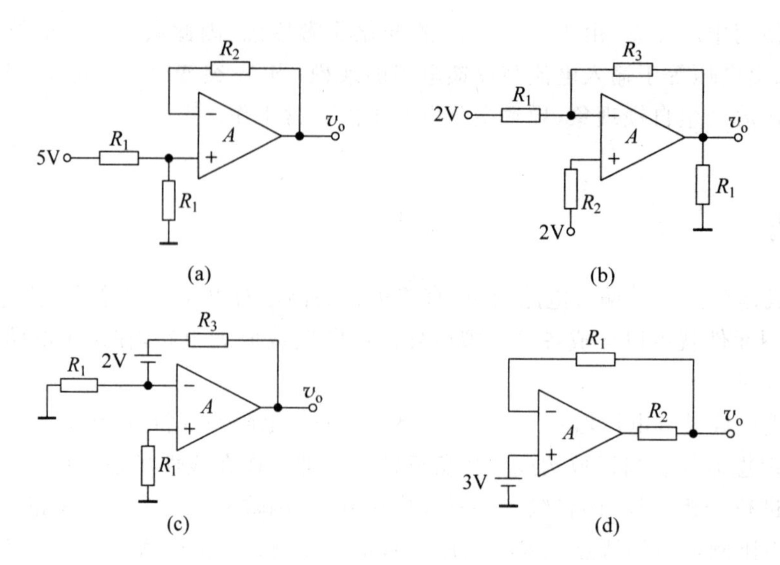

图题 2.3

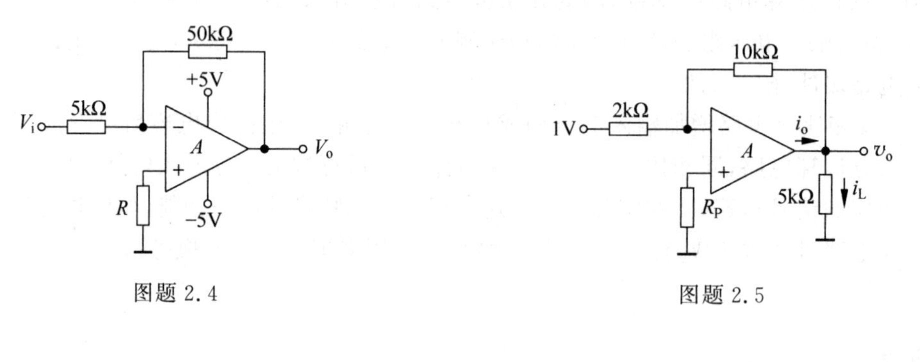

图题 2.4

图题 2.5

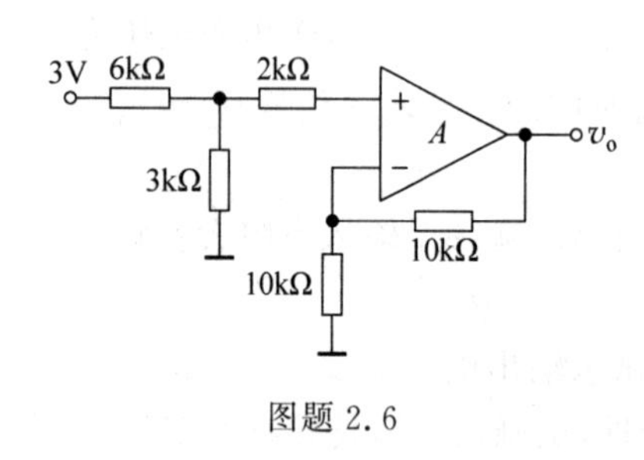

图题 2.6

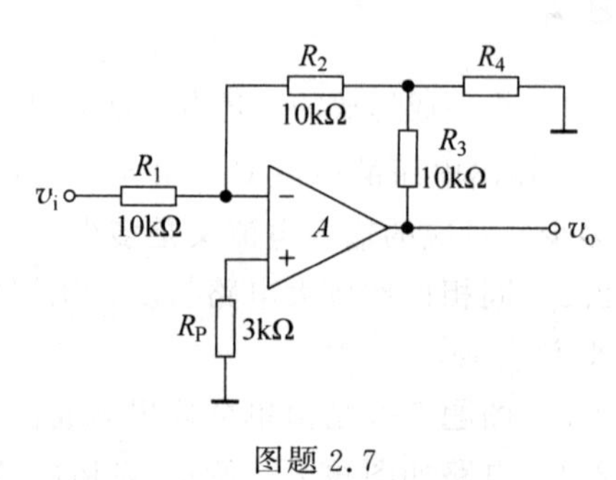

图题 2.7

2.8 在图题 2.8 所示的放大电路中，求输出电压 v_o 的表达式。

2.9 含有两个运放的放大电路如图题 2.9 所示，试证明电路的电压增益 $A_v=\dfrac{v_o}{v_i}=\dfrac{G_1-G_2}{G_3-G_4}$。

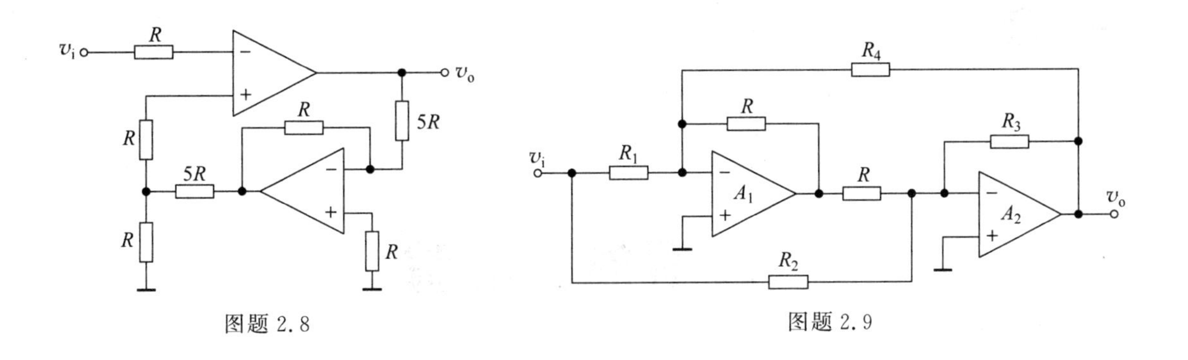

图题 2.8　　　　　　　　图题 2.9

2.10　求图题 2.10 所示电路的输出电压 v_o。

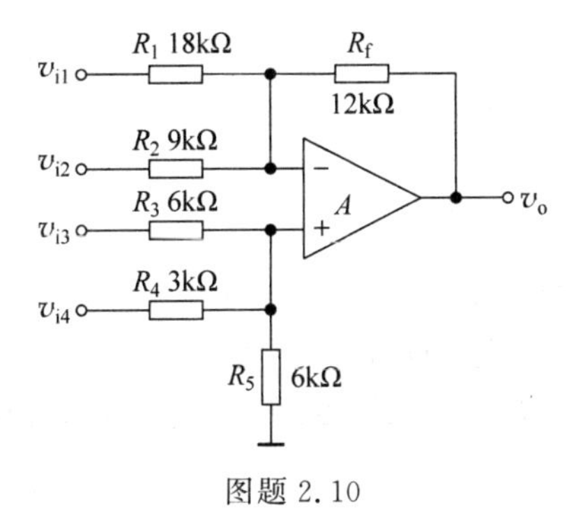

图题 2.10

2.11　电路如图题 2.11(a)所示，设 A_1 为理想运放，电容器上的初始电压为零。试求：(1)输出电压 v_o 的表达式。(2)若 $R_1=1\text{k}\Omega$，$R_2=2\text{k}\Omega$，$C=1\mu\text{F}$，输入信号如图题 2.11(b)所示，试画出 v_o 的波形图，并标明电压值。

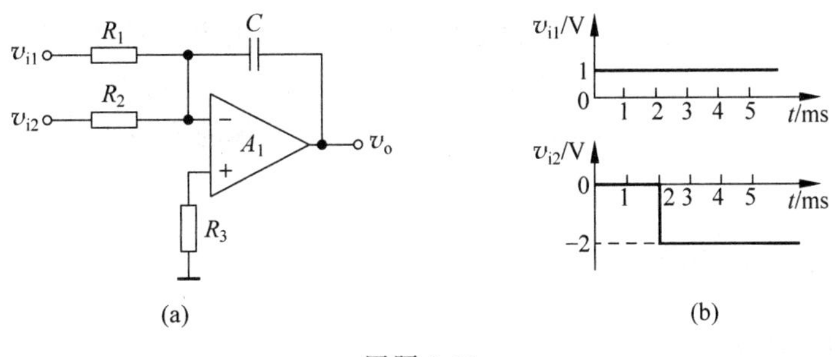

图题 2.11

第3章

半导体二极管

本章首先介绍半导体的基础知识，介绍了半导体的一系列概念。随后讨论PN结，作为半导体器件的基础，着重讨论二极管的结构、工作原理、伏安(I-V)特性曲线和主要的参数，介绍二极管的等效电路模型和典型的应用电路，讨论二极管电路的分析方法。最后介绍两种特殊的二极管：齐纳二极管和发光二极管。

3.1 半导体基础知识

3.1.1 半导体材料

半导体材料的导电性能介于导体和绝缘体之间，当今的电子器件和集成电路都是基于高质量的半导体材料来构建的。半导体具有不同于导体或者绝缘体的特性，其导电性能会随着掺杂、温度和光照而发生显著的变化。为了理解半导体的这些特点，必须先了解半导体物理的基本知识。

3.1.2 本征半导体

1. 半导体的共价键结构

本征半导体是指纯净的、不含杂质且结构完整的半导体。在电子器件中，硅(Si)、锗(Ge)和砷化镓(GaAs)是三种最常见的半导体，之所以选择这三种半导体材料，是有其特定的原因的。为了理解这一点，需要从其原子结构来分析。原子的基本组成部分包含了电子、质子和中子。在原子的晶体结构中，质子和中子形成了原子核，电子处于原子核周围的固定轨道上。图3.1.1给出了简化的Si、Ge和GaAs的玻尔模型。

如图3.1.1所示，Si有14个轨道电子，Ge有32个轨道电子，Ga有31个轨道电子，As有33个轨道电子。对于Si和Ge来说，在最外层轨道上都有4个电子，处于最外层的这4个电子称为价电子。对应的，Ga有3个价电子，As有5个价电子。有几个价电子，就称为

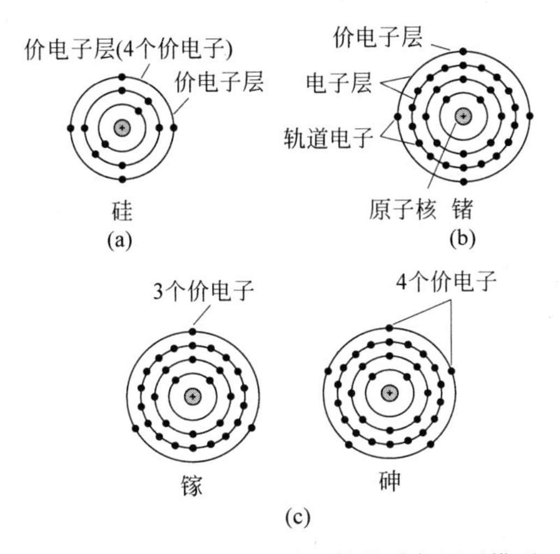

图 3.1.1　硅、锗和砷化镓的简化玻尔原子模型

几价元素。也就是说，Si 和 Ge 为 4 价元素，Ga 为 3 价元素，As 为 5 价元素。由于价电子处于最外层，相对于其他的轨道电子，其受到原子核的束缚力最小。

在纯净的 Si 或者 Ge 单质晶体中，每个原子的 4 个价电子与 4 个相邻的原子以共价键连接，形成有序的排列。如图 3.1.2 所示。图中显示的是二维结构，实际上，半导体晶体结构是三维的。

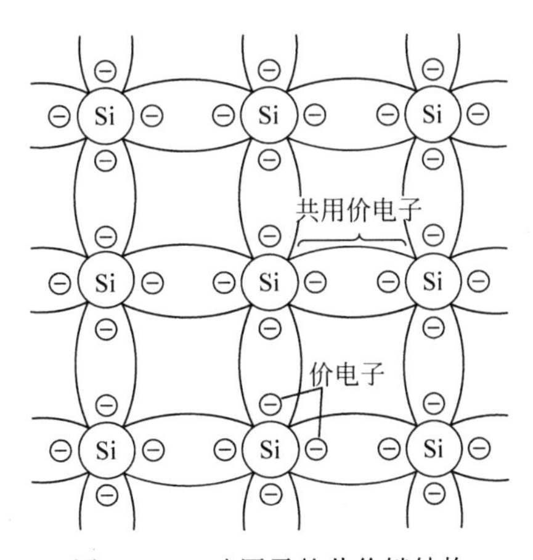

图 3.1.2　硅原子的共价键结构

GaAs 属于化合物半导体，对于 GaAs 晶体，由两种不同的原子共用外层电子形成共价键连接(图 3.1.3)。每个 Ga 原子都被 3 个 As 原子包围，对应每个 As 原子周围被 5 个 Ga 原子包围。

由于硅材料在电子器件中使用最多，我们以硅为例来讨论半导体的特性。实际上 Si、Ge 和 GaAs 具有类似的共价键结构，可以很容易将硅的特性扩展到其他半导体材料。

尽管共价键对价电子的束缚较强，当价电子受到一定强度外界能量的激发时，依然能够挣脱共价键的束缚，呈现出“自由态”的电子，这种现象称为本征激发(图 3.1.4)。本征激发产生的“自由态”电子称为自由电子。自由电子不受共价键的束缚，在外电场作用下，半导体

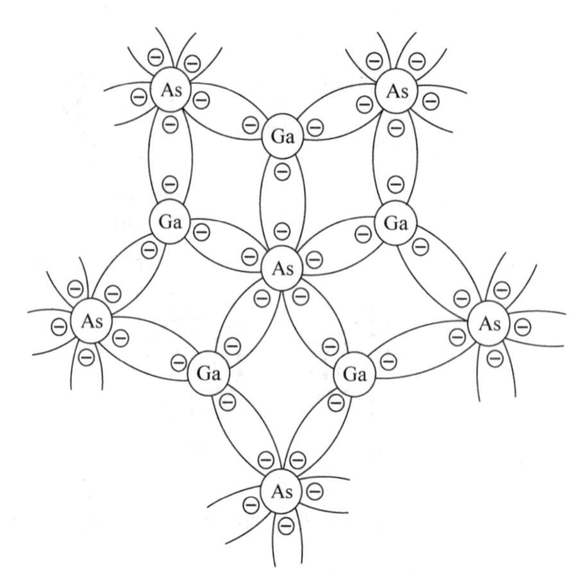

图 3.1.3 砷化镓晶体二维共价键结构

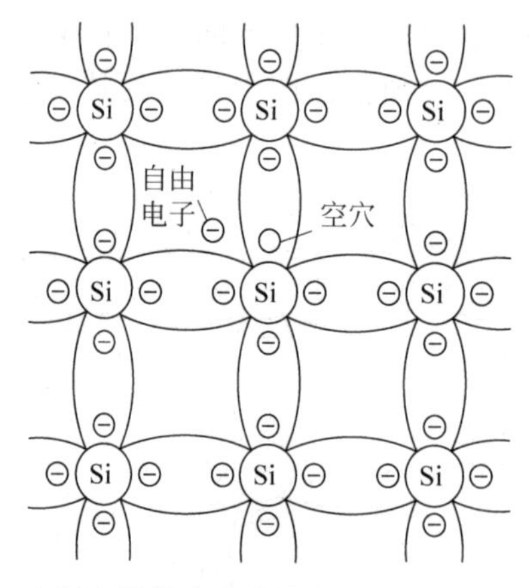

图 3.1.4 本征半导体中电子被激发形成自由电子-空穴对

中的自由电子可以产生定向移动，从而产生电流。激发自由电子的外界能量可以是热能，也可以是光辐射。在室温(300K)条件下，本征硅晶体中的自由电子浓度大约为 $1.5\times10^{10}/cm^3$，与此对应的，硅晶体的原子密度约为 $5\times10^{22}/cm^3$。由于常温条件下本征激发产生的自由电子浓度太低，本征半导体的导电能力并不强。

半导体材料有明显区别于导体材料的温度特性。对于导体材料，当温度升高时，导体内部的自由电子浓度变化不大，但是电子的振动模式会发生改变，从而导致电子在导体内部的持续定向运动变得更加困难，导电能力变差，电阻变大。这种导体材料电阻随温度升高而变大的特性，称导体具有正温度系数。对于半导体材料，当温度升高时，更多的价电子会吸收热能，挣脱共价键的束缚，自由电子的浓度升高，电阻变小。这种半导体材料电阻随温度升高而变小的特性，称为半导体的负温度系数。

2. 空穴

在本征半导体中，电子挣脱共价键的束缚成为自由电子的同时，必然在共价键中留下一个空位，这个空位称为空穴。根据电荷平衡的原理，空穴是带正电的。在本征半导体中，电子和空穴成对产生，也称电子-空穴对。

3. 载流子

运载电荷的粒子称为载流子，当本征半导体处于外加电场时，很容易理解自由电子会产生定向移动，从而形成电流，因此半导体中的电子是载流子。

空穴是由于共价键中电子被激发留下的空位，本身是无法自由移动的。实际上，半导体中的空穴也是载流子。图 3.1.5 给出了空穴移动的机制，左侧相邻共价键中的受束缚电子被足够的能量激发填补右侧的空穴，同时在原来的位置留下一个空穴。电子填补空穴运动的结果就好比是空穴往左移动，电子往右移动，产生了自右向左的电流。空穴参与导电的过程实际反映了共价键中受束缚电子的移动。

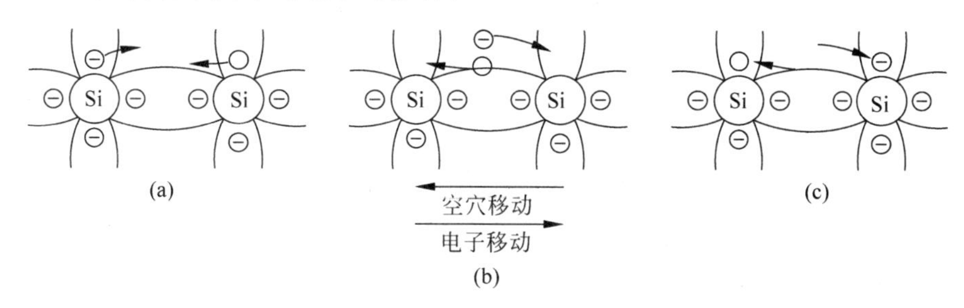

图 3.1.5 空穴作为载流子的运动机制

本征半导体中具有自由电子和空穴两种载流子，这是半导体导电的特殊性质。

4. 本征半导体中的载流子浓度

在本征半导体中，一方面，本征激发以一定的速率成对产生载流子(自由电子和空穴)，温度越高，产生自由电子空穴对的速率越高；另一方面当自由电子与空穴相遇时，自由电子会填补空穴，两者同时消失，该过程称为载流子的复合。在一定的温度下，载流子的产生和复合速率相等，达到动态平衡。也就是说，特定温度下，本征半导体中的载流子的浓度是固定的，且电子和空穴的浓度总相等。

温度升高，热运动加剧，本征半导体中产生更多的自由电子和空穴，载流子浓度升高，半导体的导电能力增强。反之，温度降低，半导体的导电能力减弱。

3.1.3 杂质半导体

在本征半导体材料中引入特定的杂质，可以极大地改变半导体的特性。实际上，掺入杂质的浓度在百万分之一的量级，就足以彻底改变半导体材料的导电性能。经过掺杂处理的半导体称为杂质半导体或者非本征半导体。根据掺入杂质的不同，可以将杂质半导体分为两大类：N 型半导体和 P 型半导体。

1. N 型半导体

在硅晶体中掺入 5 价元素杂质(比如磷)，可以获得 N 型半导体。以掺入磷为例，磷原子最外层有 5 个价电子，如图 3.1.6 所示，当磷原子替代晶格中硅的位置，其外围的价电子与 4 个相邻的硅原子组成共价键，除此之外，还多余 1 个价电子，这个价电子只能位于共价键之外。实际上，这个多余的价电子受到磷原子的束缚很弱，很容易挣脱原子核成为自由电子，可以在晶格中相对自由地移动，这一过程称为电离。由于掺入的杂质磷原子给出了 1 个多余的价电子，因此也称为施主杂质(donor)。

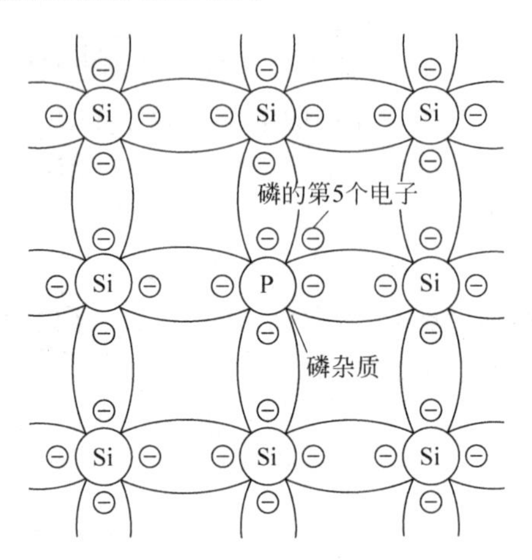

图 3.1.6 磷掺杂 N 型半导体

需要注意的是，如果在 N 型半导体中掺入大量施主杂质，半导体中会出现相应数量的自由电子，即便如此，N 型半导体仍然呈电中性。因为施主杂质原子给出一个自由电子的同时，原来电中性的杂质原子会由于失去 1 个电子而成为 1 个不能移动的正离子，由于杂质电离产生的正离子和自由电子的数目始终是相等的，因此 N 型半导体保持电中性。

与本征半导体不同，在 N 型半导体中，自由电子是由施主杂质电离产生，并不伴随产生相应的空穴，因此 N 型半导体中，自由电子的浓度远大于空穴的浓度，自由电子为多数载流子，空穴为少数载流子。N 型半导体主要依靠电子导电，也称为电子型半导体。

2. P 型半导体

在硅晶体中掺入 3 价元素杂质(比如硼)，可以获得 P 型半导体。以掺入硼为例，硼原子最外层有 3 个价电子，如图 3.1.7 所示，当硼原子替代晶格中硅的位置，其外围的价电子与 4 个相邻的硅原子组成共价键时，4 个共价键中会有 1 个因为缺少 1 个电子而出现 1 个空穴。这个空穴很容易由相邻共价键中的价电子填补，能“接受”1 个电子，因此这里的硼原子也称为受主杂质(acceptor)。

在 P 型半导体中掺入大量的受主杂质，半导体中会出现相应数量的空穴。此时 P 型半导体仍然呈电中性，其原理与 N 型半导体类似。受主杂质原子“接受”1 个电子的同时，原来电中性的杂质原子会由于得到 1 个电子而成为 1 个不能移动的负离子。

在 P 型半导体中，空穴由受主杂质引起，并不伴随产生相应的电子，因此 P 型半导体中，空穴的浓度远大于自由电子的浓度，空穴为多数载流子，自由电子为少数载流子。P 型半导体主要依靠空穴导电，也称为空穴型半导体。

3. 载流子的漂移与扩散

在热能激发下，半导体当中的载流子运动是杂乱无章的随机运动，载流子在任意方向的

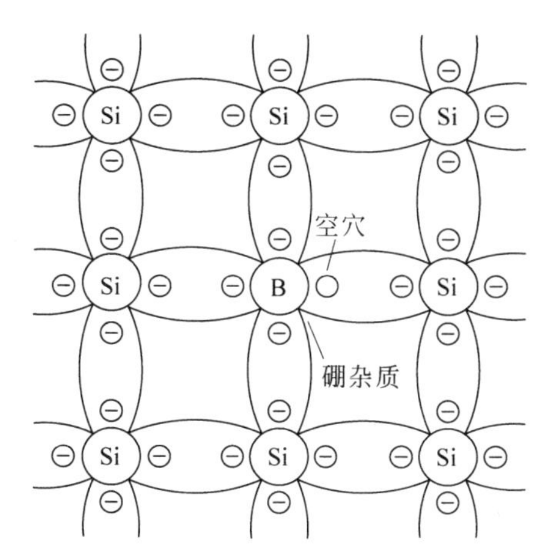

图 3.1.7 硼掺杂 P 型半导体

平均速度为零，因而不形成电流。在半导体中，载流子的定向运动会产生电流。通常产生载流子定向运动的机制有两种：漂移与扩散。

1）漂移

当半导体处于外电场 E 作用下，根据载流子所带电荷的特性，空穴将沿着电场方向运动，电子沿电场反方向运动。载流子处于电场作用下的定向运动称为漂移运动，由漂移运动产生的电流叫作漂移电流。

载流子的平均漂移速度与半导体所处外电场 E 成正比。对于电子而言，假设 V_n 为电子的平均漂移速度，有

$$V_n = -\mu_n E$$

式中，μ_n 为电子的迁移率，负号表明电子的漂移速度矢量与电场方向相反。

对于空穴而言，假设 V_p 为空穴的平均漂移速度，有

$$V_p = \mu_p E$$

式中，μ_p 为空穴的迁移率。

在半导体中，由于空穴的移动实际上是受共价键束缚的电子的移动，因此通常空穴的移动能力要比自由电子差。也就是说，半导体中电子的迁移率要大于空穴的迁移率。在室温下，硅材料中的电子迁移率大约是空穴迁移率的 3 倍。因此，在高频模拟电路中，电子导电器件比空穴导电器件具有速度上的优势。

2）扩散

当半导体局部受到光照，或者有外部载流子注入时，其内部的载流子分布会变得不均匀，出现载流子浓度差，此时载流子会从浓度高的区域向浓度低的区域运动，这种由浓度差引起的运动称为扩散运动，由扩散运动产生的电流称为扩散电流。在半导体内，还可能由于制造工艺或者运行机制的原因，使得某一特定的区域内的空穴或电子浓度高于正常值，此时也会形成载流子从高浓度区域向低浓度区域的扩散。需要强调的是，扩散作用主要取决于载流子的浓度梯度（浓度差），而不是载流子的绝对浓度。

3.2 PN 结的形成及特性

3.2.1 PN 结的形成

当 P 型半导体和 N 型半导体“结合”在一起时，交界面就会形成 PN 结。实际上，PN 结是通过在同一半导体基片的两个相邻区域分别掺入 3 价和 5 价元素，从而形成 P 型区和 N 型区而形成的。由于 P 型半导体中空穴为多子，因此 P 型区含有高浓度的空穴。类似的，N 型区含有高浓度的电子。在 P 型和 N 型半导体的交界面，存在着明显的空穴和电子浓度差，从而出现载流子的扩散。即 P 型区的空穴向 N 型区扩散，N 型区的电子向 P 型区扩散，在此过程中，形成由 P 区流向 N 区的扩散电流 I_D(图 3.2.1)。在相互扩散的过程中，P 区一侧的空穴扩散到 N 区，与 N 区的电子复合。对应的，N 区一侧的电子扩散到 P 区，与 P 区的空穴复合。最终的结果，在交界面附近的 P 区和 N 区分别留下带负电的受主离子和带正电的施主离子。这些带电的离子不能任意移动，不参与导电。交界面附近形成的这一充满带电离子的区域，称为空间电荷区，该区域是一个很薄的特殊物理层，称为 PN 结。在空间电荷区内，由于多数载流子扩散到对方并被复合掉了，或者说被“耗尽”掉了，因此空间电荷区也称耗尽区(图 3.2.2)。

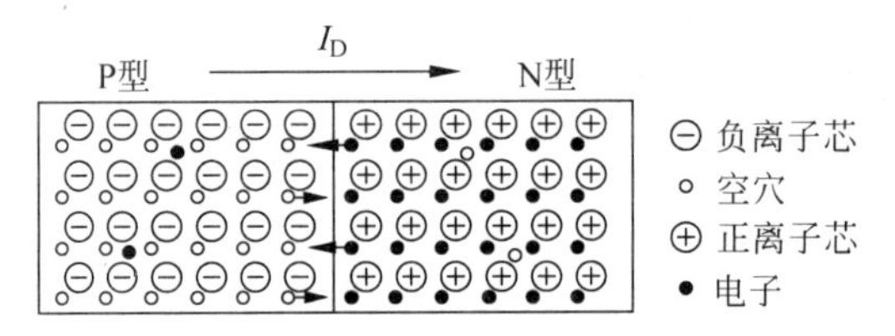

图 3.2.1 载流子的扩散

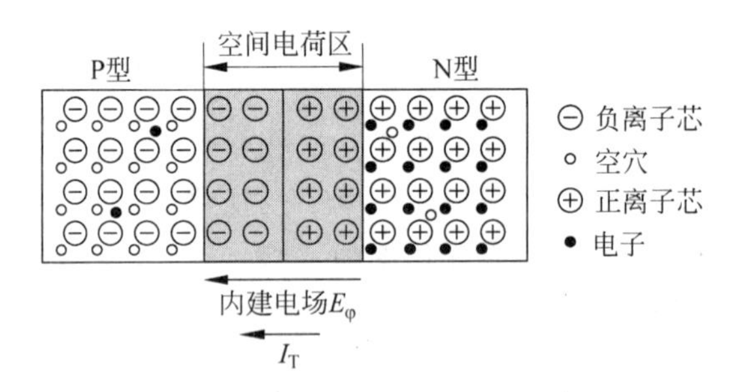

图 3.2.2 平衡状态下的 PN 结

在空间电荷区，由于 P 区带负电的离子和 N 区带正电的离子的相互作用，会形成一个由 N 区指向 P 区的电场，这个电场由 PN 结内部形成，称为内建电场。该电场阻碍多子的扩散运动，但它有利于少子的漂移运动，使得 P 区的少子电子和 N 区的少子空穴向对方漂移，从而形成由 N 区流向 P 区的漂移电流 I_T。漂移电流与扩散电流的方向相反。

扩散运动和漂移运动是两种相互联系又相互对立的运动，在 PN 结形成的开始，由于载流子浓度梯度大，以多子的扩散运动为主，随着多子扩散的进行，空间电荷区留下的带电离子逐渐增多，空间电荷区变宽，内建电场增强，从而使得多子的扩散运动减弱。与此同时，少子的漂移运动增强。漂移运动使得空间电荷区的带电粒子减少，空间电荷区变窄。最终，当漂移电流和扩散电流相等时，空间电荷区达到动态平衡，PN 结形成。此时没有净电流流过 PN 结。平衡状态下，空间电荷区的宽度一定。由于空间电荷区对多子的扩散具有阻挡作用，多子扩散到对方需要越过一个能量高度（克服内建电场），因此空间电荷区也称为势垒区。

空间电荷区的宽度取决于 PN 结的掺杂浓度。假设 PN 结两侧掺杂浓度不同，以 N 区一侧掺杂浓度较高为例，施主杂质电离产生的正离子密度比 P 区一侧受主杂质电离产生的负离子密度高。由于 PN 结内部 P 区一侧的负离子数与 N 区一侧的正离子数几乎相等，空间电荷区在 N 区一侧较窄（图 3.2.3）。反之，若 N 区一侧杂质浓度较低，则该侧电荷密度小，该侧空间电荷区较宽。

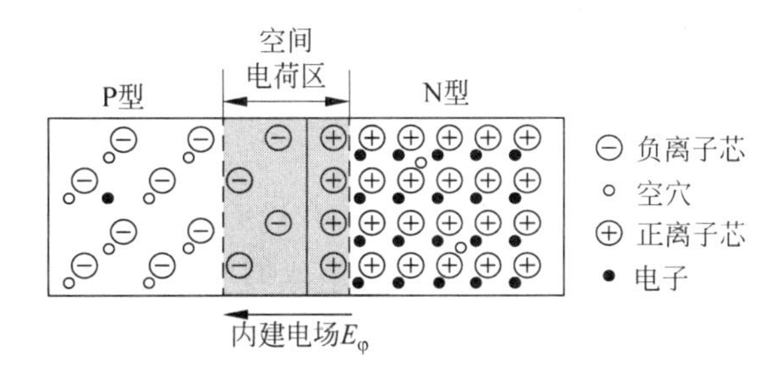

图 3.2.3　非平衡掺杂导致的空间电荷区宽度不对称

3.2.2　PN 结的单向导电性

前面所述的是 PN 结没有外加电压时的情况，称为平衡状态下的 PN 结。处于平衡状态下的 PN 结，其内建电场为 E_φ，阻碍多子扩散运动，有利于少子的漂移运动。在 E_φ 的作用下，载流子的扩散运动和漂移运动处于动态平衡。在 PN 结的两端外接电源时，PN 结呈现出单向导电性。

1. 正向偏置的 PN 结

当 PN 结外加电压 V_F 的正端接 P 区，负端接 N 区时，称 PN 结正向偏置，简称正偏（图 3.2.4）。此时 P 区电位高于 N 区，外加电压形成的外加电场 E_F 与 PN 结的内建电场 E_φ 方向相反。外加电场与内建电场的叠加结果使空间电荷区总的电场被削弱，PN 结的平

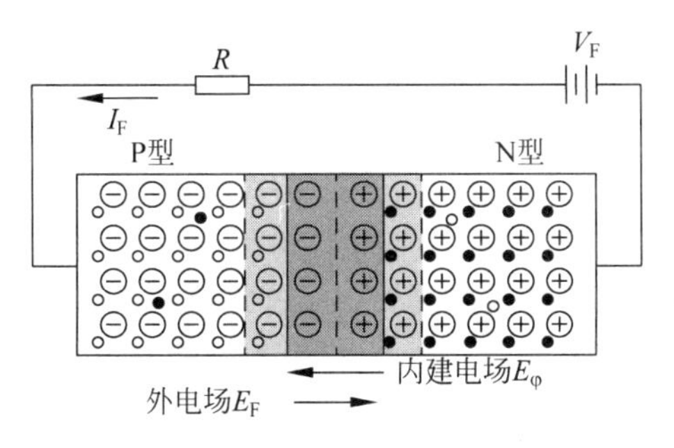

图 3.2.4　正向偏置的 PN 结

衡状态被打破，平衡状态下被阻碍的多子扩散过程得以继续，即 P 区的多子空穴和 N 区的电子均向 PN 结移动。在这一过程中，P 区的空穴向 PN 结移动，中和一部分负离子；N 区的电子向 PN 结移动，中和一部分正离子。结果，空间电荷区的电荷量减少，耗尽区变窄。需要注意的是，PN 结正偏时，在空间电荷区的载流子数目很少，其相对于空间电荷区之外的 P 区和 N 区是高阻区，因此外加电压 V_F 几乎都作用在空间电荷区。

在 PN 结正偏条件下，由于内建电场 E_φ 与外加电场叠加使 PN 结总的电场强度被削弱，有利于 P 区和 N 区多子的扩散运动，不利于少子的漂移运动。此时多子扩散运动胜过少子漂移运动，扩散运动起主导作用。多子的扩散将产生净扩散电流，在外电路形成一个流入 P 区的正向电流 I_F。

外加正偏电压越大，PN 结电场越弱，扩散电流也越大。在正常工作范围内，正向电流 I_F 会由于外加电压的变化而产生显著的变化，即正偏的 PN 结表现为一个阻值很小的电阻，因此通常称正偏的 PN 结是导通的。导通状态下的 PN 结上压降较小，基本不随外加偏置电压的变化而变化。

2. 反向偏置的 PN 结

当 PN 结外加电压 V_R 的正端接 N 区，负端接 P 区时，称 PN 结反向偏置，简称反偏（图 3.2.5）。此时 N 区电位高于 P 区，外加电压形成的外加电场 E_R 与 PN 结的内建电场 E_φ 方向相同。外加电场与内建电场的叠加结果使空间电荷区总的电场增强，PN 结的平衡状态被打破，平衡状态下被阻碍的多子扩散过程被进一步抑制，即 P 区的多子空穴和 N 区的电子均进一步离开 PN 结。在这一过程中，P 区的空穴远离 PN 结留下一部分负离子，N 区的电子远离 PN 结留下一部分正离子。结果，空间电荷区的电荷量增加，耗尽区变宽。

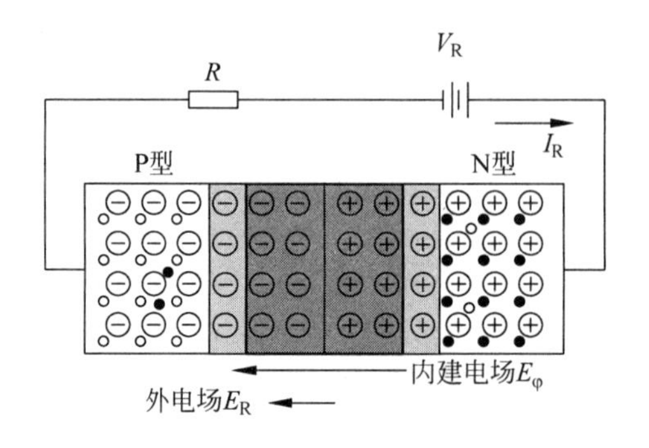

图 3.2.5 反向偏置的 PN 结

在 PN 结反向偏置条件下，由于内建电场 E_φ 与外加电场叠加使 PN 结总的电场强度被加强，进一步阻碍 P 区和 N 区多子的扩散运动，有利于少子的漂移运动。此时多子的扩散电流趋近于零，漂移运动起主导作用。少子的漂移将产生漂移电流，在外电路形成一个流入 N 区的反向电流 I_R。

由于半导体中少子的浓度很低，数量很少，因此反向电流 I_R 很容易达到一个“饱和”值。即便如此，由于少子数量太少，I_R 是很微弱的，硅管的 I_R 通常为 μA 级。需要注意的是，少子主要由本征激发产生，其浓度随着温度的升高而增加，因此当温度升高时，I_R 变大。由于 PN 结在反向偏置时，在外电路产生的反向饱和电流 I_R 极小，通常反向电流 I_R 远远

小于正向电流($|I_R| \ll I_F$),反偏的 PN 结表现为一个阻值很大的电阻,通常可以认为,反偏 PN 结不导通,称 PN 结反向截止。

3.2.3 PN 结的反向击穿

PN 结反偏状态下,其两端的电压并不是可以无限制增大的,当加在 PN 结上的反向偏置电压 V_R 超过一定值时,反向电流会急剧增大,这种现象称为 PN 结的反向击穿(breakdown),发生击穿时对应的反向电压 V_{BR} 称为反向击穿电压。从击穿的机理来区分,可以将 PN 结的反向击穿分为两种:雪崩击穿和齐纳击穿。

1. 雪崩击穿

当 PN 结掺杂浓度较低时,其对应的空间电荷区较宽。随着反偏电压的增加,空间电荷区中的电场随之增强,少数载流子通过空间电荷区时,有足够的空间被强电场不断加速,从而获得足够的动能,具备足够动能的少数载流子与晶体中的原子发生碰撞时,能够使共价键中的价电子脱离共价键,碰撞出新的电子-空穴对,这一过程称为碰撞电离。新产生的载流子同样会被电场加速获得足够的动能,继续发生碰撞电离,产生更多的电子-空穴对,形成载流子的倍增效应。该连锁反应使得空间电荷区中载流子数目急剧增加,类似于陡峭的积雪山坡上发生雪崩一样,因此称为雪崩击穿。

2. 齐纳击穿

当 PN 结掺杂浓度较高时,其对应的空间电荷区较窄。随着反偏电压的增加,少数载流子通过空间电荷区时,没有足够的空间被电场加速而获得碰撞电离所需的动能。但是由于空间电荷区很窄,在不大的反偏电压下,PN 结的空间电荷区会产生很强的电场,该电场能够破坏共价键对价电子的束缚,将电子从共价键拉出,产生新的电子-空穴对。新产生的载流子在电场作用下,形成较大的反向电流,这一个过程称为场致激发。场致激发产生大量的载流子,使得 PN 结的反向电流急剧增大,该击穿称为齐纳击穿。

PN 结发生反向击穿后,如果反偏电压降低,PN 结仍然可以恢复到原来的工作状态,这种击穿称为电击穿。在反向电压和反向电流的乘积不超过 PN 结允许的耗散功率的前提下,电击穿是可逆的,因此电击穿可以被人们所利用。一旦反向电压和反向电流的乘积超过 PN 结容许的耗散功率,PN 结就有可能因为过热而烧毁,发生热击穿,这一过程是不可逆的,所以热击穿应当尽量避免。

3.2.4 PN 结的电容效应

当 PN 结应用于高频信号或者作为开关器件使用时,必须考虑其电容特性,PN 结表现出的电容大小和特性与外加电压密切相关。PN 结主要体现为两种电容效应:扩散电容和势垒电容。

1. 扩散电容

当 PN 结处于正偏时,P 区的空穴和 N 区的电子相互扩散,在这一过程中,部分电子和空穴在空间电荷区相遇发生复合,剩余的部分继续向对方扩散,结果导致在靠近 PN 结边缘的区域形成载流子的累积,累积的载流子浓度在 PN 结边缘要高于距结稍远处的浓度。正向电流越大,在 PN 结边缘累积的载流子数目就越多。这种随外加正偏电压变化,对应存储的电荷量变化的现象,就是PN结的扩散电容效应(图3.2.6)。PN结在正偏时,积累在P区的电子和N区的空穴随正向电压增加而快速增加,扩散电容较大。扩散电容用符号C_D表示。反偏时,由于载流子很少,扩散电容可以忽略不计。

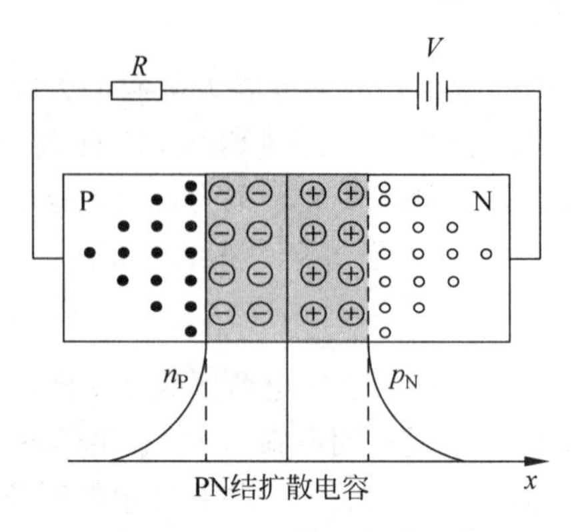

图3.2.6 PN结的扩散电容

2. 势垒电容

当PN结处于反偏时,当外加电压增加,PN结电场增强,多数载流子被拉出远离PN结,势垒区变宽。反之,反偏电压减小,势垒区变窄。势垒区宽度的变化意味着这一区域内存储的正、负离子电荷数量的变化,这一现象类似于电容器两极板上电荷的变化。此时PN结呈现的电容称为势垒电容(图3.2.7)。势垒电容用符号C_B表示。

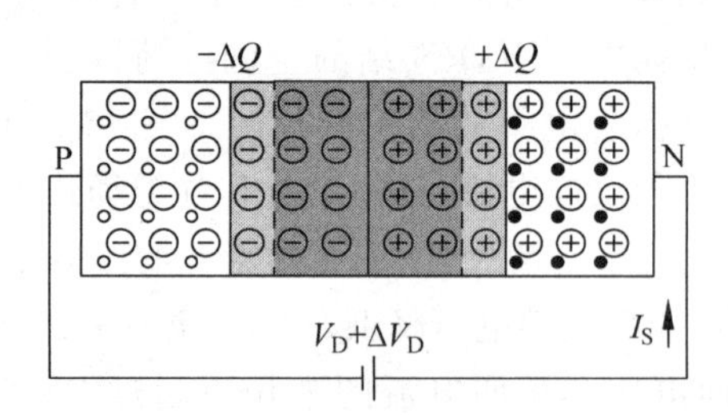

图3.2.7 PN结的势垒电容

扩散电容和势垒电容综合反映了PN结的电容效应,两者之和称为PN结的结电容,用符号C_J表示。

$$C_J = C_D + C_B$$

通常PN结的结电容很小,为pF量级,在低频下其作用几乎可以忽略不计。在高频应用时,必须考虑PN结电容的影响。PN结正偏时,结电容的大小主要由扩散电容决定,PN结反偏时,结电容的大小主要由势垒电容决定。

3.3 二极管

从PN结两端的P区和N区分别引出金属引线作为正极和负极,并将PN结进行封装,就构成了晶体二极管。

3.3.1 二极管的分类和结构

半导体二极管的种类很多,分类方式也有很多种。比如根据构成二极管的半导体材料不同,二极管可以分为硅管、锗管、砷化镓管、氮化硅管等。按照二极管的用途,可以将二极管分为整流管、开关管、检波管和特殊用途二极管等。更一般的,可以根据二极管的结构,将二极管分为点接触型、面接触型和平面型(见图 3.3.1)。

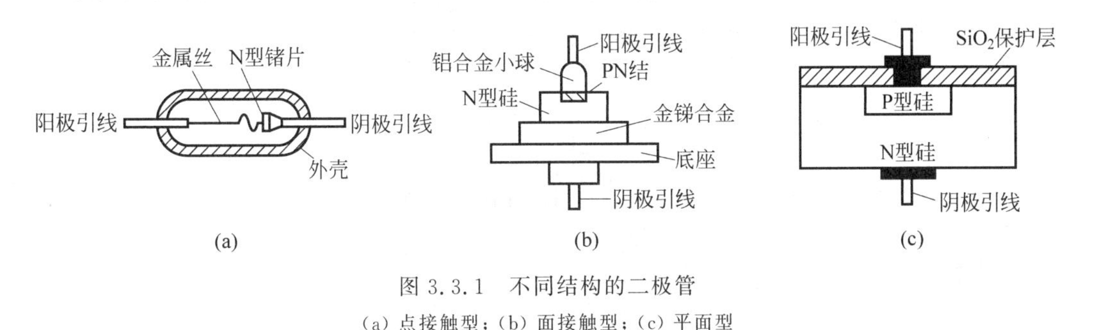

图 3.3.1 不同结构的二极管

(a) 点接触型;(b) 面接触型;(c) 平面型

点接触型二极管通常由一根金属丝与半导体表面熔接形成 PN 结,点接触型二极管的特点是结面积小,对应的结电容小,因此允许通过的电流小,最高工作频率高。点接触型二极管适用于开关元件。

面接触型二极管的 PN 结是通过合金法或者扩散法,由铝合金球与 N 型半导体相互渗透而形成的。面接触型二极管的特点是结面积大,对应的结电容大,因此允许通过的电流大,但对应的工作频率较低,通常适合作为整流管。

平面型二极管利用集成电路工艺制造,其结面积可大可小,小的结面积可在高频下工作,而大的结面积可通过较大的电流。平面型二极管是集成电路中常见的一种形式。

3.3.2 二极管的伏安特性

二极管伏安特性反映了流过二极管的电流与加在二极管两端的电压之间的关系。其理想的伏安特性由 PN 结电流方程给出。根据半导体理论分析,PN 结的伏安特性可以由一个指数方程来描述:

$$i_D = I_S(e^{v_D/V_T} - 1) \tag{3.3.1}$$

式中,i_D 为通过 PN 结的电流;I_S 为反向饱和电流,对于分立器件,其典型的值小于 10nA。e 是自然对数的底;v_D 为 PN 结两端外加电压;V_T 为温度的电压当量,常温下 $T=300\text{K}$,

$$V_T = \frac{kT}{q} = 0.026\text{V} = 26\text{mV} \tag{3.3.2}$$

式中,$k=1.38\times10^{-23}\text{J/K}$,为玻耳兹曼常数;$T$ 为热力学温度;$q=1.6\times10^{-19}\text{C}$,为电子的电荷。

图 3.3.2 给出了实际二极管的伏安特性,可以看到,二极管是一个非线性器件,对二极管的电流电压特性,一般从三个方面分析。

1. 正向特性

当二极管正偏,且 $v_D>4V_T$ 时,由于 $e^{v_D/V_T}\gg 1$,二极管的伏安特性方程可以近似为一

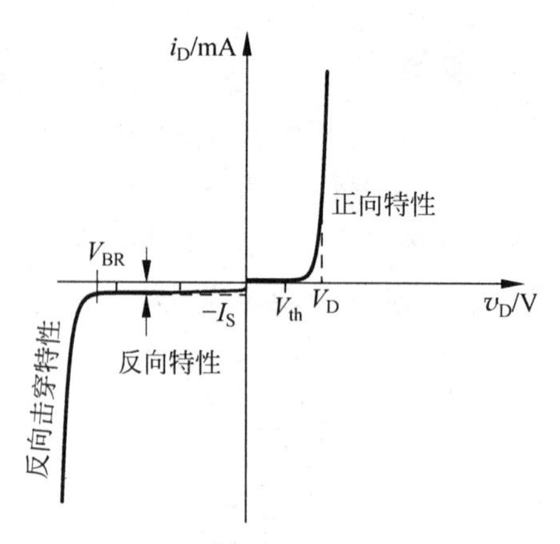

图 3.3.2 二极管的伏安特性

个指数方程：

$$i_D \approx I_S e^{v_D/V_T} \tag{3.3.3}$$

在正向电压较小的时候，外加电场还不足以克服 PN 结内建电场，此时，正向电流非常小，几乎为零。当正向电压超过一定的值，内建电场明显削弱，二极管电流迅速增长。这个电压值称为门槛电压，或者开启电压，记为 V_{th}。对于硅管来说，门槛电压大约为 0.5V，锗管的门槛电压大约为 0.1V。在二极管导通后，电流变化范围很大，但是电压变化范围却很小，通常近似认为导通情况下的二极管有一个固定的压降，这个压降称为二极管正向导通压降，记为 V_D。对于硅管来说，导通压降约为 0.7V，锗管的导通压降约为 0.2V。

2. 反向特性

当二极管反偏，且 $v_D < |4V_T|$时，由于 $e^{v_D/V_T} \approx 0$，二极管的伏安特性方程可以写为

$$i_D \approx -I_S \tag{3.3.4}$$

在反向电压作用下，少数载流子很容易通过漂移运动穿越 PN 结，但由于少数载流子浓度太低，只能形成很小的反向饱和电流，此时，称二极管处于反向截止状态。

由于反向饱和电流由少子漂移决定，而少子由本征激发产生，因此，当温度升高时，本征激发增强，少子浓度增加，二极管的反向饱和电流明显增大。一般情况下，硅管的反向饱和电流至少比锗管小 3 个数量级。

3. 反向击穿特性

当反向电压超过一定的值，反向电流急剧增大，此时二极管处于反向击穿状态。对应的电压值称为反向击穿电压 V_{BR}。

3.3.3 二极管的主要参数

(1) 最大整流电流 I_F，指二极管长期工作时允许通过的最大正向平均电流，I_F 与 PN 结的结面积和外界的散热条件有关。若二极管通过的电流过大，PN 结可能会因为过热而烧毁。

(2) 最大反向工作电压 V_{RM}，指二极管在工作状态下所容许的反向电压的峰值。在反偏电压过大的情况下，二极管会被击穿，为了安全冗余，通常情况下二极管标示的最大反向

工作电压 V_{RM} 是击穿电压 V_{BR} 的 1/2。

(3) 反向电流 I_R，指二极管未被击穿时的反向电流，其值越小，二极管的单向导电性越好。一般情况下反向电流会标注测定时的温度和反向电压。

(4) 最高工作频率 f_{max}，当加在二极管上的交流电压频率超过 f_{max} 时，二极管的单向导电性变差，该参数与二极管的极间电容和反向恢复时间密切相关。

3.4 二极管简化模型及基本应用电路

3.4.1 二极管的简化模型及等效电路

前面所述二极管的 *I-V* 特性是非线性的，具有指数形式，也称为指数模型，借助计算机辅助的迭代算法，可以对二极管电路进行精确求解。然而在工程应用上，利用指数模型直接计算比较复杂，通常可以利用简化的二极管模型来代替二极管的非线性特性，从而简化分析过程。将指数模型分段线性化，通过线性近似，可以得到二极管特性的等效模型。

1. 理想模型

图 3.4.1(a)给出了理想模型的伏安特性，用一条与 *X* 轴负半轴重合的直线，代表反偏时二极管的伏安特性，表明二极管在反偏时，电流为 0。用一条与 *Y* 轴正半轴重合的直线，代表正偏时二极管的伏安特性曲线，表明二极管在正偏时，其压降为 0。为了区别于实际二极管，理想模型用实心三角形符号来表示，如图 3.4.1(b)所示。理想二极管在电路中可以等效为一个理想开关，二极管正向导通时，相当于开关闭合，二极管两端压降为 0，其电流与外围电路相关。反向截止时，相当于开关断开，流过二极管的电流为 0，两端电压与外围电路相关。

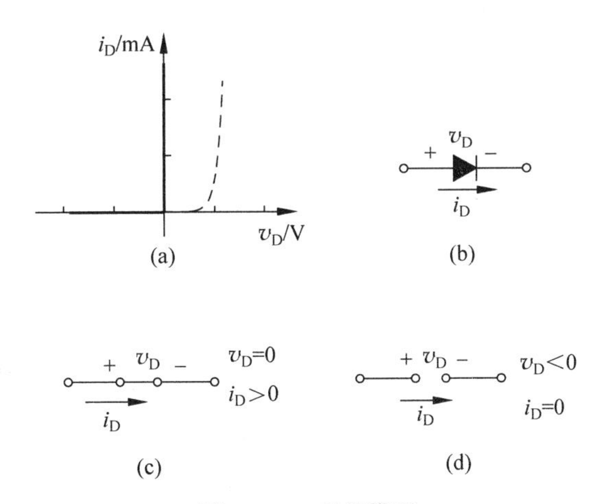

图 3.4.1 理想模型

(a) 伏安特性；(b) 代表符号；(c) 正向偏置电路模型；(d) 反向偏置电路模型

与虚线表示的指数模型比较，理想模型存在明显的误差。尽管如此，电路中电源电压比较大时，使用理想模型分析非常简便。

2. 恒压降模型

实际上，二极管在导通时，其两端是有一定的导通压降的，考虑这一因素，可以采用恒压降模型。图 3.4.2(a)给出了恒压降模型的伏安特性，恒压降模型认为导通状态下二极管压降 V_D 是恒定的，对于硅二极管，V_D=0.7V，对于锗二极管，V_D=0.2V，恒压降模型用一个理想二极管和一个电压源串联来表示其电路模型。

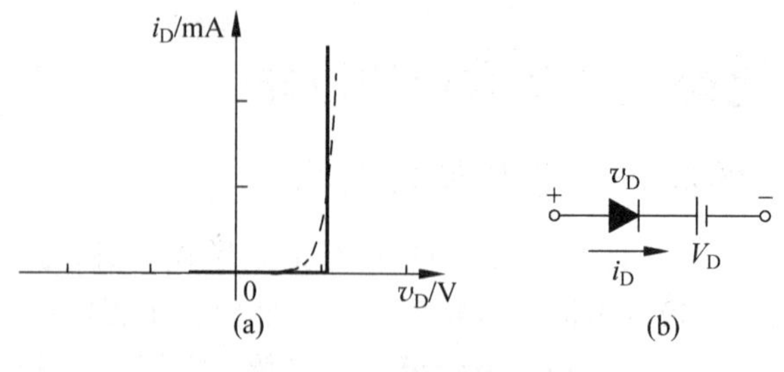

图 3.4.2　恒压降模型

(a) 伏安特性；(b) 电路模型

恒压降模型由于考虑了二极管的导通压降，因此精度得到明显提高，在工程上应用比较广泛。

3. 折线模型

在恒压降模型的基础上，作进一步修正，可以采用折线模型，折线模型认为二极管在正向偏置的状态下，其压降不是恒定的，而是随着通过二极管电流的增加而增加，折线斜率为 $1/r_D$。在其电路模型中引入一个电源和电阻来做近似(图 3.4.3)。电源电压为二极管的门槛电压，电阻值为折线斜率的倒数。

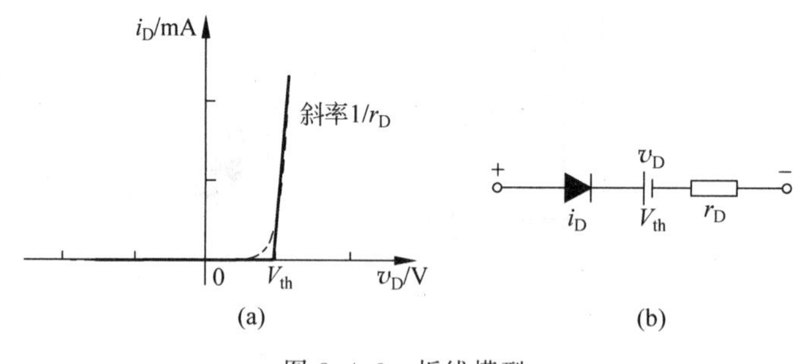

图 3.4.3　折线模型

(a) 伏安特性；(b) 电路模型

相比于前面两种模型，折线模型更接近于真实的二极管伏安特性，精度更高，但利用该模型计算也更复杂。

4. 小信号模型

当二极管工作在一定的直流电压和电流下，叠加低频小信号作用时，可以等效为一个动态电阻。图 3.4.4(a)所示电路中，除直流电源 V_{DD} 之外，还叠加了低频小信号电源 v_s。当 v_s=0 时，电路中只有直流量，二极管两端的压降和流过的电流对应图 3.4.4(b)中的 Q 点，Q 点反映了电路的直流工作状态(静态)，Q 点称为直流工作点。当 v_s 是一个不为零的微小低频信号时，二极管产生的电压电流变化量如图3.4.4(b)所示，其工作点在Q′和Q″之间移动，此时二极管可以等效为一个动态微变电阻r_d。

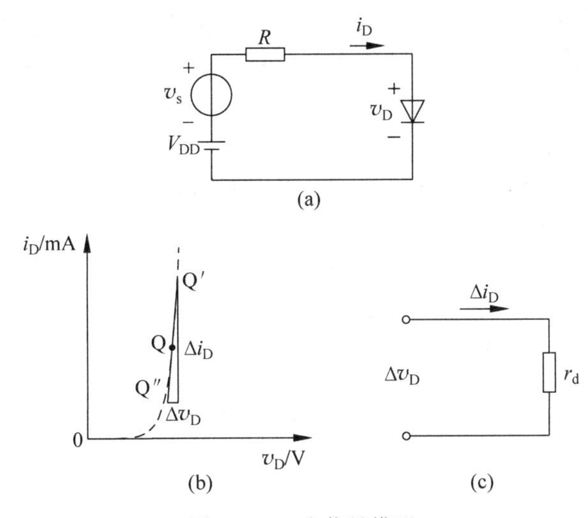

图3.4.4　小信号模型

(a) 直流交流电压源同时作用的二极管电路；(b) 伏安特性；(c) 电路模型

叠加交流小信号v_s之后，电压电流在静态工作点Q点附近的Q′和Q″之间小范围变化，可以用过Q点与伏安特性曲线相切的一段直线来代替Q′和Q″之间指数曲线。该切线就描述了二极管的线性小信号模型，其斜率的倒数就是小信号模型的微变电阻r_d，其表达式为

$$r_d = \left.\frac{\Delta v_D}{\Delta i_D}\right|_Q \tag{3.4.1}$$

根据二极管的伏安特性方程，取v_D对i_D的微分，可以求得微变电阻，即

$$r_d = \frac{dv_D}{di_D} = \frac{dv_D}{d[I_S(e^{v_D/V_T}-1)]} = \frac{V_T}{I_S e^{v_D/V_T}} \tag{3.4.2}$$

通常情况下$v_D \gg V_T$，$e^{v_D/V_T} \gg 1$，因此

$$r_d = \frac{V_T}{I_S e^{v_D/V_T}} \approx \frac{V_T}{I_D} \tag{3.4.3}$$

在常温下，r_d等于26mV与Q点处的电流I_D之比。需要注意的是，小信号微变电阻是在二极管处于正向偏置条件下的等效电阻，与静态工作点的电流I_D密切相关，I_D越大，r_d越小。比如在常温下，$I_D=1\text{mA}$时，$r_d=26\Omega$；$I_D=20\text{mA}$时，$r_d=1.3\Omega$。

3.4.2　二极管基本应用电路

1. 整流电路

利用二极管的单向导电性，可以将双极性电压(电流)转换为单极性电压(电流)，这一过程称为整流。

电路如图3.4.5所示，为了简化分析，利用二极管理想模型。输入信号v_s是幅值为V_m

的正弦波，在一个完整的周期中，其平均值为 0。图中所示的电路称为半波整流电路，通过半波整流电路，其产生的输出 v_o 平均值不为 0，用于交流-直流转换过程。

当 v_i 信号处于正半周（$\omega t=0\to\pi$）时，二极管处于正向偏置，根据理想模型，此时二极管相当于短路，输出端与输入信号直接相连，输出信号 $v_o=v_i$。

当 v_i 信号处于负半周（$\omega t=\pi\to 2\pi$）时，二极管处于反向偏置，根据理想模型，此时二极管相当于开路，没有输入端到输出端的通路，输出信号 $v_o=0$。

图 3.4.6 给出了输入信号 v_i 和输出信号 v_o 的波形对比，输入信号在整个周期当中只有半个周期的信号可以传到输出端，因此上述电路也称为半波整流电路。输出信号 v_o 的平均值为

$$V_{dc}=\frac{1}{2\pi}\int_0^{\pi}V_m\sin\omega t\,d(\omega t)=\frac{1}{\pi}V_m\approx 0.318V_m$$

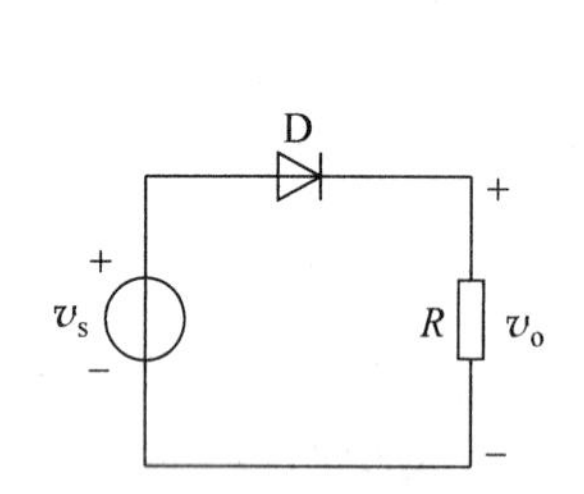

图 3.4.5 半波整流电路

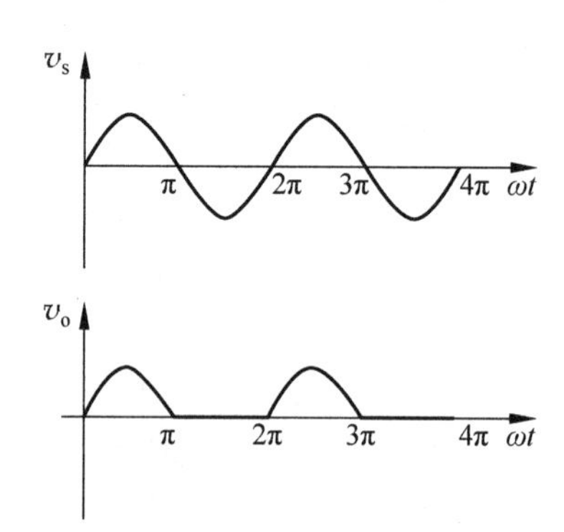

图 3.4.6 v_s 和 v_o 波形图

例 3.4.1 利用恒压降模型分析图 3.4.5 半波整流电路，$V_{th}=0.7$V，画出输出信号的波形。

解：当 v_i 处于正半周时，当偏置电压小于 0.7V 时，二极管截止，电路依然处于开路状态，$v_o=0$，只有当偏置电压大于 0.7V 时，二极管才能导通，此时，v_o 与 v_i 之间存在一个固定的压差 V_{th}，即 $v_o=v_i-V_{th}$，输出波形如图 3.4.7 所示。可以看到，在恒压降模型下，输出信号出现了“下移”，输入的正弦波传导到输出端只有不到半个周期。

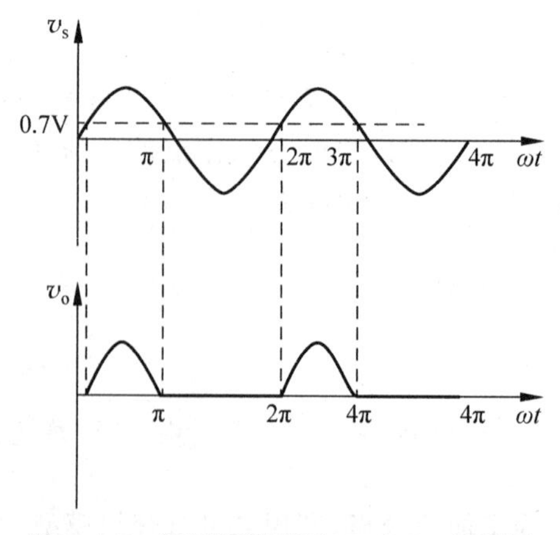

图 3.4.7 恒压降模型下 V_s 和 V_o 波形图

在整流电路中，二极管的最大反向电压（也称反峰电压）是非常重要的指标。如果二极管两端的反向电压超过最大反向电压，那么二极管会被击穿。因此，对于图 3.4.5 所示的半波整流电路，所选用二极管的最大反向电压应当大于等于所加电压的峰值 V_m。

2. 限幅电路

限幅电路是一种常用的电路，利用限幅电路，可以有选择性地对输入信号波形进行部分“削剪”，而剩余部分的波形得以无失真地传输。限幅电路也称“削波电路”。实际上，前述的半波整流电路，也是一种限幅电路，在半波整形电路中，输入信号与二极管是串联的，因此它是一种特殊的串联式限幅电路。

图 3.4.8 所示的是限幅电路的另外一种形式，电路中输入信号与二极管并联，因此该电路也称为并联式限幅电路。假设预置的限幅电平 $V_{REF}=4V$，输入信号 v_I 是一个幅值为 10V 的正弦波。采用二极管的理想模型进行分析，如图 3.4.9(a)，当输入 $v_I \geqslant V_{REF}$ 时，二极管处于导通状态，视为短路，此时输出端与 V_{REF} 所处支路并联，$v_O=V_{REF}$。当输入 $v_I \leqslant V_{REF}$ 时，二极管处于截止状态，视为开路，此时输出端与 v_I 并联，$v_O=v_I$。因此输出 v_O 的波形如图 3.4.9(b)所示。

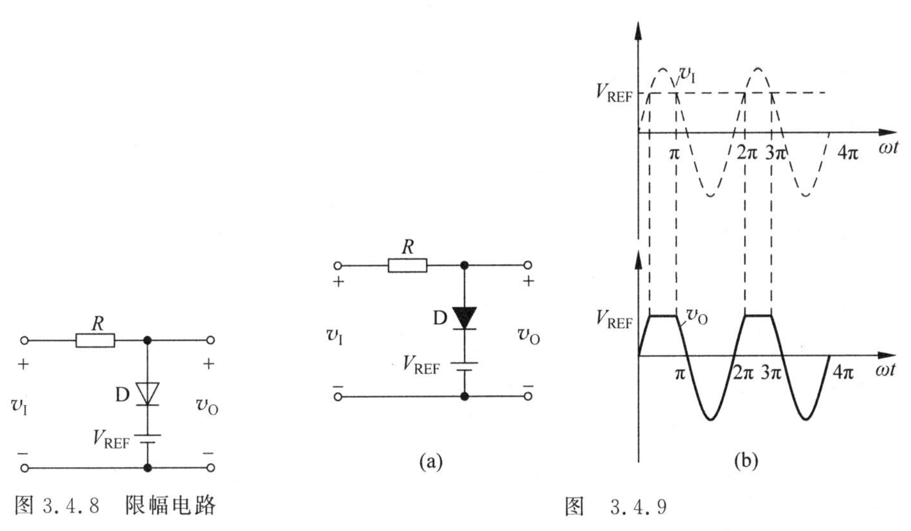

图 3.4.8 限幅电路

图 3.4.9

(a) 图 3.4.8 理想模型等效电路；(b) 理想模型下的输入输出波形

如果采用恒压降模型来分析，则需要考虑二极管的导通压降 V_D。采用恒压降模型的等效电路图如图 3.4.10(a)所示，当输入 $v_I \geqslant V_{REF}+V_D$ 时，二极管处于导通状态，视为短路，此时输出端与 V_{REF} 所处支路并联，$v_O=V_{REF}+V_D$。当输入 $v_I \leqslant V_{REF}+V_D$ 时，二极管处于截止状态，视为开路，此时输出端与 v_I 并联，$v_O=v_I$。此时对应输出 v_O 的波形如图 3.4.10(b)所示。

限幅电路常用作波形变换，在图 3.4.8 中，如果再并联一条支路，二极管与电源方向均与 D 和 V_{REF} 相反，可以实现双向限幅，双向限幅电路可以将正弦波转换为方波。此外，限幅电路还可以用于电子电路中的保护电路，在输入信号遇到瞬时强干扰时，叠加的干扰可能会使输入信号幅度过大，从而损坏设备，限幅电路可以避免干扰带来的损坏，同时不影响正常幅度范围内有效信号的传输。

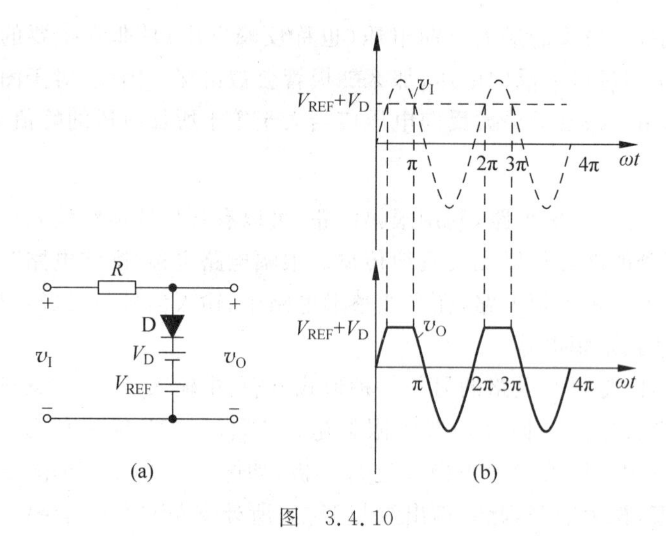

图 3.4.10

(a) 图 3.4.8 恒压降模型等效电路；(b) 恒压降模型下的输入输出波形

3. 钳位电路

钳位电路通常由二极管、电阻和电容组成，用于在不改变信号波形的情况下，调整信号的直流电平。

图 3.4.11(a)给出了一个简单的钳位电路。图中输出与输入之间直接以电容 C 相连接，输出端与二极管和电阻均为并联，该电路中电容对电阻放电的时间常数 $\tau=RC$ 必须足够大。假设输入信号是一个幅值为 5V 的方波，采用二极管的理想模型，当输入 v_I 处于 0→π 正半周时，二极管导通，电路可以等效为图 3.4.11(b)的形式，在二极管导通的情况下，$v_O=0$。与此同时，电容被快速充电至两端电压为 5V。当输入 v_I 处于 π→2π 负半周时，二极管截止，电路可以等效为图 3.4.11(c)的形式，在二极管截止的情况下，电容和输入方波同时作用于电阻 R，此时根据基尔霍夫定律，$-V-V-v_O=0$，$v_O=-10V$。与此同时，电容对 R 放电，当 $\tau=RC\gg T/2=\pi/\omega$ 时，电容的放电速度远远小于充电速度，电容两端电压 $V_C=-5V$ 不会明显变化。最终，输出信号 v_O 的波形如图 3.4.11(d)所示，与输入 v_I 的波形相比，v_O 的波形整体下移了 5V，其顶部被钳位于 0V。

图 3.4.11(a)中，如果将二极管的正负极对调，则可以实现底部钳位，电路如图 3.4.12(a)所示，其对应的输入和输出波形如图 3.4.12(d)所示。在二极管支路串联一个合适的直流电源，还可以将输入波形钳位到设定的电平上。

在二极管支路串联一个合适的直流电源，还可以将输入波形钳位到设定的电平上，相关内容作为练习留给读者。

4. 开关电路(与/或门)

图 3.4.13 所示为开关电路中的或门，输入 v_{I1}、v_{I2} 与输出 v_O 的关系是，只要其中有一个输入为高电平时，则输出为高电平，只有当两个输入都为低电平时，输出为低电平。假设采用理想模型，图中的两路输入 v_{I1}、v_{I2} 的取值只有 10V 和 0V 的可能，则输入输出信号以及对应的二极管工作状态如表 3.4.1 所示，从表格中可以看到，只要有一路输入为高电平 10V，则输出为高电平 10V，只有当两路输入均为低电平 0V 时，输出为低电平 0V，这就是数字电路中的或逻辑。

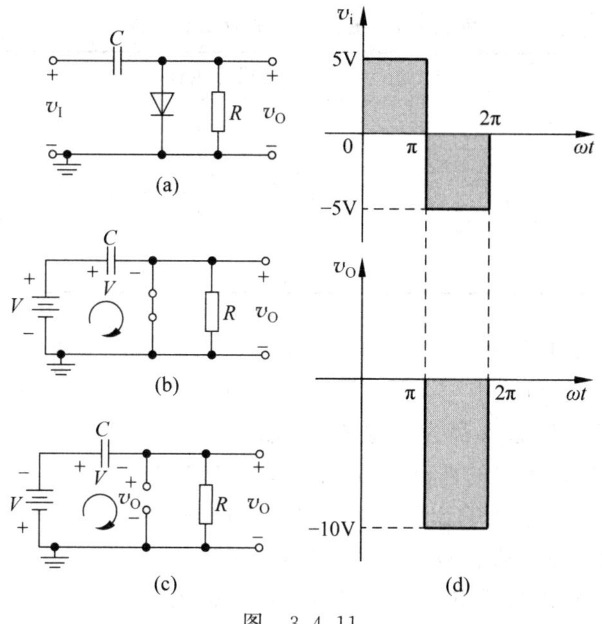

图　3.4.11

(a) 二极管顶部钳位电路；(b) v_I 正半周时等效电路；(c) v_I 负半周时等效电路；(d) 输入输出波形图

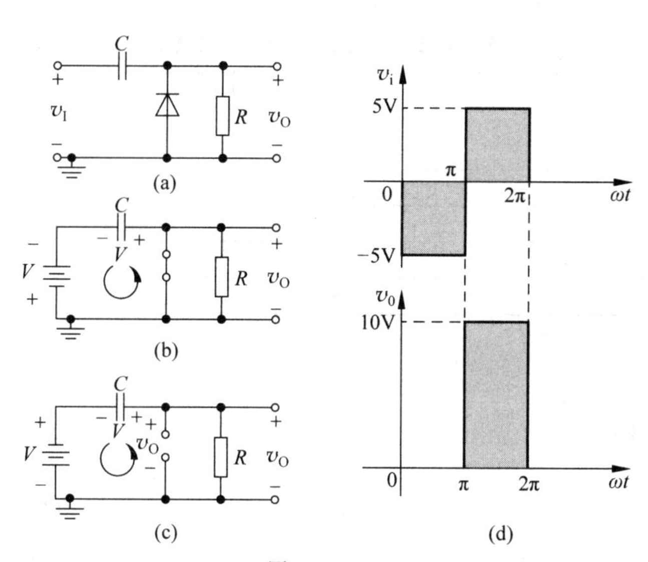

图　3.4.12

(a) 二极管底部钳位电路；(b) v_I 负半周时等效电路；(c) v_I 正半周时等效电路；(d) 输入输出波形图

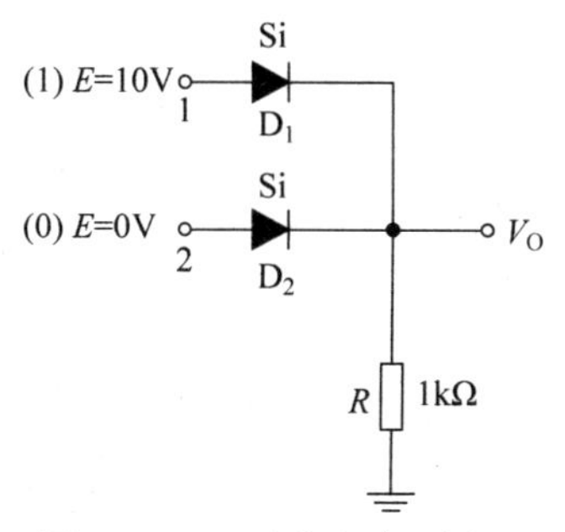

图 3.4.13　开关电路(或门)

表 3.4.1 图 3.4.13 电路分析结果

v_{I1}/V	v_{I2}/V	二极管工作状态		v_O/V
		D_1	D_2	
0	0	截止	截止	0
0	10	截止	导通	10
10	0	导通	截止	10
10	10	导通	导通	10

图 3.4.14 所示为开关电路中的与门，输入 v_{I1}、v_{I2} 与输出 v_O 的关系是，只要当其中一个输入为低电平时，则输出为低电平，只有当两个输入都为高电平时，输出为高电平。假设采用理想模型，图中的两路输入 v_{I1}、v_{I2} 的取值只有 10V 和 0V 的可能，则输入输出信号以及对应的二极管工作状态如表 3.4.2 所示，从表格中可以看到，只要有一路输入为低电平 0V，则输出为低电平 0V，只有当两路输入均为高电平 10V 时，输出为高电平 10V，这就是数字电路中的与逻辑。

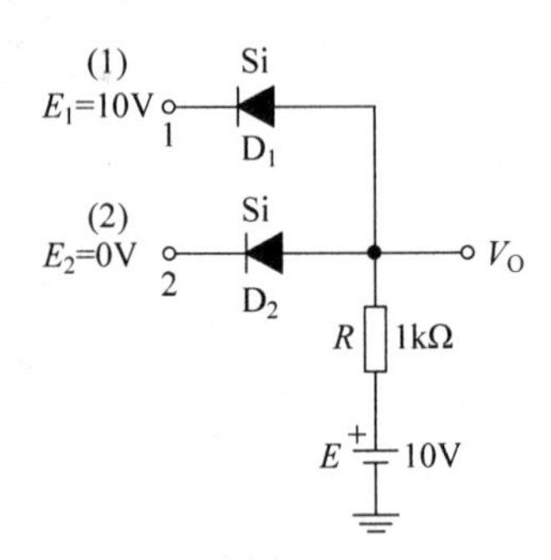

图 3.4.14 开关电路(与门)

表 3.4.2 图 3.4.14 电路分析结果

v_{I1}/V	v_{I2}/V	二极管工作状态		v_O/V
		D_1	D_2	
0	0	导通	导通	0
0	10	导通	截止	0
10	0	截止	导通	0
10	10	截止	截止	10

3.5 特殊二极管

前面所述的普通二极管，其主要应用都是基于二极管的单向导电性。实际上，还有一些基于其他应用的特殊二极管，比如齐纳二极管、雪崩二极管、变容二极管、肖特基二极管和光电器件(包含了光电二极管、发光二极管、激光二极管和太阳能电池)。这里介绍其中的齐纳二极管和发光二极管。

3.5.1 齐纳二极管

齐纳二极管是利用齐纳击穿效应的一种二极管，它是利用特殊工艺制造的硅半导体二极管。齐纳二极管工作在反向击穿区。图 3.5.1 给出了齐纳二极管的伏安特性曲线，击穿后，在电流变化量 ΔI_Z 很大的情况下，电压变化量 ΔV_Z 却很小，说明二极管具有很好的稳压特性，因此齐纳二极管又称稳压二极管，简称稳压管。稳定电压 V_Z 是稳压二极管的重要参数，它是指在特定测试电流 I_{ZT} 条件下得到的电压值。ΔV_{Z0} 是过 Q 点的切线与横轴的交点，切线斜率的倒数是齐纳二极管的等效动态电阻。正常稳压状态下，稳压管有规定的最小和最大工作电流，反向电流小于最小工作电流 $I_{Z(min)}$ 时，稳压管可能截止，稳压特性消失，反向电流大于最大工作电流 $I_{Z(max)}$ 时，稳压管可能会被热击穿而烧毁。

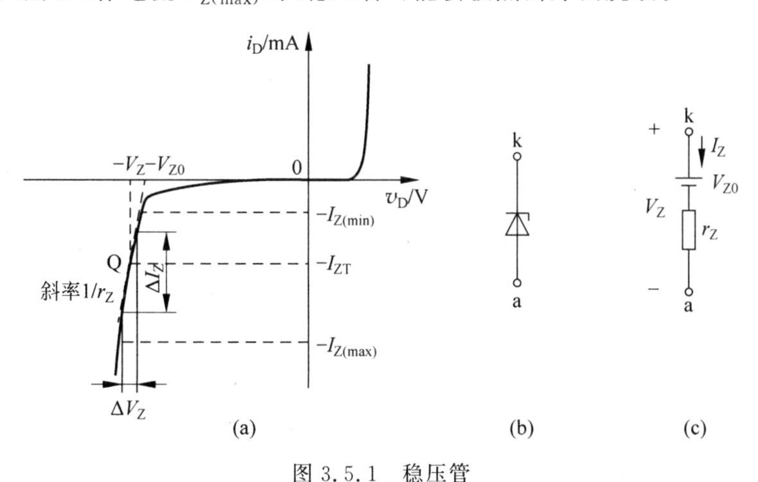

图 3.5.1 稳压管

(a) 伏安特性；(b) 代表符号；(c) 反向击穿电路模型

齐纳二极管的代表符号如图 3.5.1(b)所示，为了区别于普通二极管，二极管符号在阴极一侧多了一个拐角。根据齐纳二极管的反向击穿特性，可以用一个电压值为 V_{Z0} 的电压源和微变电阻 r_Z 串联作为等效电路模型，如图 3.5.1(c)所示。因为稳压管在工作时，都处于反向击穿状态，电路模型中稳压管的电压、电流参考方向都与普通二极管相反。一般 r_Z 阻值较小，在工程应用中往往认为 $r_Z=0$。

稳压管的主要参数：

(1) 稳定电压 V_Z。V_Z 是指稳压管在正常工作状态下，稳压管两端的反向击穿电压。由于半导体器件参数的分散性，同一型号的稳压管，其稳定电压 V_Z 有可能存在一定的差别，因此通常看到的某一型号的稳压管，其稳定电压标注都是在一定的范围之内。对于某一具体的稳压管，其稳定电压 V_Z 是确定的。使用时可以根据具体需要测试挑选。

(2) 稳定电流 I_Z。I_Z 指稳压管在正常工作状态下的参考电流，工作电流小于此值，稳压效果变差，实际上 I_Z 即为 $I_{Z(min)}$，$I_{Z(min)} \leqslant I_Z \leqslant I_{Z(max)}$ 时，I_Z 越大，稳压效果越好。

(3) 最大稳定电流 I_{ZM}。I_{ZM} 指稳压管允许的最大工作电流，即 $I_{Z(max)}$。流过稳压管的电流超过此值，稳压管很可能因为过热而烧毁。

(4) 额定功耗 P_{ZM}。P_{ZM} 是稳压管稳定电压和最大稳定电流的乘积。即 $P_{ZM}=V_Z I_{ZM}$，稳压管功耗超过此值，会出现结温过高而损毁。对于具体的稳压管，可以通过 P_{ZM} 求出 I_{ZM}。

(5) 动态电阻 r_Z。r_Z 是稳压管工作在稳压区时，稳压管两端的电压变化量和流过稳压管的电流变化量的比值，即 $r_Z=\Delta V_Z/\Delta I_Z$，$r_Z$ 越小，说明稳压管的稳压特性越好。

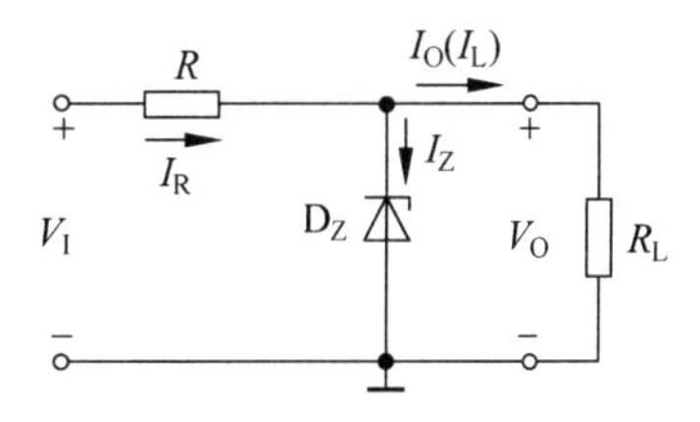

图 3.5.2 并联式稳压电路

齐纳二极管的反向击穿特性可用于稳压电路，提供稳定的电压输出。图 3.5.2 给出了一种稳压电路，其中 V_I 为输入直流电压，R 为限流电阻，D_Z 为稳压管，输出为稳压管的稳定电压V_Z,R_L为负载电阻,V_O为输出电压。在电路中,负载电阻R_L与稳压管两端并联,因此该电路也称为并联式稳压电路,当输入电压和负载电阻在一定的范围内变化时,输出电压基本不变。

将稳压管应用于稳压电路时,应工作在反向击穿状态。为了使稳压管安全的工作在稳压状态,通常选取一个合适的电阻与稳压管串联,来限制流过稳压管的电流,该电阻称为限流电阻。

上述电路中,输入直流电压V_I有一定程度的波动,在$V_{I(min)} \sim V_{I(max)}$之间变化,则对应的输出电压会受到该波动的影响。假设负载电阻R_L不变,输入电压V_I变大,则对应的输出电压V_O变大,负载电阻R_L与稳压管两端并联,即稳压管两端电压变大,根据图3.5.1(a)所示的稳压管伏安特性,稳压管两端电压变大时,流过稳压管的电流I_Z明显增大,则对应流过限流电阻的电流I_R也明显变大,导致限流电阻R上的压降V_R明显增大,从而抵消了由于V_I变大引起的V_O变化,使得输出电压V_O基本保持不变。该过程可表示如下:

$$V_I\uparrow \longrightarrow V_O\uparrow \longrightarrow V_Z\uparrow \longrightarrow I_Z\uparrow \longrightarrow I_R\uparrow \longrightarrow V_R\uparrow$$
$$V_O\downarrow \longleftarrow V_R\uparrow$$

上述情况反之亦然,若负载电阻R_L不变,输入电压V_I变小,其过程可表示如下:

$$V_I\downarrow \longrightarrow V_O\downarrow \longrightarrow V_Z\downarrow \longrightarrow I_Z\downarrow \longrightarrow I_R\downarrow \longrightarrow V_R\downarrow$$
$$V_O\uparrow \longleftarrow V_R\downarrow$$

假设输入直流电压V_I稳定不变,负载电阻R_L变化也会引起输出电压的波动。设R_L变大,则I_O减小,电流I_R减小,对应限流电阻R上的压降V_R减小,从而使得V_O增大,根据图3.5.1(a)所示的稳压管伏安特性,稳压管两端电压变大时,流过稳压管的电流I_Z明显增大,则对应流过限流电阻的电流I_R也明显变大,导致限流电阻R上的压降V_R明显增大,抵消了由于R_L变大引起的V_R减小,使得输出电压V_O基本保持不变。其过程可表示如下:

$$R_L\uparrow \longrightarrow I_O\downarrow \longrightarrow I_R\downarrow \longrightarrow V_R\downarrow \longrightarrow V_O\uparrow \longrightarrow I_Z\uparrow \longrightarrow I_R\uparrow \longrightarrow V_R\uparrow$$
$$V_O\downarrow \longleftarrow V_R\uparrow$$

上述情况反之亦然,若输入直流电压V_I稳定不变,负载电阻R_L变小,其过程可表示如下:

$$R_L\downarrow \longrightarrow I_O\uparrow \longrightarrow I_R\uparrow \longrightarrow V_R\uparrow \longrightarrow V_O\downarrow \longrightarrow I_Z\downarrow \longrightarrow I_R\downarrow \longrightarrow V_R\downarrow$$
$$V_O\uparrow \longleftarrow V_R\downarrow$$

通过上述分析可知,并联式稳压电路利用稳压管工作在反向击穿区,流过稳压管的电流随端电压微小波动迅速变化的特性,并配合限流电阻R的调整作用,实现了输出电压的稳定。

并联式稳压电路中,限流电阻R应合理选择,使流过稳压管的电流满足$I_{Z(min)} \leqslant I_Z \leqslant I_{Z(max)}$。若限流电阻$R$选取不恰当,导致稳压管的反向饱和电流$I_Z < I_{Z(min)}$时,稳压管视为截止,无法起到稳压作用;若$I_Z > I_{Z(max)}$,则稳压管因超过额定功率易损毁。

已知输入电压V_I在$V_{I(min)} \sim V_{I(max)}$之间变化,输出电流$I_O$在$I_{O(min)} \sim I_{O(max)}$之间变

化。当 $V_I=V_{I(max)}$、$I_O=I_{O(min)}$ 时，流过稳压管的电流 I_Z 最大，此时应选取足够大的限流电阻 R，使得 $I_Z<I_{Z(max)}$，因此

$$I_Z=I_R-I_{O(min)}=\frac{V_{I(max)}-V_Z}{R}-I_{O(min)}<I_{Z(max)}$$

可以求得

$$R>\frac{V_{I(max)}-V_Z}{I_{O(min)}+I_{Z(max)}}=R_{min}$$

当 $V_I=V_{I(min)}$、$I_O=I_{O(max)}$ 时，流过稳压管的电流 I_Z 最小，此时应选取足够小的限流电阻 R，使得 $I_Z>I_{Z(max)}$，因此

$$I_Z=I_R-I_{O(max)}=\frac{V_{I(min)}-V_Z}{R}-I_{O(max)}>I_{Z(min)}$$

可以求得

$$R<\frac{V_{I(min)}-V_Z}{I_{O(max)}+I_{Z(min)}}=R_{max}$$

通过上述计算，限流电阻 R 必须满足

$$R_{min}<R<R_{max}$$

并联式稳压电路结构简单、使用方便，但电流调节范围小，带负载能力小，稳压调节不方便。因此一般用于要求不高、负载电流小和负载电压不变的场合。此外，还常常用作其他稳压电路的基准电压源。

例 3.5.1　图 3.5.2 所示的稳压电路中，已知 $R=180\Omega$，$V_I=10\text{V}$，$R_L=1\text{k}\Omega$，稳压管 $V_Z=6.8\text{V}$，$I_{ZT}=10\text{mA}$，$r_Z=20\Omega$，$I_{Z(min)}=5\text{mA}$。试求当输入电压出现 ±1V 变化时，V_O 的变化范围。

解：由 $V_Z=6.8\text{V}$，$I_{ZT}=10\text{mA}$，$r_Z=20\Omega$，将图 3.5.2 画成图 3.5.3 所示的等效电路，根据式(3.5.1)可以得到 $V_{Z0}=6.6\text{V}$，在稳压管处于正常稳压状态下，由电路可以列出方程：

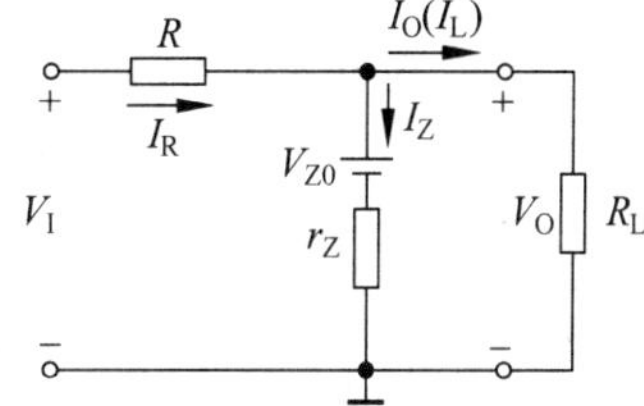

图 3.5.3　图 3.5.2 等效电路模型

$$\begin{cases}I_R=I_Z+I_O\\ I_ZR_Z+V_{Z0}=I_OR_L\\ I_Zr_Z+V_{Z0}+I_RR=V_I\end{cases}$$

解得

$$I_Z=\frac{V_IR_L-V_{Z0}(R_L+R)}{R_LR+r_Z(R_L+R)}$$

当 $V_I=10\text{V}$ 时，$I_Z=10.86\text{mA}$，$V_O=V_{Z0}+I_Zr_Z\approx6.82\text{V}$；当 $V_I=(10-1)\text{V}=9\text{V}$ 时，$I_Z=6.95\text{mA}>I_{Z(min)}$，能正常工作；当 $V_I=(10+1)\text{V}=11\text{V}$ 时，$I_Z=15.78\text{mA}$。稳压管的电流变化为

$$\Delta I_Z=(15.78-6.95)\text{mA}=8.83\text{mA}$$

输出电压变化为

$$\Delta V_O=\Delta V_Z=r_Z\Delta I_Z=0.02\text{k}\Omega\times8.83\text{mA}\approx0.18\text{V}$$

此时，输入电压相对变化量和输出电压相对变化量分别为 $\Delta V_I/V_I=20\%$ 和 $\Delta V_O/V_O=$

2.6%,可见输出电压的稳定性远高于输入电压。

在实际的工程应用中,常常忽略动态电阻 r_Z 的影响。

例 3.5.2 图 3.5.2 所示的稳压电路中,已知稳压管稳定电压 $V_Z=5\text{V}$,最小稳定电流 $I_{Z(\min)}=10\text{mA}$,额定功耗 $P_{CM}=200\text{mW}$,负载 $R_L=500\Omega$,电源电压 V_I 在 15~20V 之间波动。为了保证稳压管工作在稳压状态,试求限流电阻 R 的取值范围。

解:稳压管额定功耗

$$P_{CM}=I_{Z(\max)}V_Z$$

所以稳压管的最大稳定电流为

$$I_{Z(\max)}=\frac{P_{CM}}{V_Z}=\frac{200}{5}\text{mA}=40\text{mA}$$

由于负载电阻固定,在稳压状态下,流过负载的电流

$$I_O=\frac{5}{500}\text{A}=10\text{mA}$$

根据前述稳压电阻选取原则

$$\frac{V_{I(\max)}-V_Z}{I_O+I_{Z(\max)}}<R<\frac{V_{I(\min)}-V_Z}{I_O+I_{Z(\min)}}$$

代入参数进行计算,可得

$$300\Omega<R<500\Omega$$

限流电阻在上述取值范围内,稳压管可以正常工作在稳压状态。

3.5.2 发光二极管

发光二极管(Light-Emitting Diode,LED)可以将电能转换为光能,在 PN 结正向导通时,电子和空穴复合会释放能量。对于普通的硅和锗二极管,电子与空穴在 PN 结区复合所产生的能量基本上以热能的形式散发,几乎观测不到发光现象。

对于砷化镓、磷化镓、磷砷化镓等半导体材料所制成的二极管,当二极管处在合适的电压(电流)偏置条件下时,电子与空穴复合的过程中,会以光子的形式辐射出能量,这种效应称为电致发光。发出光的波长主要由材料本身决定。图 3.5.4 是发光二极管的符号。

图 3.5.4 发光二极管的符号

典型的砷化镓 GaAs 二极管会在载流子复合的过程中发出近红外光。随着发光二极管的发展,采用不同材料制成的二极管,其发光波长已经可以覆盖从紫外到近红外范围。表 3.5.1 给出了不同材料制成的发光二极管工作状态下的偏置电压和所发光的颜色。

表 3.5.1 不同材料和发光颜色的 LED

颜　色	波长范围/nm	材　料	正向偏置电压/V
近红外	>760	GaAs,AlGaAs	<1.63
红色	610~760	AlGaAs,GaAsP,AlGaInP,GaP	1.63~2.03
橙色	590~610	GaAsP,AlGaInP,GaP	2.03~2.10
黄色	570~590	GaAsP,AlGaInP,GaP	2.10~2.18

续表

颜　色	波长范围/nm	材　料	正向偏置电压/V
绿色	500～570	GaAsP, AlGaInP, GaP, InGaN, GaN	1.9～4.0
蓝色	450～500	ZnSe, InGaN, Sapphire on SiC	2.48～3.7
紫色	400～450	InGaN	2.76～4.0
紫外	<400	InGaN, BN, AlN, AlGaN, AlGaInN	3～4.1

由于发光二极管亮度高，将红色、绿色和蓝色的二极管组合在一起，可以混合出不同颜色的光，因此发光二极管常用于显示器件，尤其在户外显示领域，发光二极管的高亮度优点是其他显示方式无法比拟的。将不同颜色的发光二极管的混色，或者将发光二极管和荧光粉组合，还可以获得白光，从而用于照明，发光二极管用于照明具有体积小、功耗低和寿命长的特点。发光二极管还可以应用于数据通信和信号处理领域。

本章小结

(1) 在本征半导体中掺入杂质，一方面可以显著提高半导体的导电能力，另一方面可以减小温度对半导体导电性能的影响。此时，半导体的导电能力主要取决于掺杂浓度。在纯净的半导体中掺入受主杂质或施主杂质，可以制成 P 型半导体或 N 型半导体。空穴导电是半导体不同于金属导体的重要特点。

(2) PN 结是构成半导体二极管和其他半导体器件的基础，PN 结最大的特点是单向导通性，PN 结还具有反向击穿特性和电容效应。

(3) 二极管的电流电压关系常用伏安特性来描述，也称指数模型，该模型不反映 PN 结反向击穿时的特性。二极管的主要参数有最大整流电流、最高反向工作电压和反向击穿电压。在高频应用中，应当注意其结电容和反向恢复时间。

(4) 二极管是非线性器件，因此通常采用二极管的简化模型来分析二极管电路。这些简化模型包含了理想模型、恒压降模型、折线模型和小信号模型。在实际的分析过程中，根据具体情况选择合适的模型。

(5) 齐纳二极管是一种特殊的二极管，利用其反向击穿特性可以构成简单的稳压电路。利用齐纳二极管构成稳压电路时，应当串入限流电阻。

(6) 发光二极管中，载流子的复合以光子形式发射。选用具有不同带宽的材料，可以获得发出不同波长的发光二极管。

习题 3

3.1　已知二极管的伏安特性方程 $i_D = I_S(e^{v_D/V_T} - 1)$，其中 $V_T = 26\text{mV}$，在室温(300K)情况下，已知二极管的反向饱和电流为 1nA。若流过二极管的正向电流为 0.5mA，试求对应二极管两端的电压。

3.2　已知一锗二极管，在 $T=35℃$ 时，$I_S=10\mu A$，当施加正向电压 $V_D=0.3V$ 时，试计

算正向电流 I_D、直流电阻 R_D 和交流电阻 r_d。

3.3 电路如图题 3.3 所示，二极管的导通压降 $V_{on}=0.7\text{V}$，信号源 $v_s=6\sin\omega t(\text{V})$，试分别使用二极管理想模型和恒压降模型进行分析，绘出负载 R_L 两端的电压波形，并标出相应的幅值。

3.4 如图题 3.4 所示的限幅电路，设 D_1、D_2 的性能均理想。其输入电压 $v_i=8\sin\omega t(\text{V})$。试画出输出电压的波形。

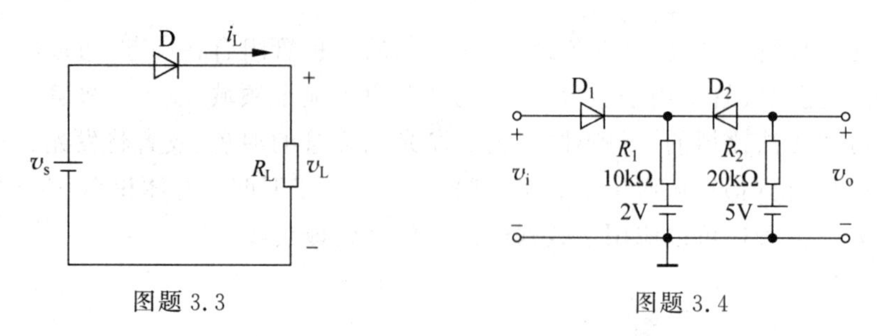

图题 3.3　　图题 3.4

3.5 电路如图题 3.5 所示，已知 D 为硅管，$v_s=5\sin\omega t(\text{V})$。采用恒压降模型对电路进行分析，并绘出输出电压 v_o 的波形。

3.6 电路如图题 3.6 所示，设二极管的导通压降 $V_{on}=0.7\text{V}$。A、B 为输入端，其取值为：(1)$V_A=V_B=0\text{V}$；(2)$V_A=5\text{V}, V_B=0\text{V}$；(3)$V_A=0\text{V}, V_B=5\text{V}$；(4)$V_A=V_B=5\text{V}$。Y 为输出端。试判断上述取值条件下各二极管的工作状态，求解输出端 Y 点的电位及流过各元件的电流，并说明该电路的功能。

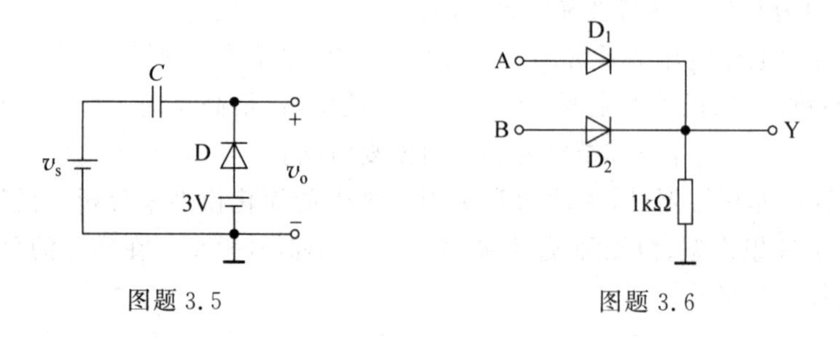

图题 3.5　　图题 3.6

3.7 二极管电路如图题 3.7 所示，试判断图中的二极管是导通还是截止，并求出 AO 两端电压 V_{AO}。设二极管是理想的。

3.8 设图题 3.8 所示电路的二极管导通电压 $V_{D(th)}=0.5\text{V}$，试分析电路中各二极管是否导通。

3.9 电路如图题 3.9 所示，稳压管压降 $V_{on}=0.7\text{V}$，稳定电压 $V_Z=5\text{V}$。已知 $v_i=8\sin\omega t(\text{V})$，试绘出 v_{o1} 和 v_{o2} 的波形，并标出对应的幅值。

3.10 现有一稳压管 2CW52($V_Z=3.2\sim4.5\text{V}$, $I_{Z(min)}=10\text{mA}$, $I_{Z(max)}=55\text{mA}$, $P_{ZM}=0.25\text{W}$)，利用该稳压管设计一并联式稳压电路，(1)画出对应的并联式稳压电路图，(2)在并联式稳压电路中，已知输入电压 $V_I=6\text{V}$ 的直流电压，该电压有 10% 的波动，要求输出电压 $V_O=4\text{V}$，输出电流 $I_O=15\text{mA}$，试求限流电阻的阻值，并适当选取其额定功率。

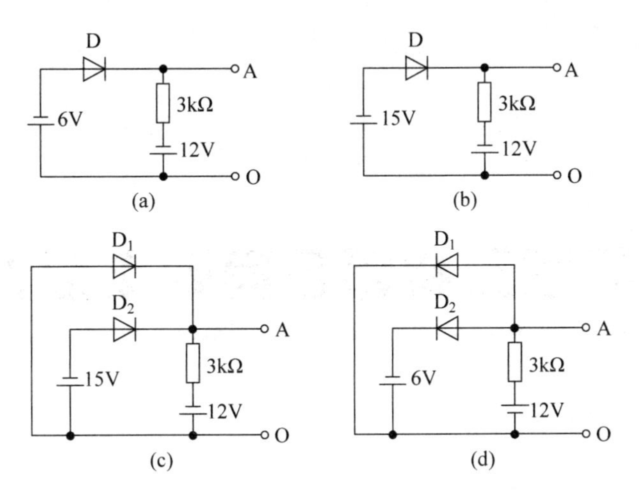

图题 3.7

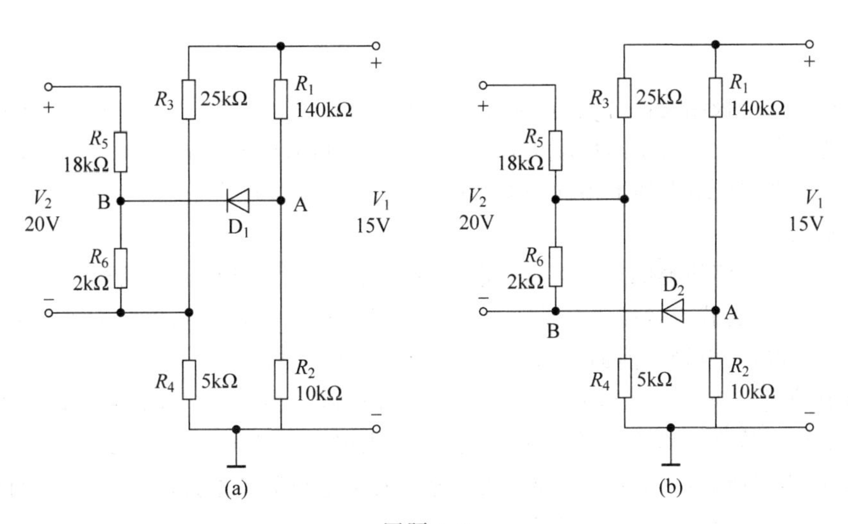

图题 3.8

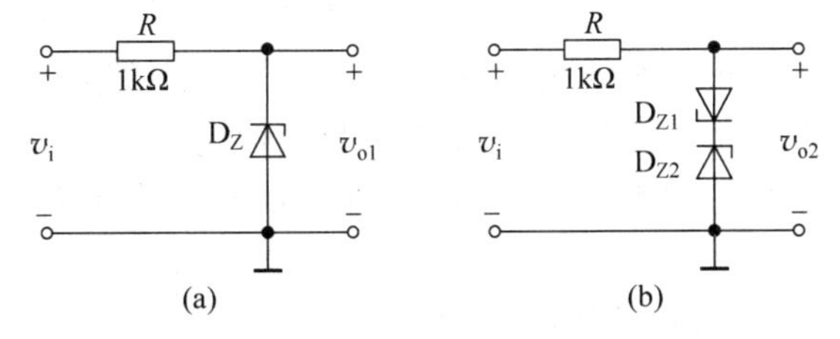

图题 3.9

第4章

双极结型三极管及其基本放大电路

三极管全称双极结型晶体管(Bipolar Junction Transistor,BJT),是一种三端器件,其内部结构可视为两个PN结反向串联而成,因此其性质和前面介绍过的PN结或者二极管相似。如果在两个PN结上加上不同的偏置电压,三极管会表现出不同的特性,从而实现不同的电路功能。

放大是模拟电路研究的重点内容,模拟电路中的放大是指将输入的模拟信号放大到合适的范围,输出给负载或者作为后续电路的输入信号。本章是本课程非常重要的章节。从器件的角度来看,三极管和前面章节学过的二极管、PN结之间有着千丝万缕的联系,又和后续章节中的场效应管在结构和工作原理上具有较多的相似性;从电路的角度来看,本章中介绍的电路结构在后续章节会反复出现,是构成很多复杂电路的单元电路;从分析方法的角度来看,本章所介绍的电路分析方法是分析模拟电路的基本方法,对分立元件电路的分析也有助于分析集成元件构成的电路。

本章主要从器件、电路和分析方法三个层次展开分析。首先介绍BJT的结构、工作原理、伏安特性曲线、主要参数和电路模型。从基本共射放大电路入手,不断完善电路结构,得到一个实用的带有射极偏置结构的共射放大电路,并介绍共集电极电路和共基极电路。通过将电路结构分解为直流通路和交流通路分别加以分析,阐述静态工作点对放大电路工作过程的影响,以及如何通过小信号模型求解放大电路的动态指标参数。

学习本章内容需要具备的预备知识,除了包括前面章节介绍过的放大电路的模型、PN结以及二极管的相关知识外,还包括在电路原理课程中学习过的叠加定理、二端口网络以及非线性电路等相关知识点。除了理论知识的学习,还需要借助EDA软件的仿真分析,加深对放大电路工作原理的理解,并通过实验形成直观的认识,提高电路分析与调试、故障判断、分析与处理的能力。

4.1　双极结型三极管(BJT)

1956 年的诺贝尔物理学奖授予了威廉·肖克利(William Shockley)、约翰·巴丁(John Bardeen)和沃尔特·布拉顿(Walter Brattain)三人,以表彰他们于 1947 年 12 月 16 日,在贝尔实验室成功制造出世界上第一个硅晶体管。晶体管的发明具有划时代的意义,它使电子电路从传统的电子管时代跨入了半导体时代。相对于电子管而言,其体积小、耗电低、寿命长且易于固化,它的诞生促使电子技术发生了根本性的变革,直接推动了 20 世纪 50—60 年代以集成电路为代表的第一次电子技术革命。图 4.1.1 所示为第一个晶体管的复制品。

图 4.1.1　第一个晶体管的复制品

晶体三极管是在二极管的基础上发展而来的,由于在器件的内部是自由电子和空穴两种载流子参与导电,因此称之为双极结型晶体管,简称三极管或 BJT。

4.1.1　BJT 的分类与电路符号

1. BJT 的分类

三极管的种类很多,分类标准不一。根据制造材料的不同,和二极管类似,可分为硅三极管和锗三极管;根据工艺结构的不同,可分为 PNP 型三极管和 NPN 型三极管;根据工作频率的不同,有低频三极管和高频三极管之分;根据功率不同,可分为小功率、中功率和大功率三极管;根据封装形式不同,有贴片式和直插式之分。常见三极管的外形如图 4.1.2 所示。

2. BJT 的电路符号

图 4.1.3(a)、(b)是三极管内部结构示意图。在一块硅或锗半导体材料上掺入不同的杂质,形成两个 N 型半导体夹一个 P 型半导体的 NPN 型结构(图(a)),或两个 P 型半导体夹一个 N 型半导体的 PNP 结构(图(b))。

三块半导体材料分别构成三块区域,图 4.1.3(a)、(b)中自上而下分别为集电区、基区和发射区。每块区域各引出一个电极,从集电区引出的电极叫作集电极(collector),用

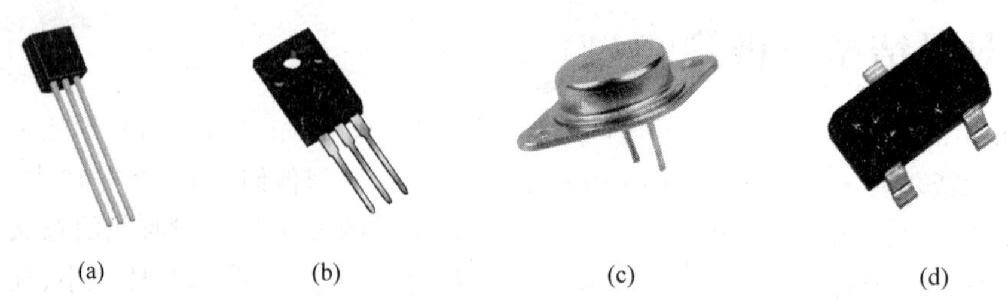

图 4.1.2 典型三极管外形示意图

(a) 小功率三极管；(b) 中功率三极管；(c) 大功率三极管；(d) 贴片三极管

c(collector 的首字母)表示，从基区引出的电极叫作基极(base)，用 b(base 的首字母)表示，从发射区引出的电极叫作发射极(emitter)，用 e(emitter 的首字母)表示。集电区和基区之间的 PN 结叫作集电结，发射区和基区之间的 PN 结叫作发射结。

图 4.1.3(c)、(d)分别为 NPN 型和 PNP 型三极管的电路符号，其中箭头的方向始终从 P 指向 N。

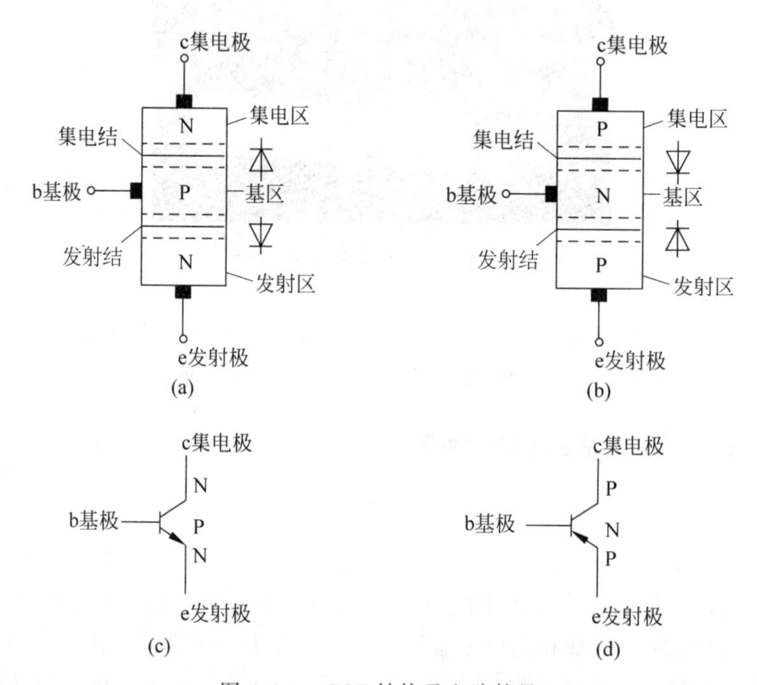

图 4.1.3 BJT 结构及电路符号

(a) NPN 型 BJT 结构示意图；(b) PNP 型 BJT 结构示意图；(c) NPN 型 BJT 电路符号；(d) PNP 型 BJT 电路符号

4.1.2 BJT 的工作状态分析与电流分配关系

1. BJT 的工作状态分析

电子电路中的三极管一般工作于放大、饱和、截止或倒置放大四种状态。本章主要研究由三极管构成的放大电路，而要实现对信号的正常放大，三极管需要满足一定的内部条件和外部条件。

首先是内部条件，这主要是通过制造工艺来保证的。无论是NPN型还是PNP型三极管，它们的内部结构上都有一些共同的特点。以NPN型三极管为例：①发射区掺杂浓度高。由于NPN型BJT的发射区是一块N型半导体，因此发射区中载流子自由电子的浓度较高。②基区很薄，而且掺杂浓度低。由于NPN型BJT的基区是一块P型半导体，因此虽然基区的多子是空穴，但是多子的浓度并不高。③集电区的截面积大，掺杂浓度低，有利于收集载流子。

顾名思义，发射区的主要作用是发射载流子，掺杂浓度高意味着能够提供的载流子的数量大。集电区的作用是收集从发射区发射过来的载流子，截面积越大，就能够收集到越多的由发射区发射而来的载流子。载流子在从发射区运动到集电区的过程中，需要经过基区，因此基区在载流子的运动过程中起着传递和控制的作用。

在没有外加电场力的作用之下，三个区中的载流子的运动是杂乱无章的，不能形成电流，因此三极管的正常放大还需要一定的外部条件，需要在三极管的三个极之间加上合适的偏置电压，形成外部电场，促使内部载流子的运动。从本质上来讲，这个偏置电压是加在三个极之间的两个PN结上的，即发射结和集电结。

图4.1.4是一个NPN型BJT在外加偏置电压下，内部载流子传输过程的简化示意图，为了简化问题，图中主要展示了高浓度的多子（自由电子）在外加电场下的传输过程。

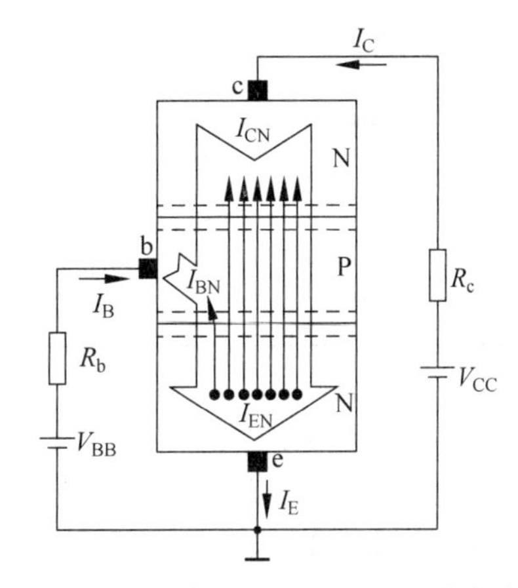

图4.1.4　外加偏置电压下BJT内部载流子的传输过程简化示意图

1）发射结正偏

所谓发射结正偏，是指在基极b和发射极e之间的PN结上加上合适的正偏电压，对于NPN型BJT，有$V_B > V_E$，因此在b、e之间，形成一个由b指向e的外加电场。在该外加电场的作用下，发射区的多子（自由电子）迅速从发射区向基区运动；基区中的多子为空穴，因此到达基区的自由电子会有部分和空穴复合，但是由于基区的掺杂浓度低而且很薄，因此在基区被复合掉的自由电子数目很少。

内部载流子的运动是形成外部电流的直接原因。发射区的自由电子向基区的定向运动所形成的内部电流I_{EN}，产生了发射极的外部电流I_E，且I_E的方向为流出发射极，和I_{EN}的方向相同。在基区被复合掉的空穴形成了基极的外部电流I_B，其方向为流进基极。

2）集电结反偏

所谓集电结反偏，是指在基极b和集电极c之间的PN结上加上合适的反偏电压，对于NPN型BJT，有$V_C > V_B$，因此在c、b之间形成一个由c指向b的外加电场。在该电场力的作用下，到达基区的大量自由电子会继续向集电区运动，从而形成集电极的外部电流I_C。

以上两个条件就是一个三极管能够正常放大的外部条件。在外部条件和内部条件的共同作用之下，三极管内部载流子从发射区到基区再到集电区的传输过程将是一个连续的、流畅的运动过程，该状态为三极管的放大状态。

需要注意的是，上述过程是在合适的外加电压V_{BB}和V_{CC}下得到的，如果外部条件不恰当，三极管的工作状态可能完全不同。

由于 b、e 之间是一个 PN 结，特性类似于一个二极管，PN 结或二极管的特性前面章节已有介绍。放大状态下发射结外加正偏电压的作用就是使该 PN 结导通，使发射区的自由电子首先能运动到基区，硅二极管的正常导通电压一般在 0.7V 左右，因此在设计电路的时候，保证发射结正偏就是要保证 V_{BE} 不低于 0.7V（典型值，具体大小可参考各器件手册）。

如果发射结反偏，或正偏电压不够，发射区的自由电子就不会向基区运动，更不可能到达集电区，因此不会形成三个极的外部电流 I_E、I_B 和 I_C，这种状态称为三极管的截止状态。

合适的发射结正偏电压仅仅是三极管处于放大的必要而非充分条件。因为如果集电结不反偏或所加的反偏电压不够，从发射区运动到基区的载流子将不会顺利地向集电区运动，大量的自由电子就会在基区淤积并和基区的多子空穴复合，因此虽然此时的 I_B 增大了，但是 I_C 并不会相应增大，这种状态称为三极管的饱和状态。表 4.1.1 给出了不同外部条件下的三极管工作状态，本书主要讨论放大、饱和以及截止三种工作状态。

表 4.1.1　偏置电压与三极管工作状态间的关系

发射结 \ 集电结	正　偏	反　偏
正偏	饱和	放大
反偏	倒置放大	截止

2. 电流分配关系

工作在放大状态之下的三极管，发射区的自由电子在外部偏置电压的作用下，从发射区经过基区，和基区的多子空穴复合掉极少部分载流子后，继续向集电区运动，绝大部分自由电子到达了集电区。内部载流子的连续运动在和三极管三个极相连的外部支路上形成三股连续的支路电流 I_E、I_B 和 I_C。通过以上分析，不难发现存在如下关系：

$$\text{发射区发射电子总数}=\text{基区复合掉的电子数}+\text{到达集电区的电子数} \tag{4.1.1}$$

而发射区发射电子数对应于发射极的外部电流 I_E 的大小，基区复合掉的电子数对应于基极电流 I_B 的大小，到达集电区的电子数对应于集电极电流 I_C 的大小，因此有

$$I_E = I_B + I_C \tag{4.1.2}$$

如果三极管处于线性放大状态，发射区发射的电子数越多，那么在基区复合掉的电子数越多，到达集电区的电子数也相应越多，即 I_B 越大，相应的 I_C 也越大。实验结果表明，放大状态下，I_C 和 I_B 的比值是一个常数，因此用一个参数 $\bar{\beta}$ 来定义这种关系，$\bar{\beta}$ 是三极管的一个重要参数，称为共射极直流电流放大系数，如式(4.1.3)所示：

$$\bar{\beta}=\frac{I_C}{I_B} \quad \text{或} \quad I_C=\bar{\beta}I_B \tag{4.1.3}$$

由于基区很薄，加之基区多子浓度很低，因此相对于 I_C 而言，I_B 很小，所以 $\bar{\beta}$ 较大，一般在几十至几百之间。综合式(4.1.2)和式(4.1.3)，可得到以下的近似关系：

$$\begin{aligned} I_E &= I_B + I_C = (1+\beta)I_B \\ &\approx I_C \end{aligned} \tag{4.1.4}$$

I_C 虽然小于 I_E，但接近于 I_E，它们之间的关系可用另一个参数 $\bar{\alpha}$ 来衡量，定义为 I_C

和 I_E 的比值，称为共基极直流电流放大系数，如式(4.1.5)所示。$\bar{\alpha}$ 小于但接近于 1，其典型值在 0.9～0.99 之间。

$$\bar{\alpha}=\frac{I_C}{I_E} \quad 或 \quad I_C=\bar{\alpha}I_E \tag{4.1.5}$$

3. 三极管放大电路的工作原理

模拟电路中的放大电路一般用来实现信号的传输或者能量的控制，它具有一个输入端口和一个输出端口，其典型结构可用图 4.1.5 表示。三极管是一个典型的三端元件，如果将其中的某一个端子作为公共端，另外两个端子分别和它构成一个端口，可以得到如图 4.1.6 所示的 T 形等效结构。

图 4.1.5 放大电路模型

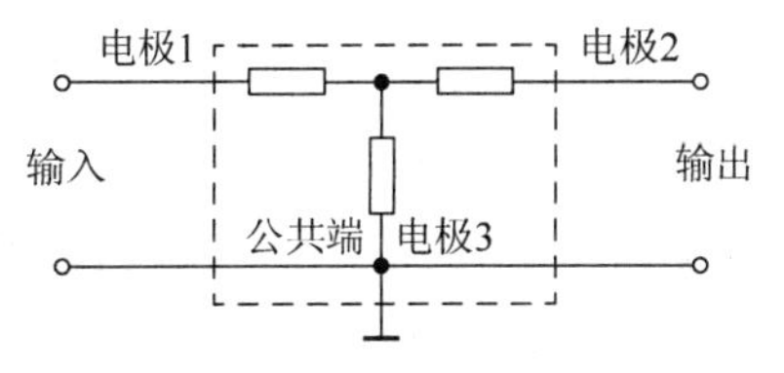

图 4.1.6 三极管 T 形放大电路模型

分别把三个电极作为公共端，可得到三种不同组态的放大电路。如果输入信号加在 BJT 的基极，从集电极取输出信号，发射极作为输入和输出信号的公共端，该电路结构称为共发射极放大电路，如图 4.1.7(a)所示；如果输入信号加在 BJT 的基极，从发射极取输出信号，把集电极作为输入和输出信号的公共端，称为共集电极放大电路，如图 4.1.7(b)所示；如果输入信号加在 BJT 的发射极，从集电极取输出信号，把基极作为输入和输出信号的公共端，称为共基极电路，如图 4.1.7(c)所示。

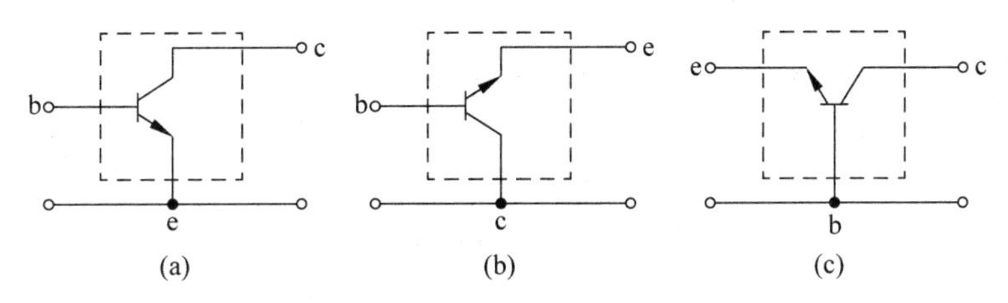

图 4.1.7 BJT 放大电路的三种组态

(a) 共发射极；(b) 共集电极；(c) 共基极

4.1.3 BJT 的伏安特性曲线

首先需要说明的是，这里所谓的三极管的特性曲线，是在综合各类三极管的具体性能指标后，提取出的三极管的共性，具体到特定型号的三极管，其特性曲线会有一些差别，因此在实际使用中，需要根据具体的应用场合来选取合适的三极管。

伏安特性是反映器件或者电路网络电气特性的一个重要指标。对于一个二端元件，比如电阻电容或者电感，其伏安特性的测量方法比较简单。而放大电路中的三极管，从电路结构上来看是一个双口网络，有输入端口和输出端口。因此，在分析三极管的伏安特性时，需要分别去研究输入、输出两个端口上各自的伏安特性。

由于构成放大电路的三极管有不同的组态，对应的输入端口和输出端口的位置不同，这里我们以构成共射极放大电路的三极管为例，分析其端口伏安特性。

1. 输入端口的特性曲线

图 4.1.8 所示为一个典型的三极管共射放大电路。v_{BE} 和 i_B 为输入端口的电压电流，v_{CE} 和 i_C 为输出端口的电压电流。所谓输入特性曲线，是指在输出端口电压 v_{CE} 为一定值时，输入端口电压和电流之间的关系曲线，可以用如式(4.1.6)所示函数关系表示：

$$i_B = f(v_{BE})\big|_{v_{CE}=\text{常数}} \tag{4.1.6}$$

图 4.1.9 所示为图 4.1.8 对应的输入端口特性曲线的示意图。不同型号的三极管，具体的特性曲线也略有差别，使用时可查阅对应的数据手册。

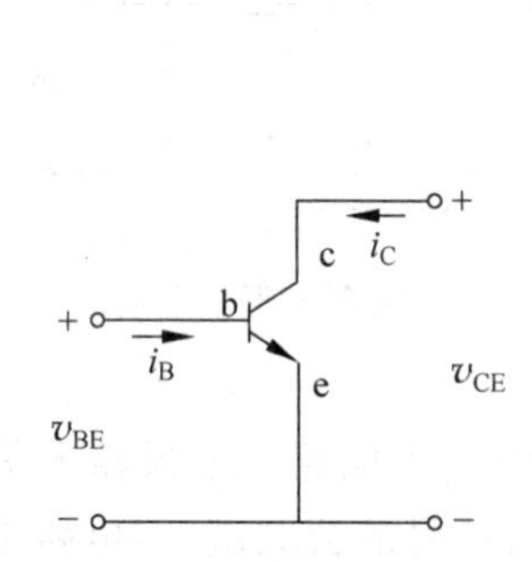

图 4.1.8　三极管共射极连接示意图

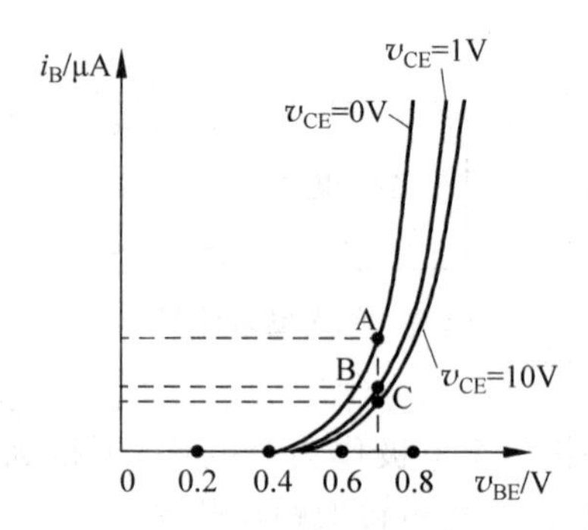

图 4.1.9　共射放大电路输入端口伏安特性曲线

输入特性曲线由一组曲线构成，直观地反映了 i_B、v_{BE}、v_{CE} 三者之间的关系。图 4.1.9 给出 v_{CE}=0V、1V、10V 三种情况下的伏安特性曲线。仔细观察这三条曲线，可以发现如下特征：

(1) 每条曲线的形状都和二极管或 PN 结的特性曲线相似，有一个导通电压存在，只有当 v_{BE} 大于某个定值的时候，才会有电流 i_B 流进三极管的基极；随着 v_{BE} 的升高 i_B 迅速增大，曲线变得越陡峭。这是因为，如果从器件内部结构来分析，三极管 b、e 之间是一个 PN 结，当所加的正向电压达到一定值后，发射区的自由电子迅速向基区运动，电压越高，电子运动越剧烈，在外部表现为基极电流 i_B 迅速增大。

(2) 随着 v_{CE} 升高，特性曲线右移。这意味着如果 v_{BE} 一定(如图 4.1.9 中虚线所示，v_{BE}=0.7V)，v_{CE} 升高，i_B 却减小。从器件内部载流子的运动过程来分析，v_{BE} 一定，意味着单位时间内从发射区运动到基区的载流子的数目一定，如果升高 v_{CE}，意味着集电结上的反偏电压升高，到达基区的自由电子会迅速继续向集电区运动，从而在基区复合掉的载流子的数目减小，在图中表现为 A、B、C 三点对应的基极电流 $I_A > I_B > I_C$。

(3) 比较三条曲线之间的间距，可以发现 v_{CE} 由 0V 增加到 1V 的时候，曲线右移明显，而由 1V 增加到 10V 的时候，曲线右移的幅度不大。这意味着如果 v_{BE} 一定，即从发射区运动到基区的载流子的数目一定，此时如果集电结的反偏电压已经达到了一定程度之后(如 v_{CE}=1V 以上)，自由电子在基区复合的几率趋于稳定，v_{CE} 再继续增大，对 i_B 的影响较小。

2. 输出端口的特性曲线

在图 4.1.8 所示的共射放大电路中，输出特性曲线是指在输入端口电流 i_B 为一定值时，输出端口电压 v_{CE} 和输出端口电流 i_C 之间的关系曲线，可以用式(4.1.7)所示函数关系表示：

$$i_C = f(v_{CE})\big|_{i_B=\text{常数}} \tag{4.1.7}$$

图4.1.10为图4.1.8三极管共射连接下的输出端口特性曲线，反映了 i_B、i_C、v_{CE} 三者之间的关系。不同型号的三极管，输出特性曲线也略有差别，使用时可查阅对应的数据手册。观察曲线，可发现如下特征：

(1) 输出特性曲线由一组曲线组成，图中每条曲线分别代表不同 i_B 下输出端口电压 v_{CE} 和输出端口电流 i_C 之间的关系。i_B 一定时，随着 v_{CE} 从0开始逐渐增大，i_C 迅速增大，然后逐步趋于稳定。产生这一现象的原因与上述输入特性曲线特征的第(3)条解释类似，可从输入特性曲线中A、B、C三点间的关系分析中得到结论。

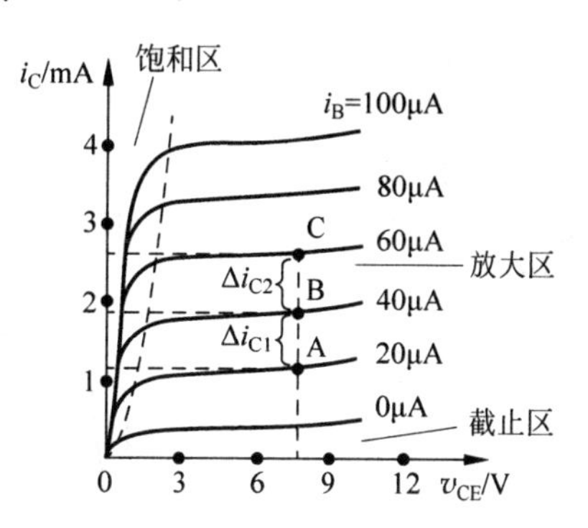

图4.1.10　NPN型硅管共射连接时的输出特性曲线

(2) 当 i_B 从0增大，曲线上移。从内部载流子的运动分析，假定自由电子在基区的复合概率相同，被复合掉的自由电子越多(i_B 大)，说明发射区发射的载流子越多，在集电结反偏电压相同的条件下(即 v_{CE} 相同)，能够运动到集电区的自由电子也更多，从而形成更大的集电极电流 i_C。

(3) 可将特性曲线分为三个区域，对应三极管在不同外部条件下的三种工作状态：

① 截止区，对应于图4.1.10中 $i_B=0\mu A$ 以下部分，此时 i_B 接近为0，无论 v_{CE} 怎么增大，i_C 也接近为0，该结论可通过发射结反偏时器件内部载流子的运动情况分析得到。需要说明的是，实际上，图中 $i_B=0\mu A$ 这条曲线非常接近于横轴，只是为了展示出截止区而将其抬高了。

② 饱和区，对应于图4.1.10中纵轴右边虚线左边的部分，反映了 v_{CE} 很小时，集电极电流 i_C 的变化规律，该区域发射结与集电结均处于正向偏置，集电结收集载流子的能力减弱，且 $v_{CE} \leqslant v_{BE}$。当 v_{CE} 从0开始增大时，三极管集电结上的反偏电压开始提高，由于电场力的作用，淤积在基区的多子迅速向集电区运动，导致集电极电流 i_C 从0开始迅速增大，曲线斜率很大。V_{CES} 称为BJT的饱和压降，当 v_{CE} 小于 V_{CES} 时，三极管工作在饱和区，对于小功率三极管，V_{CES} 的典型值在1V左右。

③ 放大区，又叫线性放大区，对应于特性曲线上饱和区和截止区之间的部分。可以看到在这块区域内，当 i_B 一定时，随着 v_{CE} 增大，i_C 的变化很小，只有略微的增大，说明此时三极管具有相当高的交流电阻。饱和区与放大区之间的分界线，称为临界饱和线(图4.1.10中虚线)。

另外，在放大区的这一组曲线彼此之间的间距大致相同，这说明工作在放大区的三极管，如果基极电流的变化量 Δi_B 相同，则集电极电流的变化量 Δi_C 也大致相同。举例说明，如图4.1.10中A、B、C三点所示，由A点到B点，i_B 变化 $20\mu A$，电流变化量为 Δi_{C1}，由B点到C点，i_B 同样变化了 $20\mu A$，电流变化量为 Δi_{C2}，可以看到 Δi_{C1} 与 Δi_{C2} 大致相等。换言之，在放大区，$\Delta i_C/\Delta i_B$ 为常数，当三极管的输入端口的电流变化时，输出端口的电流会有相同比例的变化，这就是线性放大的本质，因此三极管是一个典型的电流控制电流器件，基极电流 i_B 线性控制着集电极电流 i_C。

3. 温度对特性曲线的影响

温度的变化会影响三极管的性能，进而也影响放大电路的输入输出特性曲线。

如图4.1.11所示，当温度从25℃升高到85℃时，输入特性曲线左移，电路的工作点从原来的A点变化到B点，v_{BE}减小，i_B增大。

温度变化对输出特性曲线的影响如图4.1.12所示。实线和虚线分别表示温度为25℃和85℃时的输出特性曲线。可以发现，相同的i_B条件下，温度升高后的i_C显著增大；和实线一样，相邻两条虚线间的间隔也近似相等，说明三极管依然工作在线性状态，而且间距大于相邻两条实线间的间距，说明三极管的放大系数β值也随着温度的升高而增大。

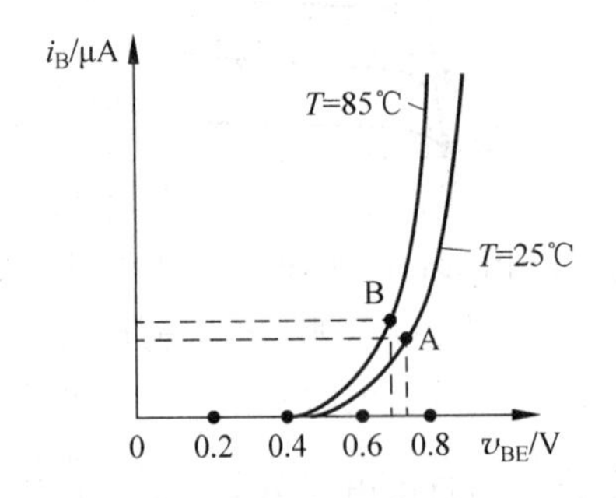

图4.1.11 温度变化对BJT输入特性曲线的影响

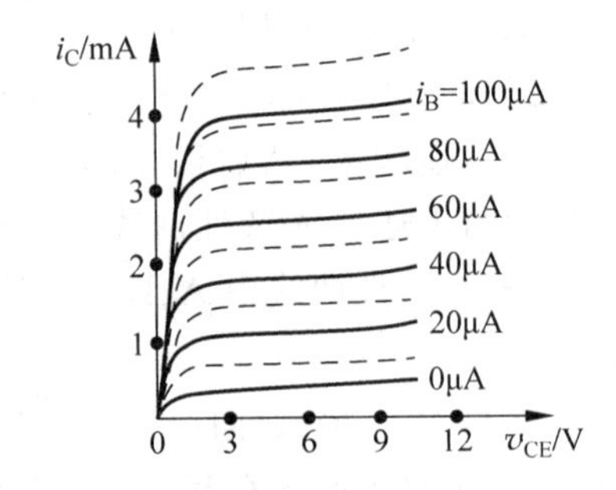

图4.1.12 温度变化对BJT输出特性曲线的影响

4.1.4 BJT的主要参数

参数是表征器件性能的重要指标，是选择三极管的重要依据。

1. 电流放大系数

1）共发射极电流放大系数

共发射极电流放大系数有直流放大系数$\bar{\beta}$和交流放大系数β之分。在放大区，一般情况下$\bar{\beta}$略小于β，但大致相当。实际使用中，可以近似认为两者相等。$\bar{\beta}$的定义见式(4.1.3)，β的定义如式(4.1.8)所示，为集电极交流电流i_c和基极交流电流i_b之比：

$$\beta=\frac{i_c}{i_b} \tag{4.1.8}$$

2）共基极电流放大系数

三极管共基极接法时的输入电流和输出电流分别为i_E和i_C，同样，共基极电流放大系数也有直流系数和交流系数之分，分别用$\bar{\alpha}$和α表示，实际使用中，也可近似认为两者相等。$\bar{\alpha}$的定义见式(4.1.5)，α的定义如式(4.1.9)所示，为集电极交流电流i_c和发射极交流电流i_e之比：

$$\alpha=\frac{i_c}{i_e} \tag{4.1.9}$$

2. 极间反向电流

1）I_{CBO}——集电极-基极反向饱和电流

是指当发射极开路时，集电极和基极之间的反向电流。

2）I_{CEO}——集电极-发射极反向饱和电流

是指当基极开路时，集电极和发射极之间的反向电流，也称为穿透电流。

3）I_{EBO}——发射极-基极反向饱和电流

是指当集电极开路时，发射极和基极之间的反向电流。

3. 极限参数

极限参数是安全使用三极管的重要参数，是一般情况下不宜超过的限值，长时间超限使用，有可能造成三极管永久性损坏。

1）集电极最大允许电流 I_{CM}

当 BJT 的 i_C 过大时，β 会下降，β 下降到一定值时的 i_C 即为 I_{CM}。当工作电流超过最大允许电流 I_{CM} 时，轻则放大能力衰减，重则烧坏 BJT。

2）集电极最大允许耗散功耗 P_{CM}

电流流过 BJT 内部的集电结和发射结会消耗功率，引起结温升高。结温过高时，BJT 的性能下降，甚至有可能烧坏。由于集电结上的电压远高于发射结电压，因此主要讨论集电结上的耗散功率。

集电极最大允许耗散功率定义为流过集电极的电流 i_C 和 v_{CE} 的乘积，即 $P_{CM}=i_C v_{CE}$。P_{CM} 越大，意味着管子能够承受更高的结温变化。当损耗功率超过 P_{CM} 时，管子烧坏的风险大大增加，因此提出管子的安全工作区的概念，如图 4.1.13 所示，可以发现安全工作区是在 BJT 输出特性曲线中的一条曲线，由过压区、过流区和过损耗区三条曲线合围而成，为了保证三极管安全稳定的工作，其工作电压、电流应处于该安全工作区内。

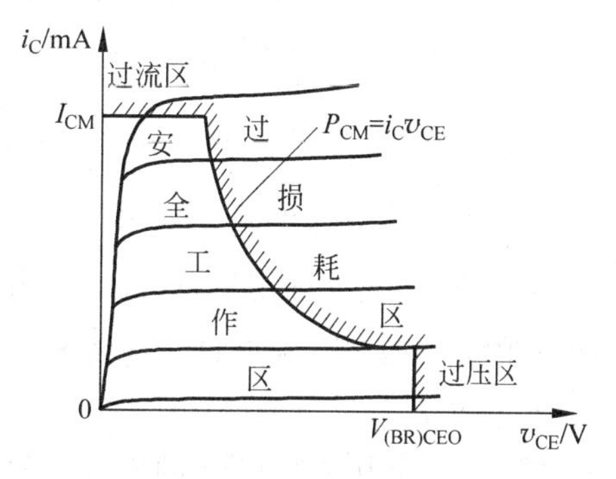

图 4.1.13　BJT 安全工作区示意图

3）反向击穿电压

（1）$V_{(BR)CEO}$——集电极-发射极反向击穿电压，是指基极开路时，集电极和发射极之间允许的最大反向电压值。

（2）$V_{(BR)CBO}$——集电极-基极反向击穿电压，是指发射极开路时，集电极和基极之间允许的最大反向电压值。

（3）$V_{(BR)EBO}$——发射极-基极反向击穿电压，是指集电极开路时，发射极和基极之间允许的最大反向电压值。

通常在使用三极管时，需保证 $v_{CE}<V_{(BR)CEO}$，以免损坏三极管。由于温度升高时，$V_{(BR)CEO}$ 会下降，所以往往还要留有一定的裕量，一般而言，需要选择 $V_{(BR)CEO}$ 参数大于工作电压 v_{CE} 两倍以上的三极管。

4. 温度对 BJT 参数的影响

半导体材料对温度变化十分敏感。温度升高会加速载流子的扩散运动，使得在基区被复合的载流子减小，因此 α、β 均会增大，温度每升高 1℃，β 增大 0.5%～1%。此外，当温度升高时，I_{CBO}、I_{CEO} 随之增大，温度每升高 10℃，I_{CBO} 约增加 1 倍。

4.1.5 BJT的电路模型

如前述，三极管BJT构成的放大电路可视为一个双口网络，信号加在放大电路的输入端口，从放大电路的输出端口得到输出信号。

三极管是一个典型的非线性器件，这一点从三极管的输入、输出端口的伏安特性就可以看出。

1. BJT的直流模型

首先考察三极管BJT的直流模型，如图4.1.14所示。假设两个直流电源V_{BB}、V_{CC}以及电阻R_b、R_c取值恰当，保证该NPN型三极管三个极的电位$V_C>V_B>V_E$，三极管处于放大状态，即此时三极管处于线性工作状态。图中左右两个网孔的电流分别为I_B、I_C，两个回路分别构成了输入回路和输出回路。

输入回路由直流电源V_{BB}、电阻R_b和三极管b、e之间的发射结构成，发射极接地，作为整个电路的电位参考点。因为发射结处于正偏状态，其性质和二极管类似，因此可以利用二极管的恒压降模型等效，此时的静态电流I_{BQ}可记为式(4.1.10)。由于V_{BE}的典型值为0.7V，因此输入回路中的I_{BQ}为确定值。

$$I_{BQ}=\frac{V_{BB}-V_{BE}}{R_b} \tag{4.1.10}$$

输出回路由直流电源V_{CC}、电阻R_c以及三极管的c、e极构成。流进集电极c的静态电流$I_{CQ}=\bar{\beta}I_{BQ}$，为一确定值，这说明输出回路并不独立，受到输入回路中的网孔电流I_{BQ}的控制。因此三极管c、e之间的结构可以等效为一受控电流源，其大小为$\bar{\beta}I_{BQ}$，控制量为输入回路电流I_{BQ}。

图4.1.15为图4.1.14的直流等效电路。其中虚线框内结构为BJT的直流模型，b、e之间等效为一个直流电压源，c、e之间等效为一受控电流源，电流为$I_{CQ}=\bar{\beta}I_{BQ}$。两个理想二极管用于限制模型中的电流方向。

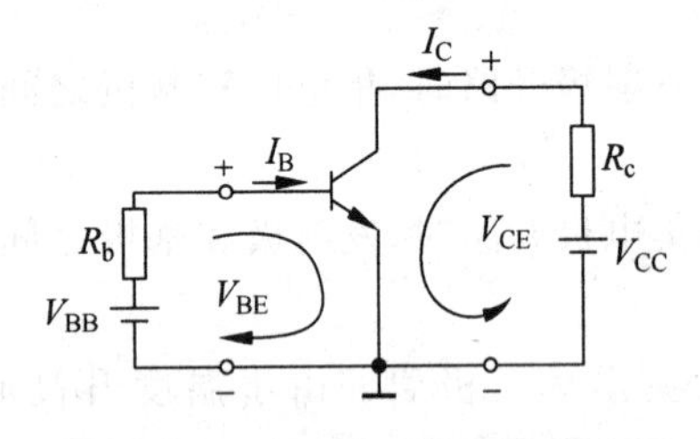

图4.1.14 共射放大电路直流模型

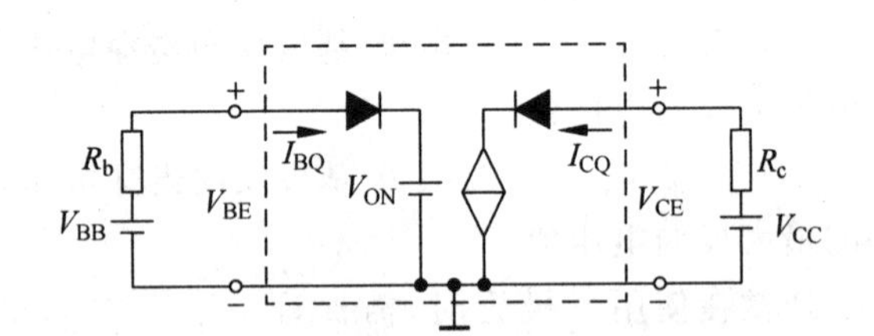

图4.1.15 共射放大电路直流等效模型

2. 交流小信号模型

在图4.1.14电路已经建立好的直流电路的基础上，在输入端加上交流小信号，如图4.1.16所示。

对应的输入端口伏安特性曲线如图4.1.17所示。虽然曲线整体呈现出明显的非线性特征，但是在一个很小的局部区域内，可以近似为线性的直线，此时电路工作于线性状态。

根据叠加定理，可将图 4.1.16 分解为直流电源单独作用、交流信号单独作用两种情况来分析。其中直流电源单独作用的情况前面已经分析过了，该电路的作用是给放大电路建立合理的直流工作状态（也叫作静态），为交流信号的放大提供平台。图 4.1.17 中 A 点即对应于电路在直流电源 V_{BB} 和 V_{CC} 共同作用下电路的直流工作情况，也称为静态工作点。

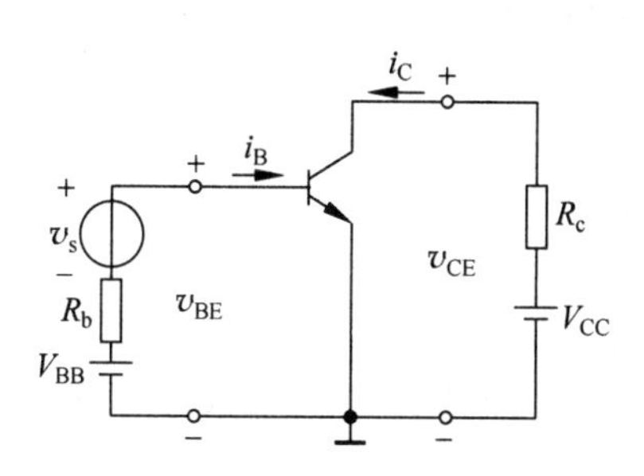

图 4.1.16　共射放大电路动态模型

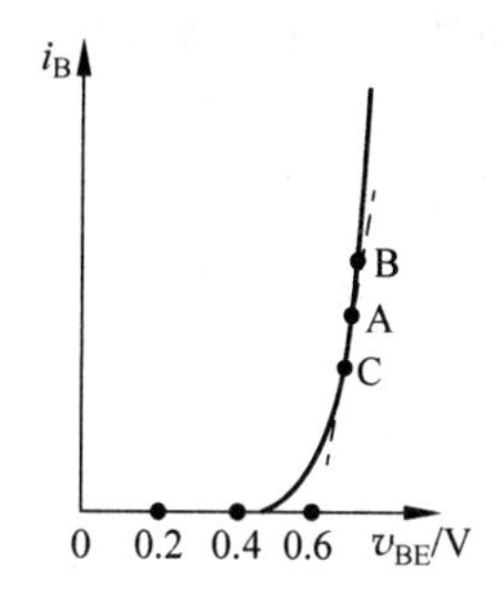

图 4.1.17　输入端口伏安特性曲线

当交流信号 v_s 单独作用时，其交流等效电路如图 4.1.18 所示。假设 v_s 为正弦交流小信号，当 v_s 按照正弦规律变化时，此时电路的工作点将围绕静态工作点 A 上下波动，如图 4.1.17 所示，以 A 点为中心，在 B、C 点之间波动。此时交流通路输入端口的电压、电流分别为三极管 b、e 之间的交流电压 v_{be} 和流进三极管基极的交流电流 i_b，因此此时输入端口的动态电阻 r_{be} 为过 A 点的切线的斜率的倒数，三极管 b、e 之间可以用该电阻 r_{be} 等效替换；由于此时的 i_b 和 i_c 两个交流电流依然满足 β 倍的线性关系，因此交流输出回路的 c、e 之间仍可用一个受控电流源等效，从而图 4.1.18 中虚线框内的三极管的交流模型可以简化为图 4.1.19 所示结构。

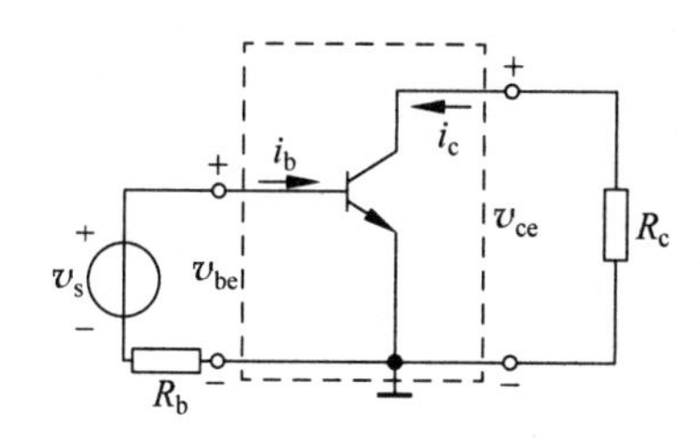

图 4.1.18　交流等效电路

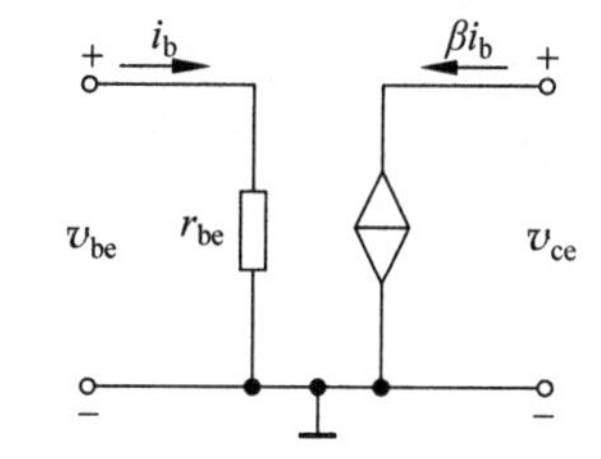

图 4.1.19　BJT 交流模型

参数 r_{be} 除了可以根据三极管的输入特性曲线，用图解法求出外，还可根据式(4.1.11)计算求解。

$$r_{be}=r_{bb'}+(1+\beta)(r_e+r'_e)\approx 200+(1+\beta)\frac{V_T}{I_{EQ}} \tag{4.1.11}$$

式中，$r_{bb'}$ 定义为基区体电阻，其典型值为 200Ω；r'_e 定义为发射区体电阻，其值很小，一般可忽略；r_e 定义为发射结结电阻，其数值为 $\frac{V_T}{I_{EQ}}$，V_T 定义为温度的电压当量，在室温(300K)时为 26mV。从而式(4.1.11)可简化为

$$r_{be}\approx 200+(1+\beta)\frac{V_T}{I_{EQ}}=200+(1+\beta)\frac{26\text{mV}}{I_{EQ}} \tag{4.1.12}$$

针对上式作进一步分析。

(1) I_{EQ} 为三极管发射极的静态电流，根据 $I_{EQ}=(1+\beta)I_{BQ}$，式(4.1.12)还可以等效变换为

$$r_{be}\approx 200+(1+\beta)\frac{V_T}{I_{EQ}}\approx 200+\frac{26\text{mV}}{I_{BQ}} \tag{4.1.13}$$

(2) 虽然 r_{be} 为三极管在交流工作情况下的动态电阻，但是该电阻的大小却和静态电流 I_{BQ} 或 I_{EQ} 有关。这说明了三极管的直流工作状态会影响其交流工作情况，静态工作点的设置将对放大电路的性能指标带来影响。从图 4.1.17 也可以直观地看出，动态电阻 r_{be}(过 A 点切线的斜率的倒数)与静态工作点 A 的选取密切相关，工作点的位置不同，过工作点的切线的斜率将发生变化，动态电阻 r_{be} 随之改变。

(3) 折算的思想。如图 4.1.20 所示，$r_{bb'}$代表基区体电阻，r_e 为发射结电阻，忽略发射区体电阻 $r_{e'}$。根据输入电阻的定义，三极管 b、e 之间的等效电阻 r_{be} 表示如下：

$$\begin{aligned} v_{be}&=i_b\cdot r_{bb'}+i_e\cdot r_e\\ &=i_b\cdot r_{bb'}+i_b\cdot(1+\beta)r_e\\ &=i_b\cdot[r_{bb'}+(1+\beta)r_e] \end{aligned} \tag{4.1.14}$$

$$r_{be}=\frac{v_{be}}{i_b}=r_{bb'}+(1+\beta)r_e \tag{4.1.15}$$

上式表明，基极对地的等效电阻，是基极等效电阻与(1+β)倍发射结等效电阻的串联之和。换一个角度，大小为 i_e 的电流流过电阻 r_e 的效果，与大小为 i_b 的电流流过电阻 $(1+\beta)r_e$ 的效果相同，可以将发射极电阻乘以(1+β)后折算到基区。合理运用折算的方法在后续放大电路指标参数的计算中很有帮助。

3. 高频模型

上述交流模型是输入低频小信号下的等效简化模型，如果输入信号的频率较高，则需要考虑 PN 结的电容效应。这是因为，由于载流子的运动，在发射结和集电结上存在电荷的充放，如果输入信号频率较高，结电容效应明显，因此高频小信号下的三极管简化模型如图 4.1.21 所示。图中 $c_{b'e}$ 和 $c_{b'c}$ 分别为发射结和集电结的等效电容。显然，电容效应的大小除了受输入信号频率的影响外，还受到三极管三个极的极间电位的影响。

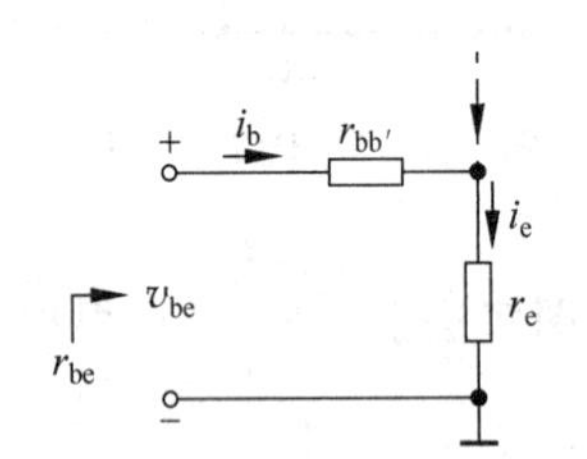

图 4.1.20 输入端口等效电阻模型

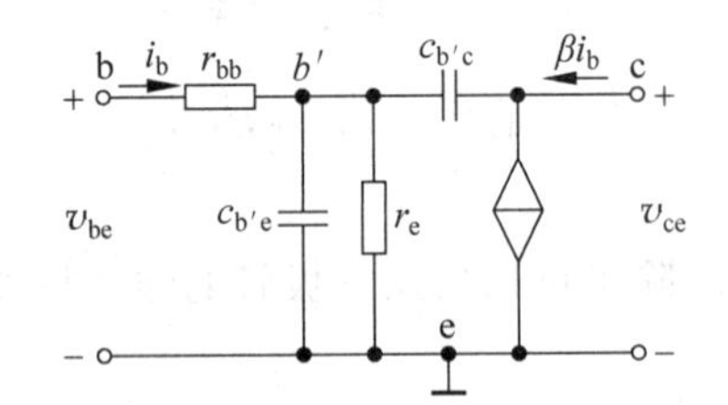

图 4.1.21 BJT 高频小信号模型

4.2 放大电路的工作原理及分析方法

三极管可构成三种组态的放大电路，在 4.1 节中，已经对三极管构成的共射放大电路进行了简要的分析。在本节中，将继续围绕共射放大电路，对放大电路的工作原理作进一步的

阐述,并讨论放大电路的性能指标。

4.2.1 改进的共射放大电路

图 4.2.1(a)所示为 4.1 节所介绍的共射放大电路,图 4.2.1(b)为(a)的改进电路。具体改进主要体现在以下几个方面:

(1) 由双电源改为单电源。应用于实际电路中时,单电源供电节约了成本,节省了空间,降低了电路的复杂程度。

(2) 交流信号 v_s 改为直接接地,提高了电路的抗干扰能力。

(3) 增加两个电容 C_b 和 C_c。输入端口的直流电容 C_b 起到隔离直流电平和输入交流信号的作用;输出端口的电容 C_c 同样起到分隔集电极上的直流电平和交流信号的作用,从而在负载 R_L 的两端得到纯交流输出信号。

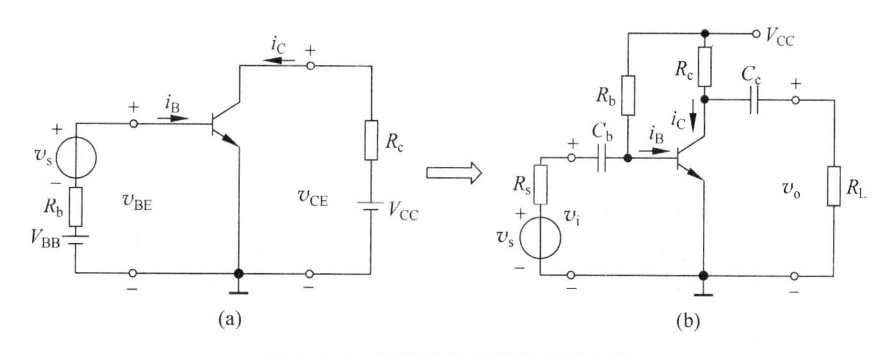

图 4.2.1 共射放大电路的改进电路

(a) 共射放大电路模型;(b) 改进的共射放大电路

注意图 4.2.1(b)中直流电源的表示方法,在后续章节中都将使用该表示方法。

4.2.2 放大电路工作原理分析

假设 v_s 为一正弦交流小信号,本小节将通过交流信号 v_s 在电路中的传递过程,以及各电压量、电流量的变化过程,说明放大电路的工作原理。

放大电路的目标是将输入端的交流量“传递”到输出端,并在输出端获得幅度或能量更大的输出量。在前述的共射放大电路中,放大电路被分解成输入回路和输出回路,因此输入信号并不是直接向输出端传递,而是通过两个回路中电流的耦合关系 $i_C=\beta i_B$,将输入信号的变化转换为输出电流的变化,在输出回路中体现出来,从而得到放大了的输出量。

本章所讨论的输入量一般为交流小信号。虽然放大目标是交流信号,但直流电源在信号放大的过程中起到了不可或缺的作用。因为三极管正常放大需要满足外部条件——发射结正偏,集电结反偏,具体到 NPN 三极管而言,就是要保证三极管三个极的电位不仅满足 $V_C>V_B>V_E$,而且电位要恰当,换言之,就是要给三极管构成的放大电路建立合适的静态。因此,由直流电源所建立起来的电路的直流工作状态,为交流信号的放大提供了舞台。

1. 工作原理分析

假设初始状态时 v_s 为零。如图 4.2.2 所示，由于电容的隔直作用，虚线框内的电路为直流电流的流通回路。由于发射极接地，电位 V_E 为零，R_b 一般远大于 R_c，因此集电极电位 V_C 大于基极电位 V_B，满足放大的外部条件。通过合理调整参数设置，可以保证放大电路处于在合适的直流工作状态。此时 $V_{BQ}=V_{BEQ}=0.7V$（假设为硅管），基极电流为 I_{BQ}，集电极电流 $I_{CQ}=\beta\cdot I_{BQ}$，$V_{CEQ}=V_{CC}-I_{CQ}\cdot R_c$，通常 V_{CEQ} 应大于三极管的饱和压降 V_{CES}，以免进入饱和区，小功率三极管饱和压降的典型值一般为 0.3V 左右。

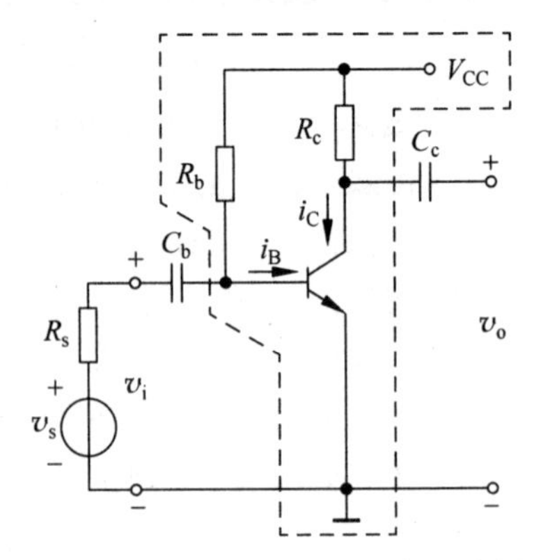

图 4.2.2 BJT 工作原理分析示意图

假设 v_s 为正弦交流小信号，电容 C_b 对交流信号可视为短路，因此接入 v_s 后，将会引起三极管基极电位的微小变化，即

$$v_B=V_{BQ}+\Delta v_B \tag{4.2.1}$$

式中，v_B 为基极电位的瞬时值，也叫总量，本教材中约定用小写字母大写下标来表示，由直流分量和交流分量叠加而成；V_{BQ} 为直流电源 V_{CC} 作用下基极电压的直流分量，用大写字母大写下标表示，硅三极管为 0.7V；Δv_B 为交流信号 v_s 作用下产生的基极电位变化量，是一个纯交流量，可以用小写字母小写下标来表示，因此，上式可记为

$$v_B=V_{BQ}+v_b \tag{4.2.2}$$

根据共射放大电路输入端口的伏安特性曲线，基极电流 i_B 也会相应变化，记为

$$i_B=I_{BQ}+i_b \tag{4.2.3}$$

式中，i_B 为基极电流的瞬时值；I_{BQ} 为直流电源 V_{CC} 作用下产生的直流分量；i_b 为交流信号 v_s 作用下的基极电流变化量，是一个纯交流量。

由于基极电流 i_B 对集电极电流 i_C 的控制作用，三极管的集电极电流可以表示为

$$\begin{aligned} i_C &= I_{CQ}+i_c \\ &= \beta\cdot i_B=\beta\cdot(I_B+i_b)=I_{CQ}+\beta\cdot i_b \end{aligned} \tag{4.2.4}$$

式中，i_C 为基极电流的瞬时值；I_{CQ} 为直流电源 V_{CC} 作用下集电极电流的直流分量；i_c 为交流信号 v_s 作用下的集电极电流变化量，是一个纯交流量。

从式(4.2.4)可以发现，$i_c=\beta\cdot i_b$，这说明集电极电流的变化幅度是基极电流变化幅度的 β 倍。

此时的 v_{CE} 可表示为

$$\begin{aligned} v_{CE} &= v_C-v_E=v_C \\ &= V_{CC}-i_C\cdot R_c \\ &= V_{CC}-(I_{CQ}+i_c)\cdot R_c \\ &= V_{CEQ}-i_c\cdot R_c \end{aligned} \tag{4.2.5}$$

式中，v_{CE} 为集电极电位的瞬时值；V_{CEQ} 为直流电源 V_{CC} 作用下的直流分量；$-i_c\cdot R_c$ 为集电极的交流电流 i_c 通过电阻 R_c 引起的集电极电压的变化量，是一个纯交流量。由于电

容 C_c 的隔直作用，在输出端可以取出该交流量 $-i_c \cdot R_c$，即

$$v_o = -i_c \cdot R_c \tag{4.2.6}$$

上式中的负号，说明了输出信号 v_o 的相位与交流电流 i_c 的相位相反。这点可从三极管集电极电位的变化来解释。如式(4.2.5)所示，当集电极电流的瞬时值 i_C 增大时，集电极电压 v_C 的瞬时值减小，因此滤除直流量后的 v_o 和 i_c 反相。

综合上述分析，信号源 v_s 的变化，导致基极电位 v_B 的同相变化，进而导致基极电流 i_B 的同相变化，i_B 的变化又引起 i_C 的同相变化，输出回路中的电流变化幅度相对于输入回路大大增加，通过电阻 R_c 进行 I/V 变换后，转化为集电极电压的反相变化，通过电容滤除直流分量后，在输出端口得到放大后的交流输出信号 v_o，因此输出信号 v_o 与输入信号 v_s 是反相。信号传递的全过程如图 4.2.3 所示。

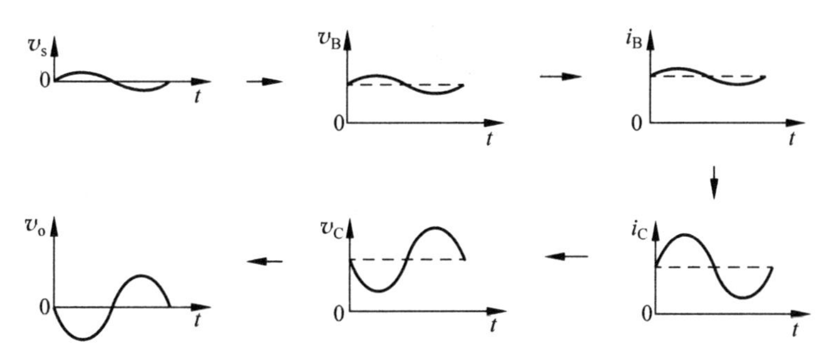

图 4.2.3　放大电路信号传递过程示意图

2. 放大电路失真分析

信号放大电路的主要目标就是不失真地放大输入信号。产生失真的主要原因在于三极管的非线性特性。从图 4.2.3 可看出，在信号放大过程中，各结点电位或支路电流围绕直流电源所建立的静态工作点上下波动。因此如果静态工作点设置不合理，或者信号的波动范围过大，都有可能使三极管进入饱和区或截止区，从而产生波形失真，影响输出信号的质量。只有找出失真的原因，才能有针对性地调整电路参数，从而消除失真，改善放大电路的性能。

图 4.2.4 所示为共射放大电路输出端口特性曲线，Q、Q′、Q″为三个不同的静态工作点，对应于不同的静态电流 I_{CQ}、静态电压 V_{CEQ}。三点所在的斜线称为直流负载线，满足方程：

$$V_{CEQ} = V_{CC} - I_{CQ}R_c \tag{4.2.7}$$

由直流负载线的方程可以看出，当 $I_C = 0$ 时，$V_{CEQ} = V_{CC}$，因此可知图 4.2.4 对应的放大电路中，电源电压为 12V。

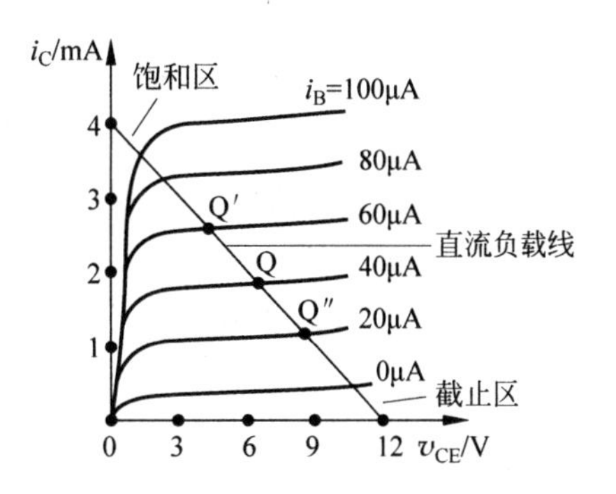

图 4.2.4　直流负载线及静态工作点示意图

虽然三个静态工作点都处于放大区，对应三极管的工作状态都处于放大状态，但是可以发现，Q′所处的位置较高，对应的 I_{CQ} 较大，靠近饱和区；Q″所处的位置较低，对应的 I_{CQ} 较小，靠近截止区；Q 点位于直流负载线的中点，处于放大区的中心位置，距饱和区和截止区都较远。

1）饱和失真

所谓饱和失真，是指由于晶体管在信号放大过程中进入饱和区而引起的失真。

如图 4.2.5(a)所示为饱和失真的典型波形，可以发现，输出信号 v_o 的负半周的一部分波形被截除产生了失真，对应于输入信号 v_s 的正半周的工作情况。

产生该失真的主要原因是静态工作点 Q′设置过高。如图 4.2.5(b)所示，在输入信号的 v_s 正半周，随着 v_s 的增大，i_B、i_C 同相增大，v_{CE} 减小，一旦进入饱和区，i_C、v_{CE} 均产生失真。因此，消除饱和失真的方法就是将静态工作点沿直流负载线适当下移，当然也可以减小输入信号的幅度，避免进入饱和区，但这样会使得输出信号的幅度也随之减小。

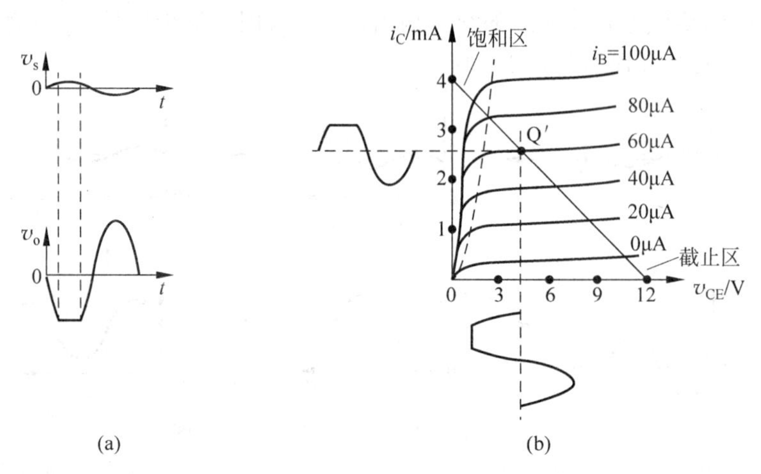

图 4.2.5 饱和失真现象及其原因分析

(a) 饱和失真示意图；(b) 饱和失真原因分析

2）截止失真

所谓截止失真，是指由于晶体管在信号放大过程中进入三极管截止区而引起的失真。

如图 4.2.6(a)所示为截止失真的典型波形，可以发现，输出信号 v_o 的正半周的一部分波形被截除产生了失真，对应于输入信号 v_s 的负半周的工作情况。

产生该失真的主要原因是静态工作点 Q″设置过低。如图 4.2.6(b)所示，在输入信号的 v_s 负半周，随着 v_s 的反相增大，i_B 减小进入截止区、i_C 跟随 i_B 的变化产生失真，v_{CE} 同样产生失真。因此，消除饱和失真的方法就是将静态工作点沿直流负载线适当上移，当然也可以减小输入信号的幅度，避免进入截止区，但这样会使得输出信号的幅度也随之减小。

3）双向失真

所谓双向失真，是指在信号放大的过程中，晶体管既产生了饱和失真也产生了截止失真。

如图 4.2.7(a)所示为双向失真的示意图，可以发现，在输入信号的正半周和负半周，输出信号均产生了失真。这是因为，输出信号在围绕静态工作点 Q 波动的过程中，由于输入信号的幅度过大，或者放大电路的增益过高，使得输出信号向上运动到饱和区，向下运动到截止区，从而在两个方向上均产生失真。因此消除失真的方法，可以降低输入信号的幅度，或者降低电路的增益。

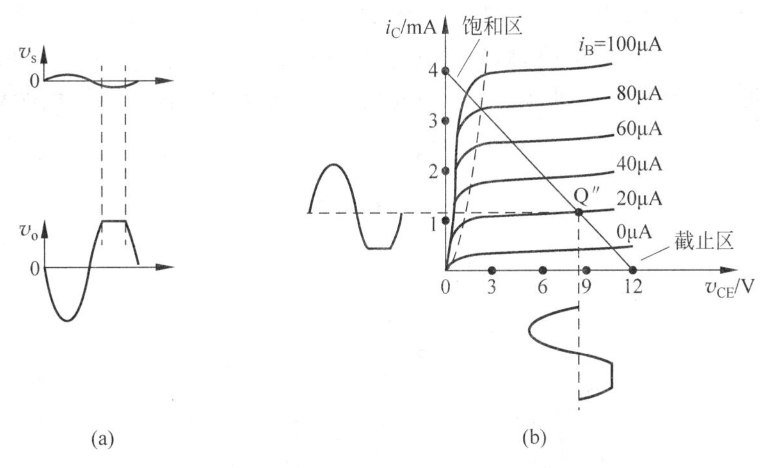

图 4.2.6　截止失真现象及其原因分析
(a) 截止失真示意图；(b) 截止失真原因分析

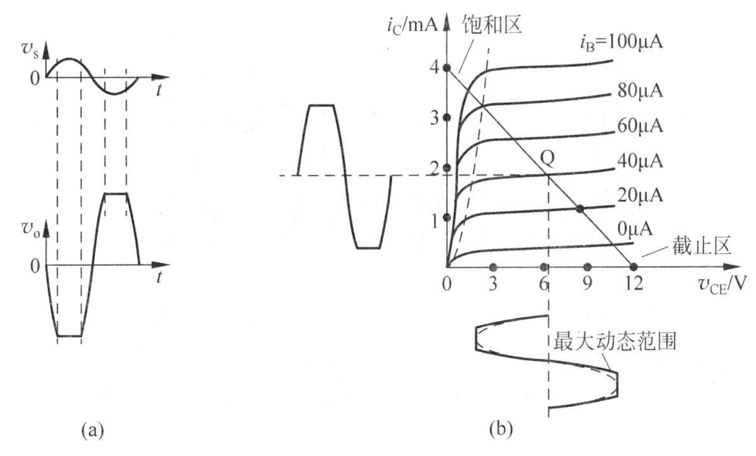

图 4.2.7　双向失真现象及原因分析
(a) 双向失真示意图；(b) 双向失真原因分析

可以看到，如果静态工作点 Q 选在负载线的中点，距离饱和区和截止区都较远，在输入信号幅度和放大系数设置合理时，可以得到最大的不失真输出动态范围，如图 4.2.7(b)中虚线正弦波曲线所示。

4.2.3　固定偏流放大电路分析

以上以基本共射放大电路为例，分析了放大电路的工作原理。这种结构的共射放大电路，由于其基极的直流电流（也叫作偏置电流）是固定的，通常称为固定偏流放大电路。在本小节中，输出端将接上负载，进一步研究放大电路的分析方法，讨论电路的性能指标。

1. 电路的分解

由于电路工作于小信号输入下的线性放大状态，满足叠加定理的适用条件，因此可以将放大电路分解为直流电源单独作用和交流信号单独作用这两种状态的叠加，如图 4.2.8 所示。

图 4.2.8(a)为完整的固定偏流放大电路，R_L 为输出端口所接的负载；图 4.2.8(b)为直流电源单独作用时的等效电路，称为直流通路；图 4.2.8(c)为交流信号源单独作用时的等效电路，称为交流通路。通过对两个子电路的分析，说明它们各自在信号放大过程中所起的作用。

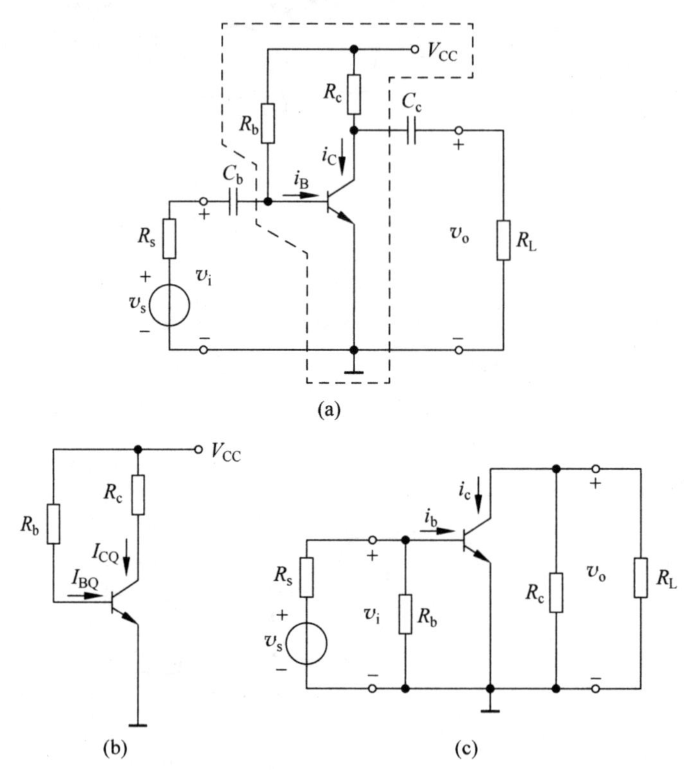

图 4.2.8　固定偏流放大电路的分解示意图

(a) 固定偏流放大电路；(b) 直流通路；(c) 交流通路

1）直流通路

所谓直流通路，也就是直流子电路，即电路中的直流电流的流通回路。

在画直流通路时，需要注意以下几点。①由于只有直流电源单独作用，因此原电路中所有的交流源须置零，即对于交流电压源所在支路作短路处理，对于交流电流源所在的支路作开路处理；②如果电路中有电容元件或者电感元件，根据其性质，电容元件所在的支路开路处理，电感元件所在的支路短路处理。

从图 4.2.8(a)可以看出，由于电路 C_b、C_c 开路，直流电流的流通回路被限制在虚线框内，因此虚线框内的电路结构即为图 4.2.8(a)对应的直流通路，如图 4.2.8(b)所示。

2）交流通路

所谓交流通路，也就是交流子电路，即电路中的交流电流的流通回路。

在画交流通路时，需要注意以下几点。①将原电路中所有的直流源置零，对于直流电压源所在支路作短路处理，对于直流电流源所在的支路作开路处理；②如果电路中有电容元件或者电感元件，根据其性质，电容元件所在的支路作短路处理，电感元件所在的支路作开路处理。

因此，将图 4.2.8(a)中的电压源 V_{CC} 置零，从而 R_c 支路的上端点的电位为零，相当于接地，所以在交流通路中，R_b 将跨接在三极管的基极和地之间，R_c 将跨接在三极管的集电极和地之间。两个电容 C_b 和 C_c 交流短路，得到的交流通路如图 4.2.8(c)所示。

2. 直流分析

直流通路的作用是给放大电路建立一个合适的静态工作点，因此，要分析放大电路，首先要分析放大电路的直流通路，在直流通路中获取静态工作点参数。

分析图 4.2.8(b)，由于在直流工作状态(静态)时，三极管的 V_{BEQ} 为一确定值，对于硅三极管而言，典型值为 0.7V，因此，可以求得

$$I_{BQ}=\frac{V_{CC}-V_{BEQ}}{R_b}=\frac{V_{CC}-0.7}{R_b}\approx\frac{V_{CC}}{R_b} \tag{4.2.8}$$

可见，只要电源电压确定，电路中元件的参数确定，三极管基极的静态电流就是确定值，这就是固定偏流电路名称的由来。

根据电流分配关系，可以求出集电极的静态电流 I_{CQ}：

$$I_{CQ}=\beta I_{BQ} \tag{4.2.9}$$

则集电极的静态电位 V_{CQ} 为

$$V_{CQ}=V_{CC}-I_{CQ}\cdot R_c \tag{4.2.10}$$

由于发射极接地，因此 V_{CEQ} 为

$$V_{CEQ}=V_{CQ}-V_{EQ}=V_{CC}-I_{CQ}\cdot R_c \tag{4.2.11}$$

以上是对于直流通路中各电压量、电流量的定量计算表达式。为了更加直观地分析，将上述各电量图形化表示为图 4.2.9。图 4.2.9(a)和(c)中，各量仅有比较关系上的意义，不具有数值意义，例如，I_{BQ} 相较于 I_{CQ} 而言过小，几乎可以忽略，但是为了图示的方便，图中仅表示出了它们之间的比较关系。

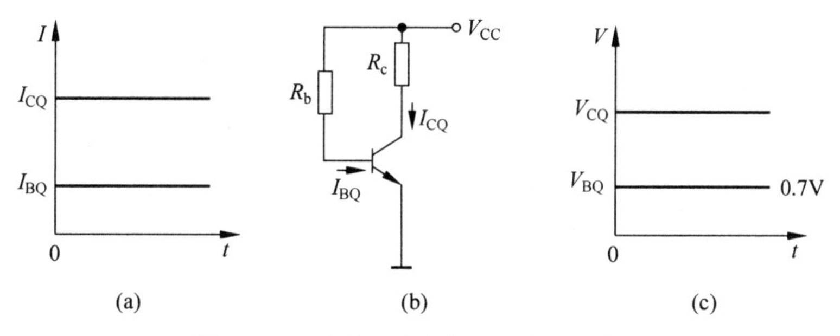

图 4.2.9 直流通路中各电量关系示意图

(a) 静态电流；(b) 直流通路；(c) 静态电位

3. 交流分析

假设输入交流信号 v_s 为低频小信号，则图 4.2.8(c)中的三极管可以用低频小信号模型替换，即 b、e 之间用等效电阻 r_{be} 替换，c、e 之间用大小为 βi_b 的受控电流源替换。因此在交流通路的基础上，可以得到其对应的小信号等效电路，方便了对放大电路交流工作情况的分析和计算。图 4.2.10 所示为对应的小信号等效电路。

放大电路的性能指标，主要包括电压增益 A_v、输入电阻 R_i 和输出电阻 R_o 等，下面分

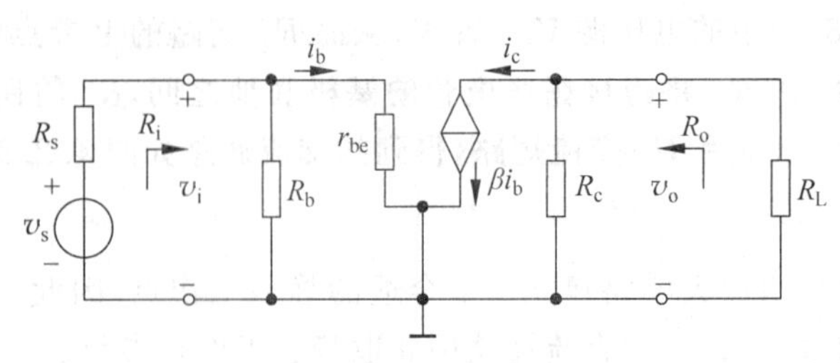

图 4.2.10　小信号等效电路

别讨论。

1）电压增益

电阻 R_b 和 r_{be} 在电路结构上是并联关系，因此输入端口的电压 v_i 可以用 r_{be} 所在支路两端的电压表示为

$$v_i = i_b \cdot r_{be} \tag{4.2.12}$$

电阻 R_c 和负载 R_L 在电路结构上也是并联的关系，并联在输出端口两端。取两条支路上电流的参考方向均为由下向上，则电流 i_c 为两条支路上电流之和，又因为端口电压 v_o 的参考方向为上正下负，与 i_c 为非关联参考方向，因此输出电压 v_o 可表示为

$$v_o = -i_c \cdot (R_c /\!/ R_L) \tag{4.2.13}$$

如果输出端空载（相当于负载 R_L 无穷大），则输出电压 v_o' 可记为

$$v_o' = -i_c \cdot R_c \tag{4.2.14}$$

根据电压增益的定义，有

$$\begin{aligned} A_v &= \frac{v_o}{v_i} = \frac{-i_c \cdot (R_c /\!/ R_L)}{i_b \cdot r_{be}} = -\frac{\beta \cdot i_b \cdot (R_c /\!/ R_L)}{i_b \cdot r_{be}} \\ &= -\frac{\beta \cdot (R_c /\!/ R_L)}{r_{be}} \end{aligned} \tag{4.2.15}$$

同理，空载电压增益可表示为

$$A_v' = \frac{v_o'}{v_i} = -\frac{\beta \cdot R_c}{r_{be}} \tag{4.2.16}$$

可以看出，空载电压增益大于接上负载后的电压增益，这意味着接上负载后放大电路的电压增益会下降，而且，负载越重（即 R_L 越小），增益下降越严重，因此在设计放大电路时，需要考虑负载变化对放大电路性能指标的影响。

2）输入电阻

求解放大电路输入电阻的方法有多种，下面分别介绍。

（1）定义法。

如图 4.2.11 所示，根据定义，输入电阻定义为输入端口的电压 v_i 和流进输入端口的电流 i_i 之比，因此有

$$\begin{aligned} R_i &= \frac{v_i}{i_i} = \frac{v_i}{i_1 + i_b} = \frac{v_i}{\dfrac{v_i}{R_b} + \dfrac{v_i}{r_{be}}} = \frac{R_b \cdot r_{be}}{R_b + r_{be}} \\ &= R_b /\!/ r_{be} \end{aligned} \tag{4.2.17}$$

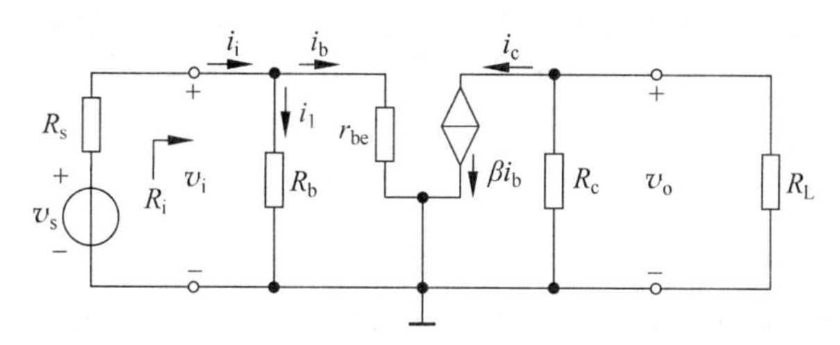

图 4.2.11　小信号等效电路

(2) 实验测量法。

输入电阻是输入端口的等效电阻，因此，图 4.2.12 中虚线框内的电路结构可以用 R_i 等效替换，此时整个电路结构可以等效为信号源 v_s、电阻 R_s、输入电阻 R_i 三者的串联。使用交流毫伏表测出信号源的电压 v_s 和输入端口上的电压 v_i，根据下列关系式：

$$\frac{v_s}{R_s+R_i}=\frac{v_i}{R_i} \tag{4.2.18}$$

所以，有

$$R_i=\frac{v_i}{v_s-v_i}R_s \tag{4.2.19}$$

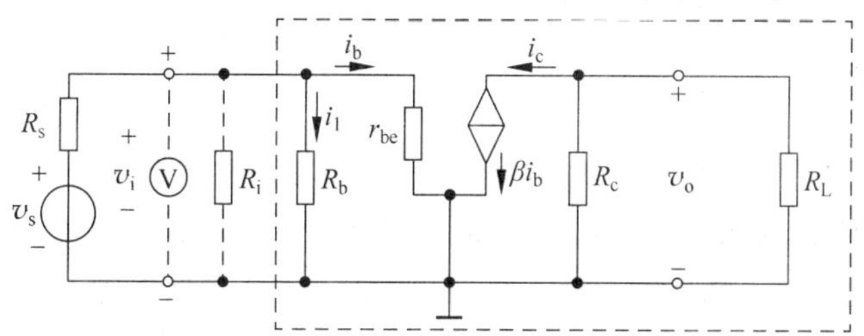

图 4.2.12　测量法求输入电阻示意图

(3) 观察法。

如图 4.2.13 所示，从输入端口向右看，在两个输入端子之间是 R_b 和 r_{be} 两条电阻支路的并联，显然，输入电阻 $R_i=R_b/\!/r_{be}$。

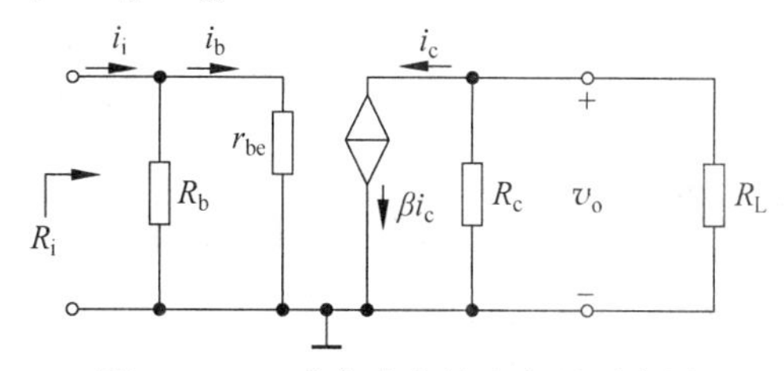

图 4.2.13　观察法求输入电阻示意图

可以看到，对于电路结构不复杂的情况，观察法更方便、更直观。

源电压增益 A_{vs} 定义为输出电压 v_o 对信号源 v_s 的增益，在求得 A_v 和 R_i 的基础上，可以表示出 A_{vs}。

$$A_{vs}=\frac{v_o}{v_s}=\frac{v_o}{v_i}\cdot\frac{v_i}{v_s}$$

$$=A_v\cdot\frac{R_i}{R_i+R_s} \tag{4.2.20}$$

3）输出电阻

求解输出电阻的等效电路如图 4.2.14 所示，输出电阻是放大电路的性能指标，因此在求解输出电阻时，应移除负载。此外，电路中的其他独立源需要置零，因此信号源 v_s 短路。在左边回路中，电流 i_b 为 0，因此右边回路中受控电流源支路上的电流 βi_b 也为零，该支路等效于断路。

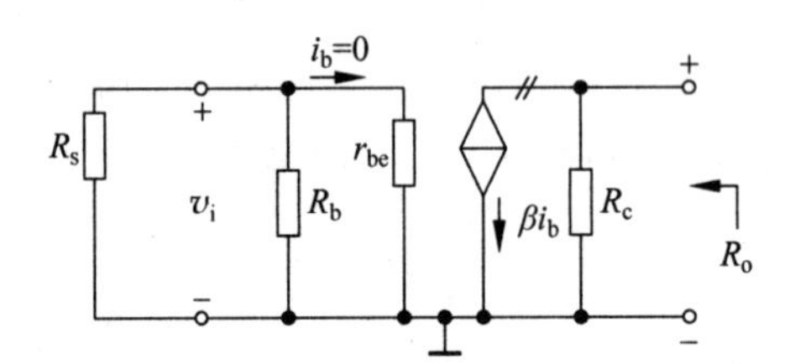

图 4.2.14 求解输出电阻的等效电路

从输出端口向左看过去，在两个端子之间是两条支路的并联，由于受控电流源支路等效于断路，因此输出电阻为

$$R_o=R_c \tag{4.2.21}$$

输出电阻同样可以通过定义法和实验测量法去求解，不再赘述。

例 4.2.1 电路如图题 4.2.15 所示，晶体管的 $\beta=60$，$r_{bb'}=100\Omega$，$R_b=300\text{k}\Omega$，$R_c=R_L=3\text{k}\Omega$，$R_e=1\text{k}\Omega$，$R_s=2\text{k}\Omega$，$V_{CC}=12\text{V}$。(1)求解静态工作点 Q；(2)求 A_v、R_i 和 R_o；(3)设 $v_s=10\text{mV}$(有效值)，问 $v_i=$？ $v_o=$？ 若 C_3 开路，则 $v_i=$？ $v_o=$？

解：(1) 求解静态工作点参数。

画出直流通路，如图 4.2.16 所示。

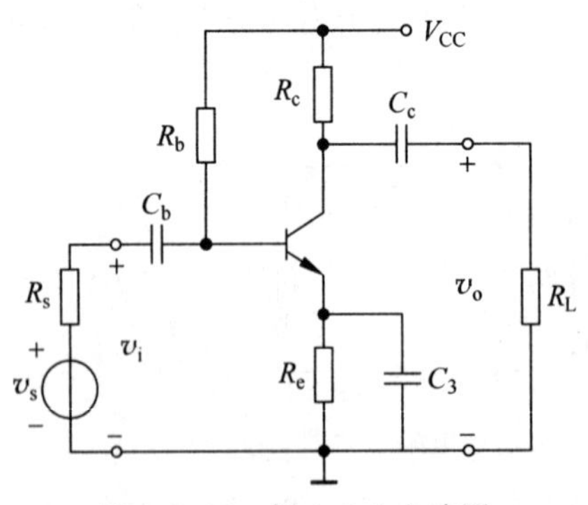

图 4.2.15 例 4.2.1 电路图

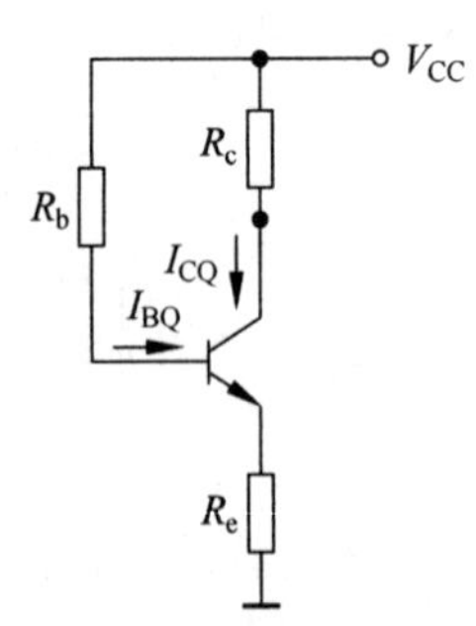

图 4.2.16 直流通路

$$V_{CC}=I_{BQ}\cdot R_b+V_{BEQ}+I_{EQ}\cdot R_e=V_{BEQ}+I_{BQ}\cdot[R_b+(1+\beta)R_e]$$

$$I_{BQ}=\frac{V_{CC}-V_{BEQ}}{R_b+(1+\beta)R_e}=\frac{12-0.7}{300+61\times1}\approx 31(\mu\text{A})$$

$$I_{CQ} = \beta I_{BQ} = 60 \times 0.031 = 1.86(\text{mA})$$

$$V_{CEQ} \approx V_{CC} - I_{CQ}(R_c + R_e) = 12 - 1.86 \times 4 = 4.56(\text{V})$$

(2) 求动态指标。

画出交流通路，如图 4.2.17 所示，并在此基础上画出小信号等效电路，如图 4.2.18 所示。

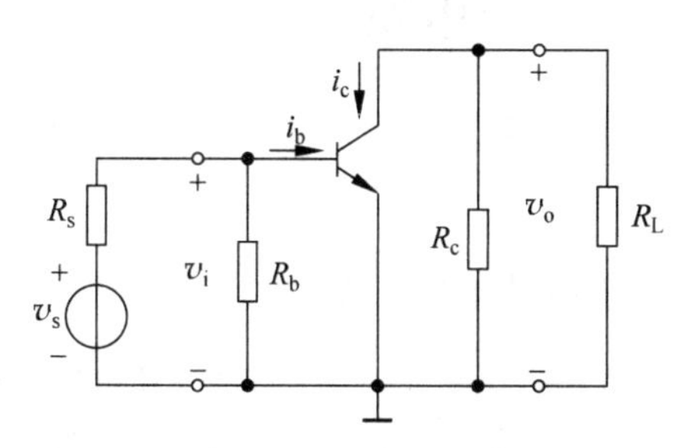

图 4.2.17　交流通路

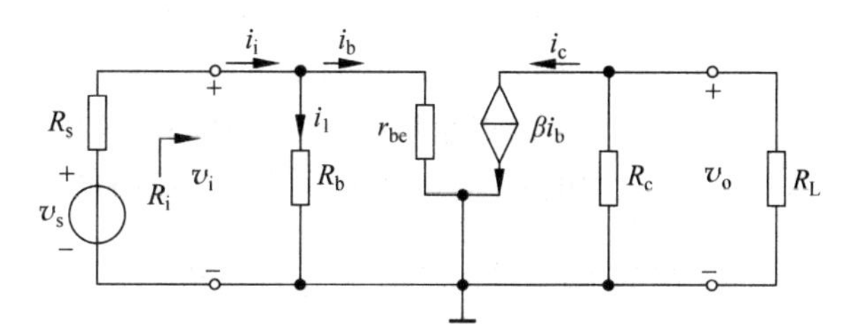

图 4.2.18　小信号等效电路

先求三极管小信号模型参数中的 r_{be}：

$$r_{be} = r_{bb'} + (1+\beta)\frac{26\text{mV}}{I_{EQ}} \approx 100 + 61 \times \frac{26\text{mV}}{1.86} = 953\Omega$$

由式(4.2.15)，得

$$A_v = -\frac{\beta \cdot (R_c /\!/ R_L)}{r_{be}} = -\frac{60 \times (3 /\!/ 3)}{0.953} \approx -94.4$$

$$R_i = R_b /\!/ r_{be} \approx 953\Omega$$

$$R_o = R_c = 3\text{k}\Omega$$

(3) $v_s = 10\text{mV}$ 时，有

$$v_i = v_s \times \frac{R_i}{R_i + R_s} = 10 \times \frac{0.953}{2 + 0.953} \approx 3.2(\text{mV})$$

$$v_o = |A_v| \cdot v_i \approx 302\text{mV}$$

如果 C_3 开路，图 4.2.15 中的 R_e 不会被电容交流短路，则图 4.2.18 中，发射极通过电阻 R_e 到地，因此有

$$A_v = -\frac{\beta \cdot (R_c /\!/ R_L)}{r_{be} + (1+\beta)R_e} \approx -\frac{(R_c /\!/ R_L)}{R_e} = -1.5$$

$$R_i = R_b /\!/ [r_{be} + (1+\beta)R_e] \approx 51.3\text{k}\Omega$$

$$v_i = v_s \times \frac{R_i}{R_i + R_s} = 10 \times \frac{51.3}{51.3 + 2} \approx 9.6(\text{mV})$$

$$v_o = | A_v | \cdot v_i \approx 14.4\text{mV}$$

4.3 射极偏置式共射放大电路

4.2 节讨论了一种典型的共射放大电路结构——固定偏流共射放大电路，本节将针对该电路结构在应用中存在的问题继续加以改进。

4.3.1 固定偏流电路存在的问题

放大电路在工作的过程中，环境温度的变化，或者元件自身的发热，均会引起晶体管工作条件的改变，而晶体管本身是温度敏感型元件。前述图 4.1.11 就反映了温度变化对三极管特性曲线的影响。

对于前述的固定偏流放大电路，温度变化引起工作点的变化，i_C 随着 i_B 的增大而增大，而集电极电流增大又引起晶体管的发热增加，温度升高，v_{BE} 进一步减小，i_B 又继续增大，形成恶性循环，引起电路工作不稳定，严重情况下甚至烧坏晶体管。

因此，本节将讨论如何改进放大电路结构，从而改善放大电路的性能指标。

4.3.2 分压式射极偏置电路的组成及其特点

图 4.3.1 展示了电路的改进过程。图 4.3.1(a)为固定偏流式共射放大电路，图 4.3.1(b)为分压式射极偏置电路。具体的改进表现在两个方面：①在三极管的基极和地之间增加了一个电阻 R_{b2}；②在三极管的发射极和地之间增加了一个发射极偏置电阻 R_e。

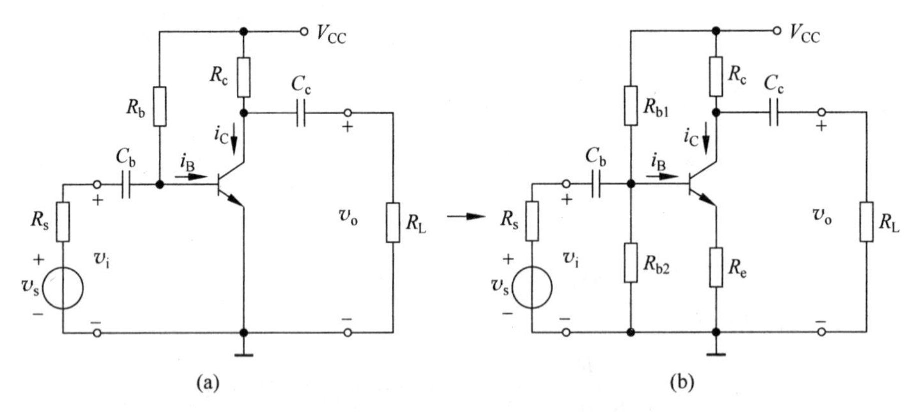

图 4.3.1 改进的共射放大电路结构

(a) 固定偏流电路；(b) 分压式射极偏置电路

4.3.3 静态分析

分压式射极偏置电路的主要作用是稳定静态工作点，因此需要分析直流通路。通过对直流通路的分析，可以深入地理解该电路的工作原理、工作点的稳定过程，以及分析的方法。

直流通路的求解过程很简单，两个电容 C_b 和 C_c 之间的电路结构即为直流通路，如图 4.3.2 所示。

根据基尔霍夫电流定律(KCL)，可以列出基极的结点电流方程：

$$I_{B1}=I_{B2}+I_{BQ} \tag{4.3.1}$$

一般而言，I_{BQ} 很小，远小于 I_{B2}，因此 $I_{B1}\approx I_{B2}$，换言之，电阻 R_{b1} 和 R_{b2} 在电路结构上可视为串联的关系，根据串联分压公式，可得到三极管的基极电位 V_{BQ}：

$$V_{BQ}=\frac{R_{b2}}{R_{b1}+R_{b2}}V_{CC} \tag{4.3.2}$$

可以看到，只要电路中的元件参数确定，三极管的基极电位就是固定的，可以通过电阻分压公式求得，这就是分压式射极偏置电路中“分压式”的由来。

所谓射极偏置，是指在三极管的发射极增加了一个偏置电阻 R_e。在基极电位固定的情况下，该电阻对工作点的稳定起到了非常重要的作用。

由于温度升高，基极电流 I_{BQ} 增大，集电极电流 I_{CQ} 随之增大，因此发射极电流 I_E 相应增大。发射极的电位 $V_{EQ}=I_{EQ}R_e$ 随之升高。由于基极电位 V_{BQ} 是固定的，因此 V_{EQ} 的升高使得三极管的 V_{BEQ} 降低，V_{BEQ} 的降低又促使 I_{BQ} 回落，进而使得三极管的集电极电流 I_{CQ} 下降并最终达到稳定，从而稳定了电路的静态工作点。

结合图 4.3.3 分析工作点的稳定过程。室温时工作点位于图中 A 点，温度升高后，I_{BQ} 增大 V_{BEQ} 降低，曲线左移，工作点从 A 点移动到 B 点，由于“分压式”的结构和射极偏置电阻的共同作用，V_{BEQ} 继续降低，因此工作点沿着左边的曲线运动到 C 点，基极电流 I_{BQ} 回到了 A 点时的初始值，I_{CQ}、V_{CEQ} 都将随之稳定，实现了工作点的稳定，这就是分压式射极偏置电路稳定静态工作点的原理。

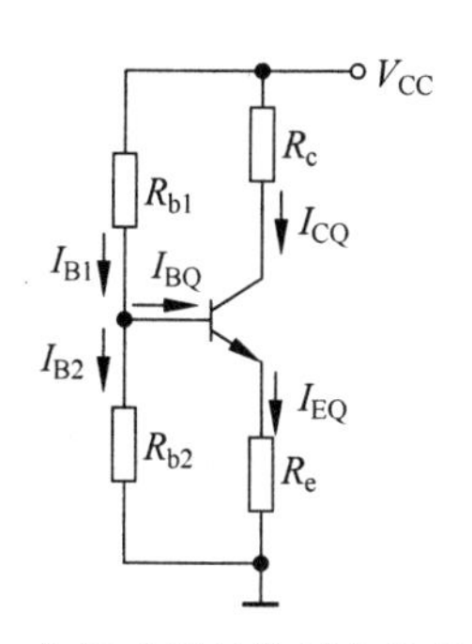

图 4.3.2　分压式射极偏置电路的直流通路

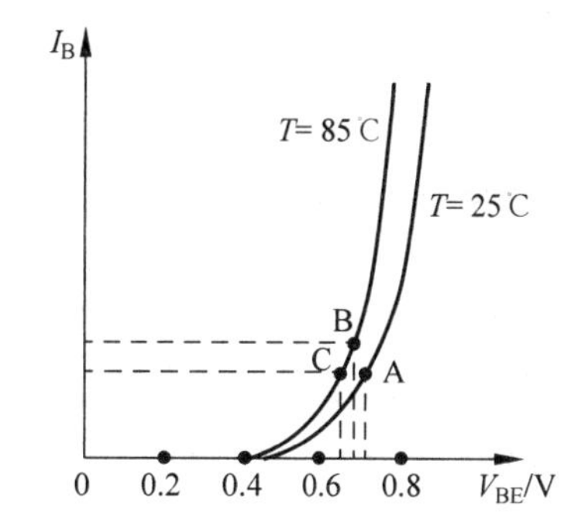

图 4.3.3　静态工作点稳定过程示意图

继续求解静态工作点参数，求解步骤和固定偏流电路的静态工作点求解过程稍有差别。得到 V_{BQ} 后，可以进一步表示出发射极电位 V_{EQ}，从而求出集电极电流 I_{CQ}，进而求得 I_{BQ} 和 V_{CEQ}。

$$I_{CQ}\approx I_{EQ}=\frac{V_{EQ}}{R_e}=\frac{V_{BQ}-V_{BEQ}}{R_e} \tag{4.3.3}$$

$$I_{BQ}=\frac{I_{CQ}}{\beta} \tag{4.3.4}$$

$$V_{CEQ}=V_{CQ}-V_{EQ}=V_{CC}-I_{CQ}\cdot R_C-I_{EQ}\cdot R_e \approx V_{CC}-I_{CQ}\cdot(R_c+R_e) \tag{4.3.5}$$

4.3.4 交流分析

射极偏置电路的交流分析和前述分析固定偏流电路类似。首先得到交流通路，如图 4.3.4 所示，在交流通路的基础上，将三极管用小信号模型替换，得到小信号等效电路，如图 4.3.5 所示，在小信号等效电路的基础上分析放大电路的性能指标。

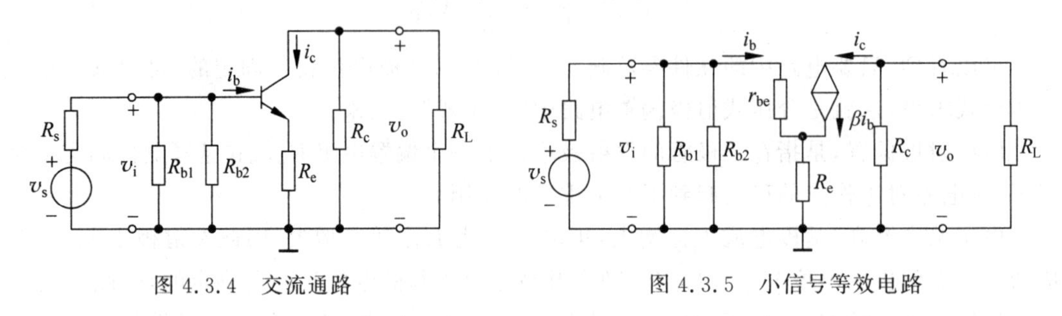

图 4.3.4 交流通路　　　　图 4.3.5 小信号等效电路

1. 电压增益

输入电压 v_i 可表示为

$$v_i=i_b\cdot r_{be}+i_e\cdot R_e =i_b\cdot[r_{be}+(1+\beta)R_e] \tag{4.3.6}$$

如果利用前述折算的思想，发射极电阻 R_e 折算到基极回路，阻值变为原来的$(1+\beta)$倍，可以直接写出上述表达式。

输出电压 v_o 可表示为

$$v_o=-i_c\cdot(R_c/\!/R_L)=-i_b\cdot\beta(R_c/\!/R_L) \tag{4.3.7}$$

因此，电压增益 A_v 为

$$A_v=\frac{v_o}{v_i}=-\frac{\beta(R_c/\!/R_L)}{r_{be}+(1+\beta)R_e} \tag{4.3.8}$$

上式分母中 r_{be} 的范围一般在数百欧至数千欧之间，远小于$(1+\beta)R_e$；同时，三极管的 β 值一般都在数十至数百范围内，远大于 1，所以$(1+\beta)R_e$ 可近似为 βR_e。因此，上式可以近似为

$$A_v=\frac{v_o}{v_i}=-\frac{\beta(R_c/\!/R_L)}{(1+\beta)R_e}\approx-\frac{R_c/\!/R_L}{R_e} \tag{4.3.9}$$

空载时的电压增益 A'_v 为

$$A'_v\approx-\frac{R_c}{R_e} \tag{4.3.10}$$

观察上述两个电压增益的表达式，可以发现：

(1) 接上负载后的带载电压增益会有所下降。

(2) 射极偏置电路的电压增益与和集电极相连的电阻(R_c 或 $R_c/\!/R_L$)以及发射极偏置电阻(R_e)有关，与三极管的自身参数 β 无关。这不仅使得电路的增益设计可以大大简化，

而且当晶体管损坏时的替换也更加方便。

(3) 和固定偏流电路的电压增益表达式相比，射极偏置电路的电压增益大大降低了。固定偏流电路的放大倍数一般在数十到数百之间，基本上可以接近管子的 β 值，射极偏置电路的电压增益一般在数倍至数十倍之间。

2. 输入电阻

这里主要介绍如何用折算的方法来计算共射放大电路的输入电阻，如图 4.3.6 所示。将发射极电阻 R_e 折合到基极回路中，阻值变为原来的 $(1+\beta)$ 倍，在基极回路中和电阻 r_{be} 串联。因此，从输入端口向右看过去，在两端子之间是三条支路的并联，因此输入电阻 R_i 为

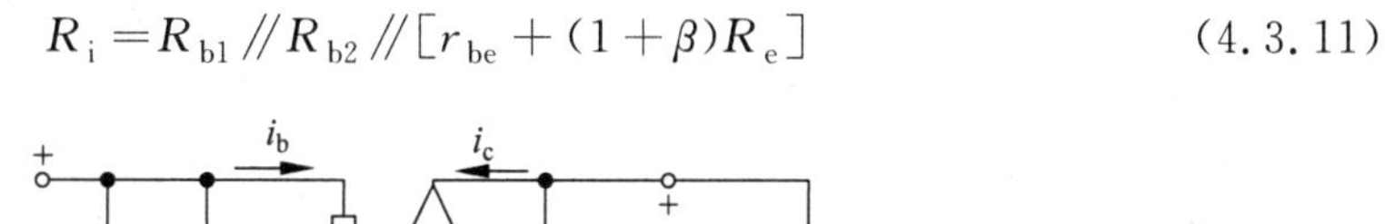

$$R_i = R_{b1} /\!/ R_{b2} /\!/ [r_{be} + (1+\beta) R_e] \tag{4.3.11}$$

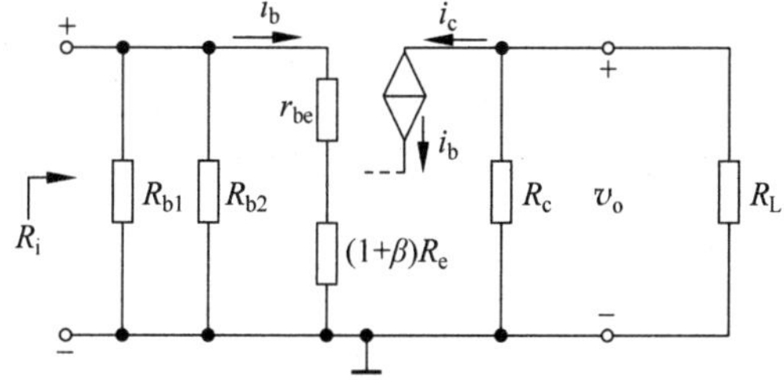

图 4.3.6　求解输入电阻的等效电路

3. 输出电阻

图 4.3.7 为求解输出电阻 R_o 的等效电路。

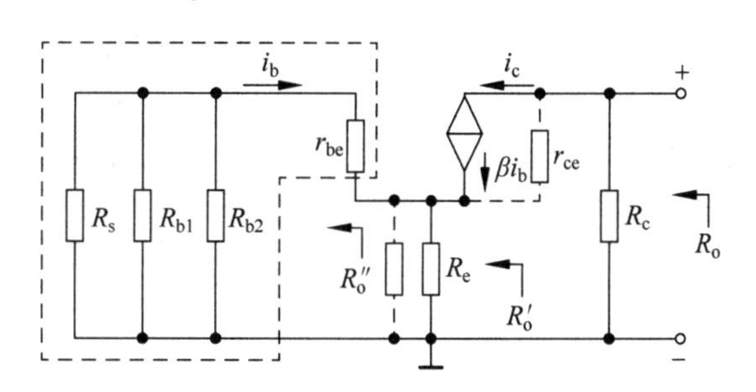

图 4.3.7　求解输出电阻的等效电路

左边虚线框内为基极回路中的电路结构，在基极回路中的等效电阻为 $(r_{be}+R_s /\!/ R_{b1} /\!/ R_{b2})$，根据前述折算的思想，可将之除以 $(1+\beta)$ 后折算到发射极对地支路，因此等效电阻 R''_o 为

$$R''_o = \frac{r_{be} + R_s /\!/ R_{b1} /\!/ R_{b2}}{1+\beta} \tag{4.3.12}$$

发射极对地的总等效电阻 R'_o 为 $R''_o /\!/ R_e$。设受控电流源的等效电阻为 r_{ce}，阻值较大，r_{ce} 和 R'_o 可近似为串联，因此输出电路 R_o 可表示为

$$R_o = R_c /\!/ (r_{ce} + R'_o) \approx R_c \tag{4.3.13}$$

4.3.5 射极偏置电路的改进

射极偏置电路虽然可以稳定直流通路中的静态工作点，带来的副作用却是降低了放大电路对交流信号的放大能力，也就是说电压增益下降了。

影响射极偏置电路电压增益的主要原因是发射极电阻 R_e，减小 R_e 虽然可以一定程度上提高电压增益，但是在直流通路中的反馈能力也会随之下降，换言之，稳定静态工作点的能力也会下降。如果射极偏置电阻 R_e 只存在于直流通路中，而在交流通路中不存在，或者阻值变小，就能在稳定静态工作点的同时，又不会影响放大电路的电压增益。

图 4.3.8(a)和(b)分别是改进后的分压式射极偏置电路，电路的直流通路和前述基本射极偏置电路的直流通路相同或相似，因此都能起到稳定静态工作点的作用。由于电容的存在，图 4.3.8(a)电路中的 R_e 在交流通路中被电容支路短路，发射极直接交流接地，因此图 4.3.8(a)电路的电压增益和固定偏流电路的电压增益表达式相似，增益非常高。图 4.3.8(b)中的发射极偏置电阻 R_{e2} 被交流短路，因此在交流通路中发射极和地之间只有 R_{e1} 存在，因此也起到了提高电压增益的作用。两电路的电压增益表达式分别为

$$A_{v1}=-\frac{\beta(R_c/\!/R_L)}{r_{be}} \tag{4.3.14}$$

$$A_{v2}=-\frac{\beta(R_c/\!/R_L)}{r_{be}+(1+\beta)R_{e1}} \tag{4.3.15}$$

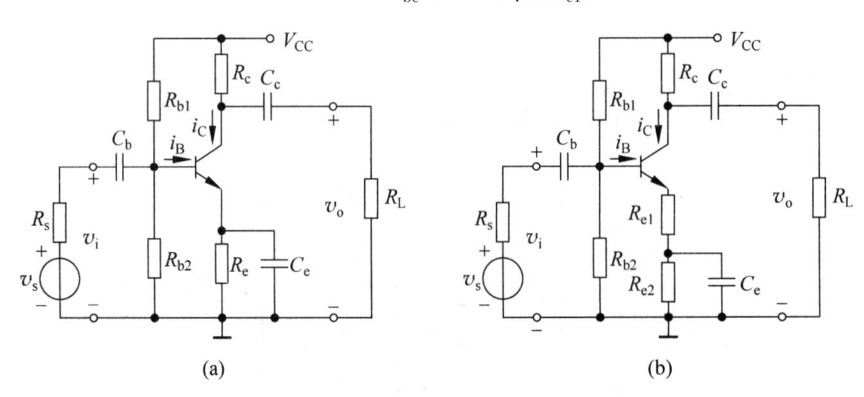

图 4.3.8 改进的分压式射极偏置电路

(a) 改进电路 1；(b) 改进电路 2

例 4.3.1 如图 4.3.9 所示的射极偏置电路，已知：$V_{CC}=12V$，$R_{b1}=7.5k\Omega$，$R_{b2}=2.5k\Omega$，$R_c=2k\Omega$，$R_e=1k\Omega$，$R_L=2k\Omega$，三极管 $\beta=30$，取 $r_{bb'}=300\Omega$，$V_{BE}=0.7V$。求：(1)静态工作点 Q；(2)电压增益 $\dot{A}_v$；(3)电路输入电阻 R_i 和输出电阻 R_o。

解：(1) 求静态工作点。

画出直流通路，如图 4.3.10 所示。

根据公式(4.3.2)，有

$$V_{BQ}=\frac{R_{b2}}{R_{b1}+R_{b2}}V_{CC}=\frac{2.5}{7.5+2.5}\times 12=3(V)$$

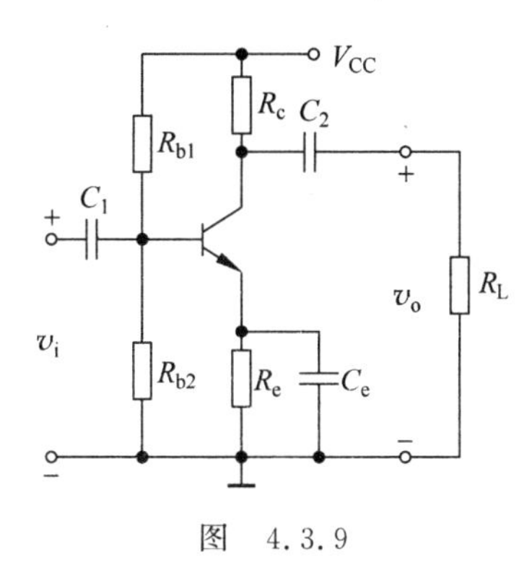

图　4.3.9

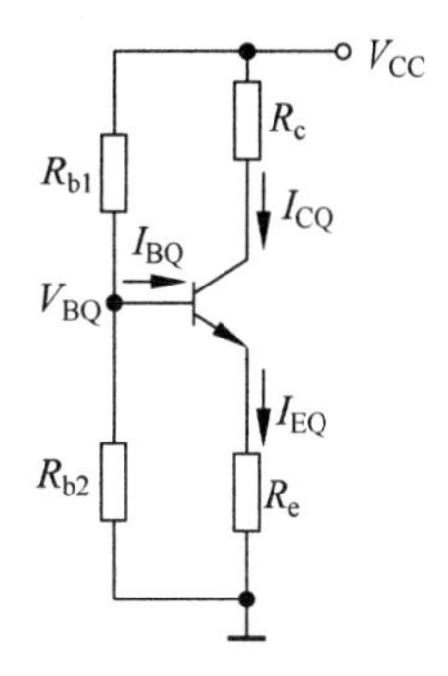

图 4.3.10　直流通路

$$I_{CQ} \approx I_{EQ} = \frac{V_{EQ}}{R_e} = \frac{V_{BQ} - V_{BE}}{R_e} = \frac{3-0.7}{1} = 2.3(\mathrm{mA})$$

$$I_{BQ} = \frac{I_{CQ}}{\beta} = \frac{2.3}{30} \approx 77(\mu\mathrm{A})$$

$$V_{CEQ} \approx V_{CC} - I_{CQ} \cdot (R_c + R_e) = 12 - 2.3 \times 3 = 5.1(\mathrm{V})$$

(2) 求电压增益。

画出小信号等效电路，如图 4.3.11 所示。

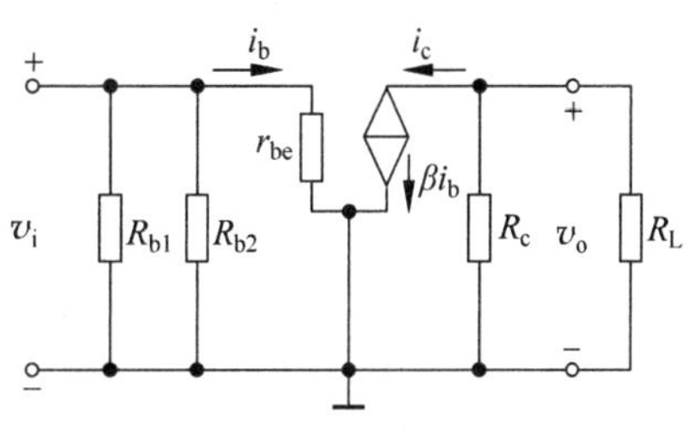

图 4.3.11　小信号等效电路

$$r_{be} = r_{bb'} + (1+\beta)\frac{26\mathrm{mV}}{I_{EQ}}$$

$$\approx 300 + 31 \times \frac{26\mathrm{mV}}{2.3} \approx 650\Omega$$

$$A_v = -\frac{\beta \cdot (R_c /\!/ R_L)}{r_{be}} = -\frac{30 \times (2/\!/2)}{0.65} \approx -46.2$$

(3) 求输入电阻、输出电阻：

$$R_i = R_{b1} /\!/ R_{b2} /\!/ r_{be} = 2.5/\!/7.5/\!/0.65 \approx 0.48\mathrm{k}\Omega$$

$$R_o = R_c = 2\mathrm{k}\Omega$$

4.4　共集电极放大电路

图 4.4.1 所示为共集电极放大电路结构示意图。和前述分压式射极偏置电路相比，相同点是输入信号依然加在三极管的基极，不同之处在于输出信号的位置不同，在共集电极放大电路中，是从三极管的发射极取输出信号。

图 4.4.2 所示为该共集电极放大电路对应的直流通路和交流通路。以下按照分析放大电路的一般步骤，从直流到交流分别加以分析。

4.4.1　静态分析

该直流通路结构和分压式射极偏置电路的直流通路结构类似。因此首先确定基极的静

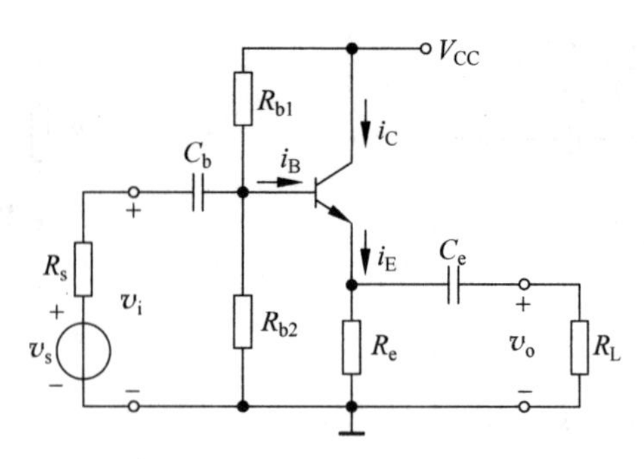

图 4.4.1 共集电极放大电路

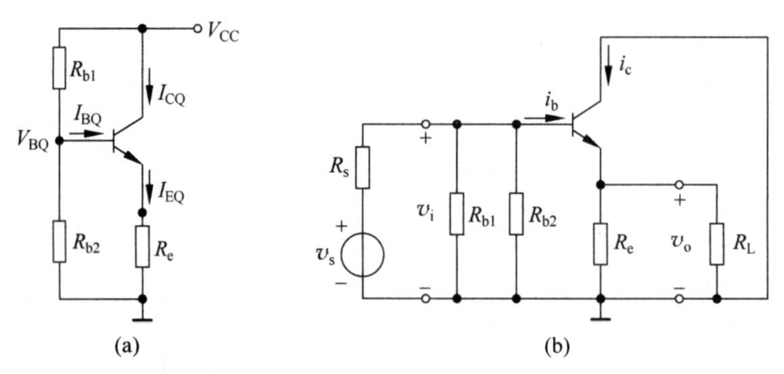

图 4.4.2 共集电极放大电路直流通路和交流通路

（a）直流通路；（b）交流通路

态电位，再求解集电极或发射极电流。

$$V_{BQ}=\frac{R_{b2}}{R_{b1}+R_{b2}}V_{CC} \tag{4.4.1}$$

$$I_{CQ}\approx I_{EQ}=\frac{V_{EQ}}{R_e}=\frac{V_{BQ}-V_{BEQ}}{R_e} \tag{4.4.2}$$

$$I_{BQ}=\frac{I_{CQ}}{\beta} \tag{4.4.3}$$

$$V_{CEQ}=V_{CQ}-V_{EQ}=V_{CC}-I_{EQ}\cdot R_e \tag{4.4.4}$$

4.4.2 交流分析

交流通路对应的小信号等效电路如图 4.4.3 所示。在小信号等效电路的基础上，分析该共集电极放大电路的动态指标。

1. 电压增益

输入电压 v_i 可表示为

$$v_i=i_b\cdot[r_{be}+(1+\beta)(R_e/\!/R_L)] \tag{4.4.5}$$

输出电压 v_o 可表示为

$$v_o=i_b\cdot(1+\beta)(R_e/\!/R_L) \tag{4.4.6}$$

所以，电压增益 A_v 为

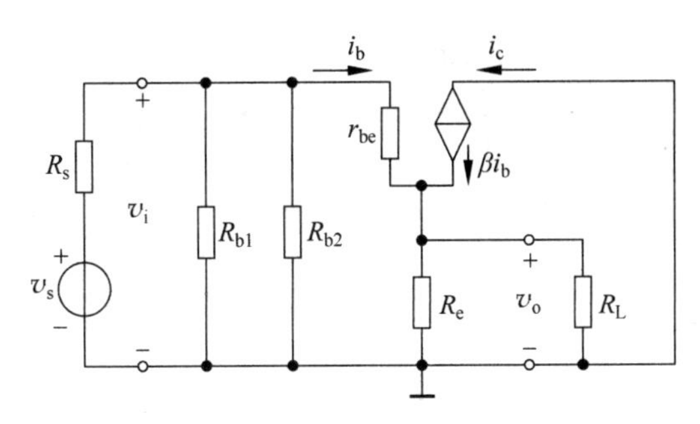

图 4.4.3 小信号等效电路

$$A_v=\frac{v_o}{v_i}=\frac{i_b\cdot(1+\beta)(R_e/\!/R_L)}{i_b\cdot[r_{be}+(1+\beta)(R_e/\!/R_L)]}\approx 1 \tag{4.4.7}$$

由于 r_{be} 远小于 $(1+\beta)(R_e/\!/R_L)$，所以电压增益 A_v 小于 1 但非常接近于 1，这说明：①共集电极放大电路并不具有电压放大能力，甚至还有略微的衰减；② A_v 的值为正，输出信号和输入信号同相。因此，共集电极放大电路也常称为射极输出器（从三极管的发射极取输出信号）或射极跟随器（输出信号的相位和幅度跟随输入信号）。

2. 输入电阻

发射极和地之间可看作 R_e 支路、R_L 支路以及受控电流源支路三者的并联，由于受控电流源支路的内阻非常大，近似认为开路，因此发射极对地电阻近似为 $R_e/\!/R_L$，折合到基极回路后的等效电阻变为 $(1+\beta)$ 倍，因此，输入电阻 R_i 为

$$R_i=R_{b1}/\!/R_{b2}/\!/[r_{be}+(1+\beta)(R_e/\!/R_L)] \tag{4.4.8}$$

可以发现，共集电极放大电路和共射放大电路的输入电阻的表达式相近，R_{b1} 和 R_{b2} 的阻值一般都较高，在几十千欧至上百千欧之间，$[r_{be}+(1+\beta)(R_e/\!/R_L)]$ 表达式的值也很大，因此这两种结构的放大电路都具有较高的输入电阻。

3. 输出电阻

观察图 4.4.3，将负载移除后，从输出端口，也就是三极管的发射极和地这两个端子向左看，看到的结构是三极管的基极回路（虚线框内电路结构）、受控电流源支路以及电阻 R_e 所在支路，三块电路结构均并联在结点 e 和地之间。整理一下，得到图 4.4.4 所示输出电阻的等效电路。受控电流源支路的内阻非常高，可近似为断路；虚线框内电路结构在基极回路中的等效电阻可表示为

$$R'_o=r_{be}+R_s/\!/R_{b1}/\!/R_{b2} \tag{4.4.9}$$

前述发射极电阻折合到基极回路中去时，需要乘以系数 $(1+\beta)$，因此，基极回路中的电阻折合到发射极对地支路时应该除以系数 $(1+\beta)$。所以，输出电阻 R_o 可表示为

$$R_o=R_e/\!/\frac{R'_o}{1+\beta} \tag{4.4.10}$$

R_s 通常表示信号源内阻，是一个很小的值，因此基极回路的等效电阻 R'_o 接近于 r_{be}，除以 $(1+\beta)$ 后就更加小，远小于电阻 R_e 的值，因此有

$$R_o\approx\frac{R'_o}{1+\beta}=\frac{r_{be}+R_s/\!/R_{b1}/\!/R_{b2}}{1+\beta} \tag{4.4.11}$$

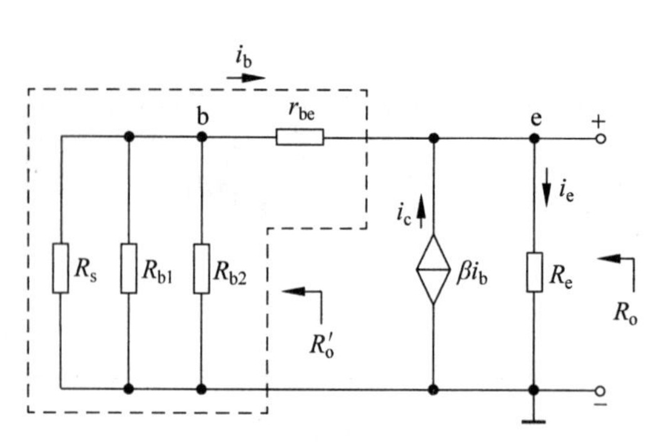

图 4.4.4 求解输出电阻的等效电路

综合以上分析，共集电极放大电路具有以下特点：①电压增益小于 1 但接近于 1，输出信号与输入信号保持同相，因此并不能放大电压信号；②输入电阻高，输出电阻低。该电路结构用在多级放大电路的输入级时，由于输入电阻大，可以从信号源中获取更多的有效输入信号；用在多级放大电路的输出级时，由于输出电阻小的特点，具有较强的带负载的能力；用在多级放大电路的中间级时，可以有效隔离前后级间的相互影响。因此，共集电极放大电路有着非常广泛的应用。

4.5 共基极放大电路

图 4.5.1 所示为共基极放大电路。输入信号加在三极管的发射极，从三极管的集电极取输出信号，三极管的基极通过电容 C_b 交流接地。

4.5.1 静态分析

在图 4.5.1 所示电路中，断开三个电容 C_b、C_c 和 C_e 所在的支路，得到对应的直流通路，如图 4.5.2 所示。

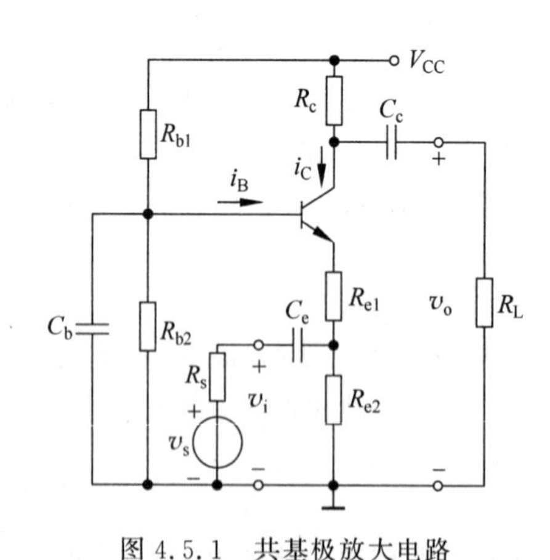

图 4.5.1 共基极放大电路

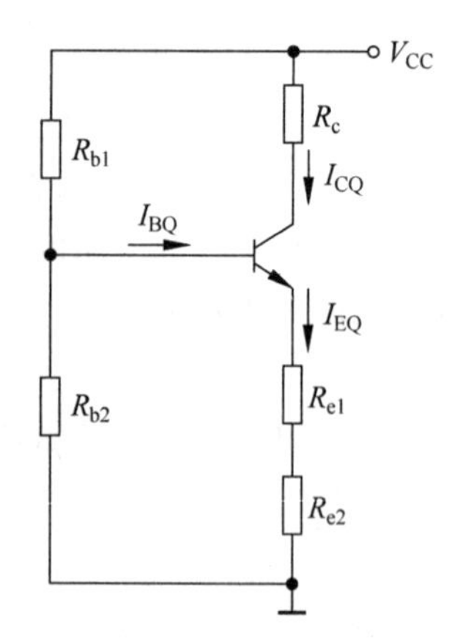

图 4.5.2 直流通路

可以发现，直流通路和前述分压式射极偏置电路的直流通路结构相似。所以，首先求解基极的偏置电压 V_{BQ}，再依次求解 I_{CQ}、I_{BQ} 和 V_{CEQ}。

$$V_{BQ}=\frac{R_{b2}}{R_{b1}+R_{b2}}V_{CC} \tag{4.5.1}$$

$$I_{CQ}\approx I_{EQ}=\frac{V_{EQ}}{R_{e1}+R_{e2}}=\frac{V_{BQ}-V_{BEQ}}{R_{e1}+R_{e2}} \tag{4.5.2}$$

$$I_{BQ}=\frac{I_{CQ}}{\beta} \tag{4.5.3}$$

$$V_{CEQ}=V_{CQ}-V_{EQ}\approx V_{CC}-I_{CQ}\cdot(R_c+R_{e1}+R_{e2}) \tag{4.5.4}$$

4.5.2　交流分析

图4.5.3所示为图4.5.1对应的交流通路。由于直流电源 V_{CC} 和电容 C_b 交流接地，因此电阻 R_{b1} 和 R_{b2} 被短路。

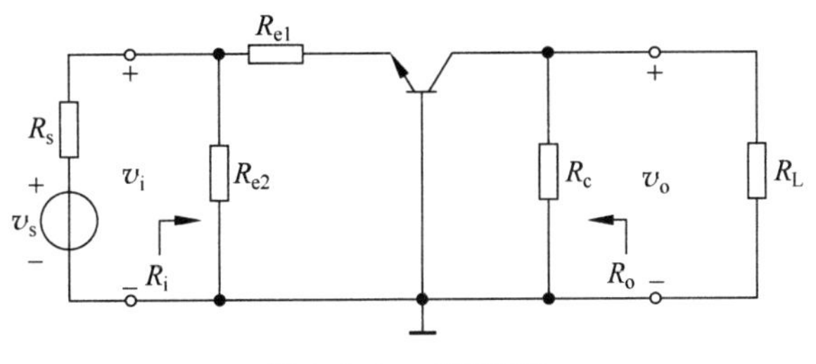

图4.5.3　交流通路

在图4.5.3的基础上，将三极管用小信号模型替换，得到小信号等效电路，如图4.5.4所示。在此基础上，分析共基极放大电路的动态指标。

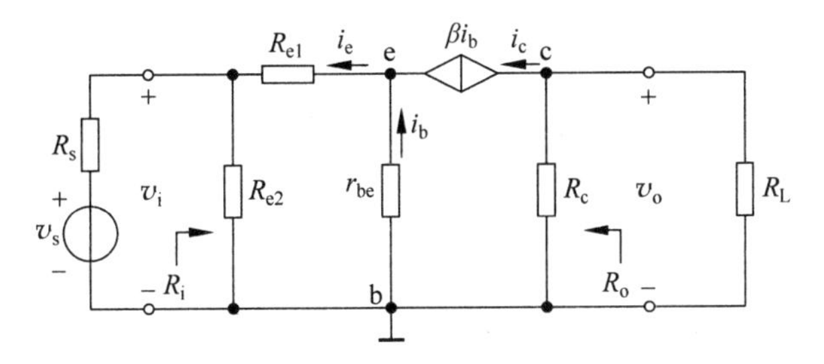

图4.5.4　小信号等效电路

1. 电压增益

由图4.5.4，有

$$v_i=-(i_b\cdot r_{be}+i_e\cdot R_{e1})=-i_b[r_{be}+(1+\beta)R_{e1}] \tag{4.5.5}$$

同理，空载时的输出电压 v_o 可表示为

$$v_o=-i_c\cdot R_c \tag{4.5.6}$$

所以，空载电压增益 A_v 为

$$A_v=\frac{v_o}{v_i}=\frac{-i_c\cdot R_c}{-i_b[r_{be}+(1+\beta)R_{e1}]}=\frac{\beta R_c}{r_{be}+(1+\beta)R_{e1}} \tag{4.5.7}$$

一般 $r_{be}\ll(1+\beta)R_{e1}$，因此式(4.5.7)可简化为

$$A_v \approx \frac{\beta R_c}{(1+\beta)R_{e1}} \approx \frac{R_c}{R_{e1}} \tag{4.5.8}$$

可以发现，共基极放大电路的电压增益 A_v 为与集电极和发射极相连的两个电阻的阻值之比，与三极管的参数无关，这给放大电路的设计和三极管的替换带来了方便。同时，A_v 的值为正值，说明输出信号和输入信号同相。

带上负载后，电压增益会有所降低，只要将增益表达式中的 R_c 替换为 $R_c /\!/ R_L$ 即可，如下式所示：

$$A_v \approx \frac{R_c /\!/ R_L}{R_{e1}} \tag{4.5.9}$$

2. 输入电阻

如图 4.5.5 所示，虚线框中的电路结构中，电阻 r_{be} 所在支路和其右边的电路结构并联在三极管的 e、b 之间，由于受控电流源的内阻很高，因此虚线框中电路结构的等效电路可近似为 r_{be} 所在支路的等效电阻。

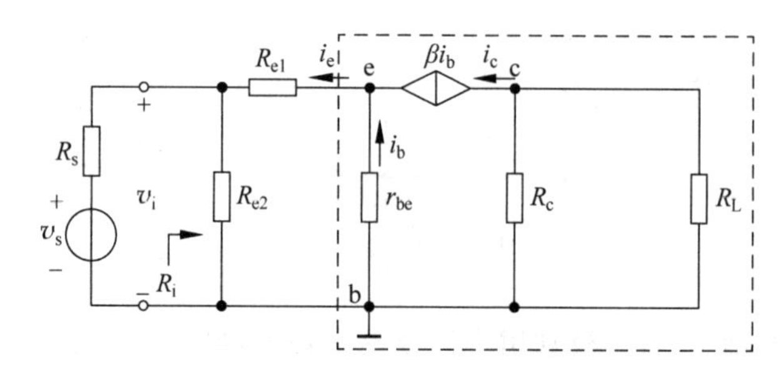

图 4.5.5 求解输入电阻等效电路

由于 r_{be} 表示的是由三极管内部由 b～e 的等效电阻，是将发射区体电阻乘以$(1+\beta)$后折合到基区得到的等效电阻(见公式(4.1.15))，因此 r_{be} 所在支路由 e～b 的等效电阻为 $r_{be}/(1+\beta)$，虚线框内电路结构的等效电阻也为 $r_{be}/(1+\beta)$。该电阻与发射极电阻 R_{e1} 串联后，与 R_{e2} 并联在输入端口两端，因此可写出输入电阻 R_i 的表达式：

$$R_i = R_{e2} /\!/ \left(R_{e1} + \frac{r_{be}}{1+\beta}\right) \approx R_{e2} /\!/ R_{e1} \tag{4.5.10}$$

R_{e1}、R_{e2} 的阻值一般均较小，因此共基极放大电阻的输入电阻较小。

3. 输出电阻

求解输出电阻的等效电路如图 4.5.6 所示。

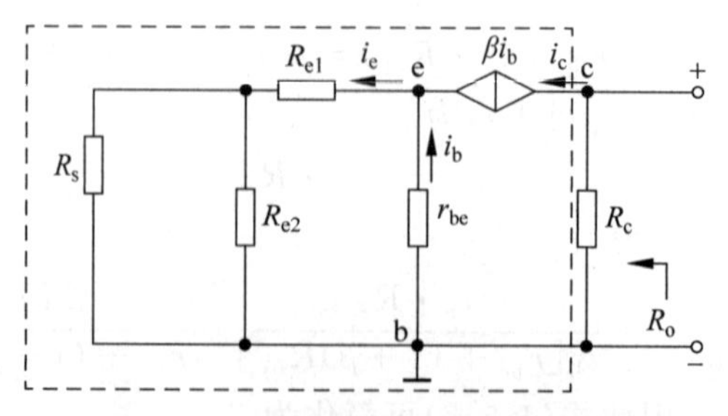

图 4.5.6 求解输出电阻的等效电路

不难看出，输出电阻为 R_c 和虚线框中电路结构等效电阻的并联，由于受控源内阻较高，因此并联的等效电阻 R_o 为

$$R_o = R_c \tag{4.5.11}$$

本章小结

(1) 三极管 BJT 是一个三端有源器件，有 PNP 和 NPN 两种类型，内部结构包含发射结和集电结两个 PN 结，形成三个区，分别是基区、集电区和发射区，从三个区对外引出三个电极，分别是基极、集电极和发射极。

(2) 在三个电极加上不同的电压，在内部的两个 PN 结上会产生不同的偏置情况，相应的，BJT 会有饱和、截止与放大三种不同的工作状态。工作在放大状态下的三极管，所加的偏置电压，需要满足发射结正偏集电结反偏这样的外部条件。

(3) BJT 是一种典型的电流控制电流器件，工作在放大状态的三极管，基极电流和集电极电流之间满足线性关系，因此可以通过很小的基极电流控制较大的集电极电流，实现电流“放大”效果。如果将该电流流经负载，则可以在负载上产生电压“放大”的效果，输出相对输入多出来的能量是由电源提供的。因此，从信号控制的角度来看，是输入信号线性控制着输出信号；从能量控制的角度来看，放大的过程本质上是能量转移的过程，是在输入信号的控制之下，电源将自身能量转移到输出端输出的过程，只不过由于信号的幅度很小，电源所提供的能量也很小。

(4) 即使是工作在放大状态的三极管，在信号波动的过程中，有可能因为进入截止区或者饱和区而产生输出波形失真。因此，合理设置三极管的静态工作点，不仅是保证管子处于放大状态的需要，还是信号具有较大的动态范围的需要。此外，三极管的静态也影响其动态，静态工作点的不同，三极管 b、e 间的动态电阻 r_{be} 不同。

(5) BJT 可以构成共射、共基和共集等三种组态的放大电路，具有各自不同的特点和用途。共射组态主要用于电压放大，输入电阻高，输出电阻小，电压增益高；共集电极电路虽然没有电压放大效果，但是可以实现电流放大，而且输出电阻很小，具有较强的带负载能力；共基极电路主要应用于高频工作情况。

(6) 在本章所讨论的信号放大电路中，信号的动态范围相对较小，三极管工作在小信号状态，因此通过给三极管建立小信号模型，得到放大电路的交流小信号等效电路，来分析三极管的动态指标，主要指标包括电压增益、输入电阻和输出电阻。不过，在分析放大电路的交流工作情况之前，应该先分析电路的静态工作情况，得到静态工作点指标，因为三极管的小信号模型参数依赖于静态工作点。因此，分析低频小信号放大电路的一般步骤为：①根据叠加定理，把电路拆分为直流通路和交流通路；②在直流通路中求解静态工作点参数；③得到三极管的交流小信号模型参数，在交流通路的基础上得到小信号等效电路；④在小信号等效电路中求解放大电路的动态指标。

习题 4

4.1 分别改正图题 4.1 中各电路中的错误，使它们有可能放大正弦波信号。要求保留电路原来的共射接法和耦合方式。

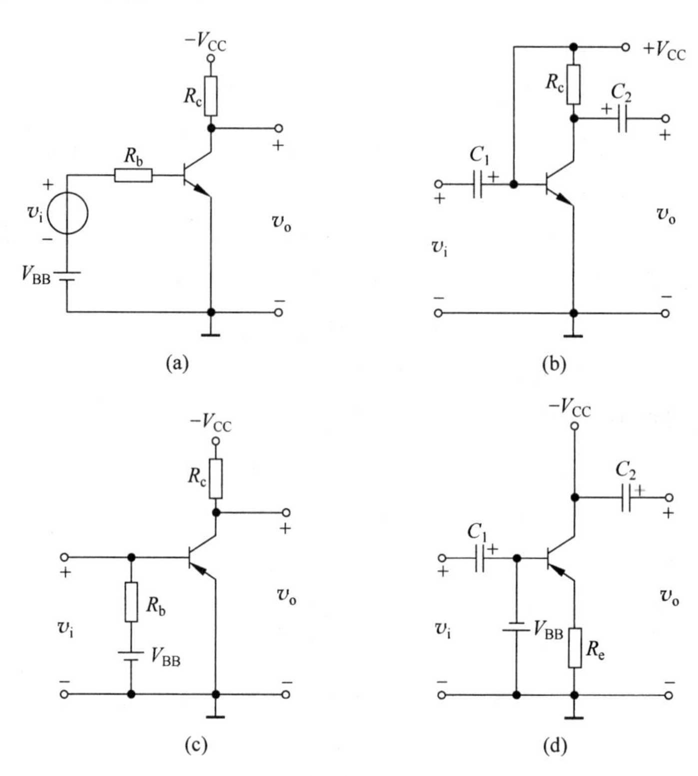

图题 4.1

4.2 放大电路如图题 4.2 所示，已知三极管 $\beta=40$，$r_{bb'}=200\Omega$，$V_{BEQ}=0.7V$，$V_{CC}=12V$，$R_s=0.5k\Omega$，$R_b=300k\Omega$，$R_c=4k\Omega$，$R_L=4k\Omega$。(1)指出该电路的组态；(2)求静态工作点 Q；(3)画出小信号等效电路；(4)求 A_v、R_i、R_o。

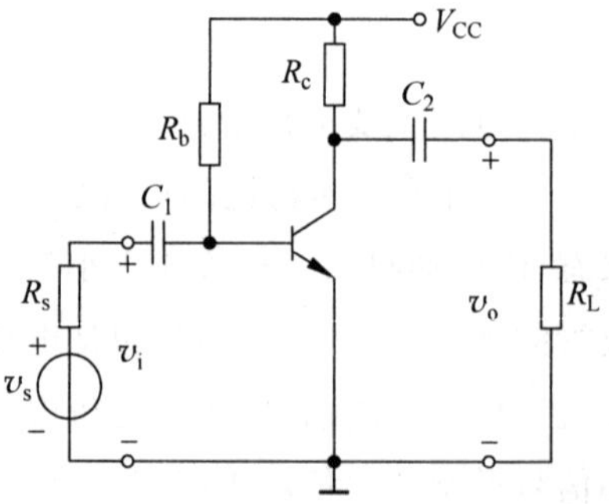

4.3 固定偏流电路如图题 4.3(a)所示。已知：$V_{CC}=12V$，$R_b=280k\Omega$，$R_c=R_L=3k\Omega$，三极管 $\beta=50$，取 $r_{bb'}=200\Omega$，$V_{BEQ}=0.7V$。(1)求静态工作点 Q；(2)求电压增益 A_v；(3)假如该电路的输出波形出现如图题 4.3(b)所示的失真，问是属于截止失真还是饱和失真？调整电路中的哪个元件可以消除这种失真？如何调整？

图题 4.2

4.4 晶体管共射放大电路如图题 4.4 所示，已知电源 $V_{CC}=12V$，电阻 $R_{b1}=15k\Omega$，$R_{b2}=5k\Omega$，$R_e=2.3k\Omega$，$R_c=R_L=5k\Omega$，$R_s=100\Omega$；晶体管 T 的 $r_{bb'}=100\Omega$，$\beta=50$，导通时的 $V_{BEQ}=0.7V$。

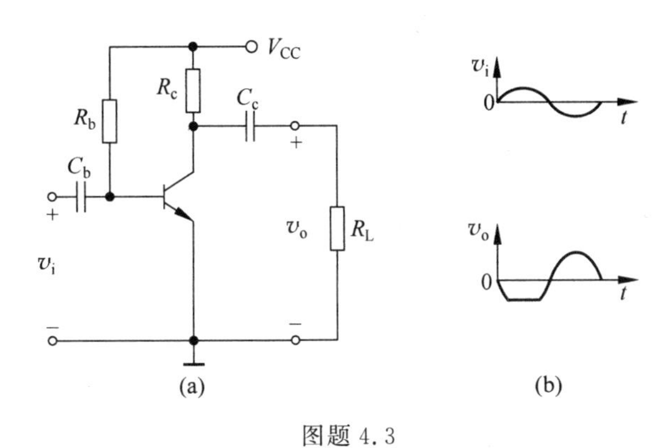

图题 4.3

(1)计算静态工作点 I_{BQ}、I_{CQ} 和 V_{CEQ}；(2)画出交流小信号等效电路；(3)计算电路的电压放大倍数 A_v、输入电阻 R_i 和输出电阻 R_o；(4)计算电路的源电压增益 A_{vs}。

4.5　电路如图 4.3.8(b)所示，C_b、C_c、C_e 的容量足够大，晶体管的 $\beta=50$，$r_{bb'}=200\Omega$，$V_{BEQ}=0.7V$，$R_s=2k\Omega$，$R_{b1}=25k\Omega$，$R_{b2}=5k\Omega$，$R_c=R_L=5k\Omega$，$R_{e1}=10\Omega$，$R_{e2}=1.29k\Omega$，$V_{CC}=12V$。计算：(1)电路的静态工作点；(2)电压增益 A_v、输入电阻 R_i、输出电阻 R_o。

4.6　电路如图题 4.6 所示，已知 BJT 的 $\beta=50$，$V_{CC}=12V$，$V_{BEQ}=0.7V$，$R_s=1k\Omega$，$R_b=200k\Omega$，$R_c=1k\Omega$，$R_e=1.2k\Omega$，$R_L=1.8k\Omega$，试求：(1)该电路的静态工作点 Q；(2)A_v、R_i、R_o。

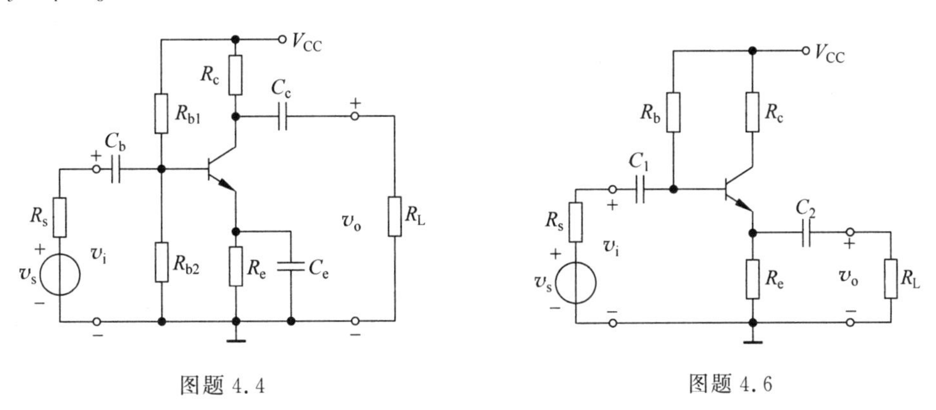

图题 4.4　　图题 4.6

4.7　电路如图题 4.7 所示，已知 BJT 的 $\beta=100$，$V_{BEQ}=0.7V$，$V_{CC}=12V$，$R_s=100\Omega$，$R_{b1}=35k\Omega$，$R_{b2}=15k\Omega$，$R_c=2k\Omega$，$R_e=2k\Omega$。(1)求该电路的静态工作点 Q；(2)两种输出情况 v_{o1}、v_{o2} 分别构成什么组态的放大电路；(3)分别求电压增益 A_{v1}、A_{v2}；(4)求输入电阻 R_i；(5)分别求两种输出情况下的输出电阻 R_{o1}、R_{o2}。

4.8　放大电路如图题 4.8 所示，设 $\beta=80$，$r_{bb'}=200\Omega$，$V_{BEQ}=0.7V$，$V_{CC}=20V$，$R_b=2M\Omega$，$R_c=12k\Omega$，$R_{e1}=1k\Omega$，$R_{e2}=2k\Omega$，$R_s=4k\Omega$。(1)求静态工作点参数；(2)画出小信号等效电路；(3)求电路的 A_v、A_{vs}、R_i 和 R_o。

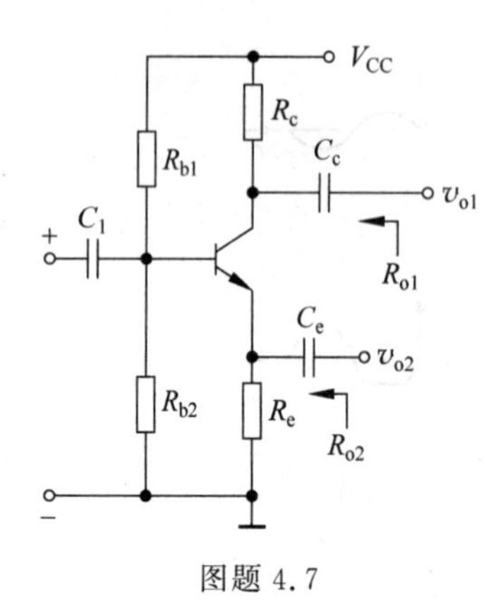

图题 4.7

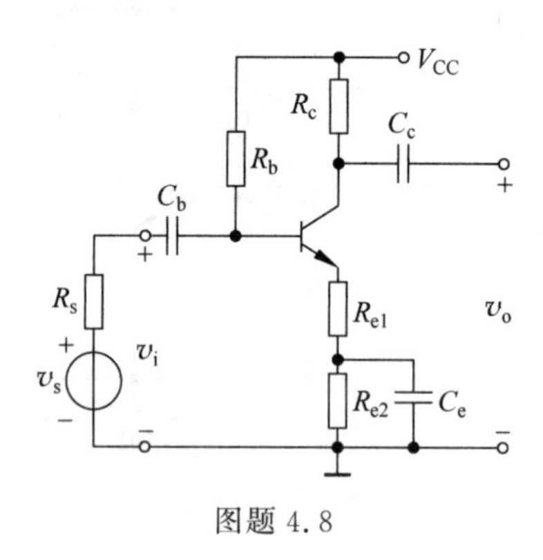

图题 4.8

4.9　放大电路如图题 4.9 所示。设 $\beta=60$，$V_{BEQ}=0.7V$，$V_{CES}=0V$，$r_{bb'}=200\Omega$，$V_{CC}=15V$，$R_{b1}=68k\Omega$，$R_{b2}=22k\Omega$，$R_c=4k\Omega$，$R_e=2k\Omega$，$R_L=4k\Omega$。(1)求静态工作点参数；(2)画出电路的小信号等效电路；(3)求电路的 A_v、R_i、R_o；(4)当输入信号逐步增大时，首先进入什么失真？

4.10　共基放大电路如图题 4.10 所示，设 $\beta=80$，$V_{BEQ}=-0.3V$，$V_{CC}=-9V$，$R_{b1}=67k\Omega$，$R_{b2}=23k\Omega$，$R_c=3.6k\Omega$，$R_e=2k\Omega$，$R_L=7.2k\Omega$。(1)指出电路中各电容的极性；(2)求静态工作点参数；(3)画出小信号等效电路；(4)求电路的 A_v、R_i、R_o。

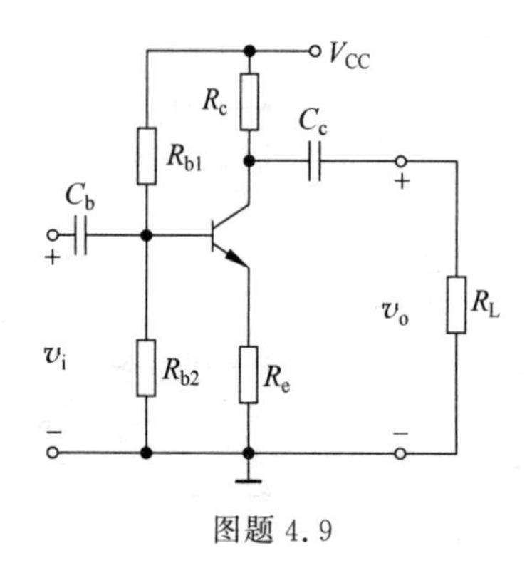

图题 4.9

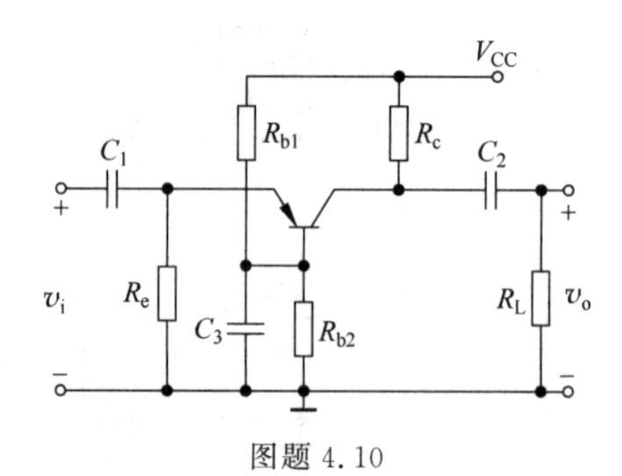

图题 4.10

第5章

场效应管及其基本放大电路

场效应管(Field Effect Transistor,FET)是一种常用的放大器件,尤其在集成电路设计制造中得到广泛应用。本章首先介绍场效应管的结构、工作原理与特性参数,然后介绍场效应管放大电路的静态与动态分析以及部分典型电路,并对场效应管与双极型晶体管的区别做简单介绍。

第4章中介绍的双极型晶体管(BJT)是一种电流控制器件,电子与空穴两种载流子均参与导电,利用基极或发射极电流控制集电极电流,从而实现放大功能。场效应管是在20世纪60年代半导体工艺逐渐成熟后发展起来的一种放大器件。与BJT不同,场效应管是一种电压控制器件,利用栅极电压产生的电场控制输出回路中的电流,实现信号的放大。场效应管在工作时,只有多数载流子参与导电,因此场效应管是一种单极型器件。

按基本结构,场效应管主要可以分为两大类:结型场效应管(Junction Field Effect Transistor,JFET)和金属-氧化物-半导体场效应管(Metal-Oxide-Semiconductor Field Effect Transistor,MOSFET);按导电沟道中多数载流子的带电极性,场效应管可分为N(电子)沟道和P(空穴)沟道场效应管。对MOSFET而言,按导电沟道形成的不同原理,场效应管又可分为增强型(E型)和耗尽型(D型)场效应管,如图5.0.1。

图5.0.1 场效应管的分类

5.1 结型场效应管(JFET)

结型场效应管中的结通常有两种类型,一种是普通的PN结,另一种是金属-半导体结构的肖特基势垒结,前者即通常说的JFET,后者称为金属-半导体场效应晶体管(MESFET),本书主要介绍前者。

5.1.1 JFET的结构和工作原理

1. 结构与类型

结型场效应管分N沟道和P沟道两种类型。N沟道JFET结构示意图与表示符号如图5.1.1所示,在一块N型半导体两侧制作两个高掺杂的P型区(P^+),P^+区与衬底形成两个PN结,两个P^+区连接在一起并引出一个欧姆接触的电极,称为栅极g。在N型半导体材料两端分别引出一个欧姆接触的电极,称为源极s和漏极d。P^+区与N区的接触面形成耗尽层。两个PN结中间的N型区域称为导电沟道。图(b)中栅极的箭头方向表示PN结正偏时的电流方向,即由P型区指向N型区。因此,可以从箭头的方向判断沟道类型,箭头方向从栅极指向沟道的是N型沟道JFET。

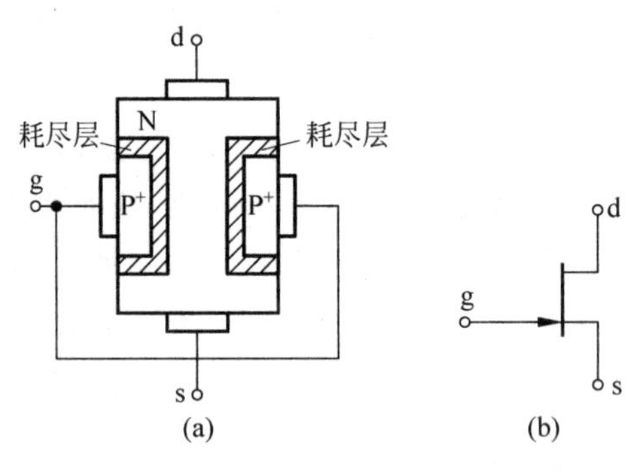

图5.1.1 N沟道JFET结构示意图与符号

(a) 结构示意图;(b) 符号

P沟道JFET与N沟道类似,在P型半导体上制作高掺杂的N^+区。其结构示意图与表示符号如图5.1.2所示。

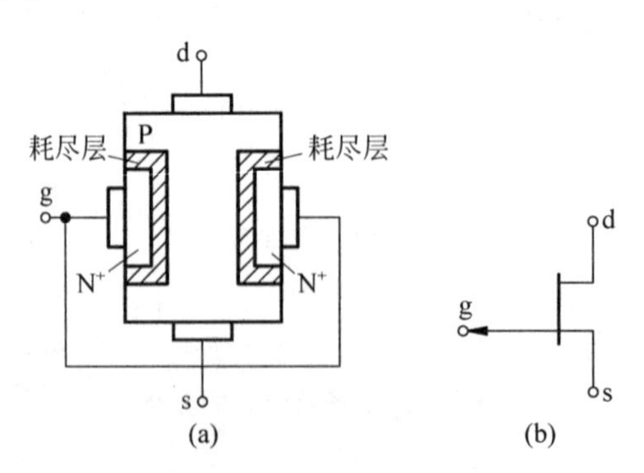

图5.1.2 P沟道JFET结构示意图与符号

(a) 结构示意图;(b) 符号

在本章后面的分析中，可以发现，FET 的栅极 g、源极 s 和漏极 d，分别类似于 BJT 的基极 b、发射极 e 和集电极 c。

2. 工作原理

以 N 沟道 JFET 为例，N 沟道结型场效应管工作时，在栅极 g 与源极 s 之间加反向控制电压（$v_{GS}<0$），漏极 d 与源极 s 之间加正向电压（$v_{DS}>0$）。栅源电压使两个 PN 结反向偏置，栅极与源极之间只有很小的反向饱和电流，因此栅极电流非常小，输入阻抗通常在 $10^7\sim10^{12}\Omega$。漏源电压使 N 型沟道中的电子（多数载流子）在正向电场作用下，从源极向漏极运动，形成从漏极流向源极的漏极电流 i_D，由此实现栅源电压 v_{GS} 对漏极电流 i_D 的控制。由于只有一种载流子（多数载流子）参与导电，因此 JFET 是一种单极型器件。下面通过栅源电压 v_{GS} 与漏源电压 v_{DS} 对导电沟道和漏极电流 i_D 的影响，分析 N 沟道 JFET 的工作原理。

1）v_{GS} 对导电沟道的影响（设 $v_{DS}=0$）

当 $v_{DS}=0$ 且栅源间无电压，即 $v_{GS}=0$ 时，耗尽层宽度较小，导电沟道较宽，如图 5.1.3(a) 所示。

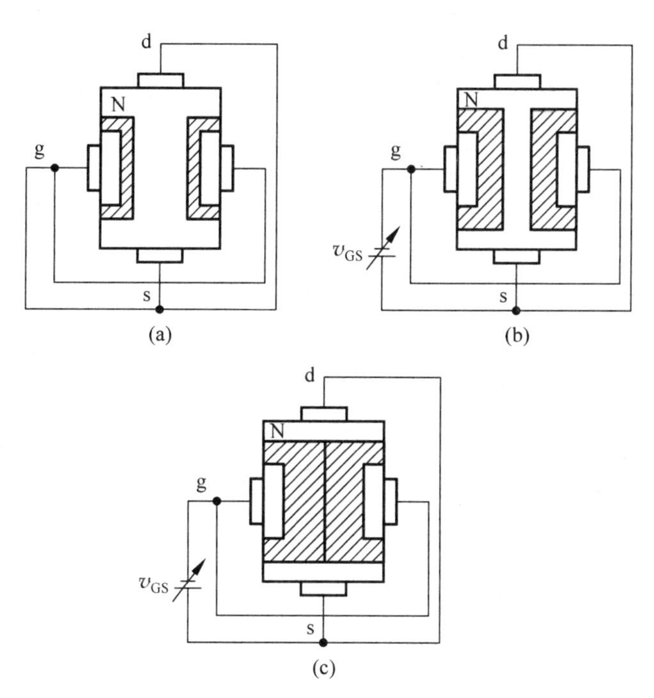

图 5.1.3　$v_{DS}=0$ 时，v_{GS} 对导电沟道的影响

(a) $v_{GS}=0$；(b) $V_P<v_{GS}<0$；(c) $v_{GS}\leqslant V_P$

当栅源间反偏电压 v_{GS} 从 0 向负值电压增大时，由于 PN 结反偏，耗尽层逐渐加宽，导电沟道逐渐变窄，沟道电阻值相应增大，如图 5.1.3(b) 所示。当 v_{GS} 进一步减小到某一个负值电压时，两侧的耗尽层合拢，导电沟道消失，称为沟道夹断，如图 5.1.3(c) 所示。这一栅源电压称为夹断电压，用 V_P 表示。

2）v_{DS} 对导电沟道的影响(设 $v_{GS}=0$)

在漏源间加入一可变电源，当 $v_{GS}=0$ 且 $v_{DS}=0$ 时，沟道如图 5.1.3(a)所示。

当 v_{DS} 从 0 向正值增大时，源极电位与栅极电位一致，漏极电位高于栅极，漏源间存在电位差，一方面在 N 型沟道中产生了一个沿沟道的电位梯度，造成靠近漏极一侧的耗尽层比靠近源极一侧的宽，或者说离漏极越远，导电沟道越宽，如图 5.1.4(a)所示。另一方面，由于 v_{DS} 的存在，产生漏极电流 i_D，v_{DS} 越大，沿沟道上的电场强度越大，只要漏栅间不出现夹断，沟道电阻基本决定于栅源电压，i_D 将随着 v_{DS} 的增大几乎线性增大。

当 v_{DS} 增大到 $-V_P$ 时，$v_{GD}=-v_{DS}=V_P$，漏端耗尽层刚好合拢，称为“预夹断”，如图 5.1.4(b)所示。随着 v_{DS} 的继续增大，夹断点向源极移动，夹断区长度增大，沟道电阻也增大，但电子仍可被 v_{DS} 拉过耗尽层形成电流，漏栅间逐渐增大的反偏电压 v_{GD} 使耗尽层变宽，抵消了 v_{DS} 的增大，且增加的 Δv_{DS} 落在夹断区上，因此 i_D 基本不变，电流趋于饱和，如图 5.1.4(c)所示。当 $v_{GS}=0$ 时，预夹断时漏极的电流称为饱和漏极电流，用 I_{DSS} 表示。

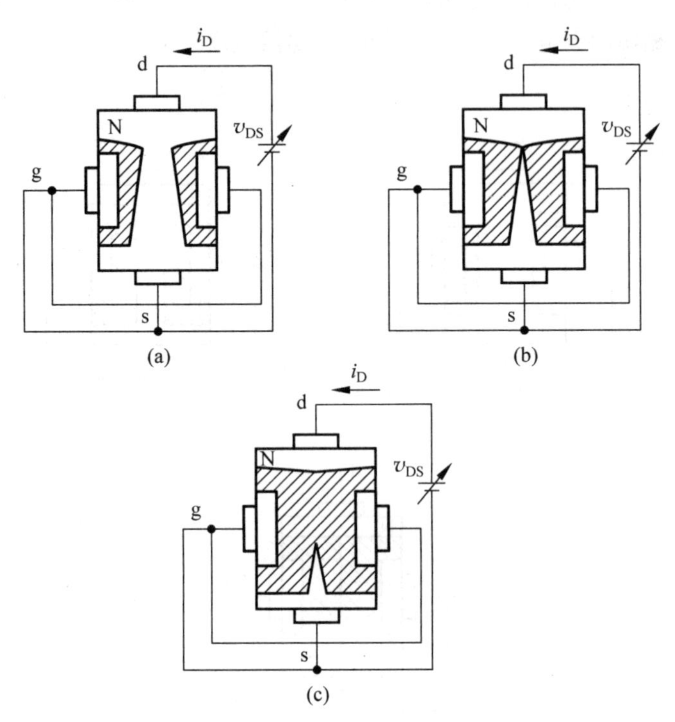

图 5.1.4　$v_{GS}=0$ 时，v_{DS} 对导电沟道的影响

(a) $v_{DS}<-V_P$；(b) $v_{DS}=-V_P$；(c) $v_{DS}>-V_P$

3）v_{GS} 和 v_{DS} 同时存在时对导电沟道的影响

如图 5.1.5 所示，若 $v_{GS}\neq 0$，此时栅源间有一反偏电压，耗尽层变宽。随着 v_{DS} 的增大，预夹断时，$v_{DS}=v_{GS}-V_P$。由于 v_{GS} 是一反偏负值电压，因此预夹断时的 v_{DS} 值要小于 $v_{GS}=0$ 时的值。预夹断后，若 v_{DS} 一定，则随着 v_{GS} 的反向增大，沟道变窄，沟道电阻增大，漏极电流 i_D 减小，这一过程与 1)、2)中的讨论类似。根据以上分析可知：

(1) $v_{GD}>V_P$(均为负值)时，即沟道预夹断前，i_D 将随着 v_{DS} 的增大几乎线性增大，但沟道电阻受 v_{GS} 控制。此时，导电沟道可看作一个受 v_{GS} 控制的可变电阻。

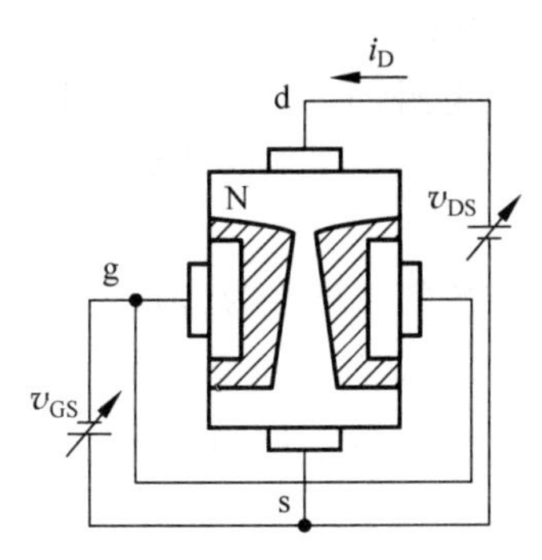

图 5.1.5　v_{GS} 和 v_{DS} 同时存在时对导电沟道的影响

(2) $v_{GD} \leqslant V_P$ 时，即沟道预夹断后，若 v_{GS} 一定，随着 v_{DS} 的增大，i_D 基本不变。此时，i_D 受 v_{GS} 控制，随着 v_{GS} 的反向增大，i_D 减小。因此，JFET 是一种电压控制电流器件。

以上讨论的是 N 沟道 JFET 的工作原理。对 P 沟道 JFET 而言，其工作时，电源极性与 N 沟道相反，栅源间的反偏应有 $v_{GS}>0$，漏源电压 $v_{DS}<0$，其工作原理与 N 沟道 JFET 类似。

5.1.2　JFET 的特性曲线

JFET 是电压控制器件，其栅极电流接近于零，因此讨论它的输入特性意义不大。通常讨论的是它的输出特性与转移特性。

1. 输出特性

输出特性指的是当栅源电压 v_{GS} 为常量时，漏极电流 i_D 与漏源电压 v_{DS} 之间的关系，即

$$i_D = f(v_{DS})\big|_{v_{GS}=\text{常数}} \tag{5.1.1}$$

N 沟道结型场效应管的输出特性曲线如图 5.1.6 所示。每一个 v_{GS} 都有一条对应的曲线，输出特性是一簇曲线。根据曲线的变化特性，可将曲线分成四个区域。

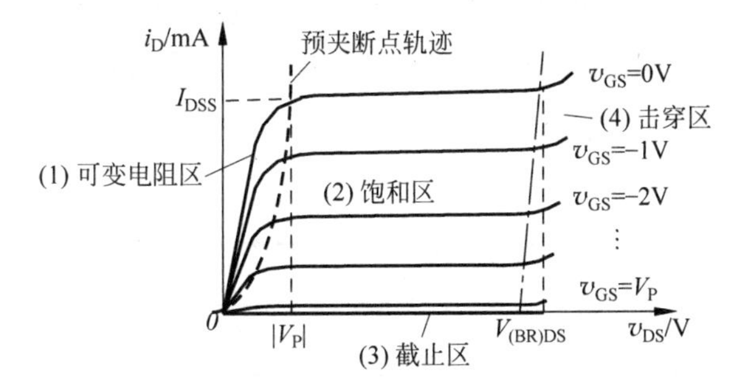

图 5.1.6　N 沟道 JFET 输出特性曲线

(1) 可变电阻区。可变电阻区位于预夹断点轨迹的左边，类似于 BJT 的饱和区。在预夹断点，$v_{GD}=V_P$，即 $v_{DS}=v_{GS}-V_P$，则在可变电阻区中，$v_{DS}<v_{GS}-V_P$。在某一 v_{GS} 值，当 v_{DS} 从零开始增大，且 v_{DS} 较小时，漏端耗尽区变化较小，沟道电阻没有明显改变，电流 i_D 随 v_{DS} 的增大几乎线性增大。此时，沟道电阻值受 v_{GS} 影响，v_{GS} 反向增加越大，沟道电

阻越大，即特性曲线的斜率越小。因此，在该区域中，可以通过改变 v_{GS} 的大小来控制沟道的电阻，将该区域等效为一个压控电阻，故称为可变电阻区。当 v_{DS} 增大到接近预夹断点时，导电沟道变得很窄，沟道电阻增大，i_D 增加的趋势随着电阻的增大而变弱，并持续到预夹断。

（2）饱和区。预夹断点轨迹右侧的区域称为饱和区，类似于 BJT 的放大区。在饱和区中，$v_{GD} \leqslant V_P$，即 $v_{DS} \geqslant v_{GS} - V_P$。预夹断后，虽然预夹断点随 v_{DS} 上升逐渐靠近源端，但 i_D 基本不变，电流趋于饱和，仅略有增大，特性曲线近似于一组平行的水平线，i_D 的大小受 v_{GS} 控制。因此，在该区域中可以通过改变 v_{GS} 的大小来控制 i_D 值，该区域相当于一个电压控制电流源，故该区域也称为“恒流区”。JFET 在放大电路中，就工作在这个区域，所以也称为“放大区”。

（3）截止区。JFET 的截止区为 $|v_{GS}| \geqslant |V_P|$ 的区域，此时导电沟道完全夹断，即 $i_D \approx 0$，因此该区域也称“夹断区”。特性曲线靠近横轴附近。

（4）击穿区。当 v_{DS} 增大到较大的值时，靠近漏端处较大的栅漏反偏电压会使耗尽层发生雪崩击穿，沟道电阻急剧下降，电流 i_D 急剧增加，容易烧坏管子，因此不允许管子工作在击穿区。若栅漏端的反向击穿电压为 $V_{(BR)GD}$，则此时漏源击穿电压 $V_{(BR)DS} = v_{GS} - V_{(BR)GD}$，此电压值在输出特性曲线上是饱和区与击穿区的分界点。v_{GS} 越大，漏源击穿电压越大。

2. 转移特性

转移特性指的是当漏源电压 v_{DS} 为常量时，漏极电流 i_D 与栅源电压 v_{GS} 之间的关系，即

$$i_D = f(v_{GS})\,|_{v_{DS}=\text{常数}} \tag{5.1.2}$$

转移特性与输出特性是对同一组物理量的不同表述，转移特性曲线可以从输出特性曲线转换得到。

如图 5.1.7 所示，在 N 沟道 JFET 输出特性曲线上取 v_{DS} 一个值(如 10V)，将其与 v_{GS} 相交各点值(A、B、C、D 等)在 i_D-v_{GS} 平面上作出对应点，然后连线即可得到相对应的转移特性曲线。取不同的 v_{DS} 值即可作出不同的转移特性曲线，但是在饱和区内，v_{DS} 改变时，i_D 基本不变，所以不同的 v_{DS} 值对应的转移特性曲线基本重合，通常只需分析一条典型曲线即可。

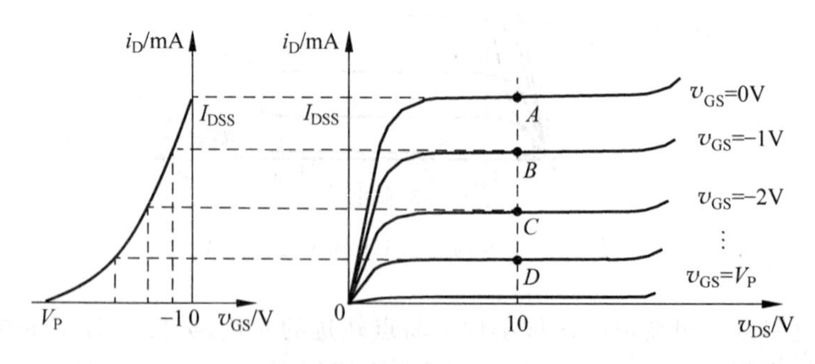

图 5.1.7 由输出特性曲线得到转移特性曲线

转移特性反映的是输出电流与输入控制量之间的关系，由图 5.1.7 可知，转移特性曲线近似抛物线，i_D 与 v_{GS} 之间是非线性的关系。实验表明，饱和区内的转移特性可用一近似公式来表示：

$$i_D = I_{DSS}\left(1-\frac{v_{GS}}{V_P}\right)^2 \quad (V_P \leqslant v_{GS} \leqslant 0) \tag{5.1.3}$$

式中，对 N 沟道 JFET 而言，v_{GS} 为负值，对 P 沟道 JFET 而言，v_{GS} 为正值。

5.2 金属-氧化物-半导体场效应管

金属-氧化物-半导体场效应管(MOSFET)在栅极与半导体之间增加一 SiO_2 绝缘层，栅极与源极、栅极与漏极均为电绝缘，因此又称绝缘栅场效应管(insulated gate field effect transistor，IGFET)。由于 SiO_2 绝缘层的存在，MOSFET 的输入阻抗比 JFET 更高，可达 $10^{12}\sim10^{15}\,\Omega$。

5.2.1 N 沟道增强型 MOSFET

1. 结构和符号

N 沟道增强型 MOSFET 的结构示意图如图 5.2.1(a)所示，它是在一块低掺杂的 P 型半导体衬底的表面生长一层 SiO_2 绝缘层，在 SiO_2 表面部分区域制作一个电极，称为栅极 g，在栅极两侧刻蚀掉部分 SiO_2 绝缘层后，在半导体表面附近制作两个高掺杂的 N^+ 区，称为源极 s 和漏极 d，栅极、源极和漏极各自向外引出一个金属端子和外电路相连，衬底也引出一个欧姆接触的端子 B，因此 MOSFET 是一个四端子器件。栅极材料可以是金属(如铝)，为适应现代集成电路工艺，也可以是低电阻率的高掺杂多晶硅或多晶硅化物(如钨的多晶硅化物)。其表示符号如图 5.2.1(b)所示，垂直虚线表示增强型沟道，箭头方向表示衬底与沟道间加正偏电压时的电流方向，对 N 沟道 MOSFET 而言，即由 P 指向 N，或者说由衬底指向沟道。

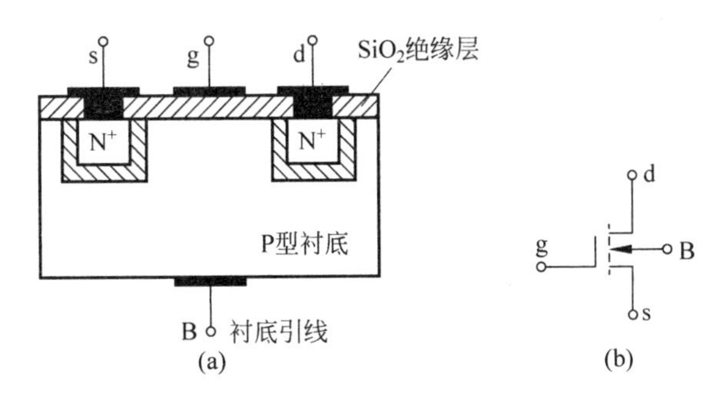

图 5.2.1 N 沟道增强型 MOSFET 的结构示意图和符号
(a) 结构示意图；(b) 符号

2. 工作原理

MOSFET 与 JFET 都属于电压控制器件，利用栅源电压控制输出电流。但是输出电流的产生原理与控制方式均不相同。

1) v_{GS} 对沟道的控制作用(设 $v_{DS}=0$)

如图 5.2.2(a)所示,栅极与源极间加一可变电压源 v_{GS}。

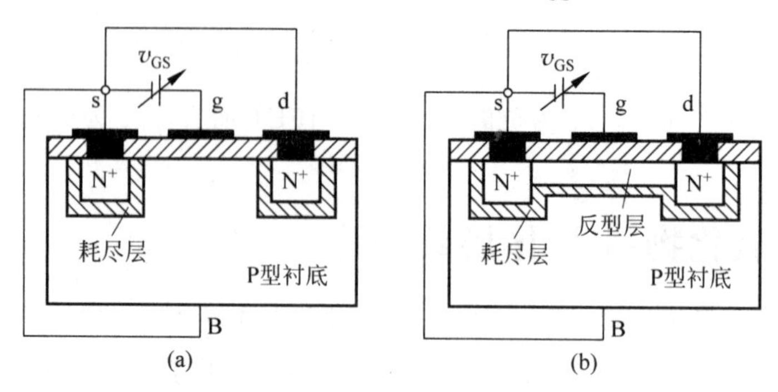

图 5.2.2 v_{GS} 对沟道的控制作用

(a) $v_{GS}=0$;(b) $v_{GS}\geqslant V_T$

(1) $v_{GS}=0$。源极、栅极与漏极相当于两个相背的 PN 结,若源漏间加上电压 v_{DS},不论 v_{DS} 方向如何,总有一个 PN 结是反偏的,不会产生漏极电流。

(2) $v_{GS}>0$。MOSFET 分立元件工作时,通常将源极和衬底相连,一方面可作为参考电位,另一方面,栅极与衬底相当于平板电容器的两个极板,SiO_2 层为绝缘介质。当栅源电压作用时,会产生一个垂直于极板的电场。当 $v_{GS}>0$ 时,所产生电场的方向垂直于栅极指向衬底。这一电场将排斥 SiO_2 绝缘层附近 P 型衬底中的空穴,留下不能移动的负离子,形成耗尽区。同时,这一电场也能够将 P 型衬底中的少子(电子)吸引到 SiO_2 绝缘层附近的衬底上。当 v_{GS} 增大到一定程度时,绝缘层附近 P 型半导体表面区域(耗尽区)的电子浓度超过耗尽区内的空穴浓度,形成一个电子薄层,称为反型层,如图 5.2.2(b)所示。v_{GS} 越大,吸引到的电子越多,反型层也就越厚,电阻越小。该反型层使源极与漏极之间形成一条导电沟道,由于该沟道是由栅源电压感应而生的,所以也称为感生沟道。该反型层(沟道)中电子是多数载流子,称为 N 型反型层(N 型沟道)。$v_{GS}=0$ 时,漏极电流为零,没有导电沟道,把这类 MOSFET 称为增强型 MOSFET。把刚刚开始生成反型层时的阈值电压称为开启电压,用 V_T 表示。

2) v_{DS} 对沟道的控制作用(设 $v_{GS}>V_T$)

当 $v_{GS}>V_T$ 时,存在导电沟道,若加上漏源电压 v_{DS},将会有漏极电流 i_D 产生。在形成导电沟道后,其工作情况与 N 沟道 JFET 基本类似。

栅源电压 v_{GS} 大于栅漏电压 $v_{GD}=v_{GS}-v_{DS}$,沟道内产生了电位梯度,因此沟道在漏源两部分的厚度是不一致的,靠近源极附近的电场较强,反型层较厚,靠近漏极附近的电场较弱,反型层较薄,如图 5.2.3(a)所示。当 v_{DS} 较小时,随着 v_{DS} 的增大,虽然漏极附近反型层变薄,但此时沟道对电流的阻碍能力很弱,沟道电阻受制于 v_{GS} 而近似不变,i_D 随着 v_{DS} 的增大近似线性增大。当 v_{DS} 增大到 $v_{DS}=v_{GS}-V_T$,即 $v_{GD}=v_{GS}-v_{DS}=V_T$ 时,漏极附近的导电沟道刚好消失,沟道在漏极附近被夹断,与 JFET 类似,这一现象称为预夹断,如图 5.2.3(b)所示。当 v_{DS} 继续增大,夹断点向源极移动,夹断点与漏极间形成一个夹断区,如图 5.2.3(c)所示。预夹断后,沟道电阻增大,但电子仍可被 v_{DS} 拉过耗尽层,增加的

Δv_{DS} 主要加在夹断区上克服夹断区对电流的阻碍，加在导电沟道上的电压基本不变，因此 i_D 基本不变，电流趋于饱和，饱和电流受制于 v_{GS}。

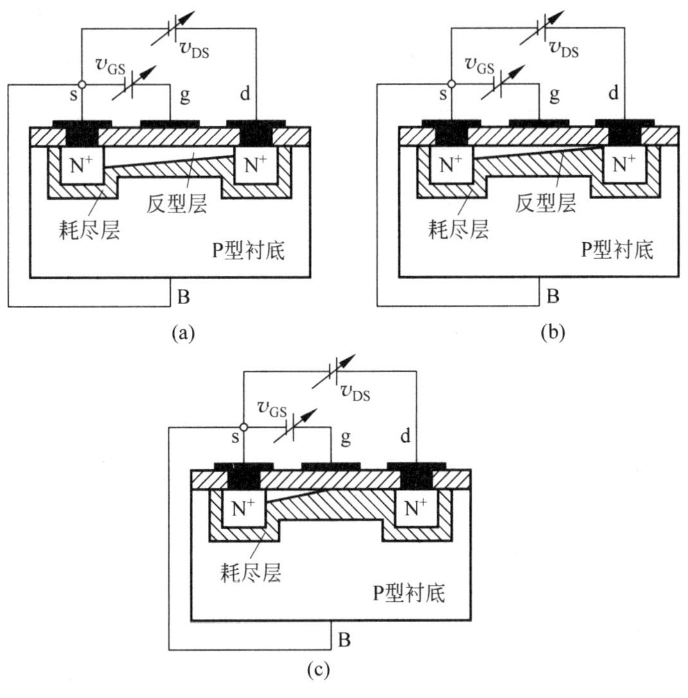

图 5.2.3 v_{DS} 对沟道的控制作用

(a) $v_{DS}<v_{GS}-V_T$；(b) $v_{DS}=v_{GS}-V_T$；(c) $v_{DS}>v_{GS}-V_T$

3. 特性曲线

与 JFET 类似，对 MOSFET 而言，通常研究它的输出特性与转移特性，其定义与 JFET 相同。

1）输出特性

N 沟道增强型 MOSFET 的输出特性如图 5.2.4(a)所示，与 JFET 类似，也有四个工作区域：可变电阻区、饱和区、截止区和击穿区。预夹断点轨迹为 $v_{DS}=v_{GS}-V_T$，即 $v_{GD}=v_{GS}-v_{DS}=V_T$，这一轨迹是可变电阻区与饱和区的分界线。MOSFET 作为放大器件时，工作在饱和区(放大区)，I_{DO} 是当 $v_{GS}=2V_T$ 时的漏极饱和电流。当 $v_{GS}<V_T$ 时，沟道完全夹断，$i_D\approx0$。当 v_{DS} 增大到一定值时，靠近漏极附近的耗尽层会首先发生击穿现象，i_D 剧增，容易导致 MOSFET 烧毁。另外，由于栅极与衬底间的氧化层是绝缘体，如果氧化层中的电场强度足够大，也会发生击穿，损坏器件，实际 MOSFET 的最大栅压通常在 10V 左右。在使用时要注意避免 MOSFET 处于击穿区。

2）转移特性

MOSFET 的转移特性也可由输出特性转换得到，如图 5.2.4(b)所示，是 N 沟道增强型 MOSFET 在饱和区中的转移特性曲线。从图中可以看出，当栅源电压 v_{GS} 大于开启电压 V_T 时，开始产生输出电流。实验表明，当 N 沟道增强型 MOSFET 工作在饱和(放大)区时，转移特性曲线可用下面的公式近似表示：

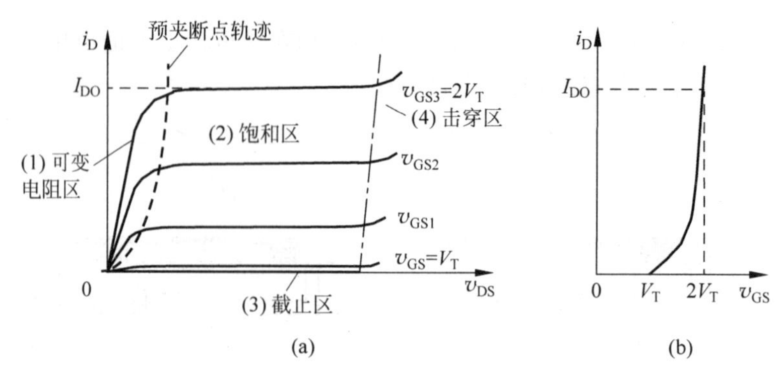

图 5.2.4　N 沟道增强型 MOSFET 的特性曲线

(a) 输出特性；(b) 转移特性

$$i_D = K_n(v_{GS} - V_T)^2 = I_{DO}\left(\frac{v_{GS}}{V_T} - 1\right)^2 \tag{5.2.1}$$

式中，K_n 为电导常数，$I_{DO}=K_nV_T^2$，它是当 $v_{GS}=2V_T$ 时的漏极电流。

5.2.2 N 沟道耗尽型 MOSFET

耗尽型 MOSFET 是指在栅压 v_{GS} 为零时，半导体表面已经形成反型层，在漏极与源极间存在导电沟道的 MOSFET。N 沟道耗尽型 MOSFET 的结构与增强型基本相同，其区别在于 SiO_2 绝缘层的非理想性，在制作 N 沟道 MOSFET 时，SiO_2 绝缘层中往往会掺入部分正离子，这些正离子产生类似正栅源电压的作用，排斥绝缘层附近 P 型硅表面空穴，吸引电子，也能够产生反型层，如图 5.2.5(a)所示。也可以在制作 N 沟道耗尽型 MOSFET 时，在 SiO_2 绝缘层附近的 P 型衬底表面通过掺杂磷或砷等杂质来制作一薄层 N 型区域，形成 N 型导电沟道。栅源电压 v_{GS} 为零时，就已经产生了导电沟道，如果有正向漏源电压 v_{DS} 作用，就会产生漏极电流 i_D。其表示符号如图 5.2.5(b)所示。

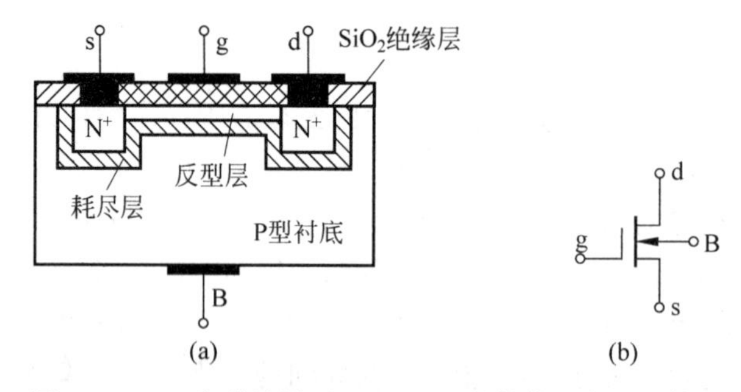

图 5.2.5　N 沟道耗尽型 MOSFET 的结构示意图和符号

(a) 结构示意图；(b) 符号

当 $v_{GS}>0$ 时，沟道内电场增强，与增强型类似，反型层变宽，沟道电阻减小，当一定的正向 v_{DS} 作用时，漏源电流 i_D 增大。

当 $v_{GS}<0$ 时，沟道内电场减弱，反型层变窄，沟道电阻增大，当一定的正向 v_{DS} 作用时，漏源电流 i_D 减小。当 v_{GS} 减小到某负电压时，反型层消失，沟道被夹断，这一阈值电压称为夹断电压，用 V_P 表示。

N沟道耗尽型MOSFET的输出特性与饱和区内的转移特性曲线如图5.2.6所示。曲线形状与N沟道增强型MOSFET相似，主要区别在于夹断电压V_P为负值。

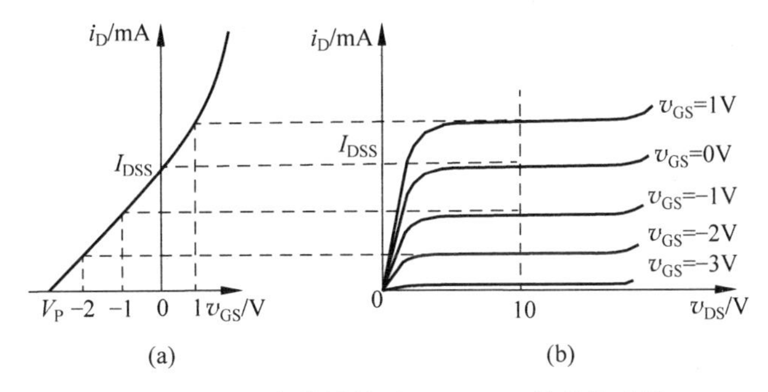

图5.2.6　N沟道耗尽型MOSFET的特性曲线

(a) 转移特性；(b) 输出特性

在饱和区内，可用如下近似公式表示漏极电流与栅源电压的关系：

$$i_D = I_{DSS}\left(1 - \frac{v_{GS}}{V_P}\right)^2 \tag{5.2.2}$$

式中，I_{DSS}是栅压v_{GS}为零时的漏极电流，称为饱和漏极电流。

5.2.3　P沟道MOSFET

P沟道MOSFET与N沟道MOSFET类似，也分为增强型和耗尽型两种，其结构基本相同，区别在于P沟道MOSFET的衬底是低掺杂的N型半导体，源极和漏极是P^+区，载流子是空穴而不是电子。其符号如图5.2.7所示，与N沟道MOSFET的区别在于箭头方向由沟道指向衬底。

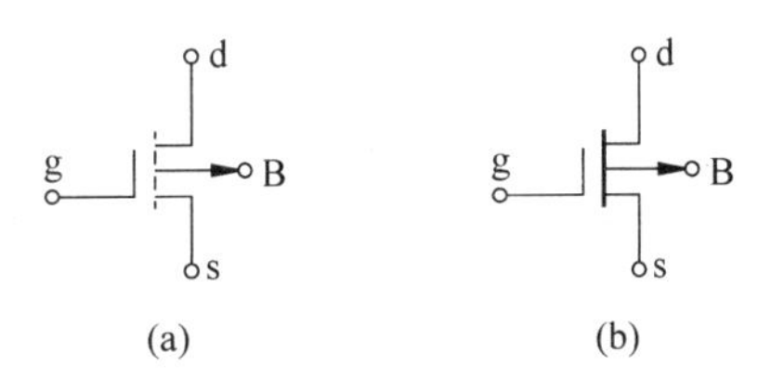

图5.2.7　P沟道MOSFET的表示符号

(a) 增强型；(b) 耗尽型

由于衬底与漏源掺杂类型的不同，P沟道MOSFET在工作时，相比N沟道MOSFET，栅源电压v_{GS}与漏源电压v_{DS}的方向均相反，漏源电压$v_{DS}<0$，漏极电流i_D的方向也相反。P沟道增强型MOSFET的开启电压$V_T<0$，当$v_{GS}<V_T$时，产生P型导电沟道；P沟道耗尽型MOSFET的夹断电压$V_P>0$，在$v_{GS}=0$时，已有P型导电沟道。P沟道MOSFET的工作原理均与特性与N沟道MOSFET类似，在此不再赘述。

相比MOSFET而言，N沟道与P沟道JFET由于在栅源电压为零时，导电沟道已经存在，因此JFET通常都是耗尽型器件。

5.3　场效应管的主要参数

1. 直流参数

1) 开启电压V_T

物理意义为刚生成导电沟道时的v_{GS}。实际测量中，开启电压常取v_{DS}为一常量时，使

i_D 为一微小电流(如 20μA)的 v_{GS}。开启电压是增强型 MOSFET 的参数。

2) 夹断电压 V_P

物理意义为全夹断。实际测量中,常取 v_{DS} 为一常量时,使 i_D 为一微小电流(如 20μA)的 v_{GS}。夹断电压 V_P 是 JFET 和耗尽型 MOSFET 的参数。

3) 饱和漏(极)电流 I_{DSS}

I_{DSS} 是 JFET 和耗尽型 MOSFET 的参数。对 JFET 而言,当 $v_{GS}=0$ 时,预夹断时漏极的电流称为饱和漏极电流。对 MOSFET 而言,实际测量时,常取 $v_{DS}=10V$、$v_{GS}=0$ 时,漏极的电流称为饱和漏极电流(在 JFET 中,I_{DSS} 即是管子所能输出的最大电流)。

4) 直流输入电阻 R_{GS}

R_{GS} 是栅源间的直流电阻,其值是当漏源短路时,栅源电压与栅极电流之比。JFET 的 R_{GS} 通常大于 $10^7\Omega$,MOSFET 的 R_{GS} 通常大于 $10^9\Omega$。

2. 交流参数

1) 输出电阻 r_{ds}

输出电阻反映了漏源电压对漏极电流的影响,其表达式为

$$r_{ds}=\left.\frac{\partial v_{DS}}{\partial i_D}\right|_{v_{GS}=C} \tag{5.3.1}$$

在输出特性曲线上,输出电阻表现是某点切线斜率的倒数。实际 FET 在饱和区内数值很大,一般在几十千欧到几百千欧之间。

2) 低频跨导(互导)g_m

低频跨导(也称低频互导)反映了栅源电压对漏极电流的影响,其表达式为

$$g_m=\left.\frac{\partial i_D}{\partial v_{GS}}\right|_{v_{DS}=C} \tag{5.3.2}$$

其值一般为几十毫西。在转移特性曲线上,低频跨导 g_m 表现为某点切线的斜率。从转移特性可知,g_m 与工作点的位置相关,i_D 越大,g_m 也越大。该参数表征了 FET 的放大能力,是下文将要涉及的 FET 小信号模型分析的重要参数。

3. 极限参数

1) 最大漏源电压 $V_{(BR)DS}$

$V_{(BR)DS}$ 是 FET 在进入放大区之后,v_{DS} 继续增大,发生击穿、i_D 急剧上升时的 v_{DS} 值。

2) 最大栅源电压 $V_{(BR)GS}$

$V_{(BR)GS}$ 指栅源间反向击穿,栅源反向电流急剧上升时的 v_{GS} 值。对 JFET 而言,是栅极与沟道间的 PN 结击穿电压,对 MOSFET 而言,是栅绝缘层的击穿电压。

3) 最大漏极电流 I_{DM}

I_{DM} 是 FET 正常工作时允许的漏极电流的上限值。

4) 最大耗散功率 P_{DM}

FET 的耗散功率 $P_D=v_{DS}\times i_D$。最大耗散功率决定于 FET 的最高工作温度,由 P_{DM} 可确定管子的安全工作区。

5) 最高工作频率 f_M

f_M 反映了极间电容对 FET 性能的影响。FET 栅极、源极和漏极之间均存在极间电

容，FET的最高工作频率是综合极间电容影响而确定的，主要体现在高频电路中。通常C_{gs}与C_{gd}约为几皮法，C_{ds}小于1pF。

5.4 场效应管放大电路

场效应管是一种电压控制器件，通过栅源电压控制漏极电流来实现信号放大。与双极型晶体管类似，场效应管放大电路在工作时，既有直流信号，又有交流信号，需要进行静态与动态分析。

5.4.1 场效应管的直流偏置电路及静态分析

场效应管放大电路需要设置合适的静态工作点(Q点)，使场效应管在输入信号作用下始终工作在饱和(放大)区，这方面与双极型晶体管类似。但场效应管工作原理与双极型晶体管不同，因此其偏置电路具有以下特点：

(1) 场效应管是电压控制器件，所以要求建立合适的栅源电压而无须偏置电流，栅极电流几乎为零。

(2) 不同类型的场效应管对偏置电压的极性有不同的要求：JFET的栅源电压V_{GS}与漏源电压V_{DS}极性相反；增强型MOSFET的栅源电压V_{GS}与漏源电压V_{DS}极性相同；耗尽型MOSFET的栅源电压V_{GS}可正、可负或零偏。

(3) 由于场效应管的跨导g_m一般较低，不利于放大性能，因此静态工作点一般设置较高，并且常常采用稳定工作点的电路。

(4) 工作点主要参数：栅源电压V_{GSQ}、漏源电压V_{DSQ}和漏极电流I_{DQ}。

1. 直流偏置电路

在分立元件场效应管放大电路中，常用的偏置方式有自给偏置(自偏置)和分压式偏置(混合偏置)，如图5.4.1所示。

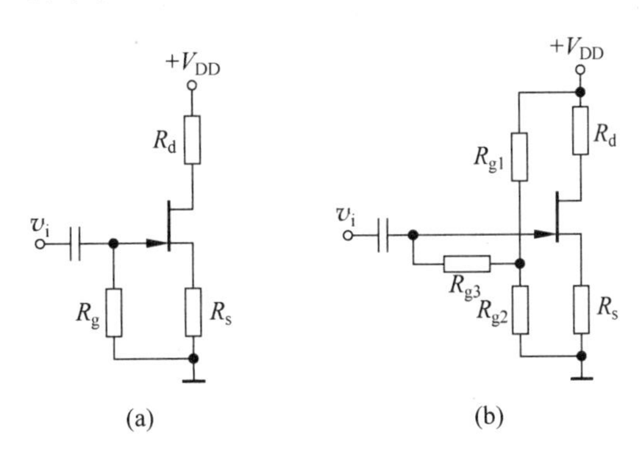

图5.4.1 场效应管偏置方式

(a) 自给偏置；(b) 分压式偏置

图5.4.1(a)中，栅极与R_g的电流为零，导致栅极电位为零，栅源电压V_{GS}依靠直流电源$+V_{DD}$在R_s上的分压获得，或者说偏置电压是由场效应管的漏极电流I_D产生，依靠自身获得偏压，因此称为自给偏置。

在自给偏置电路中，为稳定静态工作点，可增大 R_s，其原理与双极型晶体管类似。但 R_s 的增大会影响 I_D 的值，影响电路放大能力。为克服这一缺点，引入了分压式偏置。图 5.4.1(b)中，栅极与 R_{g3} 的电流为零，电阻 R_{g1} 和 R_{g2} 对直流电源 $+V_{DD}$ 分压，栅极电位是 $+V_{DD}$ 在 R_{g2} 上的分压，源极电位是 R_s 上的分压。栅源电压由栅极电位和源极电位共同决定，这种利用分压电阻 R_{g1} 和 R_{g2} 获得偏压的方式称为分压式偏置。该方式中，R_s 的取值可根据放大电路的需求灵活选取，因此应用面更广。

2. 静态分析

1) 自给偏置电路的静态分析

如图 5.4.1(a)所示自给偏置场效应管放大电路，静态时，栅极电位为零，源极电位是静态电流 I_{DQ} 在 R_s 上的压降，即

$$V_{SQ}=I_{DQ}R_s$$

所以栅源静态电压

$$V_{GSQ}=-I_{DQ}R_s \tag{5.4.1}$$

I_{DQ} 与 V_{GSQ} 同时也满足转移特性伏安关系式(5.2.2)，此时可改写为

$$I_{DQ}=I_{DSS}\left(1-\frac{V_{GSQ}}{V_P}\right)^2 \tag{5.4.2}$$

联立式(5.4.1)和式(5.4.2)，可求得 I_{DQ} 与 V_{GSQ} 的两组解，根据 $V_P\leqslant V_{GSQ}\leqslant 0$ 以及 $I_{DQ}\leqslant I_{DSS}$ 的条件，舍去一组不合理解，得到 I_{DQ} 与 V_{GSQ} 的值。又根据

$$V_{DSQ}=V_{DD}-I_{DQ}(R_d+R_s) \tag{5.4.3}$$

求出 V_{DSQ}，从而求得静态工作点参数(V_{GSQ},V_{DSQ},I_{DQ})。

综上，其静态工作点求解方程组为

$$\begin{cases} I_{DQ}=I_{DSS}\left(1-\dfrac{V_{GSQ}}{V_P}\right)^2 \\ V_{GSQ}=-I_{DQ}R_s \\ V_{DSQ}=V_{DD}-I_{DQ}(R_d+R_s) \end{cases} \tag{5.4.4}$$

2) 分压式偏置电路的静态分析

如图 5.4.1(b)所示分压式偏置场效应管放大电路，静态时，栅极电位是 $+V_{DD}$ 在 R_{g2} 上的分压，即

$$V_{GQ}=\frac{R_{g2}}{R_{g1}+R_{g2}}\cdot V_{DD} \tag{5.4.5}$$

源极电位 $V_{SQ}=I_{DQ}R_s$，所以栅源电压

$$V_{GSQ}=V_{GQ}-V_{SQ}=\frac{R_{g2}}{R_{g1}+R_{g2}}\cdot V_{DD}-I_{DQ}R_s \tag{5.4.6}$$

联立式(5.4.2)、式(5.4.3)和式(5.4.6)，得方程组

$$\begin{cases} I_{DQ}=I_{DSS}\left(1-\dfrac{V_{GSQ}}{V_P}\right)^2 \\ V_{GSQ}=V_{GQ}-V_{SQ}=\dfrac{R_{g2}}{R_{g1}+R_{g2}}\cdot V_{DD}-I_{DQ}R_s \\ V_{DSQ}=V_{DD}-I_{DQ}(R_d+R_s) \end{cases}$$

类似自给偏置电路，可求得两组解，去掉一组不合理解后，得到静态工作点参数(V_{GSQ}，V_{DSQ}，I_{DQ})。

对比自给偏置与分压式偏置方式，静态时，自给偏置电路的栅源电压 v_{GS} 与漏源电压 v_{DS} 极性相反，因此只适用于 JFET 和耗尽型 MOSFET，而分压式偏置适用于各类场效应管。

以上采用公式计算静态工作点的方法，常称公式法或解析法。若已知场效应管的特性曲线及相关参数，也可以使用图解法确定静态工作点，这一方法与双极型晶体管基本相同，在此不再赘述。

例 5.4.1 电路如图 5.4.2 所示，已知 $V_{DD}=18\text{V}$，$R_g=5\text{M}\Omega$，$R_d=20\text{k}\Omega$，$R_s=3\text{k}\Omega$，场效应管的 $I_{DSS}=1\text{mA}$，$V_P=-3\text{V}$。试确定静态工作点。

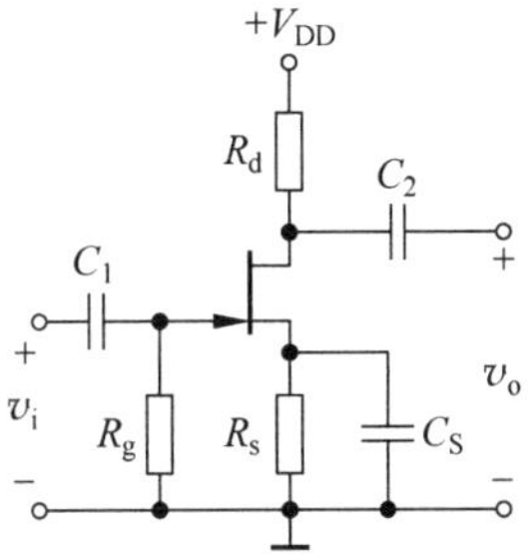

图 5.4.2 例 5.4.1 电路图

解：静态时，把各元件参数代入以下方程组

$$\begin{cases} I_D = I_{DSS}\left(1-\dfrac{V_{GS}}{V_P}\right)^2 \\ V_{GS} = -I_D R_s \end{cases}$$

解得

$$\begin{cases} I_{D1}=0.37\text{mA} \\ V_{GS1}=-1.11\text{V} \end{cases},\quad \begin{cases} I_{D2}=2.62\text{mA} \\ V_{GS2}=-7.68\text{V} \end{cases}$$

因为 I_D 不应大于 I_{DSS}，故舍去第二组解。

又因为

$$V_{DS}=V_{DD}-I_D(R_d+R_s)=18-0.37(20+3)=9.49(\text{V})$$

所以，静态工作点为：$V_{GSQ}=-1.11\text{V}$，$V_{DSQ}=9.49\text{V}$，$I_{DQ}=0.37\text{mA}$。

5.4.2 场效应管放大电路的小信号模型分析法

1. 场效应管的小信号模型

当场效应管工作在饱和(放大)区，输入信号较小时，可以使用小信号模型(微变等效电路)分析法。与双极型晶体管类似，场效应管也可以看成一个二端口网络，栅极与源极之间作为输入端口，漏极与源极之间作为输出端口，以 JFET 为例，如图 5.4.3 所示，输入端口电压与电流分别是栅源电压 v_{GS} 与栅极电流 i_G，输出端口电压与电流分别是漏源电压 v_{DS} 与漏极电流 i_D。

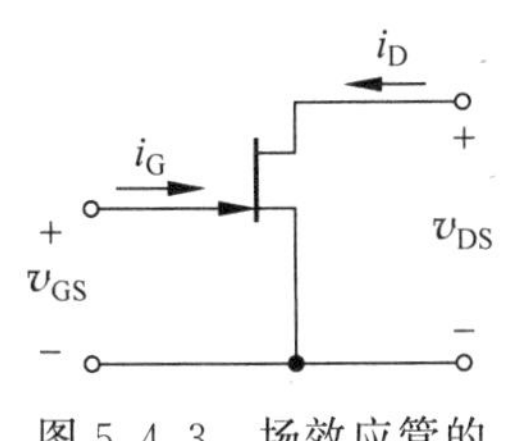

图 5.4.3 场效应管的二端口网络

为方便分析，采用二端口网络的短路导纳参数(Y 参数)来描述场效应管，其函数为

$$\begin{cases} i_G = f(v_{GS}, v_{DS}) \\ i_D = f(v_{GS}, v_{DS}) \end{cases}$$

对场效应管输入回路而言，栅极电流几乎为零，栅源间交流电阻非常大，栅极与源极之间相当于开路。对输出回路而言，

$$i_D = f(v_{GS}, v_{DS})$$

对此函数在静态工作点(Q点)求全微分,可得

$$\mathrm{d}i_{\mathrm{D}}=\left.\frac{\partial i_{\mathrm{D}}}{\partial v_{\mathrm{GS}}}\right|_{\mathrm{Q}}\mathrm{d}v_{\mathrm{GS}}+\left.\frac{\partial i_{\mathrm{D}}}{\partial v_{\mathrm{DS}}}\right|_{\mathrm{Q}}\mathrm{d}v_{\mathrm{DS}}$$

由式(5.3.1)和式(5.3.2)可知

$$\left.\frac{\partial i_{\mathrm{D}}}{\partial v_{\mathrm{GS}}}\right|_{\mathrm{Q}}=g_{\mathrm{m}},\quad \left.\frac{\partial i_{\mathrm{D}}}{\partial v_{\mathrm{DS}}}\right|_{\mathrm{Q}}=\frac{1}{r_{\mathrm{ds}}}$$

当满足小信号条件时,可认为特性曲线在静态工作点附近是线性的,此时跨导 g_{m} 与交流输出电阻 r_{ds} 为常数,$\mathrm{d}i_{\mathrm{d}}$、$\mathrm{d}v_{\mathrm{GS}}$ 和 $\mathrm{d}v_{\mathrm{DS}}$ 可分别用交流分量 i_{d}、v_{gs} 和 v_{ds} 替代,得

$$i_{\mathrm{d}}=g_{\mathrm{m}}v_{\mathrm{gs}}+\frac{1}{r_{\mathrm{ds}}}v_{\mathrm{ds}}$$

又因为输入端口

$$i_{\mathrm{g}}=0$$

可得低频情况下的小信号模型,如图5.4.4(a)所示,输入端开路,输出端是一个电压控制电流源与交流输出电阻 r_{ds} 的并联。由于 r_{ds} 很大,往往可将其看作开路,得到简化的低频小信号等效电路,如图5.4.4(b)所示。由于各类场效应管的二端口网络模型相同,因此该交流小信号模型适用于各类场效应管。

在高频情况下,还应考虑极间电容对电路的影响,此时场效应管的高频小信号等效电路模型如图5.4.4(c)所示,其中 C_{gs}、C_{gd} 与 C_{ds} 分别是栅源电容、栅漏电容和漏源电容。本书主要研究低频情况下场效应管放大电路的小信号模型分析。

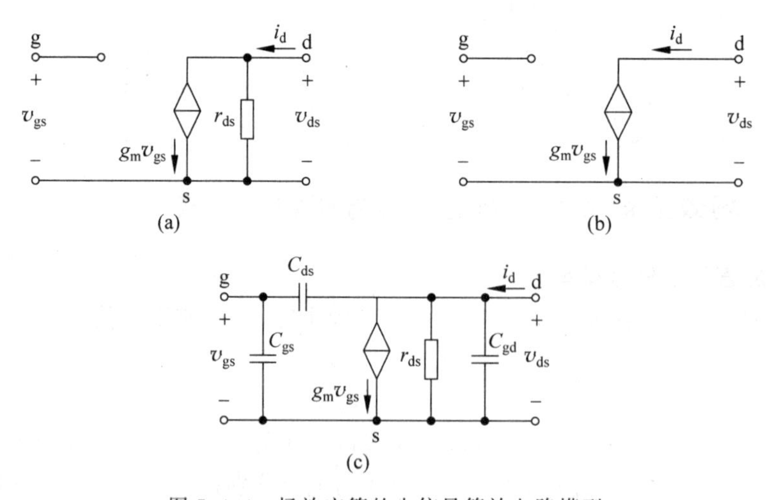

图5.4.4 场效应管的小信号等效电路模型

(a) 低频小信号等效电路;(b) 简化的低频小信号等效电路;(c) 高频小信号等效电路

2. 共源极放大电路的动态分析

场效应管放大电路的动态分析方法与双极型晶体管类似,利用小信号等效电路的端口特性,求解动态参数。基本的动态参数有电压放大倍数 A_v、输入电阻 R_{i}、输出电阻 R_{o} 等。

与双极型晶体管放大电路的组态类似,场效应管放大电路具有共源、共漏和共栅三种组态,其电路结构与分析方法也类似。因共栅放大电路应用较少,本书主要介绍共源和共漏放大电路的小信号模型分析法。

例 5.4.2　电路如图 5.4.5(a)所示。试确定电路的电压放大倍数 A_v、输入电阻 R_i 和输出电阻 R_o。

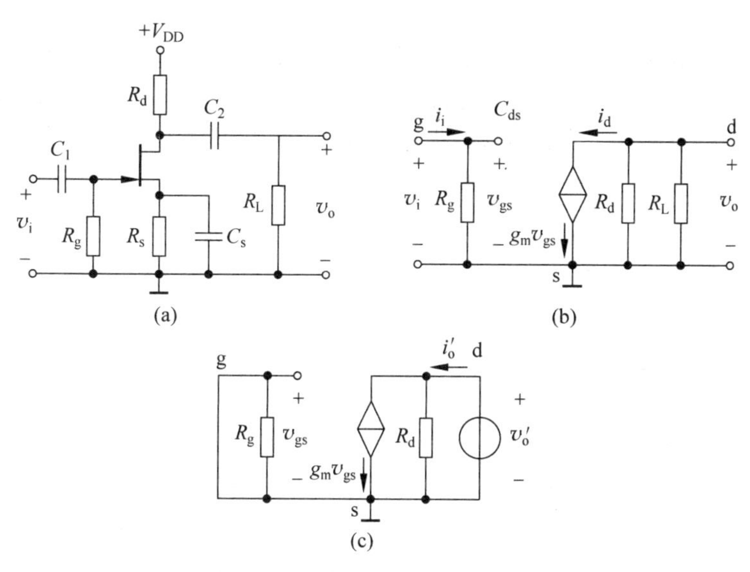

图 5.4.5　例 5.4.2 放大电路图

(a) 电路图；(b) 小信号等效电路；(c) 外加电源法求输出电阻的小信号等效电路

解：由图 5.4.5(a)可画出相应的小信号等效电路，如图 5.4.5(b)所示，输入回路与输出回路共用源极，这一连接方式的放大电路称为共源极放大电路。需要注意的是，此时栅源动态电压就是输入的小信号电压，但漏极电流是流过受控电流源的电流，并非输出电流。

(1) 电压放大倍数。

从输出端口看

$$v_o = -i_d(R_d /\!/ R_L) = -g_m v_{gs}(R_d /\!/ R_L)$$

从输入端口看

$$v_i = v_{gs}$$

因此，电压放大倍数

$$A_v = \frac{v_o}{v_i} = \frac{-g_m v_{gs}(R_d /\!/ R_L)}{v_{gs}} = -g_m(R_d /\!/ R_L) = -g_m R'_L$$

式中，R'_L 是漏极电阻 R_d 与负载 R_L 的并联值，输出开路时，$R'_L = R_d$。负号说明输出信号 v_o 与输入信号 v_i 相位相差 180°，表明共源放大电路是反相放大电路。

(2) 输入电阻。

因为有栅极电阻 R_g，所以此时输入电流不为零。

$$R_i = \frac{v_i}{i_i} = R_g$$

(3) 输出电阻。

对含源网络输出电阻的求解，可采用外加电源法或开路电压短路电流法。本题以外加电源法为例进行求解。负载开路，接入测试交流电压源 v'_o，设流过电压源的电流为 i'_o，原输入信号 v_i 置零，若有内阻，则保留内阻，如图 5.4.5(c)所示。外加电压源电压与所流过电流的比值就是输出电阻。

$$R_o=\frac{v'_o}{i'_o}=R_d$$

例 5.4.3 电路如图 5.4.6(a)所示，已知 $R=5\text{k}\Omega$，$R_{g1}=470\text{k}\Omega$，$R_{g2}=300\text{k}\Omega$，$R_d=5\text{k}\Omega$，$R_s=2\text{k}\Omega$，$V_{DD}=18\text{V}$，工作点处的跨导 $g_m=6\text{mS}$，$C_1=0.1\mu\text{F}$，$C_2=4.7\mu\text{F}$。试确定电路的电压放大倍数 A_v，输入电阻 R_i，输出电阻 R_o 和源电压放大倍数 A_{vs}。

解：根据电路图画出小信号等效电路，如图 5.4.6(b)所示。

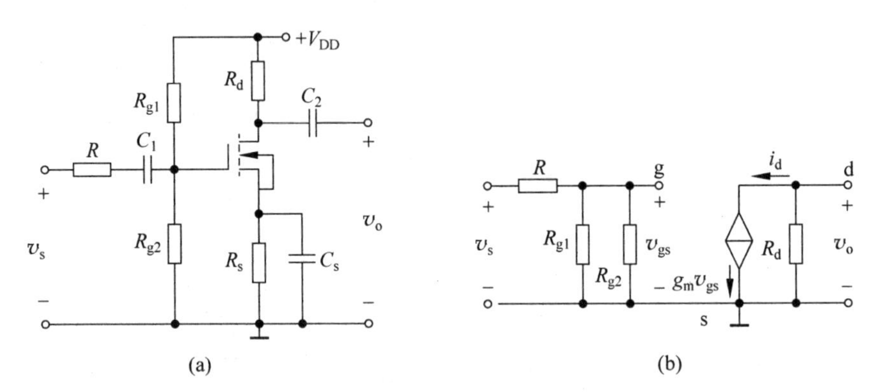

图 5.4.6 例 5.4.3 放大电路图

(a) 电路图；(b) 小信号等效电路

(1) 电压放大倍数

$$A_v=\frac{v_o}{v_i}=\frac{-g_m v_{gs}R_d}{v_{gs}}=-g_m R_d=-6\times 5=-30$$

(2) 输入电阻

$$R_i=\frac{v_i}{i_i}=\frac{v_{gs}}{i_i}=R_{g1}/\!/R_{g2}=183.1\text{k}\Omega$$

(3) 输出电阻，与例 5.4.2 类似，可得

$$R_o=R_d=5\text{k}\Omega$$

(4) 源电压放大倍数

$$A_{vs}=\frac{v_o}{v_s}=\frac{v_o}{v_i}\cdot\frac{v_i}{v_s}=A_v\frac{v_i}{v_s}=\frac{-g_m v_{gs}R_d}{v_{gs}}\cdot\frac{R_i}{R+R_i}$$

所以

$$A_{vs}=-30\times\frac{183.1}{5+183.1}=-29.2$$

从本例可以看出，场效应管相对双极型晶体管而言，由于输入电阻通常比较大，因此源电压放大倍数 A_{vs} 与电压放大倍数 A_v 差距不明显。

同时，如果本例为了增大输入电阻，通常采取的方法是在两偏置电阻与栅极之间增加一个电阻 R_{g3}；为兼顾稳定静态工作点与放大性能，在源极往往采取部分旁路的措施，增加旁路电容 C_s，如图 5.4.7(a)所示。其小信号等效电路如图 5.4.7(b)所示，R_L 为负载，分析方法与上例类似。

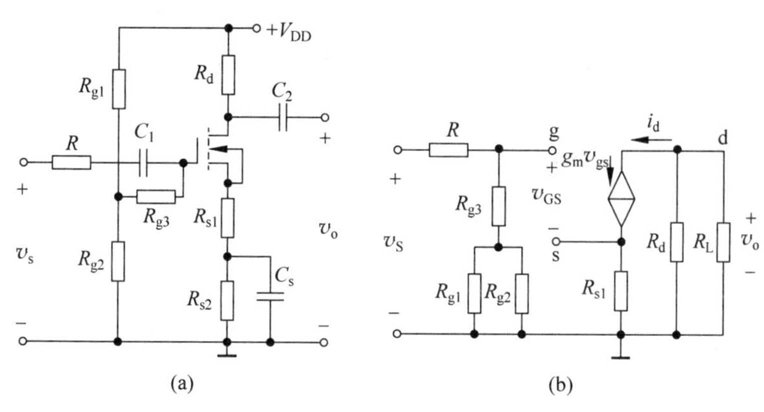

图 5.4.7　增大输入电阻并带旁路电容的放大电路

(a) 电路图；(b) 小信号等效电路

3. 共漏极放大电路的动态分析

例 5.4.4　放大电路如图 5.4.8(a)所示。已知 $R_{g1}=470\text{k}\Omega$，$R_{g2}=100\text{k}\Omega$，$R_{g3}=1\text{M}\Omega$，$R_s=5\text{k}\Omega$，$R_L=10\text{k}\Omega$，$V_{DD}=18\text{V}$，工作点处的跨导 $g_m=1.5\text{mS}$，$C_1=1\mu\text{F}$，$C_2=10\mu\text{F}$。试确定电路的电压放大倍数 A_v、输入电阻 R_i 和输出电阻 R_o。

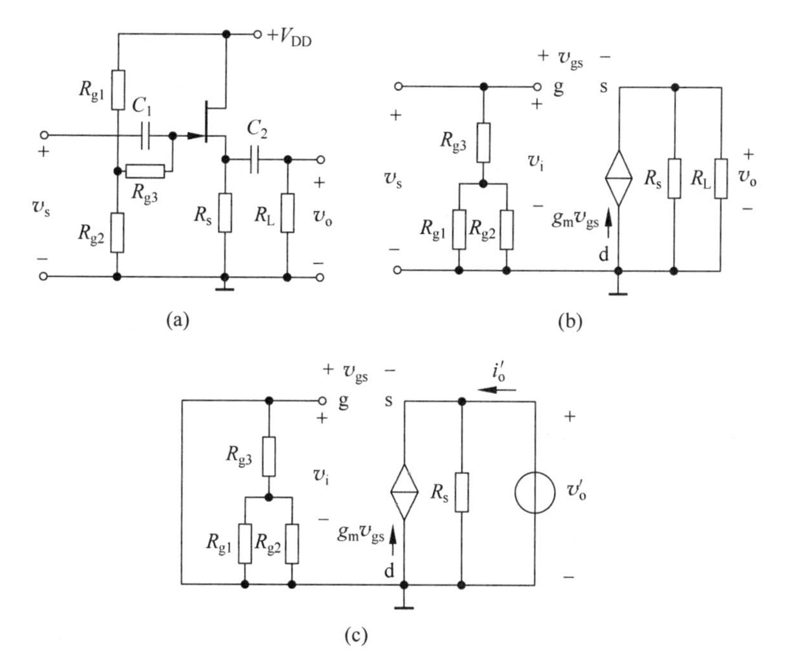

图 5.4.8　例 5.4.2 放大电路图

(a) 电路图；(b) 小信号等效电路；(c) 外加电源法求输出电阻的小信号等效电路

解：由图 5.4.8(a)画出相应的小信号等效电路，如图 5.4.8(b)所示，输入回路与输出回路共用漏极，这一连接方式的放大电路称为共漏极放大电路。需要注意此时的受控源电流参考方向以及栅源位置的变化。

(1) 电压放大倍数

$$A_v=\frac{v_o}{v_i}=\frac{g_m v_{gs}(R_s/\!/R_L)}{v_{gs}+g_m v_{gs}(R_s/\!/R_L)}=\frac{g_m(R_s/\!/R_L)}{1+g_m(R_s/\!/R_L)}=\frac{g_m R'}{1+g_m R'_L}$$

式中,R'_L为R_s与R_L的并联电阻,故

$$A_v=\frac{g_m R'}{1+g_m R'_L}=\frac{1.5\times 3.33}{1+1.5\times 3.33}=0.83$$

(2) 输入电阻

$$R_i=\frac{v_i}{i_i}=R_{g3}+R_{g1}/\!/R_{g2}=1.082\text{M}\Omega$$

(3) 输出电阻。

与例5.4.2类似,对含源网络,采用外加电源法进行求解,其小信号等效电路如图5.4.8(c)所示。

$$R_o=\frac{v'_o}{i'_o}$$

由图可见

$$i'_o=\frac{v'_o}{R_s}-g_m v_{gs}=\frac{v'_o}{R_s}-g_m(-v'_o)=\frac{v'_o}{R_s}+g_m v'_o$$

故

$$R_o=\frac{v'_o}{i'_o}=\frac{1}{\frac{1}{R_s}+g_m}=R_s/\!/\frac{1}{g_m}=5/\!/\frac{1}{1.5}=0.59(\text{k}\Omega)$$

由本例可见,共漏极放大电路,输出信号与输入信号相位相同,电压增益接近但略小于1,与BJT共集电极放大电路类似,共漏极放大电路又称为源极跟随器。另外,共漏极放大电路的输出电阻很小。

5.5 场效应管开关电路

5.5.1 场效应管开关原理

与双极型晶体管类似,场效应管除了具备放大功能外,也具有开关特性,利用栅源电压控制漏源沟道的导通与截止,从而实现电路的导通与断开。以N沟道增强型MOSFET为例,由图5.2.3(a)所示N沟道增强型MOSFET的输出特性曲线可知,当栅源v_{GS}小于开启电压V_T,即$v_{GS}<V_T$时,场效应管工作在截止区,漏源电流$i_D=0$,相当于开关的断开;当栅源电压v_{GS}大于开启电压V_T,即$v_{GS}>V_T$时,场效应管导通,相当于开关闭合。导通后,当$v_{DS}>v_{GS}-V_T$时,场效应管工作在饱和区;随着v_{GS}的增大,当$v_{DS}<v_{GS}-V_T$时,管子工作在可变电阻区,此时漏源之间的沟道等效为一个受v_{GS}控制的可变电阻,v_{GS}越大,输出特性曲线在可变电阻区斜率越大,等效电阻越小,相当于开关内阻越小。实际的场效应开关管,通常都是利用截止区与可变电阻区工作,工作在饱和区的时间很短,是一个过渡过程。

场效应管开关电路在自动控制、电源以及模/数转换等方面有着广泛的应用,按开关信

号分类，其主要可分为交流开关与直流开关。

5.5.2　场效应管交流开关

场效应管交流开关，是指利用栅源电压控制交流输入信号的导通与截止。其特点在于输入信号与场效应管的漏源二端串联，场效应管导通时，漏源等效电阻较小，信号能够通过，截止时，漏源等效电阻较大，信号不能通过。场效应管在电路中起信号传输作用，因此也称为模拟开关或传输门(transmission gate，TG)。

图5.5.1所示为JFET和N沟道耗尽型MOSFET构成的交流开关原理图，其中MOSFET的衬底接地。通过控制栅源电位改变场效应管的开与关。需要注意的是，控制场效应管开关导通与否的电压是 v_{GS}，而不是 v_G，$v_{GS}=v_G-v_o$，因此在设计模拟开关时需考虑 v_o 的影响。

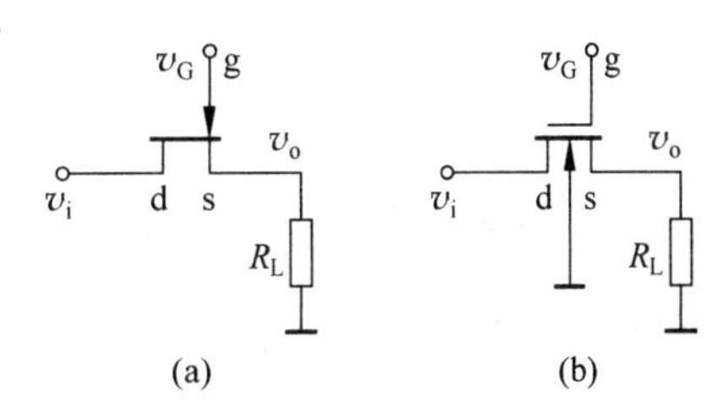

图5.5.1　场效应管交流开关原理图

(a) JFET交流开关；(b) NMOS交流开关

JFET的沟道内阻通常比MOSFET小，接负载时对信号影响较小，因此JFET在大多数情况下更适合作模拟开关。但是在某些大电流场合，JFET就无法使用，往往采用功率MOSFET。

5.5.3　场效应管直流开关

场效应管直流开关在数字电路或系统中应用广泛，相比机械开关而言，其速度快，可靠性高、体积小。直流开关的控制信号是栅极直流电压，通过栅极电压的改变，控制漏极电流的大小，达到开关的效果。

图5.5.2(a)是由N沟道增强型MOSFET构成的开关电路原理图。当输入电压 v_i 较低，即栅源电压 v_{GS} 小于开启电压 V_T 时，场效应管截止，漏源间内阻很大，此时的等效电路可用断开的开关表示，如图5.5.2(b)所示，输出电压 $v_o=V_{DD}$。当输入电压 v_i 较高，即栅源电压 v_{GS} 大于开启电压 V_T 时，场效应管导通，漏源间内阻很小，可用一小电阻 R_{on} 表示此时漏源间的等效内阻，此时的等效电路如图5.5.2(c)所示。导通时由于漏源间内阻的存在，漏源间一般存在一个小压降 $v_{DS(on)}$，其值一般在1V左右。MOSFET在导通状态下的内阻 R_{on} 一般在1kΩ以内，并且与栅源电压 v_{GS} 的数值有关。由于 R_{on} 较小，而 R_d 相对较大，输出电压 $v_o=V_{DD}-i_DR_d$，其值很小，接近零电位。为得到足够低的 v_o，要求 R_d 很大。

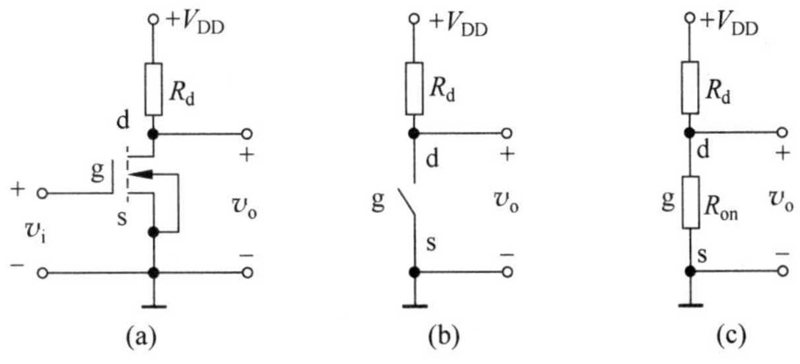

图5.5.2　场效应管直流开关原理图及等效电路

(a) 原理图；(b) 开关截止等效电路；(c) 开关导通等效电路

场效应管与双极型晶体管都可以应用于开关电路，但是它们的驱动方式不一样，场效应管输入阻抗大，是电压驱动，不需要很大的电流，双极型晶体管输入阻抗小，是电流驱动，需要达到一定的值，管子才可以工作，因此场效应管开关电路更容易驱动。在小功率条件下，两种方式都可以采用。但是当功率增大导致负载电流增大时，双极型晶体管就需要较大的驱动电流，对管子要求较高，因此在功率器件上，场效应管应用更多。另外，场效应管在截止时，漏源之间的阻抗非常大，因而漏电流很小，绝缘度高。场效应管开关电路的缺点主要在于导通时漏源电阻比双极型晶体管要大，限制了部分使用范围，往往通过阻抗变换（如源极跟随器）等措施解决。

5.6 场效应管的特性比较及使用注意事项

5.6.1 场效应管与晶体管的特性比较

（1）FET 是电压控制器件，利用栅源电压控制漏极电流。BJT 是电流控制器件，利用基极电流控制集电极电流。

（2）FET 是单极型器件，利用多数载流子的漂移运动产生电流，其热稳定性比利用多子与少子两种载流子共同作用的 BJT 好（少子浓度受温度影响相对明显）。

（3）FET 工艺简单，易于集成化，电源电压范围宽，广泛应用于大规模与超大规模集成电路，功耗较小。BJT 主要用于中小规模集成电路。

（4）FET 的栅极电流几乎为零，输入电阻大，BJT 基极电流不为零，输入电阻为几十千欧，相对较小。因此在要求电路高输入电阻的情况下通常选用 FET，如果信号源能够提供一定的电流，则可选用 BJT。

（5）FET 具有可变电阻区，可作为压控可变电阻应用于部分控制电路，BJT 不具备这一功能。

（6）FET 的跨导通常比 BJT 的大几十倍到 100 倍，因此场效应管的放大倍数一般比较小。同时共集放大电路放大倍数接近 1，输出一般在几到几十欧姆以下，共漏放大电路的放大倍数在 0.7 左右，输出电阻稍大，通常在几十到几百欧姆之间。

（7）FET 的漏极与源极在放大电路中通常可以互换，互换后，FET 的特性变化不大，但如果在制作时源衬就已经连在一起，则不能互换。BJT 发射极与集电极的形状与掺杂浓度都不相同，一般不能互换。

（8）FET 的种类比 BJT 多，在组成电路的时候比 BJT 具有更大的灵活性。

（9）FET 与 BJT 相比，都适用于放大电路和开关电路，FET 导通电阻相对较小，在开关电路应用方面更有优势。

5.6.2 各类场效应管的特性比较

如表 5.6.1 所示为各类场效应管的表示符号、输出特性和转移特性曲线。在使用时，需要注意不同类型场效应管的栅源电压 v_{GS} 和漏源电压 v_{DS} 的极性与电压范围，由该表可总结如下：

表 5.6.1　各类场效应管的特性比较

分类		符号	输出特性	转移特性
N 沟道	增强型 MOSFET	d, g, B, s	i_D, 0, $v_{GS}=V_T$, v_{DS}	i_D, V_T, 0, v_{GS}
	耗尽型 MOSFET	d, g, B, s	i_D, $v_{GS}>0$, $v_{GS}=0$, $v_{GS}<0$, 0, $v_{GS}=V_P$, v_{DS}	i_D, I_{DSS}, V_P, 0, v_{GS}
	JFET（耗尽型）	d, g, s	i_D, $v_{GS}=0$, 0, $V_{GS}=V_P$, v_{DS}	i_D, I_{DSS}, V_P, 0, v_{GS}
P 沟道	增强型 MOSFET	d, g, B, s	i_D, $v_{GS}=V_T$, 0, v_{DS}	i_D, V_T, 0, v_{GS}
	耗尽型 MOSFET	d, g, B, s	i_D, $v_{GS}=V_P$, 0, $v_{GS}>0$, v_{DS}, $v_{GS}=0$, $v_{GS}<0$	i_D, V_P, 0, v_{GS}, I_{DSS}
	JFET（耗尽型）	d, g, s	i_D, $v_{GS}=V_P$, 0, v_{DS}, $v_{GS}=0$	i_D, V_P, 0, v_{GS}, I_{DSS}

（1）从工作类型看，JFET 器件都是耗尽型，MOSFET 器件既有耗尽型，又有增强型。

（2）v_{DS} 的极性取决于导电沟道类型，工作时 N 沟道场效应管的漏源电压 $v_{DS}>0$，P 沟道场效应管的漏源电压 $v_{DS}<0$。

（3）v_{GS} 的极性取决于工作方式和导电沟道类型：

① JFET：JFET 工作时，栅源电压须处于反偏状态，因此，N 沟道 JFET 的 $v_{GS}\leqslant 0$，

P 沟道 JFET 的 $v_{GS} \geqslant 0$。

② MOSFET：对耗尽型 MOSFET 而言，由于在栅源电压 v_{GS} 为零时，已经存在反型层，因此工作时 v_{GS} 的值可正可负，对增强型 MOSFET 而言，工作时 N 沟道 MOSFET 的栅源电压 $v_{GS} \geqslant$ 开启电压 V_T，P 沟道 MOSFET 的栅源电压 $v_{GS} \leqslant$ 开启电压 V_T。

对 MOSFET 而言，由于电子的迁移率大于空穴，因此 N 沟道器件比 P 沟道器件在使用上更有优势。但是早期的 MOSFET，由于制造工艺的不足，SiO_2 绝缘层存在较多的固定正电荷、陷阱电荷与可移动正离子，导致 N 沟道器件一般都是耗尽型器件，增强型很少，这一特性造成早期 P 沟道 MOSFET 占据了主流产品的位置。随着制造工艺的进步，氧化层电荷的影响逐渐减小。另外，阈值调整技术出现后，也可以通过对衬底不同的掺杂，人为控制阈值电压。这些技术的进步，使 N 沟道器件在 20 世纪 70 年代末、80 年代初这一时期，开始得到广泛的应用。目前，绝大多数 MOSFET 器件都是 N 沟道器件，P 沟道器件相对较少，主要用于 CMOS 器件中。

5.6.3 场效应管的使用注意事项

场效应管种类较多，由于结构与工作原理的不同，在使用时需要考虑各自的特点，常见注意事项如下：

(1) 在本书所介绍的内容中，MOSFET 的衬底与源极短路相连，但有的 MOSFET 衬底与源极不相连，视电路的要求，与多处均可相连。一般情况下，考虑到器件要能够正常工作，需保证源极与衬底之间的 PN 结反偏，对 P 型衬底而言，衬底接低电位，对 N 型衬底而言，衬底接高电位。由于 PN 结的反偏，导致沟道与耗尽层加宽，影响开启电压或夹断电压的数值，如增强型场效应管，沟道变窄，导致开启电压 V_T 增大，即开启电压或夹断电压将受栅源电压与衬源电压两者共同影响。

(2) FET 由于种类较多，在使用时需注意各电压的极性，尤其耗尽型 MOSFET，栅源电压可正可负，要注意避免混淆。

(3) MOSFET 的绝缘氧化层很薄，栅极与衬底间的等效电容一般很小，而栅源电阻又很大，如果有感应电荷产生则不容易释放，所形成的高压有可能击穿绝缘层，造成永久性损坏。因此 MOSFET 在存放时，栅极不能悬空，应将栅源短接存放或各极均短接存放，避免外电场的影响。而 JFET 由于没有绝缘层，因此各电极可以悬空（或开路）存放。焊接时，烙铁需要有良好的接地或断电焊接，减少外界电场干扰。

本章小结

(1) 本章主要介绍了场效应管的结构、工作原理与基本的放大电路，它是一种单极型放大器件，只有一种载流子（多子）参与工作。

(2) 场效应管是利用栅压来进行放大控制的，栅极基本无电流。

(3) 应注意各种不同类型场效应管的栅源电压 v_{GS} 和漏源电压 v_{DS} 极性与电压范围。

(4) 在分立元件场效应管放大电路中，常用的偏置方式有自给偏置和分压式偏置两种。自给偏置也称为自偏置或者自偏压。分压式偏置也称混合偏置或者混合偏压。

（5）场效应管放大电路的动态分析方法与双极型晶体管类似，利用小信号等效电路的端口特性，求解动态参数。场效应管基本的动态参数主要有电压放大倍数 A_v、输入电阻 R_i 和输出电阻 R_o。

习题 5

5.1　已知场效应管的输出特性曲线如图题 5.1 所示，画出它在恒流区的转移特性曲线。

5.2　一个 MOSFET 的转移特性如图题 5.2 所示(其中漏极电流 i_D 的方向是它的实际方向)。试问：(1)该管是耗尽型还是增强型？(2)是 N 沟道还是 P 沟道 FET？(3)从这个转移特性上可求出该 FET 的夹断电压 V_P，还是开启电压 V_T？其值等于多少？

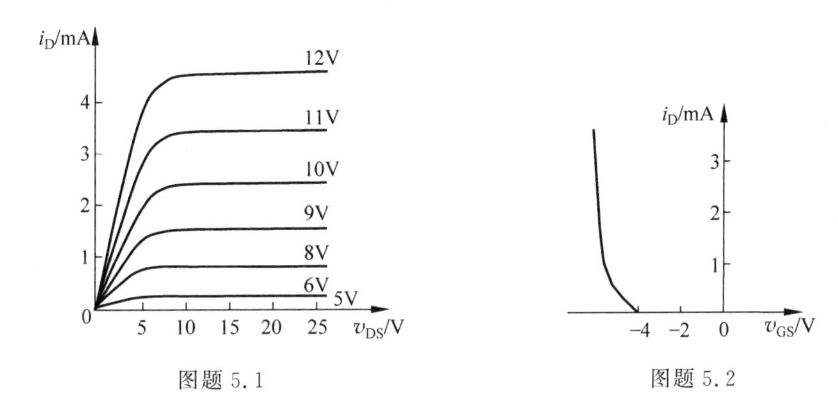

图题 5.1　　　　图题 5.2

5.3　测得某放大电路中三个 MOS 管的三个电极的电位及其开启电压如表题 5.3 所示。试分析各管的工作状态(截止区、恒流区、可变电阻区)，并填入表内。

表题 5.3

管　号	V_T/V	v_S/V	v_G/V	v_D/V	状态
T1	4	−5	1	3	
T2	−4	3	3	10	
T3	−4	6	0	5	

5.4　在图题 5.4 所示电路中，已知场效应管的夹断电压 $V_P=-5$V。问在下列三种情况，管子分别工作在哪个区？

(1) $v_{GS}=-8$V，$v_{DS}=4$V；

(2) $v_{GS}=-3$V，$v_{DS}=4$V；

(3) $v_{GS}=-3$V，$v_{DS}=1$V。

5.5　放大电路如图题 5.5 所示，已知场效应管的 $g_m=2$mS，$r_{ds}\gg R_d$。各电容都足够大。(1)画出小信号等效电路；(2)求 A_v、R_i、R_o；(3)为什么 C_1 可选用没有极性的电容器？

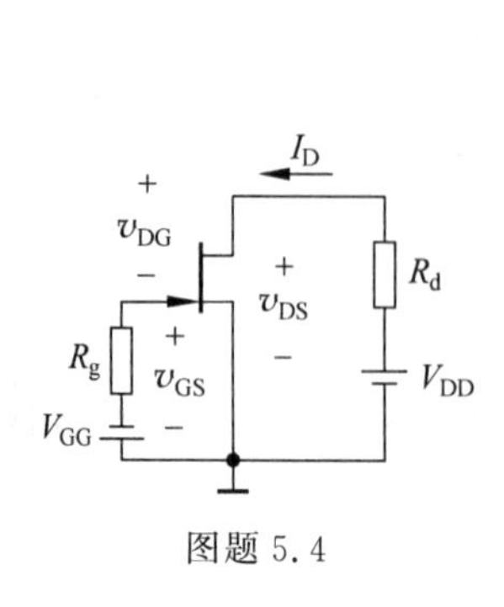

图题 5.4

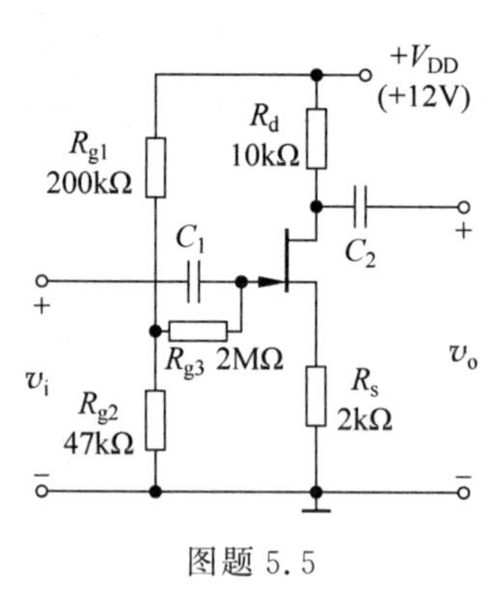

图题 5.5

5.6 源极输出器电路如图题 5.6 所示，已知场效应管工作点上的 $g_m=1\text{ms}$。(1)画出小信号等效电路；(2)求 A_v、R_i、R_o。

5.7 放大电路如图题 5.7 所示。已知场效应管的 $g_m=1\text{mS}$，$r_{ds}\gg R_d$，各电容都足够大。(1)画出小信号等效电路；(2)求 A_v、R_i、R_o；(3)若电容 C_s 开路，重新求 A_v 的值。

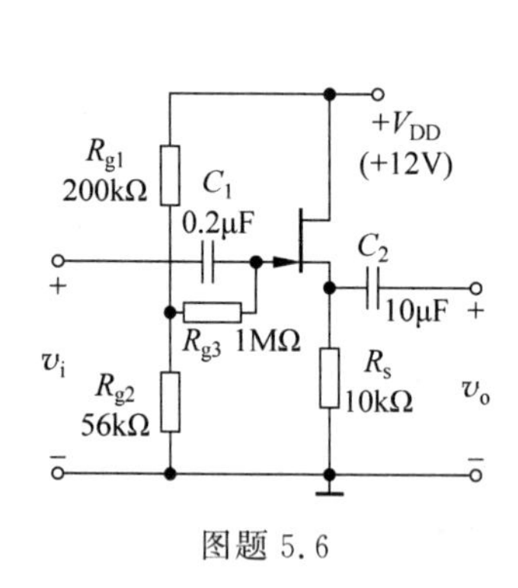

图题 5.6

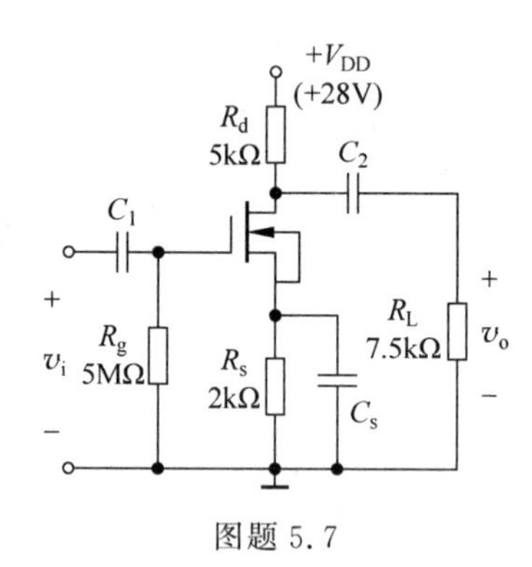

图题 5.7

5.8 放大电路如图题 5.8 所示。已知场效应管的 $g_m=2\text{mS}$，$r_{ds}\gg R_d$，各电容都足够大。(1)电路的直流偏置为什么形式？适用于耗尽型还是增强型？(2)画出小信号等效电路；(3)求 A_v、R_i、R_o；(4)当 C_2、C_3 采用电解电容器时，试标出其正极性端。

5.9 FET 放大电路如图题 5.9 所示。已知 $K_n=0.1\text{mA/V}^2$，$V_{TN}=1\text{V}$，现有阻值 10kΩ 电阻一只和 20kΩ 电阻两只。(1)确定 R_{g1}、R_{g2}、R_d 的阻值并在图中标示；(2)画出交流小信号模型；(3)求电路的 A_v、R_i 和 R_o。

提示：$I_D=K_n(v_{GS}-V_{TN})^2$；$g_m=2K_n(V_{GS}-V_{TN})$，K_n 为电导常数，V_{TN} 下标中 N 表示 N 沟道。

5.10 FET 电路如图题 5.10 所示，设 $g_m=1\text{mS}$。(1)画出小信号模型；(2)求电路的 R_i；(3)去掉 C_2，再求 R_i，说明 C_2 有何作用。

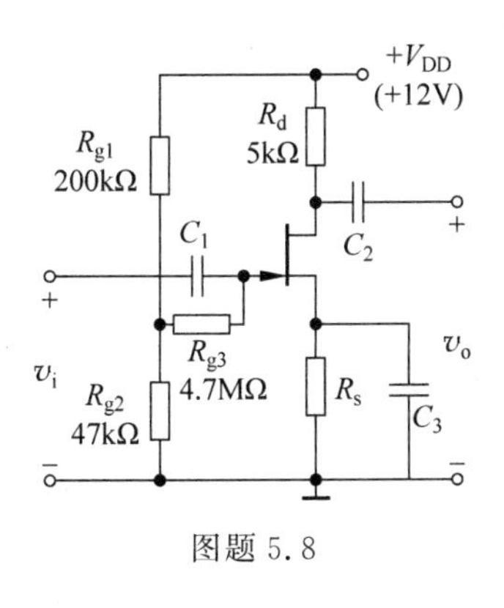

图题 5.8

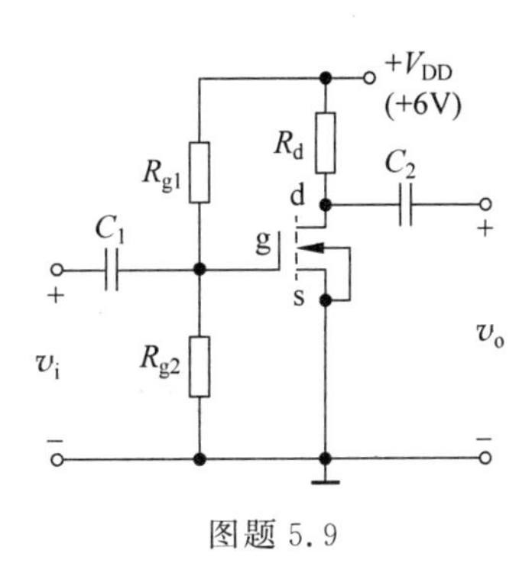

图题 5.9

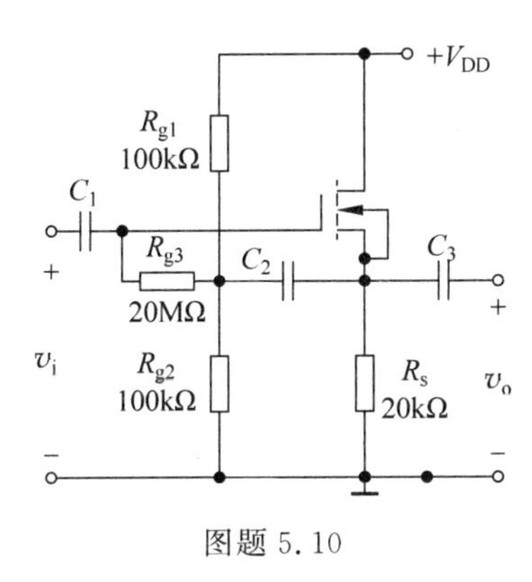

图题 5.10

第6章

差分式放大电路

在前述章节中分析讨论的各种基本放大电路均有自身的特点，但都是单输入端放大电路。差分式放大电路简称为“差分放大电路”“差放电路”“差放”，是由两个基本反相放大电路组合而成，因此有两个输入端和两个输出端，也是基本放大电路之一。差分放大电路具有很强的抑制零点漂移、噪声与干扰信号的能力，因此在直接耦合多级放大电路中得到广泛应用，尤其在集成运算放大器的内部电路中，均采用差分放大电路作为输入级。本章主要介绍差分放大电路工作原理、差分式放大的典型电路和射极恒流偏置电路、各种输入输出情况下的交直流分析计算方法。

6.1 差分放大电路的基本概念

6.1.1 零点漂移现象

在 BJT、FET 基本放大电路中，由于一些不稳定因素存在，如环境温度的变化、直流偏置电源的波动以及元器件的老化等，即使输入信号为零，其静态工作点参数也会产生一些缓慢的变化。当放大电路采用直接耦合方式输出时，随着静态工作点波动，输出信号将偏离原有的固定值而产生上下漂移，这种现象称作为零点漂移，简称零漂。由于晶体三极管的特性受温度的影响大，因此温度的变化是产生零点漂移的主要因素，所以也将零点漂移称为温漂。

例如，在图 6.1.1(a)所示的直接耦合共射放大电路中，理想情况下工作点电压 V_{C1} 是恒定的直流。当输入端加入正弦信号 v_{i1} 后，T_1 管的集电极瞬时电压 $v_{C1}=V_{C1}+v_{o1}$，其中 $v_{o1}=A_1v_{i1}$，是放大后的交流输出信号，如图 6.1.1(b)中的实线波形所示。当电路中存在较严重的零漂即温漂时，V_{C1} 会出现明显的漂移，交流信号也随之上下波动，如图 6.1.1(b)中的虚线波形所示。零漂是一种缓慢变化的现象，简单滤波电路是不能有效抑制的。

在直接耦合多级放大电路中，由于各级静态工作点相互影响、信号又是被逐级放大的，

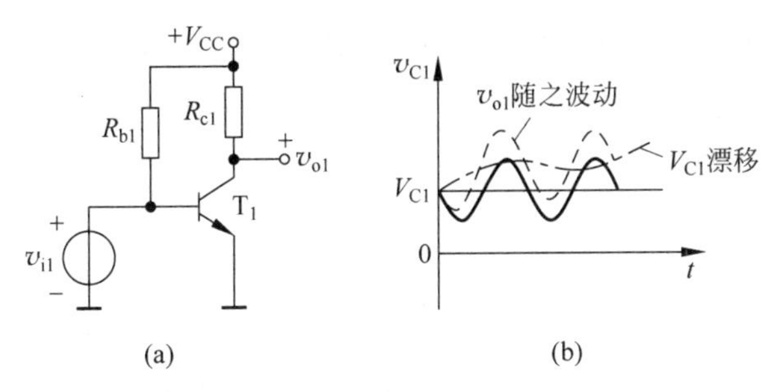

图 6.1.1 直接耦合共射极放大电路中的零点漂移

(a) 共射极放大电路；(b) 输出信号的零点漂移现象

因此输入级的微弱变化，也会引起输出级的显著变化，在输出端的零漂现象也尤其明显。由此可见，在多级放大电路中第一级工作点的稳定最为重要。

抑制放大电路中零漂的方法有多种，通常可采用的措施如下：①选择一些温度系数小的元器件并进行老化处理，同时采用高稳定度的直流工作电源；②在放大电路的本级或级间引入直流负反馈，稳定电路的静态工作点，如射极偏置共射极放大电路中的 R_e；③利用二极管管压降的负温度系数特性(温度升高、管压降减小)构成温度补偿电路，可稳定放大电路静态工作点，减小电路的零点漂移。

差分放大电路由两个完全相同的反相放大电路组合而成，是一种用来抑制零漂的基本放大电路。在理想情况下即电路完全对称且为双端输出时，差分放大电路可完全抵消电路中的零漂对输出信号的影响。即使电路不完全对称，或单端输出时，差分放大电路也具有很强的抑制零漂能力，因此在电子测量和电路控制领域中得到广泛应用。此外，由于差分放大电路有两个输入端和优异的零漂抑制作用，因此集成运放的第一级(输入级)放大电路多采用差分放大电路。

6.1.2 差分放大电路抑制零点漂移的原理

图 6.1.2 是由两个共射极放大电路组合在一起的电路，两个输入信号 v_{i1} 和 v_{i2} 分别从 T_1、T_2 的基极输入，输出信号 v_o 从两管集电极取出。当电路中 BJT 的参数和对应的电阻均相同时，两管的直流工作点、电压增益也相同，零漂也完全一样。由于 v_o 为两管集电极电压之差，因此可在输出信号中抵消零漂，即抑制了零漂对 v_o 的影响。

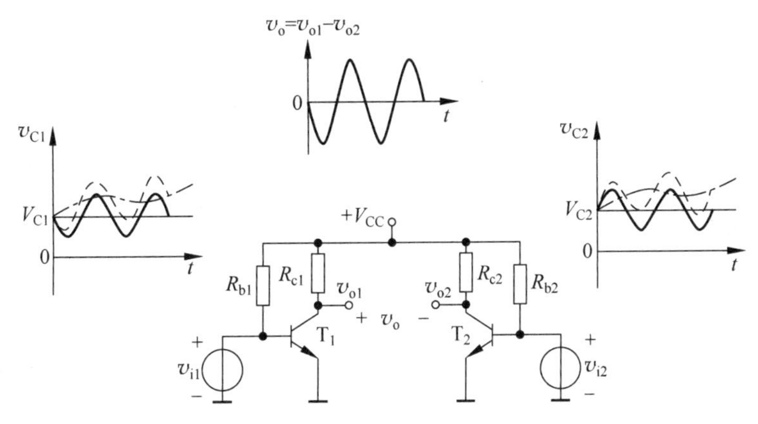

图 6.1.2 差分放大电路消除零点漂移原理

设 T_1 管集电极电压的瞬时值为 $v_{C1}=V_{C1}+\Delta V_{C1}+v_{o1}$，式中 V_{C1} 是静态工作点电压，ΔV_C 表示温漂对 V_{C1} 的影响即波动，$v_{o1}=A_1v_{i1}$，为放大后的交流信号。由于电路完全的对称性，所以 T_2 管集电极电压的瞬时值为 $v_{C2}=V_{C2}+\Delta V_{C2}+v_{o2}=V_{C1}+\Delta V_{C1}+v_{o2}$，其中 $v_{o2}=A_2v_{i2}$，且有 $A_1=A_2$，由此可求得输出电压为

$$v_o=v_{C1}-v_{C2}=v_{o1}-v_{o2}=A_1v_{i1}-A_2v_{i2}=A_1(v_{i1}-v_{i2}) \tag{6.1.1}$$

由上式可知，两管集电极电压相减后，相同的直流工作点电压及其零漂相互抵消，输出电压 v_o 只与输入信号之差 $(v_{i1}-v_{i2})$ 有关。所以该电路具有很强的抑制零漂的作用。

当两个输入信号大小相等、相位相反即 $v_{i1}=-v_{i2}$ 时，称作差模输入，则输出信号为 $v_o=A(v_{i1}-v_{i2})\neq 0$，即电路在抑制零漂的同时可有效地放大差模输入信号。

当两个输入信号大小相等、相位相同即 $v_{i1}=v_{i2}$ 时，称作共模输入，则输出信号 $v_o=0$，即电路在抑制零漂的同时也将两个输入端相同的交流信号抑制掉。

图 6.1.2 差分放大电路主要用来说明抑制零点漂移现象的电路组成原理，在实际差分放大电路中，两管的发射极共用一个电阻。

6.1.3 差模信号和共模信号

图 6.1.2 所示差分放大电路中，当 v_{i1}、v_{i2} 是一般化的输入信号，即不满足 $v_{i1}=v_{i2}$ 或 $v_{i1}=-v_{i2}$ 时，在线性工作范围内，可根据叠加定理将输入信号分解成差模信号和共模信号。

1. 差模信号

将两个输入端的信号之差定义为差模输入信号，用 v_{id} 表示，即有

$$v_{id}=v_{i1}-v_{i2} \tag{6.1.2}$$

当电路输入的是差模电压 v_{id} 时，对应的输出称为差模输出电压，用 v_{od} 表示，则

$$v_{od}=A_{vd}(v_{i1}-v_{i2})=A_{vd}v_{id} \tag{6.1.3}$$

式中，A_{vd} 称作差模电压增益。由于差分放大电路能有效地放大差模信号，因此 A_{vd} 的绝对值应大于 1，并尽可能大些。此外，将 $v_{i1}=-v_{i2}$ 称作纯差模信号。

2. 共模信号

将两个输入端的信号的均值定义为共模输入信号，用 v_{ic} 表示，即有

$$v_{ic}=\frac{v_{i1}+v_{i2}}{2} \tag{6.1.4}$$

当电路输入的是共模电压 v_{ic} 时，对应的输出电压称为共模输出电压，用 v_{oc} 表示，则

$$v_{oc}=A_{vc}v_{ic} \tag{6.1.5}$$

式中，A_{vc} 称作共模电压增益。由于差分放大电路应能有效地抑制共模信号，因此 A_{vc} 的绝对值应尽可能小，电路对称且为双端输出时可认为是零。

值得注意的是，在图 6.1.2 所示的差分放大电路中，既可以双端输出，也可以单端（T_1 或 T_2 的集电极）对地输出信号。在单端输出时，共模电压增益不再为零，但在电路设计时应尽可能使它小些，以保证单端输出时也具有较高的抗共模信号的能力。此外，将 $v_{i1}=v_{i2}$ 称作纯共模信号。

3. 输入信号与差模、共模信号之间的关系

差模信号和共模信号是根据输入信号分解而来，实际输入的信号还是 v_{i1} 和 v_{i2}，它们之间的关系可根据式(6.1.2)和式(6.1.4)推导得出。解由这两个表达式组成的方程可得

$$v_{i1}=v_{ic}+\frac{v_{id}}{2} \quad 和 \quad v_{i2}=v_{ic}-\frac{v_{id}}{2}$$

上式表明，在双端输入时，每个单端输入信号均可看成是差模信号和共模信号的组合。例如，当 T_1、T_2 的输入信号分别是 10mV 和 6mV 时，根据差模、共模信号的定义得 $v_{id}=4\text{mV}$，$v_{ic}=8\text{mV}$，则输入信号可分别写成

$$v_{i1}=v_{ic}+\frac{v_{id}}{2}=8\text{mV}+2\text{mV}$$

和

$$v_{i2}=v_{ic}-\frac{v_{id}}{2}=8\text{mV}-2\text{mV}$$

对差分放大电路来说，只能放大其中 4mV 的差模信号，而 8mV 的共模信号被抑制掉，其结果与两输入端只加入 $\pm 2\text{mV}$ 纯差模信号是一样的。

如果在含有电气干扰的环境中需要放大微弱信号时，电气干扰对差分放大电路的两个输入端的影响往往是相同的，可等效成共模信号。在这种情况下，只要将待放大的信号以纯差模的方式输入，差分放大电路就能有效地放大有用信号并抑制共模干扰信号，因此差分放大电路具有很强的抗电磁干扰的能力，在实际工程上得到广泛应用。

4. 输出信号与共模抑制比

当电路中同时存在差模、共模信号时，差分放大电路的输出电压为

$$v_o=v_{od}+v_{oc}=A_{vd}v_{id}+A_{vc}v_{ic} \tag{6.1.6}$$

理想情况下，双端输出时的共模电压增益 $A_{vc}=0$，则 $v_o=v_{od}$，即输出电压中只含有差模分量 v_{od}；单端输出时，共模电压增益 $A_{vc}\neq 0$，则 $v_o=v_{od}+v_{oc}$，即输出电压中除了差模分量 v_{od} 外还含有共模分量 v_{oc}，通常 $|A_{vd}|\gg|A_{vc}|$，因此共模分量 v_{oc} 很小。

共模抑制比 K_{CMR} 是衡量差分电路放大差模信号、抑制共模信号能力的重要指标，其定义为

$$K_{CMR}=\left|\frac{A_{vd}}{A_{vc}}\right|$$

如果用分贝表示，则为

$$K_{CMR}=20\lg\left|\frac{A_{vd}}{A_{vc}}\right|(\text{dB})$$

K_{CMR} 越大，表明差分放大电路抑制共模信号的能力越强、性能越好。

6.2 基本差分放大电路

分析差分放大电路的思路与单管放大电路一样，有直流分析和交流分析两种。直流分析主要是确定电路的静态工作点，交流分析主要是求解电路的电压增益、输入和输出电阻等

参数。在交流分析时,应特别注意电路的输入、输出方式,以及输入信号的性质(差模、共模)。

6.2.1 电路组成

基本差分放大电路如图 6.2.1 所示,由两个共射放大电路组成,采用正、负双电源偏置,R_e 是发射极的共用电阻,犹如图中的一个尾巴,故又称为长尾式差分放大电路。

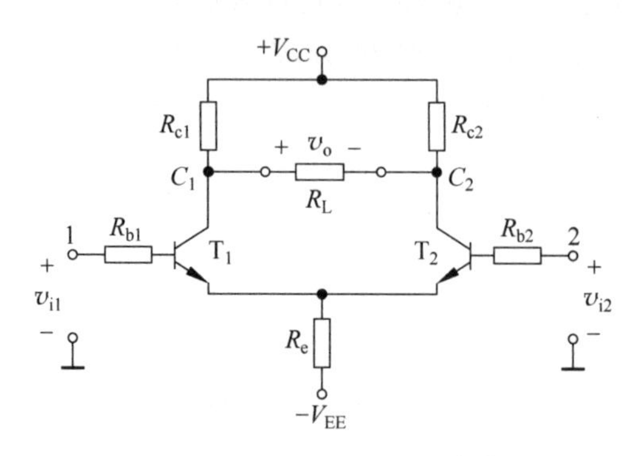

图 6.2.1 基本差分放大电路

1. 电路特点

(1) 电路具有对称性。电路中 T_1、T_2 管的特性相同,对应电阻的取值相等,即有 $\beta_1=\beta_2=\beta$,$r_{be1}=r_{be2}=r_{be}$,$R_{b1}=R_{b2}=R_b$ 和 $R_{c1}=R_{c2}=R_c$,因此电路完全对称。

(2) 射极电阻 R_e。R_e 除了具有稳定静态工作点的作用外,在单端输出时能更有效地抑制共模信号,而且其阻值越大,抑制效果越好。

(3) 偏置电压。电路中采用正、负双电压源偏置,因此 R_e 可取较大的阻值,但 R_e 取值不宜过大,否则会影响两管的静态工作点。

(4) 基极电阻 R_b。R_b 为限流电阻或缓冲电阻,在大信号输入时对基极起保护作用,但该电阻会使差模电压增益下降,一般取值较小,在小信号时也可以不用。

2. 输入形式

差分放大电路有两个输入端,信号可以是双端输入或单端输入。双端输入时,如果是两个信号源,可分别从两管的基极输入,如果是一个信号源,则从两管的基极输入。单端输入时采用一个信号源,既可从 T_1 管的基极输入,又可从 T_2 管基极输入,但应注意输入端口、差模信号的定义以及输出电压极性之间的关系。

3. 输出形式

差分放大电路也有两个输出端,双端输出时如果负载是电阻元件,应直接接在两管的集电极之间,但应注意输出信号是悬浮输出而非对地输出,如果双端输出作为下一级放大电路的输入信号,则后一级电路应该同样具有双输入端。如果是单端输出,负载电阻一端公共端,另一端可直接接在 T_1 管的集电极或 T_2 管的集电极。图 6.2.1 电路中,由于输出端没有隔直电容,因此在输出信号中含有直流分量。

6.2.2 差分放大电路的静态分析

静态分析主要是根据差分放大电路的直流通路，求解管子的静态工作点参数，用来判别静态工作点的设置是否合适，并作为电路元件参数调整或电路设计的依据。

在图 6.2.1 所示电路中，令交流信号源 v_{i1}、v_{i2} 为零，即差分放大电路的两输入端分别对地短路，就可以得到如图 6.2.2 所示的直流通路。由于静态时有 $V_{C1Q}=V_{C2Q}$，负载电阻 R_L 两端为等电位点，因此电流 $I_{RL}=0$，则 R_L 在画直流通路时可看作开路。由差分放大电路的对称性可知，两管的静态工作点参数相同，因此只需分析计算 T_1 管的静态值即可。

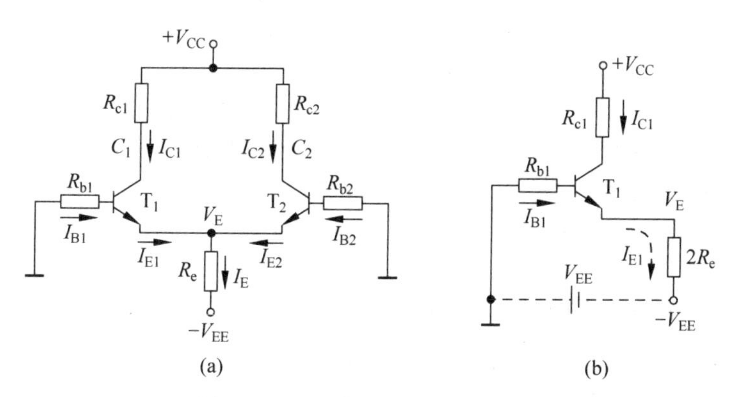

图 6.2.2 差分放大电路直流通路

(a) 双管直流通路；(b) T_1 管单边直流通路

在图 6.2.2(a)所示的双管直流通路中，两管射极共用同一个电阻 R_e，流过该电阻的电流为 $I_E=I_{E1}+I_{E2}=2I_{E1}$，则 R_e 两端的电压为 $2I_{E1}R_e$，而在图 6.2.2(b)所示的 T_1 管单边直流通路中，射极电阻为 $2R_e$，其端电压同样是 $2I_{E1}R_e$，根据电路的等效原理可知，图 6.2.2(b)与图 6.2.2(a)中 T_1 管的静态工作点相同。在图 6.2.2(b)中，由 KVL 可得

$$I_{B1}R_{b1}+V_{BE1}+(2R_e)I_{E1}=\frac{I_{E1}}{(1+\beta)}R_{b1}+V_{BE1}+(2R_e)I_{E1}=V_{EE}$$

即有

$$I_{C1}\approx I_{E1}=\frac{V_{EE}-V_{BE1}}{\dfrac{R_{b1}}{(1+\beta)}+2R_e}$$

通常有 $R_{b1}<R_{e1}$ 和 $\beta\gg 1$，因此可得 T_1 管的静态工作点参数为

$$I_{C1}\approx I_{E1}\approx\frac{V_{EE}-V_{BE1}}{2R_{e1}} \tag{6.2.1}$$

$$I_{B1}\approx\frac{I_{C1}}{\beta}$$

$$V_{CE}\approx V_{CC}-(-V_{EE})-I_{C1}(R_{c1}+2R_e)=V_{CC}+V_{EE}-I_{C1}(R_{c1}+2R_e)$$

由上述条件和式(6.2.1)可知，在计算静态工作点参数时可将 R_{b1} 近似看作短路，即近似认为 T_1 管的基极电位为零，据此计算的结果误差很小。例如，当 $R_{b1}=1\text{k}\Omega$、$I_{b1}=20\mu\text{A}$

时,电阻 R_{b1} 两端的电压 V_{Rb1} 仅为 0.02V,完全可以忽略。因此,也可根据图 6.2.2(b)所示的双管直流通路直接计算 I_{C1},即有

$$I_{C1} \approx I_{E1} = \frac{I_E}{2} = \frac{[0 - V_{Rb1} - V_{BE1} - (-V_{EE})]/R_e}{2} \approx \frac{V_{EE} - V_{BE1}}{2R_e}$$

其结果与式(6.2.1)一样。

差分放大电路常常以直接耦合的形式输出信号,且单端输出时交流信号是叠加在直流分量 V_C 上的,因此在求静态工作点参数时,往往还需求出 V_C。在图 6.2.2(a)中,V_{C1} 是结点 C_1 的电压,其大小为

$$V_{C1} = V_{CC} - I_{C1}R_{C1}$$

在 R_{b1} 可忽略即短路时,基极近似为接地(参考结点),则 $V_E \approx -V_{BE}$,因此有

$$V_{CE1} = V_{C1} - V_E \approx V_C - (-V_{BE}) = V_{CC} - I_{C1}R_{c1} + V_{BE} \qquad (6.2.2)$$

在上述静态分析过程中应特别注意,建立直流通路时输入端对地短路、R_L 开路,而在单管等效直流通路中发射极电阻则为 $2R_e$;在近似计算时,R_{b1} 可忽略,即有 $V_b = 0$。

由静态分析结果(式(6.2.1)和式(6.2.2))可知:I_{CQ} 主要取决于 $-V_{EE}$ 和 R_e 的数值,而与 R_c 无关;当 I_{CQ} 确定后,V_{CEQ} 只与 V_{CC} 和 R_c 有关。

6.2.3 差分放大电路的动态分析

差分放大电路在信号输入、输出方式上有双入双出、双入单出、单入双出和单入单出四种不同的电路形式,在信号性质上又有差模、共模两种。因此,差分放大电路的动态分析及交流参数的计算,均按不同的电路形式及信号性质分别进行。

1. 双端输入双端输出

1)差模信号传输的动态过程

双端输入、双端输出差分放大电路如图 6.2.3 所示。设输入为纯差模信号,即 $v_{i1} = -v_{i2}$,则电路中的电压、电流将在静态工作点的基础上发生变化。

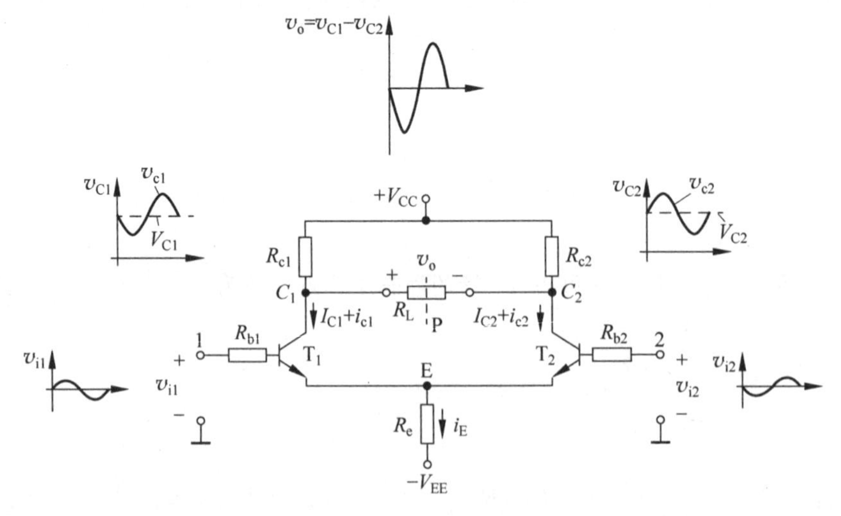

图 6.2.3 基本差分放大电路动态工作情况

（1）电路中的瞬时电流。

在 v_{i1} 的作用下，T_1 管集电极电流的瞬态值为 $i_{C1}=I_{C1}+i_{c1}$，其中 I_{C1} 是直流分量，i_{c1} 是由 v_{i1} 引起的交流分量。同理，在 v_{i2} 的作用下有 $i_{C2}=I_{C2}+i_{c2}$。由于输入的是差模信号，因此两管集电极电流的直流分量相同，交流分量大小相等、方向相反，即 $i_{c1}=-i_{c2}$，则流过电阻 R_e 电流的瞬时值为

$$i_E=i_{E1}+i_{E2}\approx i_{C1}+i_{C2}=(I_{C1}+i_{c1})+(I_{C2}+i_{c2})=2I_{C1}\equiv I_{EQ}$$

上式表明，在输入差模信号时，电阻 R_e 中的电流始终不变，即结点电压 V_E 是恒定的，因此在建立差模交流通路或小信号等效电路时，E 点与直流稳压源一样，应交流接地。

（2）电路中的瞬时电压。

在图 6.2.3 中，还分别画出了差模输入信号 v_{i1} 和 v_{i2}、两管集电极瞬时电压 v_{C1} 和 v_{C2} 以及双端输出电压 v_o 等波形，其中 V_{C1}、V_{C2} 分别是两管集电极静态电压，v_{c1}、v_{c2} 分别是单管放大后的交流分量。设 A_{v1}、A_{v2} 分别是 T_1、T_2 单管共射电路的电压增益，则有 $v_{c1}=A_{v1}v_{i1}$、$v_{c2}=A_{v2}v_{i2}$，且 $A_{v1}=A_{v2}$，因此差模输出电压为

$$v_{od}=(V_{C1}+v_{c1})-(V_{C2}+v_{c2})=v_{c1}-v_{c2}=A_{v1}v_{i1}-A_{v2}v_{i2}=A_{v1}(v_{i1}-v_{i2})$$

由上式和式(6.1.3)可得

$$A_{vd}=\frac{v_{od}}{v_{id}}=\frac{v_{od}}{v_{i1}-v_{i2}}=A_{v1}=A_{v2} \tag{6.2.3}$$

即双端输出时的差模电压增益 A_{vd} 就是单管共射电路的电压增益，因此可根据 T_1 管的交流通路或小信号等效电路求解 A_{vd}。

由差模信号的定义和图 6.2.3 中各点电压的波形，可知各交流分量之间的相位关系，其中 v_{id} 与 v_{i1}、v_{c2} 同相，v_{id} 与 v_{c1}、v_o 反相。

（3）负载电阻 R_L 对电路的影响。

负载电阻 R_L 跨接在 C_1、C_2 之间，在差模信号的作用下，当 C_1 的瞬时电压增加时，C_2 的瞬时电压必然等幅下降，那么在 R_L 的中分点 P 处，其电压也是不变的，因此在建立差模交流通路时 P 点也应交流接地，相当于每个共射极放大电路的负载是 $R_L/2$。

2）差模交流通路和小信号等效电路

在图 6.2.3 所示的电路中，令直流电源 V_{CC} 和 $-V_{EE}$ 为零即分别接地，再令恒定的 V_E 和 V_P 为零，即将 E 点和 P 点也接地，即可得到差模交流通路或差模小信号等效电路，分别如图 6.2.4(a)和图 6.2.5(a)所示。由交流通路可以看出，T_1、T_2 分别是两个独立的共射放

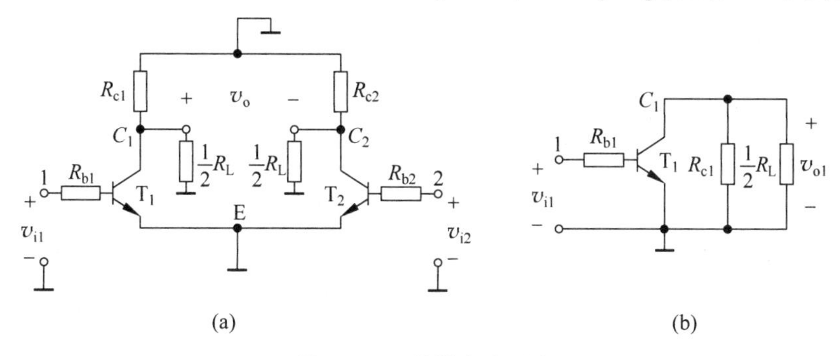

图 6.2.4　差模交流通路

(a) 双管差模交流通路；(b) 单管差模交流通路

大电路，只是它们的公共端连接在一起，因此可以画出 T_1 管的单管差模交流通路或小信号等效电路，分别如图 6.2.4(b)和图 6.2.5(b)所示。在建立差模交流通路时，应特别注意 R_e 被交流短路，负载电阻 R_L 的中间点也交流接地。

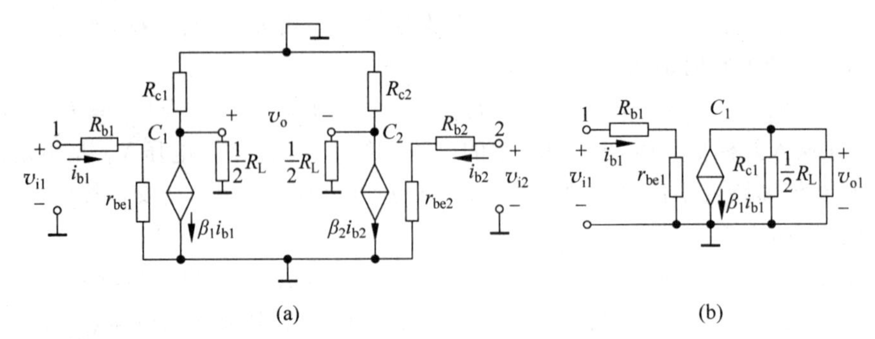

图 6.2.5 差模小信号等效电路

(a) 双管差模小信号等效电路；(b) 单管差模小信号等效电路

3) 差模交流参数

(1) 差模电压增益 A_{vd}。

由式(6.2.3)和图 6.2.5(b)可得

$$A_{vd}=\frac{v_o}{v_{id}}=\frac{v_o}{v_{i1}-v_{i2}}=A_{v1}=\frac{v_{o1}}{v_{i1}}=\frac{-\beta i_{b1}\left[R_{c1}//\left(\frac{1}{2}R_L\right)\right]}{(R_{b1}+r_{be1})i_{b1}}=-\frac{\beta\left[R_{c1}//\left(\frac{1}{2}R_L\right)\right]}{(R_{b1}+r_{be1})}$$

式中，负号表示输出电压 v_o 与差模信号 v_{id} 反相。当输出端开路即 $R_L=\infty$时有

$$A_{vd}=-\frac{\beta R_{c1}}{(R_{b1}+r_{be1})}$$

(2) 差模输入电阻 R_{id}。

在图 6.2.5(a)小信号等效电路中，从端口 1、2 看进去的电阻即为双端输入时的 R_{id}，其大小为

$$R_{id}=(R_{b1}+r_{be1})+(R_{b2}+r_{be2})=2(R_{b1}+r_{be1})=2R_{i1}$$

即双端输入时的差模输入电阻是单管共射放大电路输入电阻的 2 倍。

(3) 差模输出电阻 R_{od}。

在图 6.2.5(a)中，断开负载电阻 R_L 即两个输出端都开路，从输出端口看进去的电阻即为双端输出时的 R_{od}，其大小为

$$R_{od}=R_{c1}+R_{c2}=2R_{c1}=2R_{o1}$$

即 R_{od} 是 T_1 管放大电路输出电阻 R_{o1} 的 2 倍。

4) 共模交流参数

在图 6.2.3 双入双出差分放大电路中，设输入为纯共模信号即 $v_{i1}=v_{i2}$，由共模信号的定义可得

$$v_{ic}=\frac{v_{i1}+v_{i2}}{2}=v_{i1}=v_{i2}$$

在这种情况下相当于将输入端 1、2 一起并接在 v_{i1} 上，如图 6.2.6(a)所示。

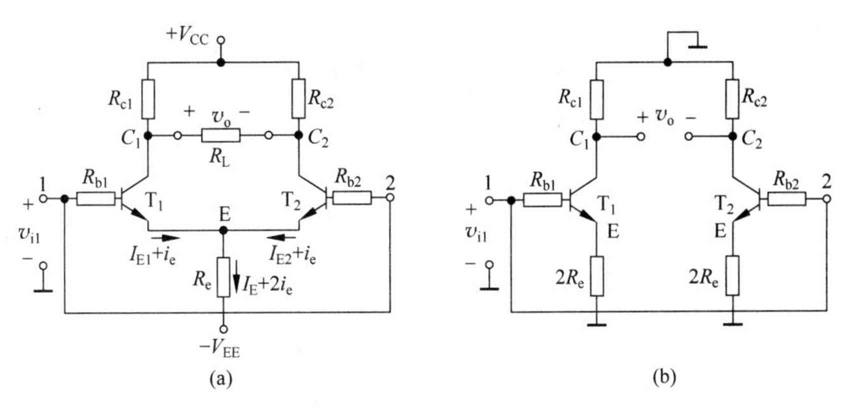

图 6.2.6　共模信号下的双入双出差分放大电路

(a) 等效电路；(b) 等效交流通路

(1) 共模电压增益 A_{vc}。

在共模信号的作用下,两管集电极的瞬时电压是在静态工作点上同时等幅增大或减小,即 C_1 和 C_2 始终是等电位点,因此输出电压 $v_o=0$。根据共模电压的定义得

$$A_{vc}=\frac{v_o}{v_{ic}}=\frac{0}{v_{ic}}=0$$

(2) 共模输入电阻 R_{ic} 和输出电阻 R_{oc}

在共模信号 v_{ic} 的作用下,T_1、T_2 管的集电极电流变化相同,设变化量为 i_c,则流过电阻 R_e 电流的变化量也近似为 $2i_e$,则 E 点的电位也随之变化,因此在画共模交流通路时 E 点不能交流接地,且电阻 R_e 等效到每个管子的发射极相当于 $2R_e$,由此可作出如图 6.2.6(b)所示的共模交流通路。在图 6.2.6(b)中可以看出,R_{oc} 近似为两个 R_c 串联,R_{ic} 近似为两个共射电路输入电阻的并联,因此可求得

$$R_{oc}=R_{c1}+R_{c2}=2R_{c1}$$

$$R_{ic}=\frac{1}{2}[R_{b1}+r_{be1}+(1+\beta_1)2R_e]$$

在实际差分放大电路中,通常满足 $R_e>R_b$、$R_e>r_{be}$ 和 $\beta\gg1$,因此共模输入电阻 R_{ic} 也可近似计算,即有

$$R_{ic}\approx\beta_1R_e$$

5) 输出电压 v_o 和共模抑制比 K_{CMR}

输出电压 v_o 为差模输出电压 v_{od} 与共模输出电压 v_{oc} 之和,由于双端输出时 $A_{vc}=0$,所以有

$$v_o=v_{od}+v_{oc}=A_{vd}v_{id}+A_{vc}v_{ic}=A_{vd}v_{id}$$

即输出电压 v_o 就是差模输出电压 v_{od}。

由共模抑制比的定义可得

$$K_{CMR}=\left|\frac{A_{vd}}{A_{vc}}\right|=\infty$$

即双端输出时可完全抑制共模信号。

2. 双端输入单端输出

图 6.2.7 是双端输入单端输出差分放大电路，负载电阻 R_L 接在 T_1 管的 C_1 极与地之间。由于输出端没有隔直电容，因此输出信号 v_{o1} 是叠加在直流分量 V_{C1} 上的。当输出信号从 T_2 管取出时，R_L 应接在 T_2 管的 C_2 极与地之间，则输出信号是 v_{o2}。

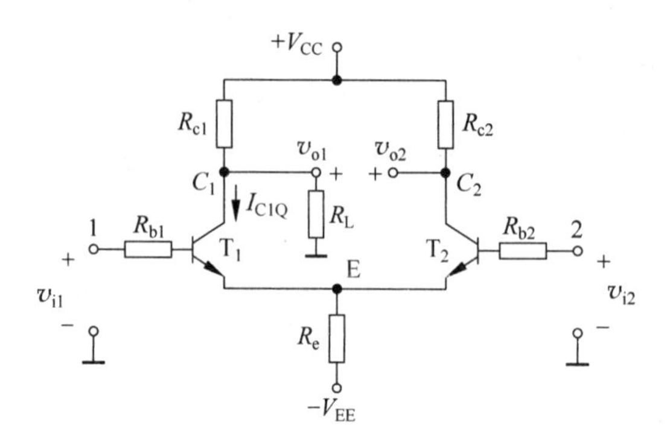

图 6.2.7　双端输入单端输出差分放大电路

1）负载电阻 R_L 对静态工作点的影响

在图 6.2.7 中，R_L 未接入时的静态工作点参数与双入、双出完全一样。由上述分析可知，静态时 BJT 的偏置电流只与 R_b、R_e 和 $-V_{EE}$ 有关，因此 R_{L1} 的接入对两管的 I_{BQ}、I_{CQ} 以及 V_{CEQ2} 均没有影响，但会改变 V_{CEQ1} 的大小，所以 R_L 接入后应重新计算 T_1 管静态时的 V_{CEQ1} 或 V_{C1Q}。为了求出 V_{C1Q}，可将图中的 I_{C1Q} 等效看作是从结点 C_1 流出的电流源，则可建立如下的结点电压方程：

$$\left(\frac{1}{R_{c1}}+\frac{1}{R_L}\right)V_{C1Q}=\frac{V_{CC}}{R_{c1}}-I_{C1Q}$$

化简后得

$$V_{C1Q}=\frac{V_{CC}R_L}{R_{c1}+R_L}-I_{C1Q}\left(\frac{R_{c1}R_L}{R_{c1}+R_L}\right)$$

由此可见，由于负载电阻 R_L 的接入，两管的输出电路不再对称，因此 $V_{CEQ1}\neq V_{CEQ2}$。当 R_L 接在 T_2 管的集电极时，分析过程和结论类似。

2）差模交流参数 A_{vd1}、A_{vd2}、R_{id} 和 R_{od}

在图 6.2.7 差分放大电路中，设输入为纯差模信号即 $v_{i1}=-v_{i2}$。由于静态时仍然有 $I_{E1}=I_{E2}$，因此在纯差模输入信号下结点 E 的电压保持不变，即 E 点在交流时是接地的，则交流通路如图 6.2.8 所示。根据差模电压增益的定义可得

$$A_{vd1}=\frac{v_{o1}}{v_{id}}=\frac{v_{o1}}{v_{i1}-v_{i2}}=\frac{v_{o1}}{2v_{i1}}=\frac{1}{2}A_{v1}=-\frac{\beta(R_{c1}/\!/R_L)}{2(R_{b1}+r_{be1})}$$

当输出信号从 T_2 管取出，即 R_L 接在 T_2 的集电极时，则有

$$A_{vd2}=\frac{v_{o2}}{v_{id}}=\frac{v_{o2}}{v_{i1}-v_{i2}}=\frac{v_{o2}}{-2v_{i2}}=-\frac{1}{2}A_{v2}=\frac{\beta(R_{c2}/\!/R_L)}{2(R_{b2}+r_{be2})}$$

由此可见，单端输出时的电压增益均为单管共射放大电路电压增益的一半，其中 v_{o1} 与 v_{id} 反相，v_{o2} 与 v_{id} 同相。

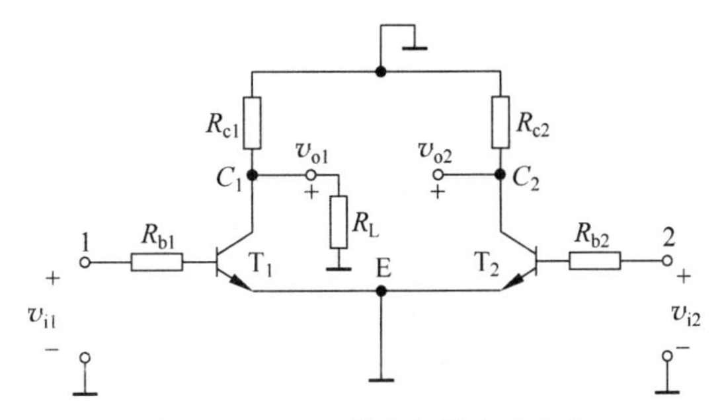

图 6.2.8　双入单出差模交流电路

因为双入单出与双入双出在差模信号的输入方式上是完全一样的，所以差模输入电阻也相同，即有

$$R_{id}=2(R_{b1}+r_{be1})$$

由于信号从 T_1 或 T_2 管的集电极输出，所以输出电阻为

$$R_{od1}=R_{c1}\quad 或\quad R_{od2}=R_{c2}$$

即 R_{od1}、R_{od2} 均与单管共射放大电路的输出电阻相同。

3）共模交流参数 A_{vc1}、A_{vc2}、R_{ic} 和 R_{oc}

在图 6.2.7 双入单出差分放大电路中，设 $v_{ic}=v_{i1}=v_{i2}$，即输入为纯共模信号，则两管集电极电流同时增大或减小，V_E 不再恒定，即交流时 E 点不可接地，则共模交流通路如图 6.2.9 所示的，其中电阻 $2R_e$ 是由原电路中的 R_e 等效变换而来。根据共模增益的定义可得

$$A_{vc1}=\frac{v_{o1}}{v_{ic}}=\frac{v_{o1}}{v_{i1}}=A_{v1}=-\frac{\beta(R_{c1}/\!/R_L)}{R_{b1}+r_{be1}+(1+\beta)(2R_e)}$$

同理，当 R_L 接在 T_2 的集电极即从 T_2 输出时有

$$A_{vc2}=\frac{v_{o2}}{v_{ic}}=\frac{v_{o2}}{v_{i2}}=A_{v2}=-\frac{\beta(R_{c2}/\!/R_L)}{R_{b2}+r_{be2}+(1+\beta)(2R_e)}$$

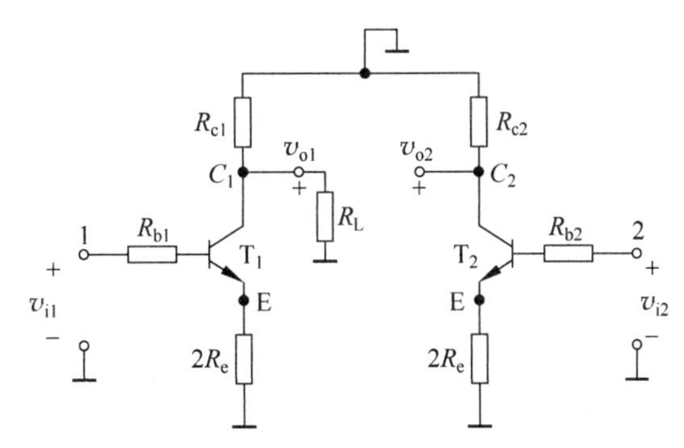

图 6.2.9　双入单出共模交流通路

在电路对称的情况下，有 $A_{vc1}=A_{vc2}$，且均为负值，当满足 $R_e>R_b$、$R_e>r_{be}$ 和 $\beta\gg1$ 等条件时有

$$A_{vc1}=A_{vc2}\approx-\frac{R_{c1}/\!/R_L}{2R_e}\tag{6.2.4}$$

由于信号从单管的集电极输出，所以有

$$R_{oc1}=R_{c1} \quad 或 \quad R_{oc2}=R_{c2}$$

因为双入单出在共模输入形式上与双入双出一样，因此共模输入电阻也相同，即有

$$R_{ic}=\frac{1}{2}[R_{b1}+r_{be1}+(1+\beta_1)2R_e] \quad 或 \quad R_{ic}\approx\beta_1 R_e$$

由式(6.2.4)可知，单端输出时的共模电压增益与 R_e 成反比，R_e 越大共模增益越低，因此抑制共模信号能力与 R_e 的大小有关。

4）输出电压和共模抑制比 K_{CMR}

输出电压 v_{o1} 为 v_{od1} 与 v_{oc1} 之和，即有

$$v_{o1}=v_{od1}+v_{oc1}=A_{vd1}v_{id}+A_{vc1}v_{ic}$$

通常 $|A_{vd1}|\gg|A_{vc1}|$，近似计算时有 $v_{o1}\approx v_{od1}$。若输出电压从 T_2 管的集电极取出，v_{o2} 也有同样的结论。

在电路对称的情况下，两种单端输出时的共模抑制比是相同的，即有

$$K_{CMR}=\left|\frac{A_{vd1}}{A_{vc1}}\right|=\left|\frac{A_{vd2}}{A_{vc2}}\right|\approx\frac{\beta R_e}{R_{b1}+r_{be1}}$$

上式表明，共模抑制比与 R_e 成正比，R_e 越大共模抑制比越高，抑制共模信号的能力越强。

另一方面，由于静态时偏置电流与 R_e 的大小有关，若 R_e 取值过大，则静态偏置电流会很小，使得差模情况下的增益下降、动态范围变小、BJT 易进入截止区。如果在差分放大电路的射极采用恒流源偏置电路，既可对 BJT 进行合适的静态偏置，在单端输出时又可获得很高的共模抑制比，这也是工程中常用的偏置方法。

3. 单入双出和单入单出

单端输入时只有一个信号源，既可从端口 1 输入，又可从端口 2 输入，由于电路是对称的，所以其本质没有区别，只是在使用时应注意正确应用差模、共模信号的定义。图 6.2.10 单端输入差分放大电路是以端口 1 作为输入的，端口 2 接地，图中 v_o 表示双端输出时的电压，v_{o1}、v_{o2} 分别表示单端输出时的电压。

1）静态分析

在图 6.2.10 所示电路中，令交流信号 v_{i1} 为零，即端口 1 接地，所获得的直流通路与图 6.2.2 完全一样，因此静态工作情况的分析和计算方法也相同。如果单端或双端输出端口接有负载电阻，处理方法也与前述对应电路一样。

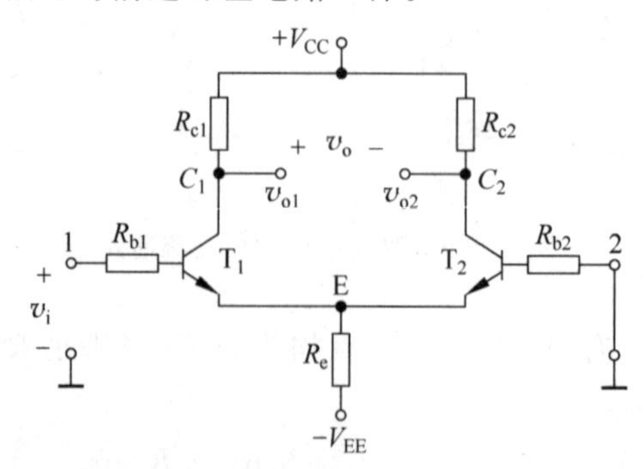

图 6.2.10 单端输入差分放大电路

2）动态分析(表 6.2.1)

表 6.2.1　典型差分放大电路不同接法时交流参数的比较

输出端形式	双端输出	单端输出
典型差分放大电路	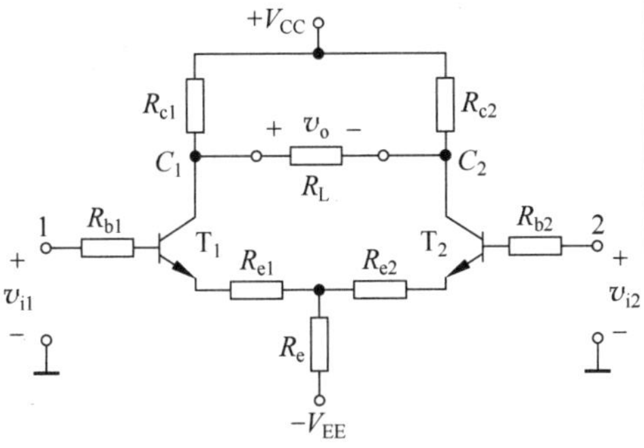 (a) 双入双出 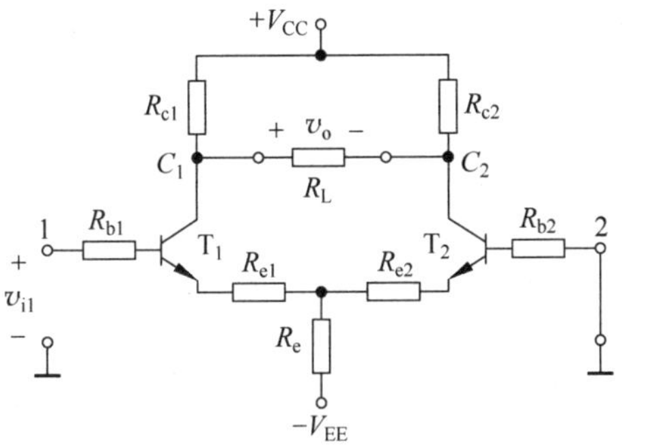(b) 单入双出	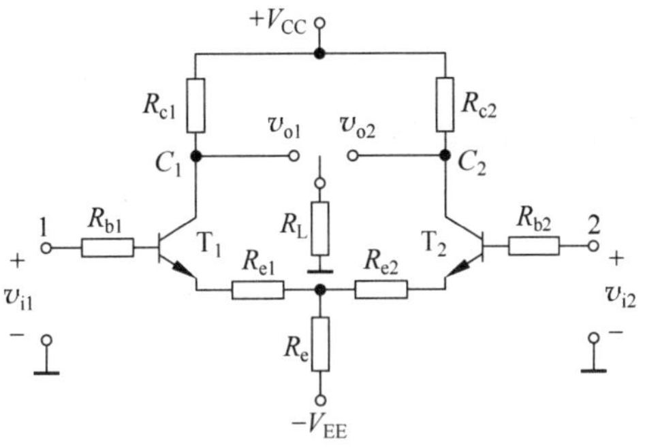 (a) 双入单出 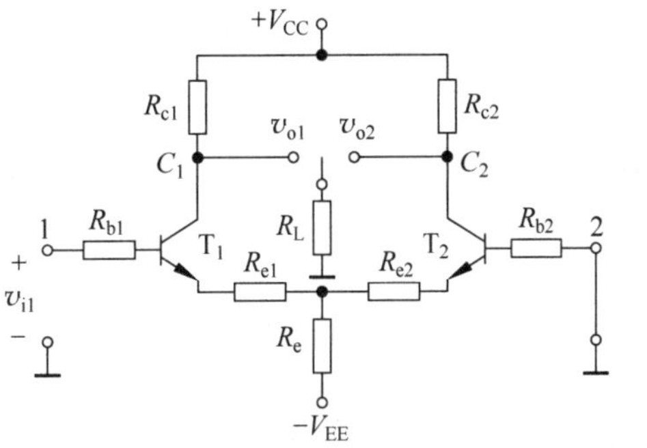(b) 单入单出
差模电压增益	$A_{vd}=-\frac{\beta\left[R_{c1}//\left(\frac{1}{2}R_L\right)\right]}{R_{b1}+r_{be1}+(1+\beta)R_{e1}}$	$A_{vd2、1}=\pm\frac{1}{2}\cdot\frac{\beta(R_{c1}//R_L)}{R_{b1}+r_{be1}+(1+\beta)R_{e1}}$
差模输入电阻	$R_{id}=2[R_{b1}+r_{be1}+(1+\beta)R_{e1}]$	$R_{id}=2[R_{b1}+r_{be1}+(1+\beta)R_{e1}]$
差模输出电阻	$R_{od}=2R_{c1}$	$R_{od1}=R_{c1}, R_{od2}=R_{c2}$
共模电压增益	双端输出 $A_{vc}=0$,单端输出 $A_{vc1、2}=-\frac{\beta(R_{c1}//R_L)}{R_{b1}+r_{be1}+(1+\beta)(R_{e1}+2R_E)}\approx-\frac{R_{c1}//R_L}{2R_E}$	
共模输入电阻	$R_{ic}=\frac{1}{2}[R_{b1}+r_{be1}+(1+\beta_1)(R_{e1}+2R_E)]$	
共模输出电阻	$R_{oc}=2R_{c1}$	$R_{oc1}=R_{c1}, R_{oc2}=R_{c2}$
共模抑制比	$K_{CMR}=\infty$	$K_{CMR}=\left\|\frac{A_{vd1}}{A_{vc1}}\right\|=\left\|\frac{A_{vd2}}{A_{vc2}}\right\|$

单端输入方式可看作是双端输入的一种特殊情况。在图 6.2.1 电路中，设输入信号分别为 $v_{i1}=v_i$ 和 $v_{i2}=0$，根据差模、共模信号的定义，则有 $v_{id}=v_{i1}-v_{i2}=v_i$ 和 $v_{ic}=(v_{i1}+v_{i2})/2=v_i/2$，因此输入端的信号又可表示成

$$v_{i1}=v_{ic}+\frac{v_{id}}{2}=v'_{i1}+v''_{i1}=\frac{v_i}{2}+\frac{v_i}{2}$$

$$v_{i2}=v_{ic}-\frac{v_{id}}{2}=v'_{i2}-v''_{i2}=\frac{v_i}{2}-\frac{v_i}{2}$$

其等效电路如图 6.2.11 所示。

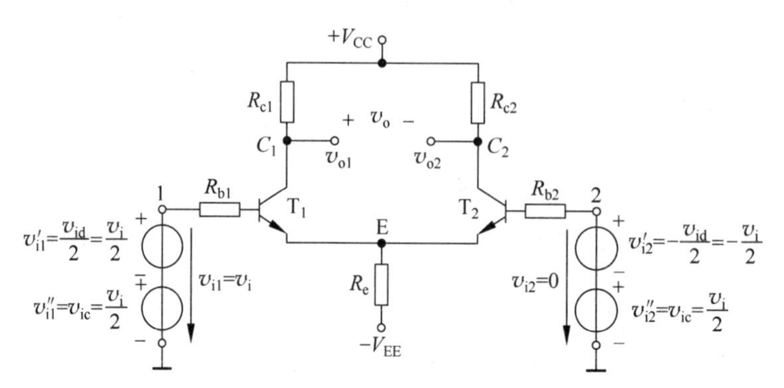

图 6.2.11　单端输入时的等效电路

由此可见，单端输入时相当于差模、共模信号共存的双端输入电路。当 v'_{i1}、v'_{i2} 单独作用时，分电路为双端输入纯差模信号，其差模交流参数均可按双端输入方式求出；当 v''_{i1}、v''_{i2} 单独作用时，分电路为双端输入纯共模信号，其共模交流参数均可按双端输入方式分析计算，然后根据叠加定理或式(6.1.6)，即可求得

$$v_o=v_{od}+v_{oc}=A_{vd}v_{id}+A_{vc}v_{ic}$$

因此可得如下结论：单端输入时，输入信号中同时存在差模和共模分量，因电路工作在线性范围，所以可运用叠加定理分别分析计算。单端输入方式又可看成双端输入的特例，因此分析计算方法与双端输入方式相同，即单入双出或单入单出，均可按双入双出或双入单出方式进行，也就是说，差分放大电路的交流参数计算方法只与输出形式(单出或双出)有关，而与输入形式(单入或双入)无关。

例 6.2.1　在图 6.2.12 所示差分放大电路中，已知 $\beta_1=\beta_2=100$、$V_{BE1}=V_{BE2}=0.7V$，试求：(1)电路的静态点 Q；(2)差模输入时的 R_{id}、R_{od}、A_{vd} 以及共模输入时的 R_{ic}；(3)当 $v_{i1}=20mV$、$v_{i2}=40mV$ 时，求 v_o。

解：该电路是双入双出差分放大电路，图 6.2.12 中 R_p 是调零电位器。在实际电路中，由于元器件参数误差的存在，当输入为零时输出往往不为零，通过电位器 R_p 的调节可使输出为零，在理论分析计算时可认为电位器的滑动端处于中点。

(1) 求静态点 Q。

令 v_{i1}、v_{i2} 为零，即输入端口 1、2 分别对地短路，由此可作出如图 6.2.13 所示 T_1 管的等效直流通路。由 KVL 可得

$$I_{B1}R_{b1}+V_{BE1}+\left(\frac{1}{2}R_p+2R_E\right)I_{E1}=\frac{I_{E1}}{1+\beta}R_{b1}+V_{BE1}+\left(\frac{1}{2}R_p+2R_e\right)I_{E1}=V_{EE}$$

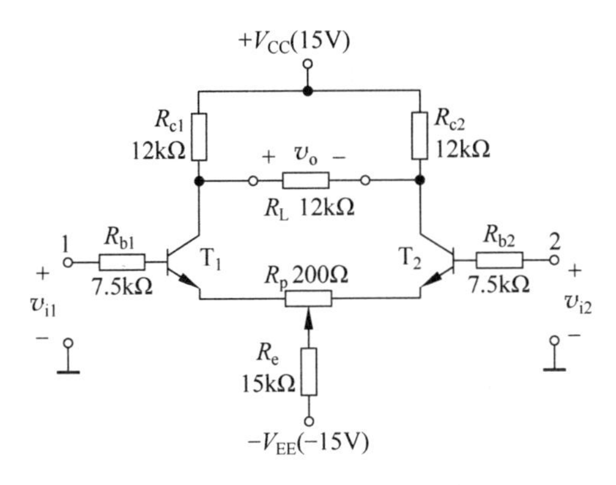

图 6.2.12 例 6.2.1 电路

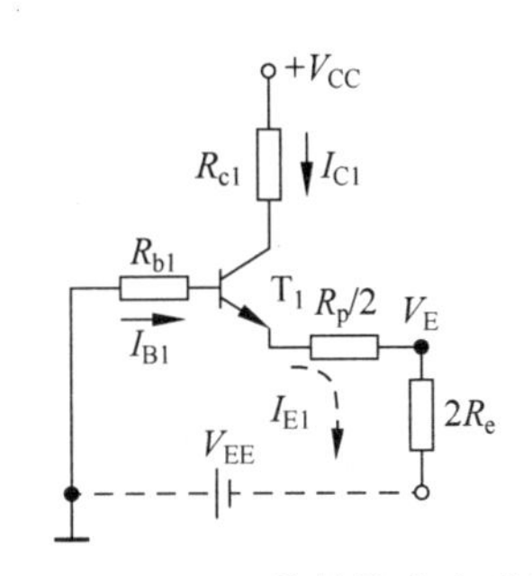

图 6.2.13 T_1 管等效直流通路

将上式变化后代入数值，得

$$I_{C1} \approx I_{E1} = \frac{V_{EE} - V_{BE1}}{\frac{R_{b1}}{1+\beta} + \left(\frac{R_p}{2} + 2R_e\right)} = \frac{15 - 0.7}{\frac{7.5}{1+100} + \left(\frac{0.2}{2} + 2 \times 15\right)} = 0.474(\text{mA})$$

如果忽略 R_{b1} 和 $R_p/2$，则

$$I_{C1} = I_{C2} \approx I_{E1} \approx \frac{V_{EE} - V_{BE1}}{2R_e} \approx \frac{15 - 0.7}{2 \times 15} \approx 0.477(\text{mA})$$

由此可见，近似计算带来的误差很小。

近似估算时还可忽略 V_{BE} 的作用，则 $I_{C1} = I_{C2} \approx 0.5\text{mA}$。静态工作点的另外两个参数为

$$I_{B1} = I_{B2} \approx \frac{I_{C1}}{\beta} = 5\mu\text{A}$$

$$V_{CE} \approx V_{CC} - (-V_{EE}) - I_{C1}(R_{c1} + 2R_e) \approx 9\text{V}$$

(2) 由于是双端输出，因此在画 T_1 管的差模等效交流通路时，负载电阻应为 $R_L/2$，如图 6.2.14 所示。据此可求得差模交流参数

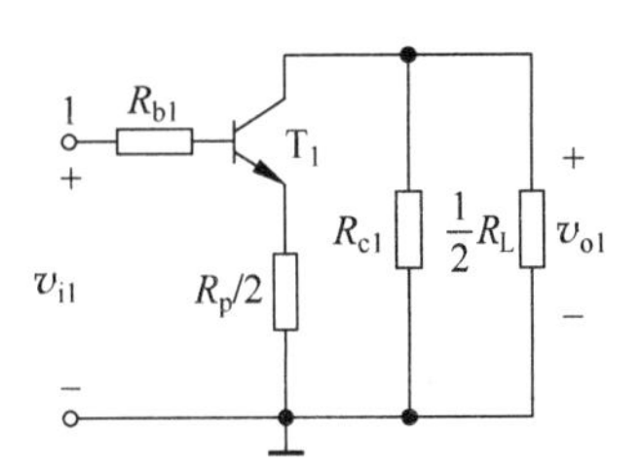

图 6.2.14 T_1 管共模交流通路

$$r_{be1} = 200 + (1+\beta)\frac{26\text{mV}}{I_{E1}}$$

$$= 200 + (1+100)\frac{26\text{mV}}{0.5\text{mA}} = 5.45\text{k}\Omega$$

$$A_{vd} = A_{v1} = -\frac{\beta\left[R_{c1} /\!/ \left(\frac{1}{2}R_L\right)\right]}{R_{b1} + r_{be1} + (1+\beta)(R_p/2)}$$

$$= -\frac{100 \times (12 /\!/ 6)}{7.5 + 5.45 + 101 \times 0.1} \approx -17.3$$

$$R_{id} = 2[R_{b1} + r_{be1} + (1+\beta)(R_p/2)] = 46.1\text{k}\Omega$$

$$R_{od} = 2R_{c1} = 24\text{k}\Omega$$

(3) 由差模、共模信号的定义得

$$v_{id}=v_{i1}-v_{i2}=20-40=-20(\mathrm{mV})$$

$$v_{ic}=\frac{v_{i1}+v_{i2}}{2}=\frac{20+40}{2}=30(\mathrm{mV})$$

由于双端输出时 $A_{vc}=0$,因此可求得

$$v_o=A_{vd}\,v_{id}+A_{vc}\,v_{ic}=-17.3\times(-20)+0\times30=346(\mathrm{mV})$$

由计算结果可知,尽管电位器 R_p 的数值较小,但对差模工作情况有较大影响,会使 R_{id} 增大、A_{vd} 减小。此外,R_p 的引入相当于在差模通路中 T_1、T_2 管的发射极分别接入一个电阻,起交流负反馈作用,可在多方面改善电路性能。

6.2.4 差分放大电路的传输特性

放大电路的传输特性描述的是输出信号随输入信号变化的规律。由于差分放大电路的放大对象是差模输入信号 v_{id},且有两个输出端 v_{o1} 和 v_{o2},因此差分放大电路的传输特性分别是两个输出电压与差模输入信号之间的关系,即分别用 $v_{o1}=f(v_{id})$和 $v_{o2}=f(v_{id})$表示。通过差分放大电路传输特性,可以分析研究放大电路的线性工作区域、对输入信号幅值的限制、输出信号的不失真范围、估算电路增益及其线性工作区域扩展等。

差分放大电路的传输特性既可通过理论分析计算画出,也可通过电路仿真的方法获得。下面以图 6.2.15 所示的差分放大电路为例,运用仿真测量的方法获取其电压传输特性并分析讨论。

在图 6.2.15 电路中,T_1、T_2 管选用 2N2222A 且 β 均为 100,其他参数如图中所示。输入信号 v_{i1} 加在 T_1 管的基极上,T_2 管的基极接地。由于采用单端输入的方式,因此有 $v_{id}=v_{i1}-0=v_{i1}$。若以 v_{i1} 为变量,分别以 v_{o1} 或 v_{o2} 为输出量,运用仿真软件中的参数扫描功能,可方便地获得该电路的电压传输特性,如图 6.2.16 所示。

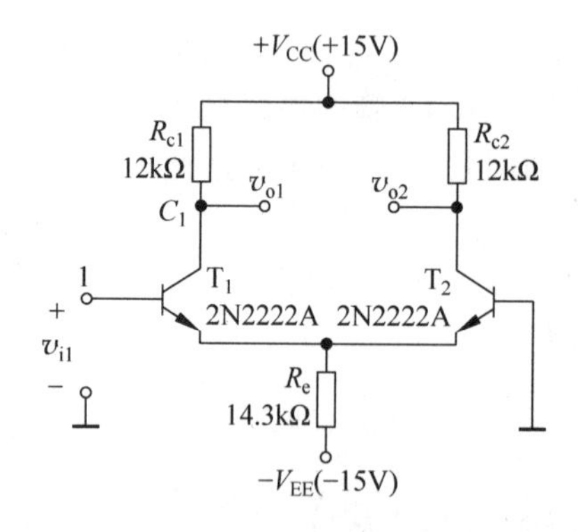

图 6.2.15 差分放大电路传输特性仿真电路

由图 6.2.16 所示的仿真结果可知:

(1) 静态工作点:$v_{id}=0$ 时为静态,由仿真结果可知,$v_{o1}=v_{o2}=9.02\mathrm{V}$,与理论计算值基本相同。

(2) 输入信号线性范围:$|v_{id}|\leqslant 26\mathrm{mV}$ 时,v_{o1}、v_{o2} 与 v_{id} 之间呈现很好的线性关系,且 v_{o1} 与 v_{id} 反相、v_{o2} 与 v_{id} 同相,但工作于线性区域很小。

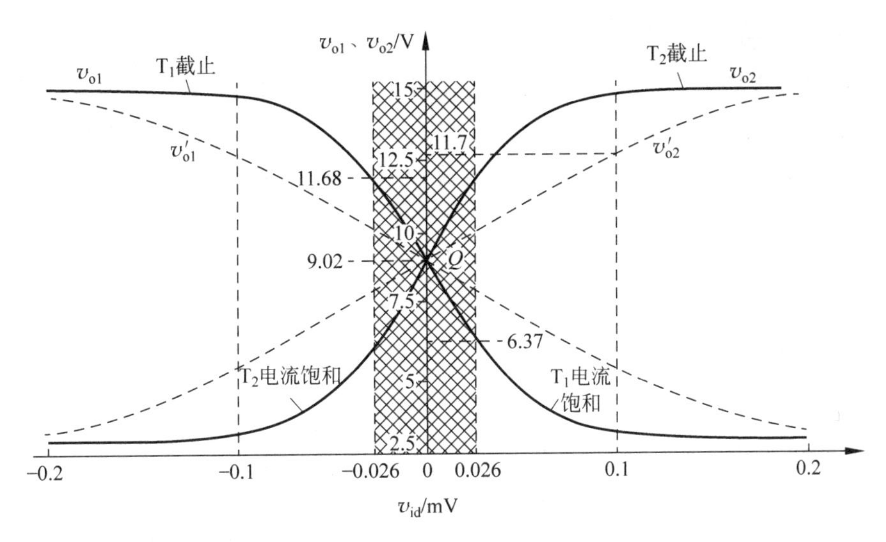

图 6.2.16 电压传输特性仿真结果

(3) 输出信号线性动态范围：输出电压 v_{o1} 的最大不失真幅值为 6.37～11.68V，或±2.66V。

(4) 单端输出时的电压增益：$A_{vd1}=-\Delta V_{o1}/\Delta V_{id}\approx-2.66/0.026\approx-102.3$。

(5) 限幅区：当 $v_{id}>0.1$V 时，T_2 管逐渐进入截止区，由于差模工作时两管集电极电流的瞬时值之和是恒定的(电阻 R_e 上的静态值)，T_2 管进入截止区后，T_1 管集电极电流达到最大值，为静态时的 2 倍，即 T_1 进入电流饱和区；反之，当 $v_{id}<0$ 且 $|v_{id}|>0.1$V 时，T_1 管进入截止区，T_2 进入电流饱和区。管子截止时的输出电压主要由电源电压 V_{CC} 决定，该电路中约为 15V；管子电流饱和时的输出电压主要由 V_{CC}、R_c 和静态时的偏置电流决定，在该电路中约为 3V。由于在截止区或电流饱和区中输出电压不再随 $|v_{id}|$ 的增加而增加，因此该区又称为限幅区。

由仿真结果可知，该差分放大电路输入信号电压的线性动态范围很小。若要提高输入信号电压的线性动态范围，可在两管发射极分别接入数百欧的电阻。例如，在 T_1、T_2 管的发射极分别接入 100Ω 电阻后重新仿真，其电压传输特性分别如图 6.2.16 中虚线 v'_{o1}、v'_{o2} 所示，线性动态范围扩大到约±0.1V，但此时单端输出电压增益约为(11.7－9.02)/0.1＝26.8 倍，电压增益明显下降。由此可见，线性范围的扩大是以牺牲增益为代价的。

6.3 采用恒流源偏置的差分放大电路

6.3.1 恒流源电路

恒流源又称为电流源，也是电路设计中常用的功能电路之一。直流电流源具有输出电流恒定、等效交流电阻大等特点。电流源既可作为偏置电路，利用其输出电流恒定的特点为其他电路提供稳定的直流偏置，又可作为放大电路的有源负载，利用其交流电阻大的特点提高电路的电压增益。电流源偏置技术还广泛应用在集成电路的设计和制造中。下面介绍几种常用的由 BJT 或 FET 构成的微小电流源电路。

1. 三极管电流源

三极管电流源电路如图 6.3.1(a)所示，工作电压 V_{CC} 通过 R_1、R_2 为 BJT 基极提供偏置电压 V_B，负载电阻 R_L 接在 a、b 端，输出电流 $I_L=I_C$。该电流源电路与射极偏置共射极放大电路的直流通路相同，且同样具有基极电流较小、满足近似计算的条件($I_1 \approx I_2 \gg I_B$)，即有

$$V_B \approx \frac{V_{CC}R_2}{R_1+R_2}$$

由此可得

$$I_L=I_C \approx I_e=\frac{V_B-V_{BE}}{R_e}$$

上式表明，当 BJT 工作在线性区域时，输出电流 I_L 与负载电阻 R_L 无关，或者说 I_L 恒定不变，因此可视作电流源，其等效电路如图 6.3.1(b)所示。

在图 6.3.1(b)所示的等效电路中，r_o 是等效交流电阻，可根据图 6.3.1(a)的小信号模型求得，其结果为

$$r_o=R_{ab}=r_{ce}\left(1+\frac{\beta R_e}{r_{be}+R_b+R_e}\right)$$

式中，$R_b=R_1 /\!/ R_2$。由于 r_{ce} 和 β 较大，因此 r_o 也很大，通常为兆欧级。

图 6.3.2 三极管恒流源电路中，二极管 D 具有温度补偿作用，因此可获得更加稳定的恒流输出效果，减小温度带来的影响。

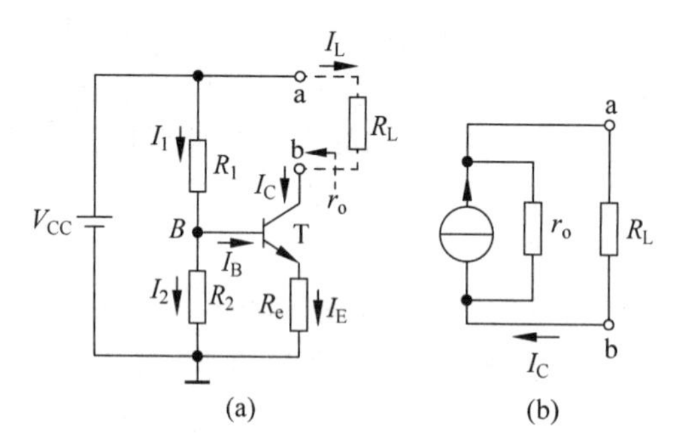

图 6.3.1 BJT 电流源电路

(a) 电路原理图；(b) 等效电路

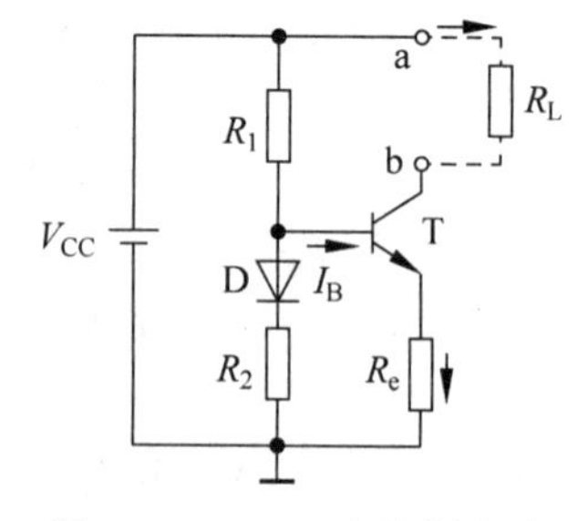

图 6.3.2 BJT 电流源电路

2. 镜像电流源

1) BJT 镜像电流源

BJT 镜像电流源电路如图 6.3.3(a)所示，T_1、T_2 为对管，且 $\beta_1=\beta_2 \gg 1$，则基准电流为

$$I_{REF}=\frac{V_{CC}-V_{BE1}}{R} \approx I_{C1}$$

由于 T_1、T_2 参数相同，在电路中又有 $V_{BE1}=V_{BE2}$，因此有 $I_{E1}=I_{E2}$，由此可得

$$I_L=I_{C2} \approx I_{E2}=I_{E1} \approx I_{C1} \approx I_{REF}=\frac{V_{CC}-V_{BE1}}{R} \tag{6.3.1}$$

式中，电流 I_L 与电阻 R_L 的大小无关，且 I_L 与基准电流 I_{REF} 为镜像关系，故称为镜像电流源。由于 T_1 对 T_2 的温度补偿作用，因此输出电流具有较高的温度稳定性。

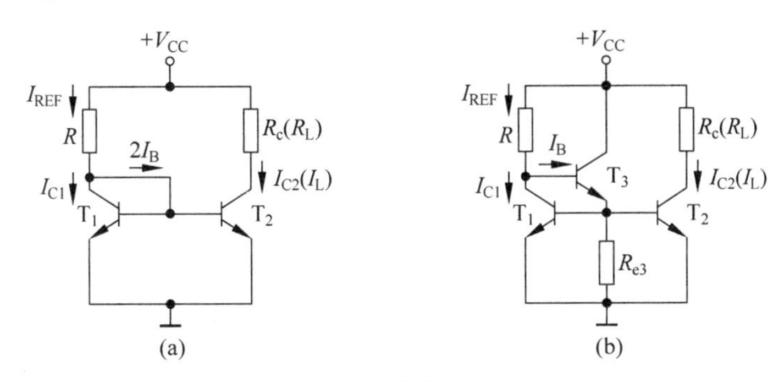

图 6.3.3 BJT 镜像电流源电路

(a) 基本电路；(b) 改进型电路

镜像电流源在使用中应注意以下几点：①该电流源一般为毫安级，适用于较大工作电流的场合；②由于输出电流受 V_{CC} 的影响大，故要求电源十分稳定；③采用高 β 值对管，可减小 I_{C2} 与 I_{REF} 之间的误差；④与三极管电流源相比，其交流等效电阻 r_o 不够大、恒流特性不理想，因此应选用 r_{ce} 大的管子。

图 6.3.3(b)是一种改进型镜像电流源，由于新增加的 T_3 管工作在放大区，即 I_{B3} 很小，因此即使在 β_1、β_2 较小的情况下，也可有效地减小 I_L 与 I_{REF} 之间的误差。电路中的 R_{e3} 具有增大 I_{E3} 的作用，可避免出现 I_{E3} 过小而使 T_3 工作点太低的情况。

2）MOSFET 镜像电流源

常用的 MOSFET 镜像电流源如图 6.3.4(a)所示，由于两管参数相同、栅源电压一样，且 MOS 管的栅极基本无电流，因此两管的电流相等，即有

$$I_o = I_{D2} = I_{REF} = \frac{(V_{DD} + V_{SS} - V_{GS})}{R}$$

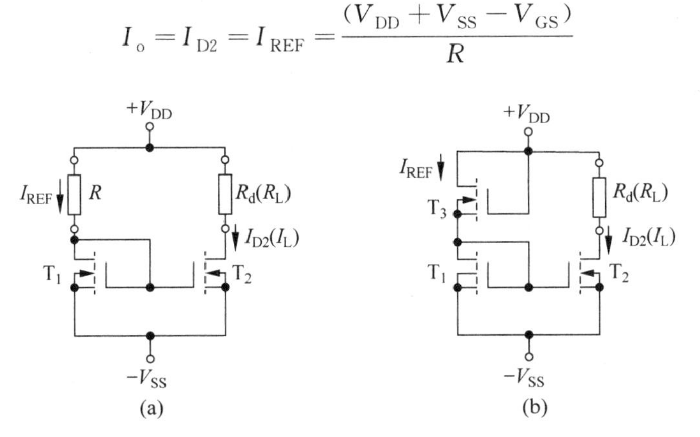

图 6.3.4 MOSFET 镜像电流源电路

(a) 基本电路；(b) 用 MOS 管代替电阻 R

在集成电路的设计制造中，常用如图 6.3.4(b)所示的镜像电流源，其中 T_3 管替代电阻 R。当 T_1、T_2 的 W/L(即沟道的长、宽比)相同时，$I_o = I_{REF}$，若 T_1、T_2 的 W/L 不一致时，则输出电流为

$$I_o = \frac{W_2/L_2}{W_1/L_1} \cdot I_{REF}$$

3. 微电流源

由 BJT 构成的微电流源电路如图 6.3.5 所示，图中对管 T_1、T_2 的基极相连，当 V_{CC}、R、R_{e2} 已知时，该电流源的输出电流为

$$I_{C2} \approx I_{E2} = \frac{V_{E2}}{R_{e2}} = \frac{V_B - V_{BE2}}{R_{e2}} = \frac{V_{BE1} - V_{BE2}}{R_{e2}} = \frac{\Delta V_{BE}}{R_{e2}}$$

由于 ΔV_{BE} 很小，因此其输出电流 I_{C2} 也非常小，故称为“微电流源”。微电流源是以 BJT 镜像电流源为基础，在 T_2 管射极增加了电阻 R_{e2}，从而使该电流源具有“小”而“稳”的特点。“小”是指 R_{e2} 取值为千欧级时，即可获得微安级输出电流；“稳”是指 R_{e2} 具有负反馈作用，使得该电源的交流输出电阻增大、输出电流更加稳定，而且受电源变化影响变小。

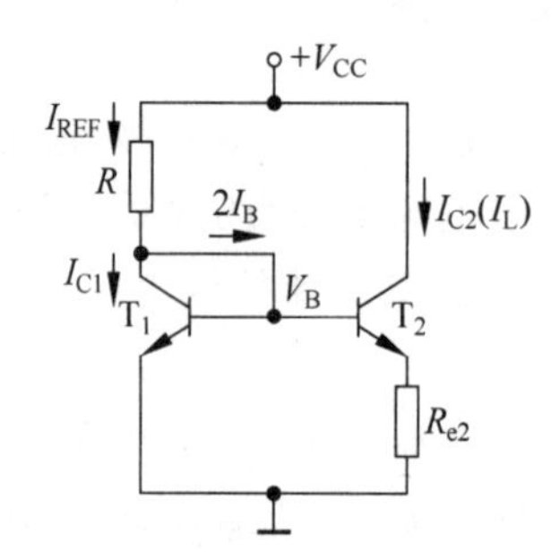

图 6.3.5 BJT 微电流源电路

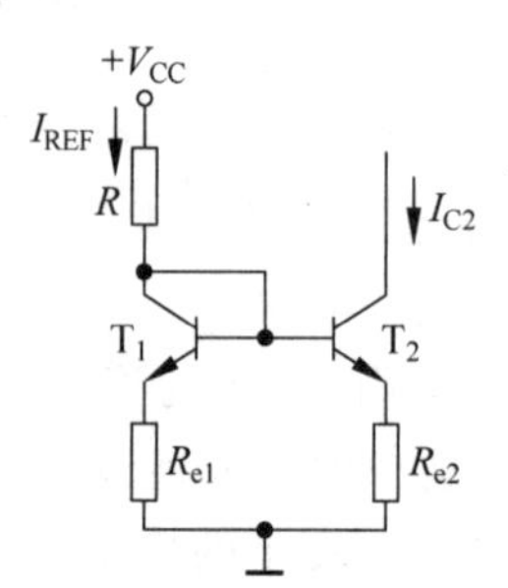

图 6.3.6 比例电流源

4. 比例电流源

比例电流源电路如图 6.3.6 所示，它是以镜像电流源为基础，在两个对管的发射极分别接入 R_{e1}、R_{e2}。该电流源属于一种改进型的镜像电流源，其交流输出电阻 r_o 增大，且具有更好的恒流特性和温度稳定性。由于 T_1、T_2 的基极相连，因此有

$$V_{BE1} + I_{E1}R_{e1} = V_{BE2} + I_{E2}R_{e2}$$

设两管参数对称，且 $\beta \gg 1$，则 $I_{E1} \approx I_{C1} \approx I_{REF}$，$I_{C2} \approx I_{E2}$，所以

$$I_{C2} \approx I_{E2} = \frac{(V_{BE1} - V_{BE2}) + I_{REF}R_{e1}}{R_{e2}} \approx \frac{R_{e1}}{R_{e2}} I_{REF}$$

由上式可知，输出电流 I_{C2} 不仅与 I_{REF} 有关，而且还与两个射极电阻的比值有关，因此称其为比例电流源。通常，I_{C2}、I_{REF} 取值相差 10 倍以内，或 I_{REF} 取值较大，则上式误差较小。当 $R_{e1} = R_{e2}$ 时，则有 $I_{C2} \approx I_{REF}$，两者为镜像关系。

在模拟集成电路中，还常常使用组合电流源（即多个电流源具有同一基准电流）。这种组合电流源有多种结构，而且各电流源的输出电流可不同。图 6.3.7 是由比例电流源演变而来的多路电流源。

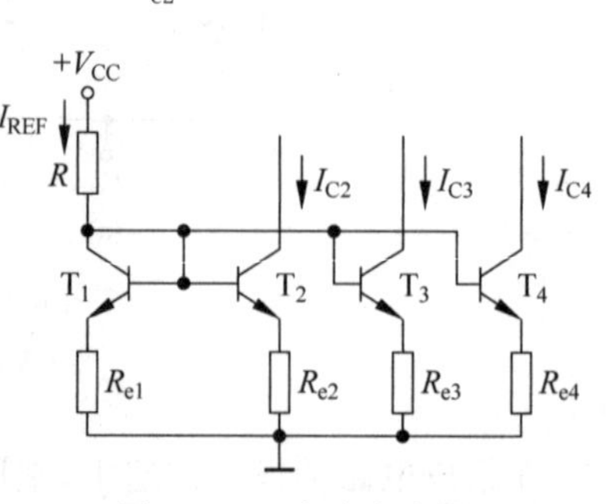

图 6.3.7 多路电流源

6.3.2 射极恒流偏置差分放大电路

在基本差分放大电路中,发射极共用电阻 R_e 在静态时决定 BJT 的偏置电流大小,动态时决定单端输出时的 K_{CMR} 大小。由上述分析可知,R_e 越大,单端输出时的共模电压增益越小、K_{CMR} 越大,这是差分放大电路的主要特点。但 R_e 的增加会使 BJT 的偏置电流减小、差模电压增益下降,R_e 过大甚至会使电路不能正常工作。因此在长尾式差分放大电路中,R_E 只能在一定范围内取值。采用图 6.3.8 所示的射极恒流源偏置差分放大电路,在同样的直流偏置条件下可显著提高 K_{CMR}。

在图 6.3.8(a)中,T_3、R_{e3}、R_1 和 R_2 组成三极管恒流源电路。该电流源在静态时可等效为电流源 I_o(即 I_{C3}),为差分放大电路对管 T_1 和 T_2 提供稳定的直流偏置电流;动态时可用交流电阻 r_o 表示对电路的影响,因此在图 6.3.8(b)所示的等效电路中用虚线、实线加以区分。如果知道了恒流源的 I_o 和 r_o,那么该差分放大电路的分析计算与基本差分放大电路完全一样。由于 r_o 通常为兆欧级的电阻,因此该电路能更好地抑制零点漂移,提高共模抑制比。

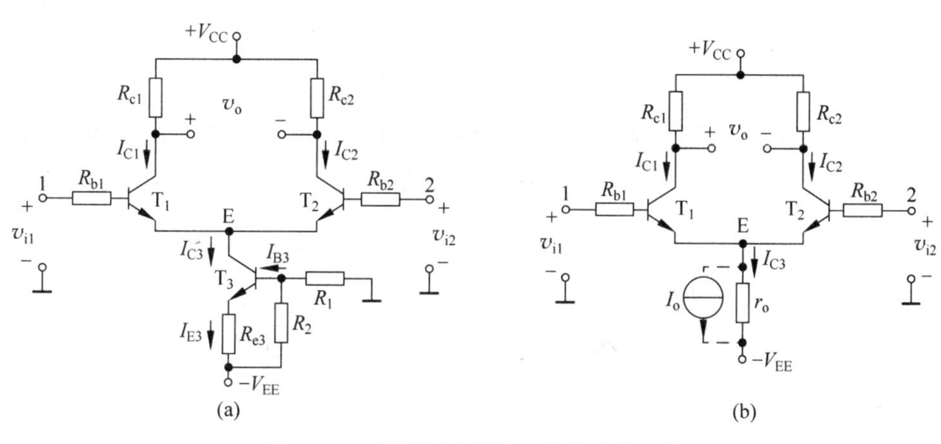

图 6.3.8 射极恒流源偏置差分放大电路

(a) 电路原理图;(b) 等效电路

例 6.3.1 某功率放大电路的前置级采用如图 6.3.9 所示的差分放大电路。设 $\beta_1=\beta_2=\beta_3=100$,$V_{BE1}=V_{BE2}=0.7\text{V}$,$r_{ce}=100\text{k}\Omega$,其他元件参数在图中给出。试求:(1)静态时的电压 V_{C1};(2)差模输入时的 R_{id}、R_o、A_{vd1} 和 K_{CMR}。

解:该电路是单入单出差分放大电路,射极采用恒流源偏置,BJT 均采用 PNP 管,R_p 是调零电位器。

(1) 求恒流源等效参数 I_o、r_o。

通常 T_3 管的基极电流较小,可忽略。由分压公式得

$$V_B \approx \frac{V_{EE}R_1}{R_1+R_2}=\frac{12\times 12}{12+12}=6(\text{V})$$

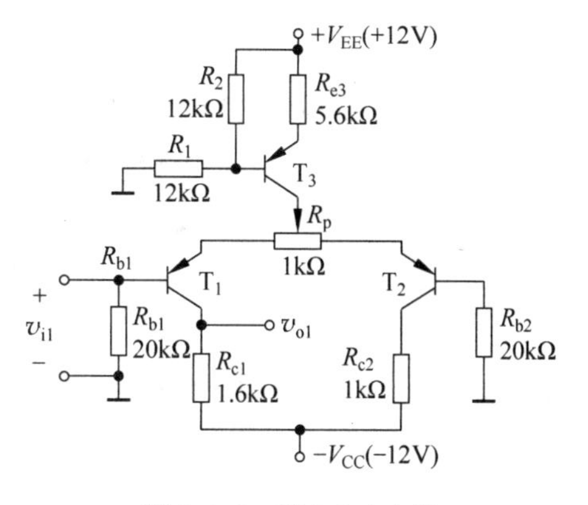

图 6.3.9 例 6.3.1 电路

因此有

$$I_o = I_{C3} \approx I_{E3} = \frac{6-0.7}{5.6} = 0.95(\text{mA})$$

$$r_{be3} = 200 + (1+\beta)\frac{26\text{mV}}{I_{E3}} = 200 + (1+100)\frac{26\text{mV}}{0.95\text{mA}} = 2.96\text{k}\Omega$$

$$r_o = r_{ce3}\left(1 + \frac{\beta R_{e3}}{r_{be3} + R_1 /\!/ R_2 + R_{e3}}\right) = 100 \times \left(1 + \frac{100 \times 5.6}{2.96 + 6 + 5.63}\right) = 3.95(\text{M}\Omega)$$

求出 I_o、r_o 后，则可用图 6.3.10 所示的等效电路代替原电路。

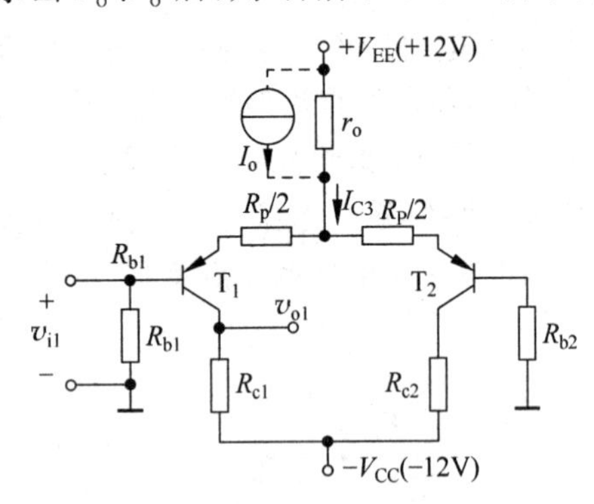

图 6.3.10　例 6.3.1 等效电路

(2) 求静态工作点电压 V_{C1}。

由于 T_1 和 T_2 参数相同且基极电阻相等，因此有

$$I_{C1} \approx I_{E1} = \frac{1}{2} I_o = 0.475\text{mA}$$

$$\begin{aligned} V_{C1} &= -V_{CC} - (-R_{C1} I_{C1}) \\ &= -12 - (-1.6 \times 0.475) \\ &= -11.3(\text{V}) \end{aligned}$$

(3) 交流参数计算。

分别作出 T_1 管的差模、共模交流通路，如图 6.3.11 所示。也可进一步画出小信号等效电路求解。

$$r_{be1} = 200 + (1+\beta)\frac{26\text{mV}}{I_{E1}} = 200 + (1+100)\frac{26\text{mV}}{0.475\text{mA}} = 5.73\text{k}\Omega$$

因单入单出差模增益等同于双入单出，且 T_1 管差模交流通路如图 6.3.11(a)所示，则有

$$A_{vd1} = \frac{1}{2} A_{v1} = -\frac{1}{2}\,\frac{\beta R_{c1}}{r_{be1} + (1+\beta)(R_p/2)} = -\frac{100 \times 1.6}{2 \times (5.73 + 101 \times 0.5)} \approx -1.4$$

$$R_{id} = 2\{R_{b1} /\!/ [r_{be1} + (1+\beta)(R_p/2)]\} = 27.9\text{k}\Omega$$

$$R_{od} = R_{c1} = 1.6\text{k}\Omega$$

画出 T_1 管共模交流通路如图 6.3.11(b)所示，则有

$$A_{vc1} = -\frac{\beta R_{c1}}{r_{be1} + (1+\beta)\left(\frac{1}{2}R_p + 2r_o\right)} \approx -\frac{R_{c1}}{2r_o} = -\frac{1.6}{2 \times 3950} \approx 2 \times 10^{-4}$$

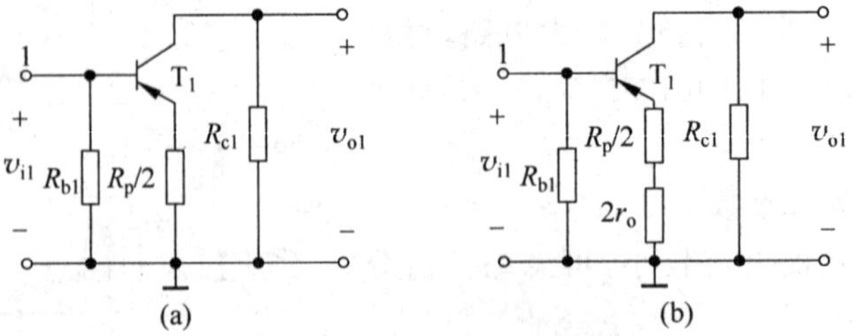

图 6.3.11　T_1 管交流通路

(a) 差模交流通路；(b) 共模交流通路

$$K_{\mathrm{CMR}}=\left|\frac{A_{vd1}}{A_{vc1}}\right|=\left|\frac{-1.4}{-2\times10^{-4}}\right|=7\times10^{3}$$

或

$$K_{\mathrm{CMR}}=20\lg\left|\frac{A_{vd1}}{A_{vc1}}\right|=20\lg(7\times10^{3})=77(\mathrm{dB})$$

说明：

(1) 尽管电路中 $R_{c1}\neq R_{c2}$，但两管静态电流还是相同的。在 T_1 管集电极以直接耦合的方式输出信号时，下一级电路的 R_i 与 R_{c1} 是并联的，参数合适时反而减小电路的不对称性。另外，调零电位器也具有补偿调节作用。

(2) 该差分放大电路在功率放大电路中主要用于抑制零点漂移，在直接耦合输出时考虑到下级共射放大电路的静态偏置，取 $V_{C1}=-11.3\mathrm{V}$。

6.4　FET 差分放大电路

由于 FET 具有输入阻抗高、功耗小、温度稳定性好、噪声低等诸多显著优点，因此在实际电路设计应用中，也常使用 FET 差分放大电路(简称 FET 差放电路)。此外，由于场效应管制造工艺简单，FET 差分放大电路在模拟集成电路中也得到广泛应用。FET 差分放大电路在电路结构、输入输出方式与 BJT 差分放大电路类似，其分析方法也与 BJT 差分放大电路相同。

1. JFET 差分放大电路

由 JFET 组成的双端输入双端输出差分放大电路如图 6.4.1(a)所示，图中 T_3、R_{e3}、R_1 和稳压二极管 D_1 构成三极管恒流源，静态时有 $I_{D1}+I_{D2}=I_{C3}$，R_p 是调零电位器。与典型电路相比，电路中增加了电阻 R_{s1}、R_{s2}，其作用是直流时稳定工作点、交流时可改善电路性能。该差分放大电路是高阻测量仪中 I/V 转换电路中的第一级电路，但在实际电路中采用单端输入双端输出的形式。

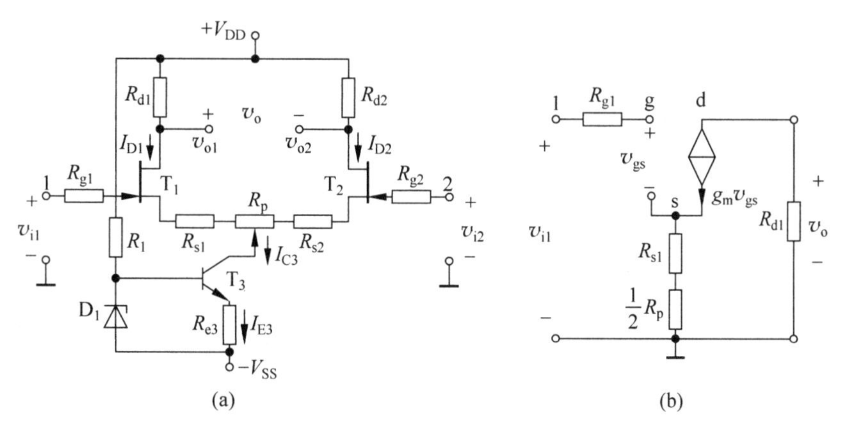

图 6.4.1　由 JFET 对管构成的差分放大电路

(a) 例题原理电路；(b) T_1 管差模小信号等效电路

例 6.4.1　在图 6.4.1(a)中，已知 $R_{g1}=R_{g2}=220\mathrm{k\Omega}$、$R_{d1}=R_{d2}=10\mathrm{k\Omega}$、$R_{s1}=R_{s2}=0.2\mathrm{k\Omega}$、$R_1=1\mathrm{k\Omega}$、$R_{e3}=4.7\mathrm{k\Omega}$、$R_p=0.1\mathrm{k\Omega}$。设 JFET 的跨导 $g_{m1}=g_{m2}=3.5\mathrm{mS}$，$r_{ds}$ 很大

可忽略，T_3 管的电流放大系数 $\beta_3=100$、$V_{BE3}=0.7\text{V}$，$r_{ce}=100\text{k}\Omega$，稳压二极管 D_1 的稳压值 $V_D=6.1\text{V}$。试求：(1)静态时的电压 V_{D1}；(2)差模输入时的 A_{vd}、R_{od}。

解：T_3、D_1、R_1 和 R_{e3} 构成 BJT 电流源，T_3 基极采用稳压管电路作偏置，因此电流源工作更为稳定。由已知条件可知

$$V_B=V_D=6.1\text{V}$$

则电流源的输出电流为

$$I_{C3}\approx I_{E3}=\frac{6.1-0.7}{4.7}\approx 1.15(\text{mA})$$

差分对管的偏置电流

$$I_{D1}=I_{D2}\approx\frac{1}{2}I_{E3}\approx 0.58\text{mA}$$

$$V_{D1}=V_{DD}-(R_{D1}I_{D1})=12-(10\times 0.58)=6.2(\text{V})$$

画出 T_1 管的差模小信号等效电路，如图 6.4.1(b)所示，则有

$$A_{vd}=A_{v1}=-\frac{g_m v_{gs}R_{d1}}{v_{gs}+g_m v_{gs}\left(\frac{1}{2}R_p+R_s\right)}\approx-\frac{g_m R_{d1}}{1+g_m\left(\frac{1}{2}R_p+R_s\right)}$$

$$=-\frac{3.5\times 10}{1+3.5\times\left(\frac{1}{2}\times 0.1+0.2\right)}\approx-18.7$$

$$R_{od}=2R_{d1}=20\text{k}\Omega$$

2. MOSFET 差分放大电路

图 6.4.2 是由增强型 MOSFET 组成的双端输入、单端输出差分放大电路，采用恒流源偏置。图中：T_1、T_2 是差分对管，采用对称的 P 沟道 MOS 管，两管的栅极分别作为输入端；T_3、T_4 是对称的 N 沟道 MOS 管，构成镜像电流源，作为漏极的有源负载。

静态时，由于 T_1 和 T_2 对称、T_3 和 T_4 对称，且 MOS 管的栅极无电流，因此有 $I_{D1}=I_{D2}=I_{D3}=I_{D4}$。

图 6.4.3 是该电路的差模交流通路。在差模工作时，设 $v_{i1}=-v_{i2}$，即差模输入信号为 $v_{id}=v_{i1}-v_{i2}=2v_{i1}$，那么两输入端的信号可分别表示成 $v_{i1}=v_{id}/2$ 和 $v_{i2}=-v_{id}/2$。如果 MOS 管输出电阻 r_{ds} 都很大，对 T_1 管而言，在 $v_{i1}=v_{id}/2$ 作用下，根据 FET 的简化小信号模型可得

$$i_{d1}=g_{m1}v_{gs1}=g_{m1}v_{i1}=(g_{m1}v_{id})/2$$

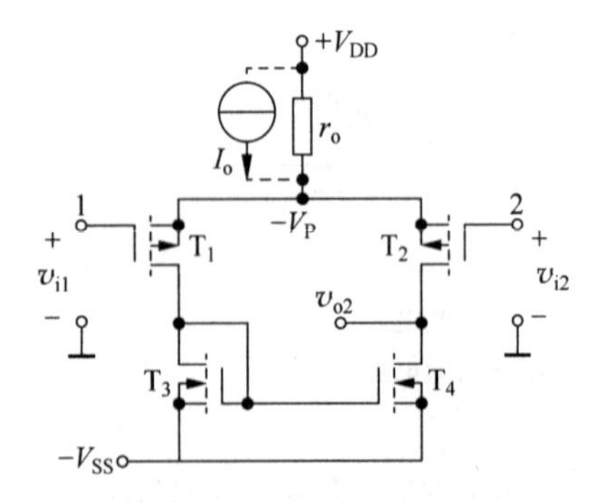

图 6.4.2 MOS 差分放大电路

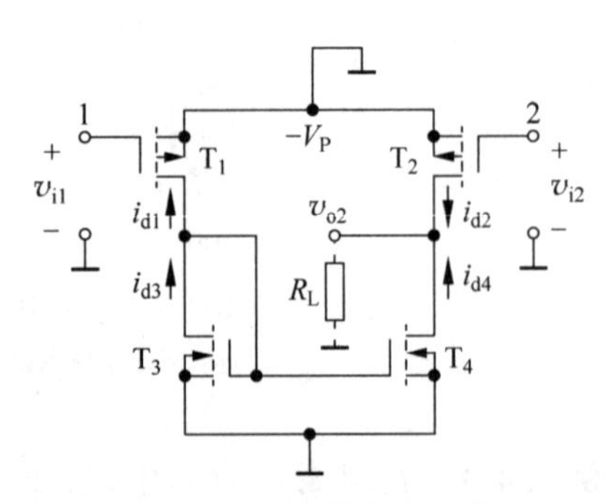

图 6.4.3 差模交流通路

因为 MOS 管栅极无电流且 T_3、T_4 为镜像电流源，因此有 $i_{d1}=i_{d3}=i_{d4}=(g_{m1}v_{id})/2$。同理，在 $v_{i2}=-v_{id}/2$ 作用下，T_2 管的漏极电流也是 $(g_{m1}v_{id})/2$，但电流是流出漏极的，在图 6.4.3 所示参考方向下有

$$i_{d2}=(g_{m1}v_{id})/2$$

如果输出端接有 R_L，则输出电压为

$$v_{o2}=R_L(i_{d2}+i_{d4})=R_L\left(\frac{g_{m1}v_{id}}{2}+\frac{g_{m1}v_{id}}{2}\right)=g_{m1}v_{id}R_L$$

所以，单端输出时的差模电压增益为

$$A_{vd2}=\frac{v_{o2}}{v_{id}}=\frac{g_{m1}v_{id}R_L}{v_{id}}=g_{m1}R_L$$

考虑到 T_3、T_4 输出电阻 r_{ds} 的影响，则有

$$A_{vd2}=g_{m1}(R_L /\!/ r_{ds2} /\!/ r_{ds4})$$

上式表明，尽管是单端输出，但 A_{vd2} 仍然是单管的放大倍数。这是采用有源负载的突出优点，因此在集成电路的设计制作中应用广泛。

本章小结

（1）差分放大电路最主要的特点是具有很强的抑制零点漂移和抗共模干扰的能力，因此在直接耦合多级放大电路和集成运算放大器的设计中得到广泛的应用。

（2）差分放大电路两个输入信号之差定义为差模信号，两个输入信号的均值定义为共模信号，因此输入信号均可看成是差模信号和共模信号的叠加。差分放大电路的差模电压增益高、共模电压增益低，可有效地放大差模输入信号、抑制共模信号，尤其是在双端输出且电路对称的情况下，理论上可完全抑制共模信号，即使在电路不完全对称或单端输出时，也具有很强的抑制共模信号的能力，所以输出信号中主要是差模分量，而共模分量往往可忽略。

（3）由基本（长尾式）差分放大电路的直流通路可知，BJT 对管的静态偏置电流（I_{CQ}、I_{BQ}）可通过射极共用电阻 R_e 和负偏置电源来调节，在偏置电流不变的情况下，静态偏置电压（V_{CQ} 或 V_{CEQ}）仅与集电极电阻 R_c 和正偏置电源有关。在电路对称时，两管静态工作点参数相同。

（4）差分放大电路的交流参数只与输出形式（单出或双出）有关，而与输入形式（单入或双入）无关。差模、共模交流参数分别依据差模、共模交流通路分析计算，在差模交流通路中，与两管发射极形成的结点为交流地，在共模交流通路中，射极共用电阻 R_e 对每个管子的影响是 $2R_e$。在单端输出时，共模抑制比的大小与 R_e 成正比。交流参数的分析计算参见表 6.2.1。

（5）恒流源具有输出电流稳定、等效交流电阻大等特点，在模拟集成电路的设计和制造中常用作偏置电路，得到广泛应用。在差分放大电路中，可采用恒流源作为射极偏置电路以获得合适、稳定的静态偏置电流，又可作为有源负载。射极恒流偏置可显著提高单端输出时的共模抑制比，有源负载可使单端输出的电压增益倍增。

习题 6

6.1 在图题 6.1 所示的电路中，已知 T_1、T_2 的特性相同、$V_{BE}=0.7V$ 且 β 很大。试求 I_{C2} 和 V_{CE2} 的值。

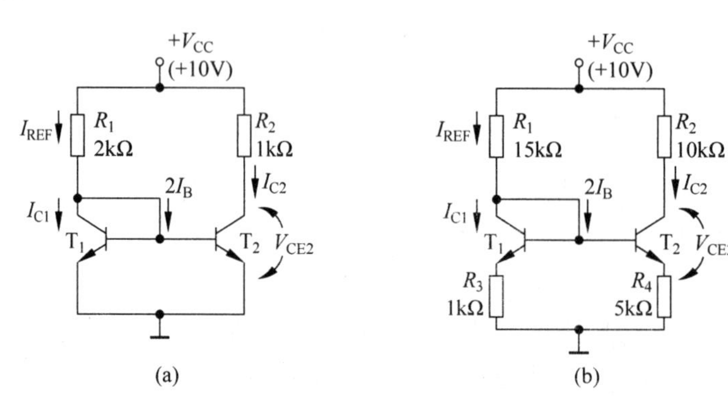

图题 6.1

6.2 多路电流源电路如图题 6.2 所示，已知三极管的 β 均很大且 $V_{BE}=0.7V$，试求 I_{C1} 和 I_{C2} 的值。

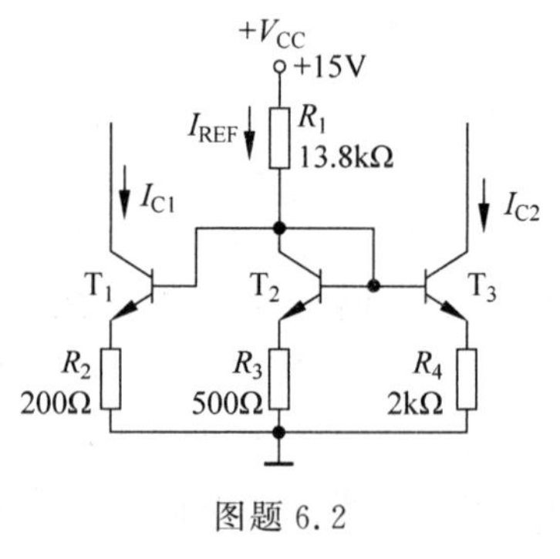

图题 6.2

6.3 差分放大电路如图题 6.3 所示，设 $V_{CC}=V_{EE}=12V$，T_1、T_2 的特性相同且工作在线性区域，$\beta=30$，$V_{BE}=0.6V$，$r_{bb'}=200\Omega$，$R_c=5k\Omega$。在输入电压 $V_{i1}=-V_{i2}$ 时测得集电极对地电位 $V_{C1}=6V$，$V_{C2}=9V$。求：(1)射极电阻 R_e 的数值；(2)输入电压 V_{i1} 和 V_{i2} 的大小。

6.4 电路如图题 6.4 所示，已知 $V_{CC}=V_{EE}=12V$，BJT 的 $\beta_1=\beta_2=100$，$V_{BE1}=V_{BE2}=0.7V$。试求：(1)静态工作点 Q；(2)当 $v_{i1}=0.01V$、$v_{i2}=-0.01V$ 时，求输出电压 v_o；(3)当输出端接有 $R_L=5.6k\Omega$ 的负载电阻时，求输出电压 v_o；(4)求电路的差模输入电阻 R_{id} 和输出电阻 R_{od}。

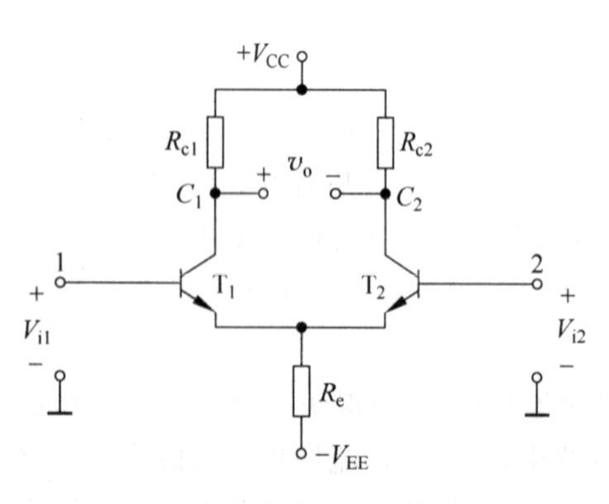

图题 6.3

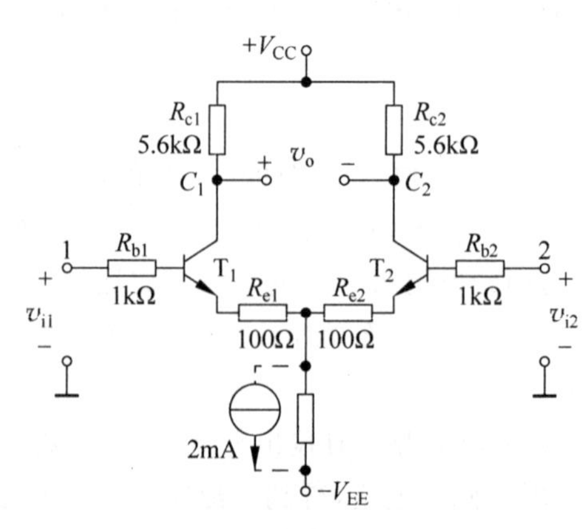

图题 6.4

6.5　在图题6.5所示的差分放大电路中，已知对管的$\beta=50$，$V_{BE1}=V_{BE2}=0.7V$，$r_{bb'}=300\Omega$。试估算：(1)T_1、T_2的静态工作点；(2)双端输出差模电压放大倍数A_{vd}。

6.6　在图题6.6所示的电路中，已知T_1、T_2为硅管且有$\beta_1=\beta_2=50$，试求：(1)静态时的I_{C1}、V_{C1}；(2)差模电压增益A_{vd1}、共模电压增益A_{vc1}；(3)当$v_i=10mV$时的输出电压v_o。

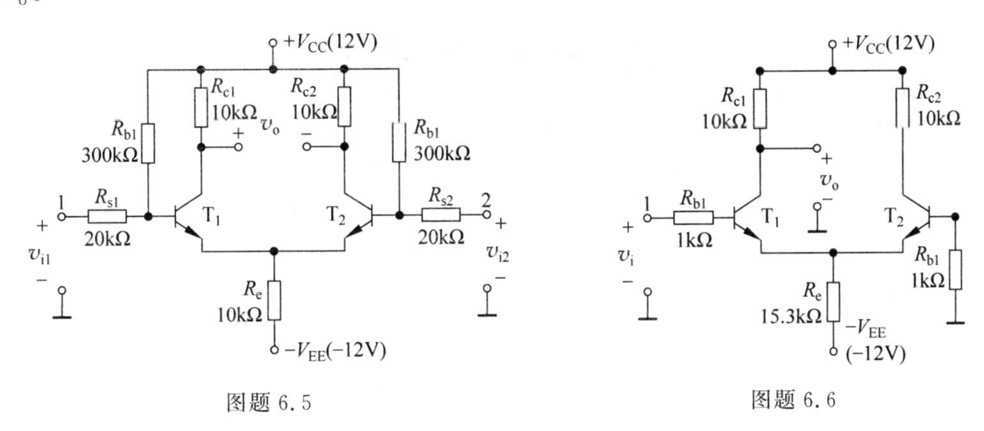

图题6.5　　　　图题6.6

6.7　在图题6.7所示的电路中，设T_1、T_2管参数对称且有$\beta_1=\beta_2=60$，其余参数在图中给出：(1)当$v_{i1}=0$，求$A_{vd}=(v_{o1}-v_{o2})/v_{i2}$；(2)当$v_{i2}=0$，求$v_{o2}/v_{i1}$；(3)求差模输入电阻$R_{id}$、单端输出时的共模抑制比$K_{CMR}$。

6.8　具有恒流源的差分放大电路如图题6.8所示，设图中三极管的特性完全对称，$\beta=50$，$V_{BE}=0.6V$，$r_{bb'}=200\Omega$。试求：(1)静态时的I_{C1}、I_{C2}和对地电位V_{C1}、V_{C2}；(2)差模电压放大倍数A_{vd}；(3)当$\Delta V_I=0.05V$时，T_1、T_2的集电极电位V_{C1}和V_{C2}分别变为多大？设T_4具有理想的恒流特性；(4)如果在输出端接20kΩ的负载电阻R_L，ΔV_I仍为0.05V，则流过R_L电流ΔI_L为多少。

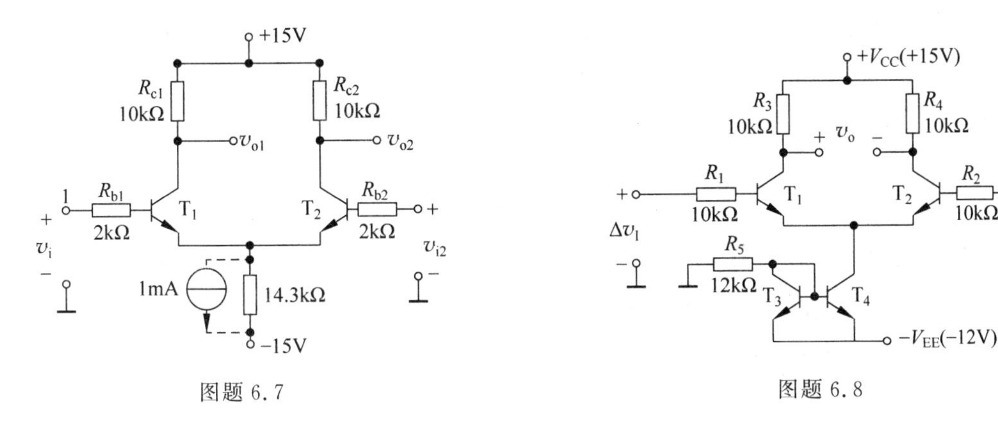

图题6.7　　　　图题6.8

第7章

功率放大电路

前面章节介绍的放大电路主要用于增强电压幅度或电流幅度，因而相应地称为电压放大电路或电流放大电路。本章，我们将学习另一种功能的放大电路——功率放大电路。其实，电压、电流和功率是密切相关的物理量，无论哪种放大电路，在负载上都同时存在电压、电流和功率，称呼上的区别只不过是强调输出量的侧重点不同而已。

在多级放大电路中，输出的信号往往用于驱动一定的负载。例如，电动机的控制绕组、扬声器、马达等。这些负载要能够正常工作，除了需要一定的驱动电压外，其额定工作电流也较高，这就要求多级放大电路除了有电压放大级外，还要有一个能输出一定信号功率的输出级。这类主要用于向负载提供功率的放大电路就称为功率放大电路。

本章以功率放大电路的效率和失真这两个重要指标为主线，分析常见的三种类型的功率放大电路，讨论性能指标，逐步推导出实用性较强的甲乙类功率放大电路模型，并以乙类功率放大电路为例，详细分析功率放大电路指标的计算方法。

7.1 功率放大电路概述

7.1.1 功率放大电路的定义

功率放大电路是以输出较大功率以驱动负载为目标的放大电路，简称功放电路或功放。它一般用于多级放大电路的输出级，和负载直接相连，因此要求放大电路具有较强的带负载能力。

功率是电压和电流的乘积。在前面的章节介绍过了由三极管或场效应管构成的放大电路，其中，三极管构成的共射或共基电路，以及场效应管构成的共源或共栅电路，都具有较强的电压放大能力，而共集电极放大电路或共漏极放大电路均具有较强的电流放大能力，且输出电阻较低，带负载能力强。因此，实现功率放大电路的一个合理的思路就是在多级放大的中间级，解决电压放大的问题，在末级通过一级共集或共漏电路再进行电流放大，实现功率放大的目标，从而驱动一定的负载。

7.1.2　功率放大电路的主要特点

功率放大电路的本质还是一种能量转换电路。因此，从能量控制观点来看，功率放大电路和电压放大电路本质上并没有区别，都是在输入信号的控制下，电源将自身能量的一部分输出给了负载。但是，这两种放大电路有着各自不同的特点。

(1) 目标不同。电压放大电路的主要目标是在输出端得到更大电压幅度的不失真输出信号；功率放大电路是为了在输出端的负载上通过更大的输出电流，以便负载获得更高的输出功率，在不影响电路功能的情况下，容许输出信号的部分失真。

(2) 技术指标不同。对于电压放大电路而言，主要技术指标包括电压增益、输入电阻和输出电阻；功率放大电路的技术指标则为输出功率、转换效率以及非线性失真度等。

(3) 电路的工作状态不同。在电压放大电路中，放大电路通常工作在小信号状态，即输入信号的幅度比较小，电路中的放大元件工作在小信号下的线性状态；功率放大电路为了获得尽可能大的输出信号，其输入信号的幅度往往较高，放大元件往往尽限使用，电路工作在大信号状态。

(4) 分析方法不同。对于电压放大电路，由于器件工作于线性状态，可以通过放大元件的小型号模型建立小信号等效电路来进行分析；功率放大电路中的输入输出信号幅度均较高，放大器件存在部分失真，一般通过图解法加以分析。

7.1.3　功率放大电路的主要参数

1. 输出功率

功率放大电路的目标是从电源获取足够的能量以驱动负载，功率放大电路的输出功率就是负载所消耗的功率，如式(7.1.1)所示。

$$P_o = V_o \cdot I_o \tag{7.1.1}$$

式中，P_o 表示放大电路的输出功率；V_o 表示负载两端电压的有效值；I_o 表示流过负载的电流的有效值。为了使功率放大电路的输出功率尽可能大，负载上的电压、电流较高，功率管通常都工作在极限状态。因此，在设计放大电路时，功率管的选型很重要，需要关注管子的安全工作区，以免损坏功率管。

2. 能量转换效率

能量转换效率用 η 表示，它是有用功率和总功率的比值，如式(7.1.2)所示。其中，有用功率就是负载所消耗的功率，用 P_o 表示，总功率是电源所提供的功率，用 P_V 表示。

$$\eta = \frac{P_o}{P_V} \times 100\% \tag{7.1.2}$$

电源提供的能量除了被负载消耗外，其余部分($P_V - P_o$)称为无用功率，多以热量的形式耗散在功率晶体管(简称功率管)上。因此提高能量转换效率是功率放大电路的主要目标之一，这是因为：①在同样的输出功率下，效率越高意味着电源的功率越低，因此对供电电源的要求就大大降低，可以降低电路的体积和成本；②在电源功率 P_V 一定的情况下，效率低，电路的无用功率就高，功率管的发热就严重，不仅意味着这部分能量就被白白浪费，而且温度升高带来的影响，轻则影响功率器件的使用寿命，引起电路工作不稳定，重则烧坏功率管。

3. 功率管的散热

功率放大电路工作时，由于集电极电流较大，因此功率管的耗散功率较大，导致管子的结温和壳温升高，不仅影响器件性能，甚至会烧毁管子。通常需要给功率管加上散热器以辅助其散热，必要时还需要在电路中加上过压、过流等保护环节，以保证电路安全工作。

4. 非线性失真

功率放大电路中的功率管往往处于极限工作状态，不可避免地存在非线性失真，为了保证电路的性能，需要把失真限制在允许的范围内，因此就有了最大不失真输出功率这个指标。所谓最大不失真输出功率，是指输出信号失真小于某一特定值条件下，功率放大电路所能输出的最大功率值。

7.1.4 功率放大电路的分类

根据输入信号的不同，功率放大电路可以分为模拟功率放大电路和开关型功率放大电路。本书主要介绍模拟功率放大电路，该电路的输入信号为连续的模拟信号。

根据功率管导通角的不同，模拟功率放大电路又可以分为甲类、乙类以及甲乙类功率放大电路等。所谓导通角，是指在输入信号的控制下，在信号的一个完整周期中，功率管的导通角度。

如果在输入信号的一个完整周期中，管子都处于导通状态，这种类型的功率放大电路称为甲类功率放大电路，导通角为360°，如图7.1.1(a)所示；如果管子只在输入信号的半个周期导通，则称为乙类功率放大电路，导通角为180°，一般需要通过两个管子的配合，来输出一个完整的信号周期，如图7.1.1(b)所示；如果管子的导通角大于180°小于360°，则称为甲乙类功率放大电路，如图7.1.1(c)所示。

不难看出，在这三种功率放大电路中，甲类功率放大电路集电极的静态电流 I_{CQ} 最大，因此即使在没有输入信号的情况下，功率管的静态功耗也比较高，发热严重，效率低下，但其优点是信号失真可以做到很小。乙类功率放大电路的静态电流 I_{CQ} 几乎为零，这近乎是功率放大电路理想的工作状态，功率管只在功率放大的过程中产生一部分管耗，几乎没有静态管耗，因此乙类功率放大电路的效率最高。但是，对乙类功率放大电路而言，一个管子只能输出半个周期的信号，如果要实现信号一个周期的完整放大，通常需要两个管子配合工作。另外，乙类功率放大电路的静态工作点设置在截止区附近，两个管子在切换工作状态的过程中，必然要穿越截止区，导致信号失真，本章后续内容会做详细探讨。甲乙类功率放大电路是甲类功率放大电路和乙类功率放大电路两种方案的折中，集电极静态电流 I_{CQ} 在两者之间，兼顾效率和失真，通过牺牲一部分能量转换效率，换取放大电路对信号失真的抑制效果。

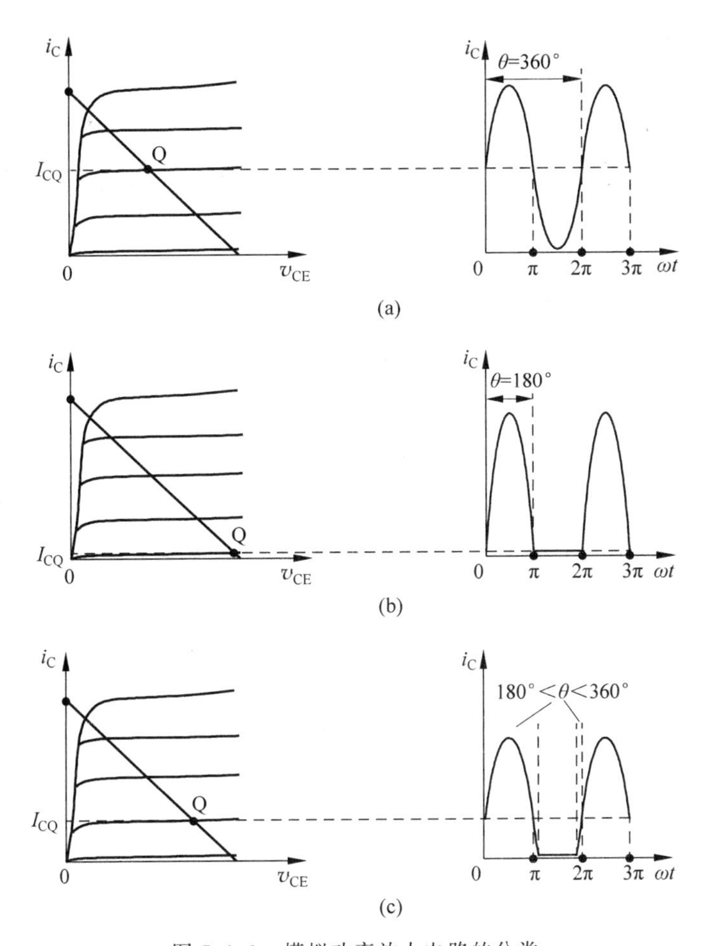

图 7.1.1　模拟功率放大电路的分类

(a) 甲类功率放大电路；(b) 乙类功率放大电路；(c) 甲乙类功率放大电路

7.2　甲类功率放大电路

甲类功率放大电路多工作在放大区，为了获得最大的不失真动态范围，静态工作点一般设置在负载线的中点，功率放大过程单管就可以完成，因此电路结构简单，信号失真较小，但是由于较高的静态工作点，导致该功率放大电路的效率不高。

图 7.2.1 所示为一种甲类功率放大电路的示例电路，其电路结构为一电压跟随器电路。为了获得较大的输出功率，输入信号 v_i 具有较大的动态范围，输出信号 $v_o \approx v_i - 0.7$，0.7V 为功率管 b、e 之间的电压。

如果不考虑管子的饱和压降 V_{CES}，即假设 $V_{CES}=0$，当 $V_{OQ}=\frac{V_{CC}}{2}$时，负载上可获得约 $\frac{V_{CC}}{2}$的最大的电压动态范围，输出功率可达到最大。如图 7.2.1(c)所示，此时负载上的平均

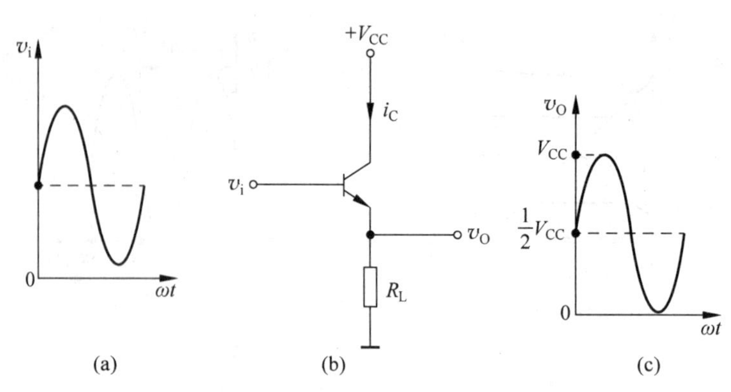

图 7.2.1 甲类功率放大电路

(a) 输入信号；(b) 放大电路基本结构；(c) 输出信号

电压为$\frac{V_{CC}}{2}$，负载上的平均电流为$\frac{V_{CC}}{2R_L}$，因此输出功率为

$$P_o = V_o \cdot I_o = \frac{1}{4}\frac{V_{CC}^2}{R_L} \tag{7.2.1}$$

功率管的 c、e 间的平均电压为$\frac{V_{CC}}{2}$，集电极的平均电流和负载上的平均电流一致，也为$\frac{V_{CC}}{2R_L}$，因此功率管的管耗为

$$P_T = V_{CE} \cdot I_C = \frac{1}{4}\frac{V_{CC}^2}{R_L} \tag{7.2.2}$$

电源所提供的功率是电源电压 V_{CC} 和流出电源的平均电流 I_C 的乘积，因此，

$$P_V = V_{CC} \cdot I_C = \frac{1}{2}\frac{V_{CC}^2}{R_L} \tag{7.2.3}$$

可以看出，$P_V = P_o + P_T$，满足能量守恒定律，能量转换效率 $\eta = 50\%$。实际上，这是甲类功率放大电路的理想效率，实际工况下要远低于该值。

7.3 乙类功率放大电路

乙类功率放大电路中功率管的导通角达到 180°，理想情况下，管子的静态功耗为零，只在信号放大的过程中产生管耗，因此效率可以达到最高。由于每个管子只在信号的半个周期导通，因此往往需要多个管子配合，实现全周期的功率放大。本节以由两个功率管所构成的推挽结构的乙类互补对称功率放大电路为例，分析乙类功率放大电路的工作原理。

7.3.1 乙类双电源互补对称功率放大电路

1. 电路结构

图 7.3.1 所示为一种典型的乙类双电源互补对称功率放大电路的结构示意图。电路由

一个 NPN 型功率管 T_1 和一个 PNP 型功率管 T_2 构成，一组正负电源组成双电源供电，输入信号加在两管的基极，负载接在两管的发射极，电路结构对称。

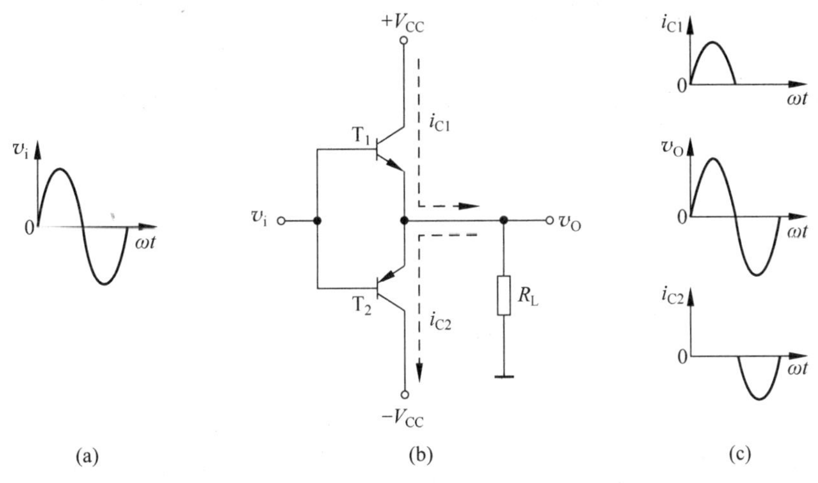

图 7.3.1 乙类双电源互补对称功率放大电路

(a) 输入信号；(b) 电路结构示意图；(c) 输出信号

在乙类双电源互补对称功率放大电路中，负载直接与电路相连接，没有输出电容，因此这种结构也称为无输出电容(Output Capacitorless)功率放大电路，简称 OCL 功放。

2. 工作原理

为了简化问题，忽略功率管基区的导通电压，即假设 T_1 管的 V_{BE} 为零，T_2 管的 V_{EB} 也为零，且忽略两管的饱和压降 V_{CES}(NPN 管)和 V_{ECS}(PNP 管)。

静态时，由于没有输入交流信号，v_i 为 0，两管 T_1、T_2 均截止，输出端点位于正负电源的对称中点，因此 $v_o=0$；由于负载上没有电流流过，因此输出功率为 0；由于两管均截止，因此集电极电流均为 0，两管的管耗为 0。

加上输入信号后，假设输入信号为正弦信号，如图 7.3.1(a)所示。在输入信号 v_i 的正半周，随着两管基极电位的提高，T_1 管发射结正偏导通，T_2 管发射结反偏截止，电源 $+V_{CC}$ 提供的电流 i_{C1} 流过负载 R_L，向负载输出功率，负载上的电压跟随输入信号变化。

在输入信号 v_i 的负半周，随着两管基极电位的反向增大，T_2 管导通，T_1 管截止，电源 $-V_{CC}$ 提供的电流 i_{C2} 流过负载 R_L，向负载输出功率，负载上的电压跟随输入信号变化。

两个功率管 T_1 和 T_2 分别在信号的半个周期中导通，组成了互补结构，通过两管的配合，完成了功率放大全过程。

继续讨论输出信号的动态范围。输出信号的幅度取决于两点：

(1) 输入信号的幅度。由于共集电极电路的特点，输出信号的幅度和相位跟随输入信号，因此输入信号的幅度增大时输出信号幅度也增大，但输出信号并不能无限增大。

(2) 无约束地增大输入信号幅度会引起输出失真，因为输出的信号幅度还受制于电源的电压值。以输入信号正半周为例，从输出端来看，有

$$V_{CC}=v_O+v_{CE1} \tag{7.3.1}$$

当 v_O 增大的过程中，功率管 c、e 之间的电压 v_{CE1} 不断减小，临界情况为

$$V_{CC}=v_{omax}+V_{CES} \tag{7.3.2}$$

此时，如果输入信号 v_i 的幅度继续增加，则输出信号 v_o 将会发生饱和失真。因此输出信号最大的不失真动态范围为

$$v_{omax}=V_{CC}-V_{CES} \tag{7.3.3}$$

通常 V_{CES} 相对较小，如果可以忽略，输出信号的最大不失真幅度为

$$v_{omax}=V_{CC} \tag{7.3.4}$$

3. 分析计算

1）输出功率

输出功率 P_o 可以用输出电压有效值 V_o 和输出电流有效值 I_o 的乘积来表示。假设输入信号的幅度为 V_{im}，则输出信号的幅度 $V_{om}=V_{im}$，因此输出功率为

$$P_o=V_o\cdot I_o=\frac{V_{om}}{\sqrt{2}}\cdot\frac{V_{om}}{\sqrt{2}R_L}=\frac{1}{2}\frac{V_{om}^2}{R_L} \tag{7.3.5}$$

当输出信号的幅度达到 $V_{CC}-V_{CES}$ 时，输出功率也达到最大，最大输出功率为

$$P_o=\frac{1}{2}\frac{(V_{CC}-V_{CES})^2}{R_L} \tag{7.3.6}$$

不考虑饱和压降 V_{CES} 时，最大输出功率为

$$P_o=\frac{1}{2}\frac{V_{CC}^2}{R_L} \tag{7.3.7}$$

2）直流电源提供的功率

正负两个电源都只在半个信号周期中输出功率，且大小相等，因此直流电源提供的总功率是两者之和，为单个电源所提供能量的双倍，可表示为

$$\begin{aligned}P_V&=2P_{V1}=2P_{V2}\\&=2\times\frac{1}{2\pi}\int_0^{\pi}V_{CC}\cdot\frac{v_o}{R_L}\mathrm{d}(\omega t)\\&=\frac{1}{\pi}\int_0^{\pi}\frac{V_{CC}V_{om}\sin\omega t}{R_L}\mathrm{d}(\omega t)\\&=\frac{2V_{CC}V_{om}}{\pi R_L}\end{aligned} \tag{7.3.8}$$

3）管耗 P_T

由于两个功率管都只在半个周期导通，因此总的管耗是单管管耗的两倍。假设输出电压表示为 $v_o=v_{om}\sin\omega t$，则单管管耗为

$$\begin{aligned}P_{T1}=P_{T2}&=\frac{1}{2\pi}\int_0^{\pi}(V_{CC}-v_o)\frac{v_o}{R_L}\mathrm{d}(\omega t)\\&=\frac{1}{2\pi}\int_0^{\pi}(V_{CC}-V_{om}\sin\omega t)\frac{V_{om}\sin\omega t}{R_L}\mathrm{d}(\omega t)\\&=\frac{1}{2\pi}\int_0^{\pi}\frac{V_{CC}V_{om}\sin\omega t}{R_L}\mathrm{d}(\omega t)-\frac{1}{2\pi}\int_0^{\pi}\frac{V_{om}^2\sin^2\omega t}{R_L}\mathrm{d}(\omega t)\end{aligned}$$

$$=\frac{V_{CC}V_{om}}{\pi R_L}-\frac{V_{om}^2}{4R_L} \tag{7.3.9}$$

因此,总的管耗 P_T 为

$$P_T=P_{T1}+P_{T2}=\frac{2V_{CC}V_{om}}{\pi R_L}-\frac{V_{om}^2}{2R_L}=P_V-P_o \tag{7.3.10}$$

可以发现,P_T 表达式的第一项就是 P_V,表达式的第二项就是 P_o,满足能量守恒定律。

还可以发现,当输出电压 V_{om} 达到最大时,虽然 P_o 和 P_V 达到最大,但管耗 P_T 并不是最大值。在式(7.3.10)中,将 P_T 对 V_{om} 求导,并令其为零,有

$$\frac{dP_T}{dV_{om}}=\frac{1}{R_L}\left(\frac{2V_{CC}}{\pi}-V_{om}\right)=0 \tag{7.3.11}$$

因此,当 $V_{om}=\frac{2}{\pi}V_{CC}\approx 0.64V_{CC}$ 时,功率管的管耗达到最大,最大单管管耗为

$$P_{T1m}=P_{T2m}=\frac{V_{CC}\cdot\frac{2}{\pi}V_{CC}}{\pi R_L}-\frac{\left(\frac{2}{\pi}V_{CC}\right)^2}{4R_L}=\frac{2}{\pi^2}\cdot\frac{V_{CC}^2}{2R_L}=\frac{2}{\pi^2}\cdot P_{om}$$
$$\approx 0.2P_{om} \tag{7.3.12}$$

式(7.3.12)表明功率管的最大管耗和最大输出功率之间的关系,在负载功率确定的情况下,该结果提供了功率管的选型依据。例如,设计一个可驱动16W负载的功率放大电路,则在选管时,需要保证两个功率管的额定管耗至少大于3.2W,实际使用过程中,还需要留有一定的裕量。

4) 转换效率

当输出功率达到最大时,能量转换效率也达到了最大值,最大效率为

$$\eta=\frac{P_{om}}{P_{VM}}\times 100\%=\frac{\pi}{4}\times 100\%\approx 78.5\% \tag{7.3.13}$$

需要说明的是,这是OCL电路在理想情况下的最高效率,没有考虑管子的饱和压降等因素,实际的效率要低于此数值。

例7.3.1　电路如图7.3.1(b)所示,输入信号 v_i 为正弦信号,T_1、T_2 管的导通角为180°,设导通时发射结压降可忽略,射极输出器电压放大倍数 $A_v=1$,正负电源的压降分别为+20V和−20V,试求:(1)v_i 的有效值 V_i 为10V时,输出功率为多大?(2)两管总管耗为多少?(3)电源供给的功率是多少?(4)效率为多大?(5)设 $V_{CES}=1V$,最大输出功率 P_{om} 是多少,此时的转换效率是多少。

解:(1) 求 $V_i=10V$ 时的输出功率。

因为 $V_i=10V$,$A_v=1$,所以 $V_{im}=10\sqrt{2}V$,$V_{om}=10\sqrt{2}V$。

根据式(7.3.5),有

$$P_o=\frac{1}{2}\frac{V_{om}^2}{R_L}=\frac{1}{2}\frac{(10\sqrt{2})^2}{8}=12.5(W)$$

(2) 求两管总管耗 P_T。

根据式(7.3.10),有

$$P_T=P_{T1}+P_{T2}=\frac{2V_{CC}V_{om}}{\pi R_L}-\frac{V_{om}^2}{2R_L}=\frac{2\times 20\times 10\sqrt{2}}{\pi\times 8}-\frac{(10\sqrt{2})^2}{2\times 8}\approx 10(W)$$

(3) 求电源提供的功率 P_V。

根据式(7.3.8),有

$$P_V=\frac{2V_{CC}V_{om}}{\pi R_L}=P_o+P_T=12.5+10=22.5(W)$$

(4) 求转换效率 η。

$$\eta=\frac{P_o}{P_V}=\frac{12.5}{22.5}\times 100\%\approx 55.6\%$$

(5) 求最大输出功率 P_{om} 和效率。

因为 $V_{CC}=20V$,$V_{CES}=1V$,所以 $v_{om}=V_{CC}-V_{CES}=19V$。

根据式(7.3.6),有

$$P_{om}=\frac{1}{2}\frac{v_{om}^2}{R_L}=\frac{1}{2}\frac{(V_{CC}-V_{CES})^2}{R_L}=\frac{1}{2}\times\frac{19^2}{8}\approx 22.6(W)$$

因为

$$P_V=\frac{2V_{CC}V_{om}}{\pi R_L}=\frac{2\times 20\times 19}{8\pi}\approx 30.25$$

所以

$$\eta=\frac{P_{om}}{P_V}\times 100\%=\frac{22.6}{30.25}\times 100\%=74.7\%$$

7.3.2 乙类单电源互补对称功率放大电路

1. 电路结构

图 7.3.2 所示为一种典型的乙类单电源互补对称功率放大电路结构示意图。电路由一个 NPN 型功率管 T_1 和一个 PNP 型功率管 T_2 构成,由一个正电源供电,输入信号通过耦合电容加在两管的基极,负载通过耦合电容接在两管的发射极,电路结构对称。

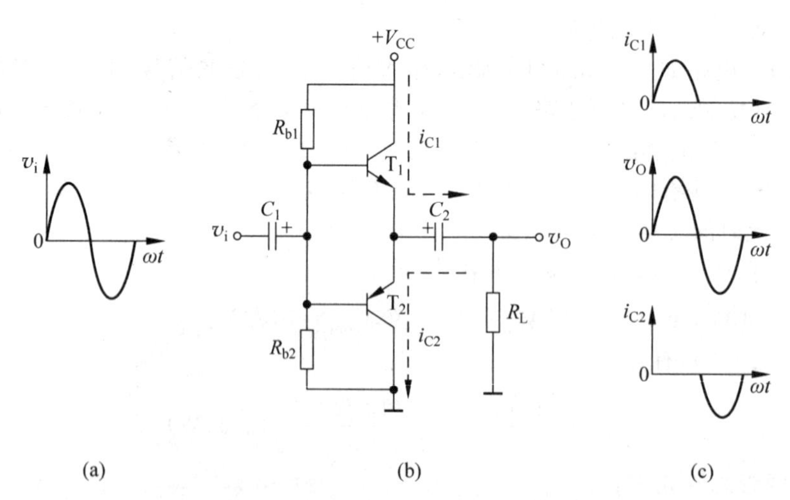

图 7.3.2 乙类单电源互补对称功率放大电路

(a) 输入信号;(b) 电路结构;(c) 输出信号

和前述 OCL 功率放大电路相比，电路结构的不同点主要表现为：①单电源供电代替双电源供电，有助于简化电路结构，降低成本；②增加了两个等值电阻 R_{B1}、R_{B2}，为功率管的基极提供直流偏置电压；③增加两个电容 C_1、C_2，C_1 主要用于隔离基极偏置电压和输入交流信号，C_2 为容量较大的输出耦合电容器，除了用于滤出输出交流分量外，还起到了储能的作用，部分替代了双电源结构中负电源的功能，其作用在电路工作原理部分将作进一步阐述。

在这种功率放大电路结构中，负载通过电容与电路相连接，输出端没有变压器，因此也称为无输出变压器(Output Transformerless)功率放大电路，简称 OTL 功放。

2. 工作原理

为了简化问题，忽略功率管基区的导通电压，即假设 T_1 的 V_{BE} 为零，T_2 管的 V_{EB} 也为零，且忽略两管的饱和压降 $|V_{CES}|$。

静态时，没有输入交流信号，v_i 为 0，电阻 R_{B1} 和 R_{B2} 为阻值相同的电阻，因此两管基极的电位为 $\frac{V_{CC}}{2}$。两管的集电极位于正电源 V_{CC} 和地之间电路结构的中点，电路上电后的瞬间就开始对电容充电，充电完成后，电路呈现稳态。由于电路结构对称的缘故，两管发射极的电位也为 $\frac{V_{CC}}{2}$，因此在静态时，电容两端的电压为 $\frac{V_{CC}}{2}$，输出电压 $v_O=0$。静态时负载上没有电流流过，输出功率为 0；两管均截止，集电极电流均为 0，两管的管耗也为 0。

假设输入信号为正弦信号，如图 7.3.2(a)所示，在输入信号 v_i 的正半周，随着两管基极电位的提高，T_1 管发射结正偏导通，T_2 管发射结反偏截止，电源 $+V_{CC}$ 通过 T_1 对电容器 C_2 充电，流过负载 R_L 的电流方向如图中 i_{C1} 所示，如果输入信号的幅度足够大，输出电压 v_o 正半周幅度的可能出现的最大值为 $\frac{V_{CC}}{2}-V_{CES}$。

在输入信号 v_i 的负半周，随着两管基极电位的反向增大，T_2 管正偏导通，T_1 管反偏截止。此时电容 C_2 起着电源的作用，通过功率管 T_2 放电，放电电流 i_{C2} 流过负载 R_L，向负载输出功率，负载上的电压跟随输入信号变化。两个功率管 T_1 和 T_2 分别在信号的半个周期导通，组成了互补结构，通过两管的配合，完成了功率放大全过程。

3. 分析计算

和前述 OCL 电路相比，OTL 电路中，电容的作用相当于一个大小为 $\frac{V_{CC}}{2}$ 的电压源，加在 T_1 管和 T_2 管 c、e 或 e、c 之间的静态电压均为 $\frac{V_{CC}}{2}$，输出信号 v_o 的最大动态范围为 $\frac{V_{CC}}{2}-V_{CES}$。所以，单电源 V_{CC} 供电的 OTL 电路可以和两个大小为 $\pm\frac{V_{CC}}{2}$ 双电源供电的 OCL 电路等效。因此，OTL 电路中各指标参数的计算，只要把电源电压 V_{CC} 用 $\frac{V_{CC}}{2}$ 替换后，代入 OCL 电路的相关公式即可。

1）输出功率

输出功率 P_o 可以用输出电压有效值 V_o 和输出电流有效值 I_o 的乘积表示。假设输入信号的幅度为 V_{im}，则输出信号的幅度 $V_{om}=V_{im}$，因此输出功率为

$$P_o=V_o\cdot I_o=\frac{V_{om}}{\sqrt{2}}\cdot\frac{V_{om}}{\sqrt{2}R_L}=\frac{1}{2}\frac{V_{om}^2}{R_L} \tag{7.3.14}$$

输出信号的最大幅度为 $\frac{V_{CC}}{2}-V_{CES}$，所以最大输出功率为

$$P_{omax}=\frac{1}{2}\frac{\left(\frac{V_{CC}}{2}-V_{CES}\right)^2}{R_L} \tag{7.3.15}$$

不考虑饱和压降 V_{CES} 时，最大输出功率为

$$P_{omax}=\frac{1}{8}\frac{V_{CC}^2}{R_L} \tag{7.3.16}$$

2）直流电源提供的功率

将式(7.3.8)中的 V_{CC} 用 $\frac{V_{CC}}{2}$ 替换，得

$$P_V=\frac{V_{CC}V_{om}}{\pi R_L} \tag{7.3.17}$$

不考虑饱和压降 V_{CES} 时，V_{om} 的最大值为 $\frac{V_{CC}}{2}$。

3）管耗 P_T

由于两个功率管都只在半个周期导通，因此总的管耗是单管管耗的2倍。假设输出电压表示为 $v_o=v_{om}\sin\omega t$，将式(7.3.9)中的 V_{CC} 用 $\frac{V_{CC}}{2}$ 替换，得

$$P_{T_1}=P_{T_2}=\frac{V_{CC}V_{om}}{2\pi R_L}-\frac{V_{om}^2}{4R_L} \tag{7.3.18}$$

因此，总的管耗 P_T 为

$$P_T=P_{T_1}+P_{T_2}=\frac{V_{CC}V_{om}}{\pi R_L}-\frac{V_{om}^2}{2R_L}=P_V-P_o \tag{7.3.19}$$

当 $V_{om}=\frac{1}{\pi}V_{CC}\approx 0.32V_{CC}$ 时，功率管的管耗达到最大，最大单管管耗为

$$P_{T_1m}=P_{T_2m}\approx 0.2P_{om} \tag{7.3.20}$$

4）转换效率

和OCL电路一样，当输出功率达到最大时，能量转换效率也达到了最大值，最大效率为

$$\eta=\frac{P_{om}}{P_{VM}}\times 100\%=\frac{\pi}{4}\times 100\%\approx 78.5\% \tag{7.3.21}$$

需要说明的是，这是OTL电路在理想情况下的最高效率，没有考虑管子的饱和压降等因素，实际的转换效率要低于此数值。

7.3.3 选管原则

功率管是功率放大电路的核心，为了提高电源的利用效率，功率管往往都是尽限使用，为了提高输出功率，功率管多在高电压、大电流的情况下工作。因此，选择合适的功率管非常重要，在选管时主要考虑以下问题：

1）集电极的最大允许功耗 P_{CM}

集电极的最大允许功耗 P_{CM} 取决于管子的最大管耗，根据式(7.3.12)，最大管耗 $P_T=0.2P_{om}$，因此该指标又取决于负载上的最大输出功率，须保证 P_{CM} 至少大于 $0.2P_{om}$。

2）集电极-发射极最大允许电压 $V_{(BR)CEO}$

在 OCL 电路中，当输出电压 v_o 达到最大正向峰值 v_{om} 时，v_{om} 约为 $+V_{CC}$，此时 T_2 管的集电极和发射极之间出现最大电压降 $2V_{CC}$，当 v_o 达到反向峰值 $-V_{CC}$ 时，T_1 的集电极和发射极之间的电压降也达到最大值 $2V_{CC}$。因此，在设计 OCL 电路时，管子的 $V_{(BR)CEO}$ 必须大于 $2V_{CC}$，并适当留有余量。

同理，可分析在 OTL 电路中，当输出信号出现最大峰值时，T_1、T_2 管的集电极和发射之间的最大电压为 V_{CC}。因此，在设计 OTL 电路时，管子的 $V_{(BR)CEO}$ 必须大于电源电压 V_{CC}。

3）集电极最大允许电流 I_{CM}

当输出电压的瞬时值达到最大时，负载上的瞬时电流达到最大，集电极上的瞬时电流也达到峰值。在 OCL 电路中，该峰值电流为$\frac{V_{CC}}{R_L}$，因此必须保证功率管的集电极最大允许电流 I_{CM} 大于$\frac{V_{CC}}{R_L}$。在 OTL 电路中，集电极的峰值电流为$\frac{V_{CC}}{2R_L}$，因此在设计 OTL 电路时，必须选择 I_{CM} 大于$\frac{V_{CC}}{2R_L}$的管子。

此外，散热问题也关系到功率放大电路能否安全工作。为保证功率管散热良好，在实际电路中，往往需要在功率管的外壳上加装散热片，在机箱内部安装风扇等散热措施。

例 7.3.2 OTL 功率放大电路如图 7.3.2 所示，$V_{CC}=24V$，$R_L=8\Omega$，不考虑管子的饱和压降和发射结导通电压。试求：(1)最大不失真输出功率；(2)最大效率；(3)确定选管参数。

解：(1) 求最大不失真输出功率。

$V_{CC}=24V$ 的单电源供电的 OTL 电路可以等效为$\pm\frac{V_{CC}}{2}$双电源供电的 OCL 电路，来计算各项参数指标。

因为不考虑饱和压降 V_{CES}，输出电压的最大幅度为 12V，因此

$$P_{om}=\frac{1}{2}\frac{\left(\frac{V_{CC}}{2}\right)^2}{R_L}=9W$$

(2) 求最大效率。

不考虑管子的饱和压降的情况下，乙类功率放大电路在输出功率达到最大的情况下，效

率达到理想值，即

$$\eta=\frac{P_{\mathrm{om}}}{P_{\mathrm{VM}}}\times 100\%=\frac{\pi}{4}\times 100\%\approx 78.5\%$$

(3) 选管依据。

① 集电极最大耗散功率 $P_{\mathrm{CM}}>0.2P_{\mathrm{om}}$，即 $P_{\mathrm{CM}}>1.8\mathrm{W}$；

② 管子的最大耐压须高于 V_{CC}，即 24V；

③ 管子的最大集电极允许电流 I_{CM} 须高于 $V_{\mathrm{CC}}/2R_{\mathrm{L}}$，即 $I_{\mathrm{CM}}>1.5\mathrm{A}$。

7.4 甲乙类功率放大电路

7.4.1 交越失真现象

前面讨论了乙类互补对称功率放大电路，包括双电源的 OCL 结构以及单电源的 OTL 结构。为了讨论的方便，没有考虑管子 b、e 之间的导通电压，其结果是带来输出波形的失真。

以前述乙类 OCL 功率放大电路为例，如图 7.4.1 所示，实际输出波形发生了严重的失真。可以发现，失真发生在输入信号经过零点的时刻。以输入信号 v_{i} 的正半周为例，当输入信号从 0 开始增大时，T_1 管发射结的正偏电压低于其导通电压，因此此时不仅 T_2 管由于发射结反偏处于截止状态，T_1 管由于正偏电压不足也截止了，T_1、T_2 同时截止，因此没有输出信号。当输入信号 v_{i} 达到 0.6V 后，T_1 管开始逐渐导通，此时输出信号 v_{O} 才从零开始逐渐增大，这种信号在穿越死区（截止区）过程中发生的失真现象叫作交越失真。

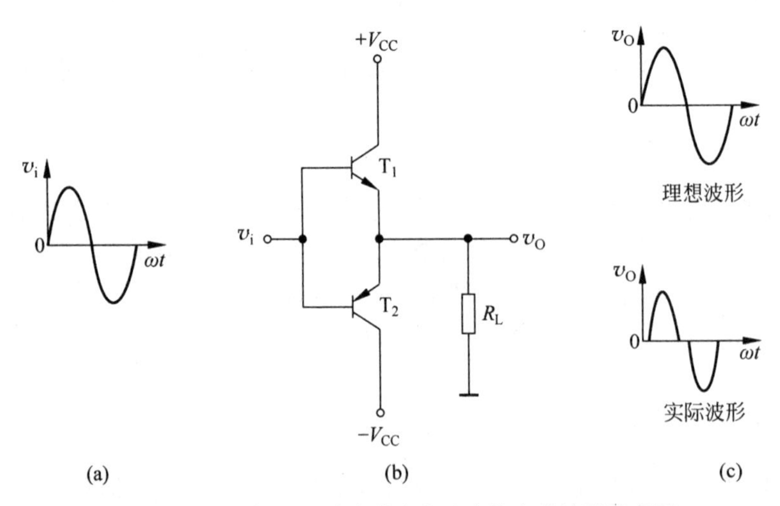

图 7.4.1 乙类 OCL 功率放大电路交越失真波形示意图

(a) 输入信号；(b) 电路结构；(c) 输出信号

产生交越失真的主要原因在于三极管死区电压的存在，由于在上述电路中管子的静态工作点过低，信号在穿越死区的过程中必然会发生失真，因此，消除交越失真的方法，就是给两个三极管的基极加上适当的偏置电压，适当提高管子的静态工作点，让三极管的发射结在静态时处于临界导通（也叫作微导通）的状态，一旦加上输入信号后，其中的一只管子能够迅速导通，从而消除死区电压的影响。

由于静态工作点的提高，此时管子的导通角将大于180°而小于360°，处于甲乙类工作状态，功率管势必会产生静态功耗，因此这是兼顾效率和失真的一种折中方案，适当牺牲效率换取电路对交越失真的抑制。

7.4.2　甲乙类功率放大电路

消除交越失真方法很多，常见的有以下两种结构。

1. 二极管偏置电路

采用二极管偏置的电路结构如图7.4.2所示，由于两管基极电流很小，其静态结构相当于在正负电源之间增加了一条由电阻R_1、R_2，二极管D_1、D_2构成的串联支路。R_1、R_2为分压电阻，二极管D_1、D_2又并联在两个管子的基极之间，也就是和两管的发射结并联，因此D_1、D_2上的静态压降可以让两管T_1、T_2的发射结处于微导通状态，为两个功率管建立起了合适的静态，从而克服交越失真。

2. 恒压源偏置电路

采用二极管偏置的优点是电路结构简单，但该方法的缺点是其偏置电压不易调整，在集成电路中经常采用恒压源偏置结构，如图7.4.3所示。忽略三个管子的基极电流，电阻R_2并联在T_3管的b、e之间，因此R_2两端的压降为一固定值，对于硅管，为0.6～0.7V。R_1、R_2两端的总电压就是T_1、T_2管基极的偏置电压，用V_{CE3}表示为

$$V_{CE3}=\frac{R_1+R_2}{R_2}V_{BE3} \tag{7.4.1}$$

因此，只要适当调节R_1、R_2的比值，就可以调整两管基极的偏置电压，为了方便调节，R_1可以用一个电位器代替。

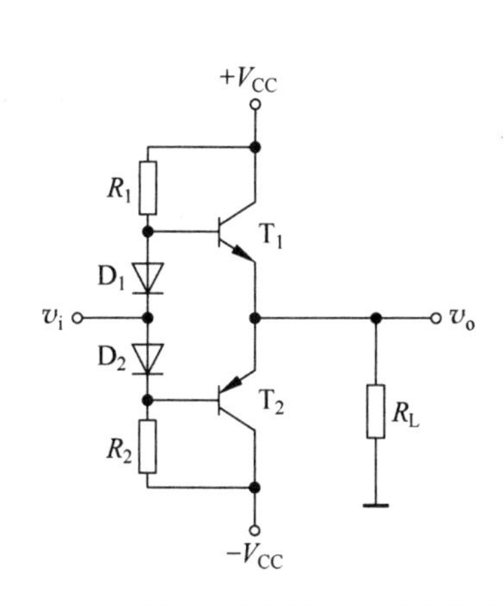

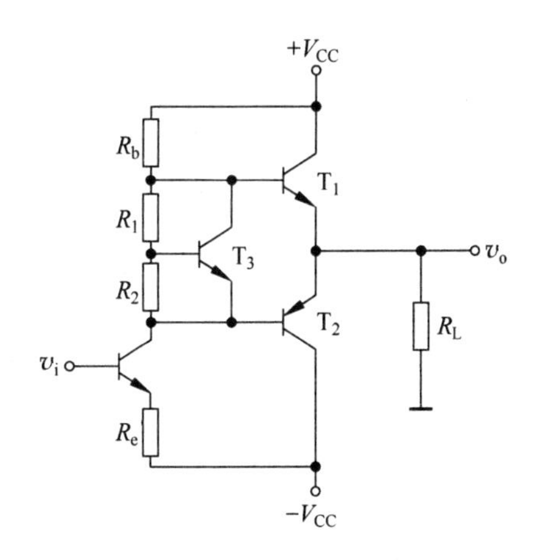

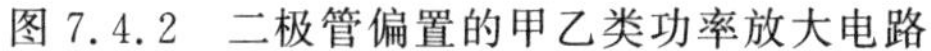
图7.4.2　二极管偏置的甲乙类功率放大电路　　图7.4.3　恒流源偏置的甲乙类功率放大电路

7.4.3　分析计算

对双电源供电的OCL电路适当改进，可以得到单电源供电的OTL电路。相对于乙类功率放大电路，甲乙类电路中增加的元件消耗的功率微乎其微，因此各指标的分析计算也和

前述乙类 OCL、OTL 电路无异。

例 7.4.1 如图 7.4.4 所示为一种甲乙类 OCL 功率放大电路，试问：(1)三极管 T_1、T_2 及 T_3 的作用和工作状态；(2)静态时 R_2 上的电流是多大；(3)二极管 D_1、D_2 的作用？如果一个二极管接反，会出现什么问题？(4)V_{CES} 忽略不计，当 $R_L=8\Omega$，$V_{CC}=12V$ 时，最大输出功率 P_{om} 是多大？

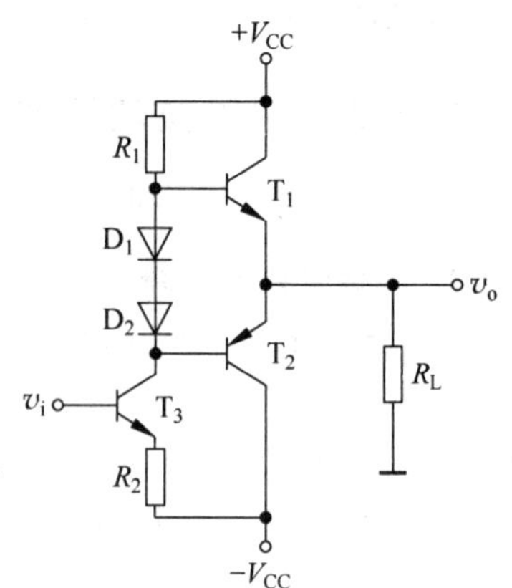

图 7.4.4 甲乙类 OCL 电路

解：(1) 分析三极管 T_1、T_2、T_3 的作用和工作状态。

三极管 T_1、T_2 构成的互补对称结构，用于向负载 R_L 提供足够的输出功率，两个管子均工作在甲乙类状态；T_3 管构成共射放大电路结构，用于放大输入信号，管子工作在甲类状态。

(2) 求 R_2 上的静态电流。

静态时 $v_i=0$，所以 $V_{E3}=-0.7V$。

故流过 R_2 的静态电流 I_{E3} 为

$$I_{E3}=\frac{V_{E3}-(-V_{CC})}{R_2}=\frac{V_{E3}+V_{CC}}{R_2}=\frac{V_{CC}-0.7}{R_2}$$

(3) 两个二极管的作用，以及一个接反会出现什么问题？

二极管 D_1、D_2 用于给 T_1、T_2 提供偏置电压，以消除交越失真。如果有一个二极管接反，T_1 管将失去跟随作用，并导致 T_1、T_2 的基极电流过大，甚至可能烧坏功率管。

(4) 求最大输出功率 P_{om}。

$$P_{om}=\frac{1}{2}\frac{V_{CC}^2}{R_L}=\frac{1}{2}\times\frac{12^2}{8}=9W$$

本章小结

(1) 功率放大电路的目标是输出足够大的功率以驱动负载。因此在负载上的电压和电流均比较大，电路中的功率管工作在极限状态，因此功率放大电路的分析方法有别于电压放大电路的小信号分析法。

(2) 功率放大电路的性能指标也和电压放大电路不同，主要包括输出功率、能量转换效率、非线性失真度等指标。功率放大电路研究的重点就是如何在允许的失真范围内，尽可能地提高输出功率和效率。

(3) 甲类功率放大电路的失真度最小，但是效率低下；乙类功率放大电路的效率最高，但没办法解决交越失真问题；甲乙类功率放大电路是一种兼顾效率和失真的折中方案。

(4) 在性能指标的计算上，主要围绕乙类双电源互补对称功率放大电路(OCL)展开，单电源的 OTL 电路等效为双电源结构进行分析和计算，甲乙类功率放大电路可以近似为乙类进行指标参数的计算。

习题 7

7.1 模拟功率放大电路有哪几种典型类型？每种类型的功率放大电路的导通角是多少？比较这几种类型的功率放大电路的效率关系。

7.2 电路如图题 7.2 所示。已知电源电压 $V_{CC}=15V$，负载 R_L 为一阻值为 8Ω 的扬声器，$|V_{CES}|\approx 0$，输入信号是正弦波。试问：

(1) 负载可能得到的最大输出功率和能量转换效率最大值分别是多少？

(2) 当输入信号 $v_i=10\sin\omega t$ V 时，求此时负载得到的功率和能量转换效率。

7.3 电路如图题 7.3 所示，$V_{CC}=24V$，$R_L=8\Omega$，T_1、T_2 的饱和压降近似为 0V，电容 C 足够大，试求：

(1) 负载上的最大输出功率 P_{om}；

(2) 每个三极管的管耗 P_{TM}；

(3) 每个管子集电极和发射极之间的最大电压 V_{cem}。

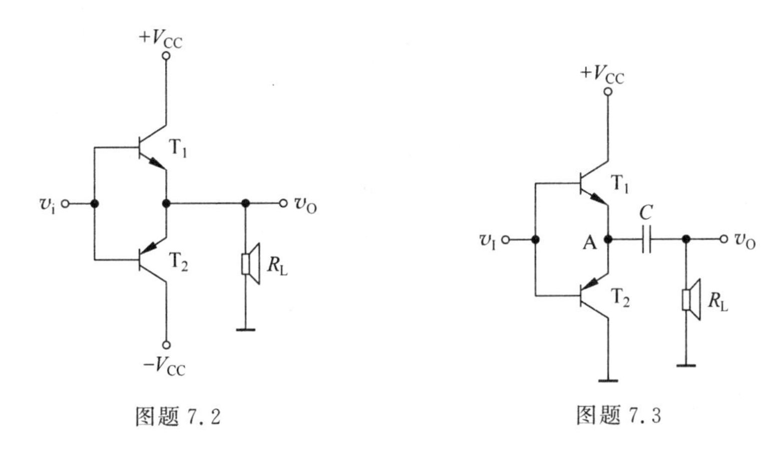

图题 7.2　　图题 7.3

7.4 电路如图题 7.4 所示，已知 $V_{CC}=15V$，T_1 和 T_2 管的饱和管压降 $|V_{CES}|=2V$，$R_L=8\Omega$，$R_4=R_5=0.5\Omega$，输入电压足够大。求：

(1) 最大不失真输出电压的有效值；

(2) 负载电阻 R_L 上电流的最大值；

(3) 最大输出功率 P_{om} 和效率 η。

7.5 图题 7.4 所示电路中，试问：

(1) 二极管 D_1、D_2，电阻 R_2 的作用分别是什么？

(2) 电阻 R_4 和 R_5 的作用是什么？

(3) 当负载因电路故障发生短路时，晶体管的最大集电极电流和功耗各为多少？

7.6 单电源互补功率放大电路如图题 7.6 所示。设功率管 T_1、T_2 的特性完全对称，管子的饱和压降 $|V_{CES}|=1V$，发射结正向压降 $|V_{BE}|=0.55V$，$\beta=30$，$R_L=16\Omega$，$V_{CC}=26V$，并且电容器 C 的容量足够大。(1)静态时，A 点的电位 V_A、电容器 C 两端压降 V_C 和输入端信号中的直流分量 V_I 分别为多大？(2)动态时，若输出电压仍有交越失真，R_w 应该

增大还是减小？(3)试确定电路的最大输出功率 P_{om}、能量转换效率 η，及此时需要的输入激励电流 i_B 的值；(4)电容 C 为一电解电容，则 C 的左端是正极还是负极？(5)如果二极管 D 开路，将会出现什么后果？

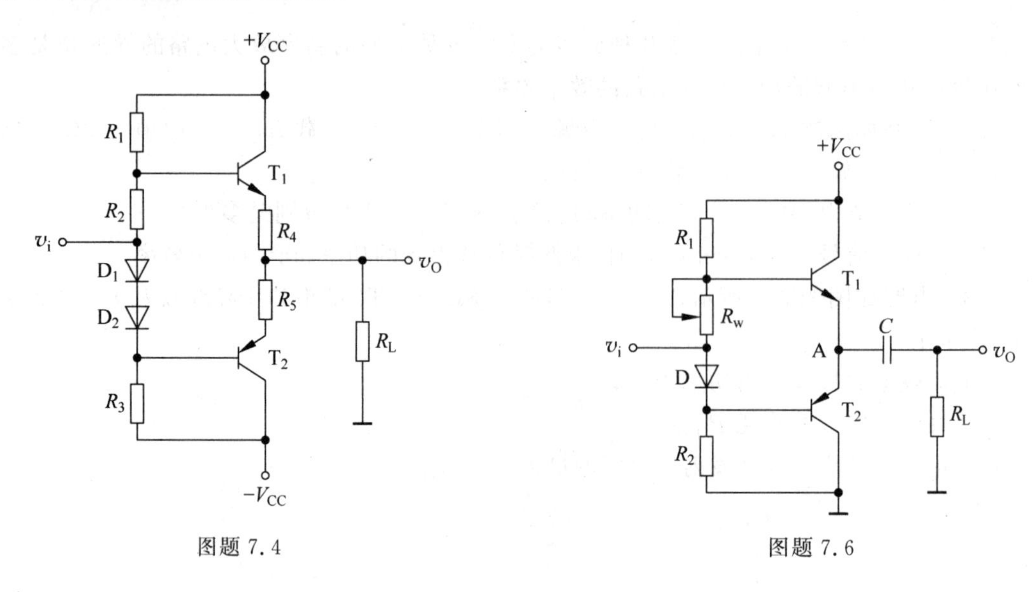

图题 7.4　　　　图题 7.6

7.7　如图题 7.7 所示的双电源互补对称功率放大电路中，设两管饱和压降 $|V_{CES}|=1V$，v_i 为正弦电压，电源电压 $\pm V_{CC}=\pm 18V$，负载 $R_L=16\Omega$。(1)求最大输出功率 P_{om} 以及此时的管耗 P_T、电源供给的效率 η；(2)若出现交越失真，调整哪个电阻可以消除交越失真？如何调整？

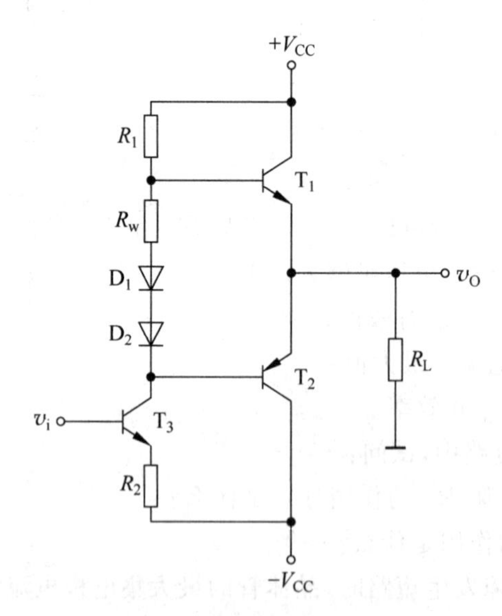

图题 7.7

第8章

负反馈放大电路

负反馈放大电路具有稳定输出量(电压或电流)和闭环增益、多方面改善电路性能的特点,因此在电子技术中获得广泛应用。本章主要介绍负反馈放大电路的四种组态及各自的特点、组态的判别方法、负反馈的引入原则、深度负反馈条件下的近似计算和使负反馈放大电路稳定工作的措施。

8.1 反馈的基本概念

反馈或称反馈控制,是指将系统中的输出量通过一定的途径返回到输入端,以某种方式与输入量进行比较后,利用二者的偏差控制系统中的输出量的过程。反馈是现代工程技术的基本方法之一,在许多工程领域有着广泛的应用。

8.1.1 电子电路中的反馈

在电子电路中,当输入信号(电压或电流) 经放大电路传输后,将输出口的输出信号(电压或电流)通过一定的电路网络回送到输入口,与输入信号比较后,利用偏差影响输出量的过程,称作反馈。

图 8.1.1 是反馈放大电路的方框图,由基本放大电路、反馈网络和比较环节等组成,图中:箭头表示信号的流向;$\dot{A}$ 表示基本放大电路的传输系数,即增益;$\dot{F}$ 表示反馈网路的传输系数;$\dot{X}_o$ 表示输出信号;$\dot{X}_i$、$\dot{X}_f$、$\dot{X}_{id}$ 分别表示输入信号、反馈信号和放大电路的净输入信号,这些信号的性质相同,即都是电压信号或都是电流信号;⊕表示比较方式(叠加)。

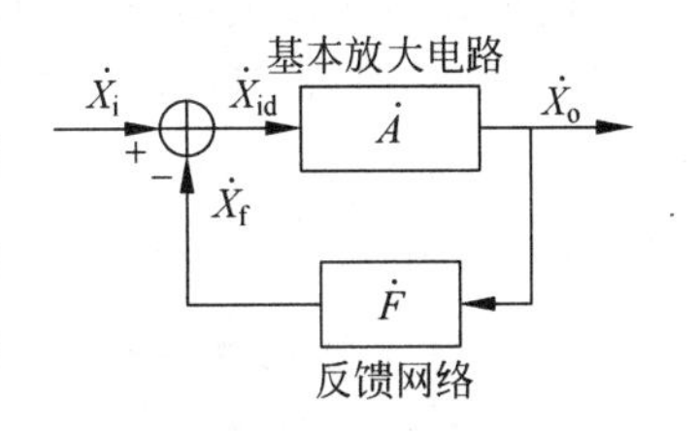

图 8.1.1 反馈放大电路方框图

引入反馈的放大电路称为反馈放大电路,属于“闭环电路”,否则就是“开环电路”。在电路中合理地引入反馈后,可在许多方面改善或影响电路的性能。例如：在放大电路的直流通路中引入负反馈可稳定电路的直流工作点；在交流通路中引入负反馈可提高放大电路输出量(电压或电流)和闭环增益的稳定性、减小非线性失真、抑制反馈环内的噪声、展宽通频带并改变输入、输出电阻的大小等，而在一些电路中引入正反馈后，可加速电路的变化过程。因此必须掌握各种不同类型反馈电路的特点和引入方法，才能获得预期的电路性能的改善。本章主要分析讨论交流负反馈放大电路及不同类型负反馈对电路产生的影响。

8.1.2 反馈的分类

1. 直流反馈和交流反馈

直流反馈是指将电路输出的直流量通过一定的方法反馈到输入端，并影响输入端的直流量从而使输出量随之发生变化。因此，电路中有无直流反馈应根据直流通路判别。合理地引入直流负反馈可稳定电路的直流工作点。例如，在图 8.1.2(a)所示的共射极放大电路中，无论旁路电容 C_3 是否接入，它的直流通路是一样的，发射极电阻 R_e 引入了直流负反馈，其作用是稳定电路的静态工作点。

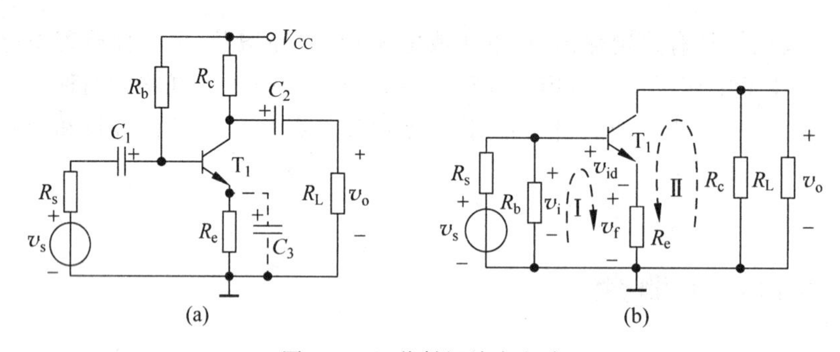

图 8.1.2 共射极放大电路

(a) 电路原理图；(b) 电容 C_3 开路时的交流通路

交流反馈是指将电路输出的交流量通过一定的方法反馈到输入端，与输入交流量比较后影响输出量。因此，判别电路中是否存在交流反馈依据的是交流通路。在图 8.1.2(a)共射极放大电路中，当旁路电容 C_3 没有接入时，它的交流通路如图 8.1.2(b)所示，发射极电阻 R_e 是输入回路Ⅰ和输出回路Ⅱ共用的电阻，可将输出电流反馈到输入回路并影响 BJT 的净输入电压 v_{be}，即引入了交流反馈。当 C_3 接入后，在交流通路中 R_e 被短路，交流反馈也随之消失。

由该共射极放大电路可知，当某些元件构成的反馈网络在直流通路和交流通路中均存在时，该反馈网络可同时起到直流反馈和交流反馈的作用。因此，在分析含有反馈网络的电路时，应特别注意反馈通路中耦合电容、旁路电容的作用，从而正确判别交流、直流反馈及其对电路的影响。

2. 电压反馈和电流反馈

在交流反馈中，输出量反馈给输入会涉及对输出信号的取样问题，即将何种输出信号(电压或电流)和多少输出量反馈给输入。将输出电压反馈给输入称为电压反馈，将输出电流反馈给输入则称为电流反馈。如果只希望将部分输出量反馈给输入，电压反馈时可采用分压的方式取样,电流反馈时可采用分流的方式取样。反馈信号既可出现在放大电路的输入端,也可出现在放大电路的输入回路。

例如,在图8.1.2(b)所示的共射极放大电路中,通过反馈电阻 R_e 将输出回路的电流全部反馈到输入回路,在图8.1.3(a)所示的反相比例电路中,通过反馈电阻 R_f 将输出电压全部反馈到输入端,而在图8.1.3(b)所示的同相比例放大电路中,通过电阻 R_2 和 R_f 的分压作用,只是将输出电压的一部分反馈到输入回路。

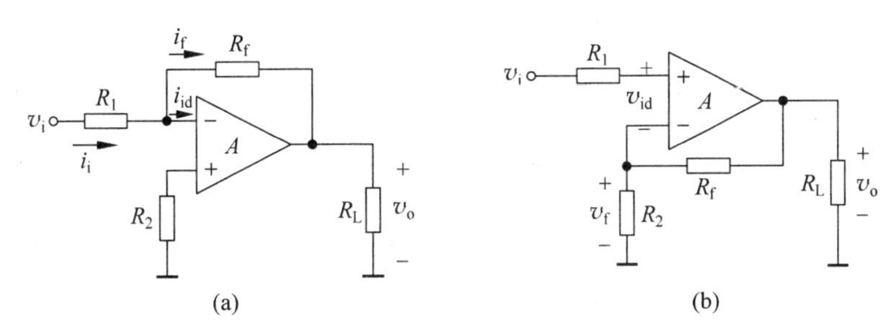

图8.1.3 两种电压反馈电路

(a) 反相比例电路;(b) 同相比例电路

3. 并联反馈和串联反馈

输出信号反馈到放大电路的输入端的连接方式有两种:一种是反馈信号以反馈电压 v_f 的形式与输入电压 v_i 在输入回路中串联,称为串联反馈;另一种方式是反馈信号以反馈电流 i_f 的形式与输入电流 i_i 一起接在输入端的结点上,称为并联反馈。在串联反馈时,放大器件(OP、BJT、FET等)两个输入电极之间的电压称为净输入电压,用 v_{id} 表示,其值是 v_i 与 v_f 的代数和;并联反馈时,放大器件输入端的电流称为净输入电流,用 i_{id} 表示,其值是 i_i 与 i_f 的代数和。

例如,在图8.1.2(b)共射交流通路中,输出电流流过 R_e 后形成反馈电压 v_f,在输入回路中与输入电压 v_i、净输入电压 v_{id} 串联在一起,故称为串联反馈。同理,在图8.1.3(b)同相比例电路中,反馈电压 v_f(输出电压的一部分)、v_i、v_{id} 串联在输入回路是串联的,也称为串联反馈。而在图8.1.3(a)反相比例电路中,反馈电流 i_f(与 v_o 的大小有关)与 i_i、i_{id} 一起并接在输入端的结点上,故称为并联反馈。

4. 正反馈和负反馈

放大电路的净输入信号是反馈信号与输入信号的代数和,引入反馈后使净输入信号减小,称为负反馈。反之,引入反馈后使净输入信号增加的,则称为正反馈。

例如,在图8.1.2(b)共射交流通路中引入的是电流串联反馈,放大电路的净输入电压 v_{id} 就是BJT的 v_{be},在图示参考方向下有 $v_{id}=v_i-v_f$,即净输入减小,因此引入的是负反馈;而在图8.1.3(a)反相比例电路中引入了电压并联反馈,净输入电流 i_{id} 就是运放反相输入端的电流 i_N,在图示参考方向下其值为 $i_{id}=i_i-i_f$,净输入减小,也是负反馈。

负反馈可在多方面改善或影响放大电路的性能,而正反馈往往会使电路产生自激振荡。从信号的传输放大角度来看,正反馈是有害、应该避免的。但在信号产生电路中,正是利用正反馈的这一特点,无需输入信号就可以产生输出信号。

8.2 反馈电路的判别方法

反馈放大电路由基本放大电路和反馈网络构成。基本放大电路、反馈网络均可用二端口网络表示，它们在输出、输入端口既可以并联，又可以串联，因此共有四种不同的连接形式，分别为电压串联反馈、电压并联反馈、电流串联反馈和电流并联反馈，如图 8.2.1 所示。电压反馈时，两个二端口网络在放大电路的输出端并联，如图 8.2.1(a)、(b)所示；电流反馈时，两个二端口网络在放大电路的输出端串联，如图 8.2.1(c)、(d)所示。

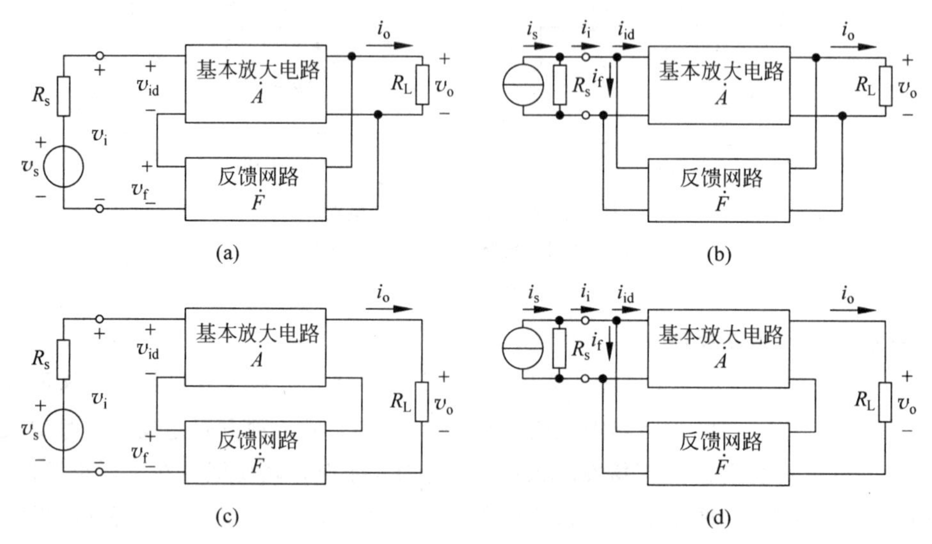

图 8.2.1 四种不同类型反馈放大电路的连接方式

(a) 电压串联反馈；(b) 电压并联反馈；(c) 电流串联反馈；(d) 电流并联反馈

在分析交流反馈放大电路时，首先要确定基本放大电路的信号流向，找出输入和输出之间的反馈网络或反馈通路，然后在放大电路的输出端判别反馈的取样对象，在输入端判别反馈的连接方式，最后再根据瞬时极性法确定反馈的极性，即反馈的正、负。

8.2.1 反馈网络和反馈元件

反馈网络是指可将放大电路的输出信号回送到输入端口的网络或通路，反馈网络通常跨接在输出端(或输出回路)与输入端(或输入回路)之间，大多数情况下反馈网络仅由电阻元件构成。当放大电路中存在反馈网络(通道)时，则电路有反馈；若无，则电路无反馈。

构成反馈网络的元件称为反馈元件。这些元件不仅可将输出信号反馈到输入端口，而且还决定反馈量的大小。此外，在深度负反馈的条件下估算放大电路闭环增益(闭环时的输出量与输入量之比)时，闭环增益的大小也由反馈元件来决定。

例如，在图 8.1.3(a)所示的反相比例电路中，反馈网络仅由跨接在运放输入、输出端之间电阻 R_f 构成，则 R_f 为反馈元件，R_1 不属于反馈元件。通常，由运放构成的负反馈放大电路都属于深度负反馈，因此该电路的闭环增益 A_f 为互阻增益 $A_{rf}(=-R_f)$，其大小仅与反馈元件有关。又如，在图 8.1.3(b)所示同相比例电路中，尽管只有 R_f 跨接在运放的输入、输出端之间，但反馈网络是由电阻 R_f、R_2 构成，它们组成了分压电路，仅将输出电压的一部分反馈到输入回路，所以这两个电阻都是反馈元件。该电路的闭环增益 A_f 为电压增益 A_{vf}，$A_{vf}=(R_2+R_f)/R_2$，其中 R_f、R_2 为反馈元件。

8.2.2　在输出端判别取样对象

取样对象(反馈对象)只有电压或电流两种可能，非此即彼。如果是电压反馈，则反馈信号正比于输出电压 v_o，基本放大电路与反馈网路在输出端并接在一起，如图 8.2.1(a)、(b)所示。如果是电流反馈，则反馈信号正比于输出电流 i_o，基本放大电路与反馈网路在输出端口串接在一起，如图 8.2.1(c)、(d)所示。

取样对象的判断方法：令 $R_L=0$(即 $v_o=0$)，如果交流电路中的反馈信号随之消失，则取样对象是输出电压，即为“电压反馈”；与之相反，如果反馈信号未消失，则取样对象是输出电流，即为“电流反馈”。

例如，在图 8.2.2(a)所示的电路中，输出端信号是通过 R_f 支路反馈至输入端口的。令 $R_L=0$(即 $v_o=0$)时，R_f 与输出端连接的一侧也接地，输出电流 i_o 不会流过 R_f，反馈信号消失，所以该电路的取样对象是电压信号，即电压反馈。又例如，在图 8.2.2(b)所示的电路中，输出端信号也是通过 R_f 支路反馈至输入端口的。令 $R_L=0$(即 $v_o=0$)时，输出电流 i_o 的一部分还会通过 R_f 反馈到输入端，即反馈信号依然存在，所以该电路的取样对象是电流信号，即电流反馈。

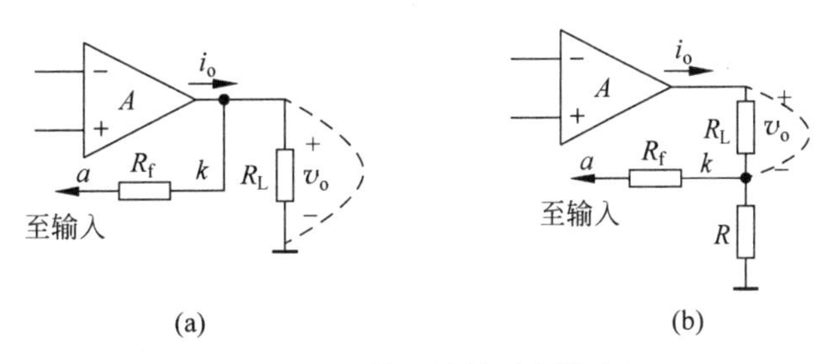

图 8.2.2　在输出端判别取样对象

(a) 取样对象为电压；(b) 取样对象为电流

在很多情况下，反馈放大电路的输出信号为 v_o，而且 v_o 有一极性端接地，对此有更简捷的判断方法：如果输出电压 v_o(或负载电阻 R_L)有一端接地，反馈信号从 v_o(或 R_L)的另一端取出，则肯定是电压反馈。

例如，在图 8.1.3 所示的两个电路中，输出电压 v_o 的负极性端(即 R_L 的一端)是接地的，而反馈信号从 v_o(即 R_L)的另一端取出，因此均属于电压反馈。在图 8.1.2 所示的电路中，输出电压 v_o(即 R_L)有一端是接地的，反馈信号没有从 v_o(即 R_L)的另一端(即 BJT 集电极)取出，而是从 BJT 的发射极获得，因此属于电流反馈。

8.2.3　在输入端判别反馈的连接方式

基本放大电路与反馈网络在输入端口的连接方式既可串联又可并联，串联时的连接方式如图 8.2.1(a)、(c)所示，称为串联反馈；并联时的连接方式如图 8.2.1(b)、(d)所示，称为并联反馈。串联反馈时，反馈信号与输入信号以电压的形式进行比较，这时反馈电压 v_f、输入电压 v_i 和基本放大电路的净输入电压 v_{id} 同时出现在输入回路中，在图示参考方向下由 KVL 可得 $v_{id}=v_i-v_f$。并联反馈时，反馈信号与输入信号以电流的形式进行比较，这时反馈电流 i_f、输入电流 i_i 和基本放大电路的净输入电流 i_{id} 同时出现在输入结点上，在图示参考方向下由 KCL 可得 $i_{id}=i_i-i_f$。

根据基本放大电路与反馈网络在输入端口连接的结构特点，即可判断出反馈的串、并联类型：若反馈网络（或反馈通路）与放大电路的输入端直接相连形成结点，为并联反馈；否则，为串联反馈。换言之，当输入信号和反馈信号出现在放大器件的同一个输入端子时为并联反馈，出现在不同的输入端子时则为串联反馈。

在图 8.2.3(a)所示的电路中，输入信号 v_i、反馈信号 v_f 分别接在运放的同相端和反相端，在放大电路的输入端没有形成结点，因此属于串联反馈，且净输入信号 v_{id} 为运放同相端和反相端之间的电压。在图 8.2.3(b)所示的电路中，输入信号 v_i、反馈信号 v_f 分别接在 BJT 的基极和发射极，在放大电路的输入端（基极）没有形成结点，也属于串联反馈，且净输入信号 v_{id} 为基极和发射极之间的电压。

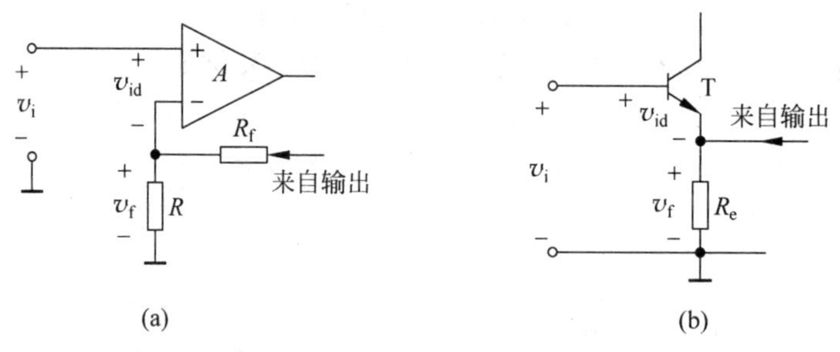

图 8.2.3 串联反馈的判别方法

(a) 输入端为运放；(b) 输入端为 BJT

在图 8.2.4(a)所示的电路中，输入信号 i_i、反馈信号 i_f 都接在运放的同相端形成结点，因此属于并联反馈，且净输入信号 i_{id} 为运放同相端的电流。在图 8.2.4(b)所示的电路中，输入信号 i_i、反馈信号 i_f 同时接在 BJT 的基极而形成结点，也属于并联反馈，且净输入信号 i_{id} 为基极电流。

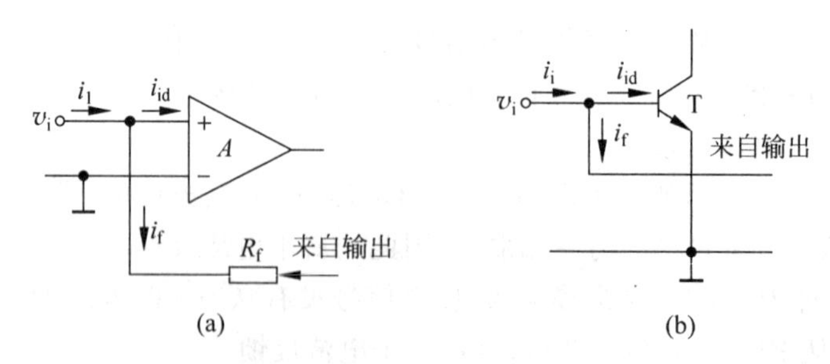

图 8.2.4 并联反馈的判别方法

(a) 输入端为运放；(b) 输入端为 BJT

8.2.4 反馈极性的判别

反馈极性有正、负之分，即有正反馈和负反馈，通常采用“瞬时极性法”来判别，其方法如下。

(1) 判别路径：首先从放大电路的输入端开始，沿基本放大电路逐级向输出端口判别，到达输出端口后再由反馈网络向输入端口判别。

(2) 瞬时电压极性的标注：首先假设输入端对地产生了瞬时电压的正变化，并用(+)表示(并联反馈同时用箭头“→”表示输入电流 i_i 是流进输入端)，然后沿着判别路径逐点判别瞬时电压的变化极性，如果是正变化(同相)，则在该点标注(+)，如果是负变化(反相)，则在该点标注(−)。

(3) 反馈信号参考方向的确定：串联反馈时，反馈信号是 v_f，它是输入回路中某一个元件(通常是电阻)上的电压，当判别到该元件时出现(+)，则表明 v_f 的正极在该端，负极在另一端，反之亦然；并联反馈时，反馈信号是 i_f，它是反馈网络中与输入端结点直接相连的某一个元件(通常是电阻)上的电流，当判别到该元件的另一个端子时出现(−)，则表明 i_f 的方向是背离输入端结点。反之，i_f 则是流入输入端结点。

(4) 反馈极性的判别：串联反馈时，在输入回路中根据 KVL 计算净输入电压 v_{id}，并联反馈时在输入结点根据 KCL 计算净输入电流 i_{id}，净输入信号减小为负反馈；反之，净输入信号增加则属于正反馈。

利用瞬时极性法判断极性时，只应考虑假设的瞬时变化所引起的各点变化的极性，而不能考虑电路原先的稳态极性。

在图 8.2.5 所示的反馈电路中，反馈元件为 R_f，反馈类型为电压并联反馈，输入信号、反馈信号以电流信号进行比较，净输入电流为 i_{id}。用瞬时极性法判别反馈极性的过程如下。

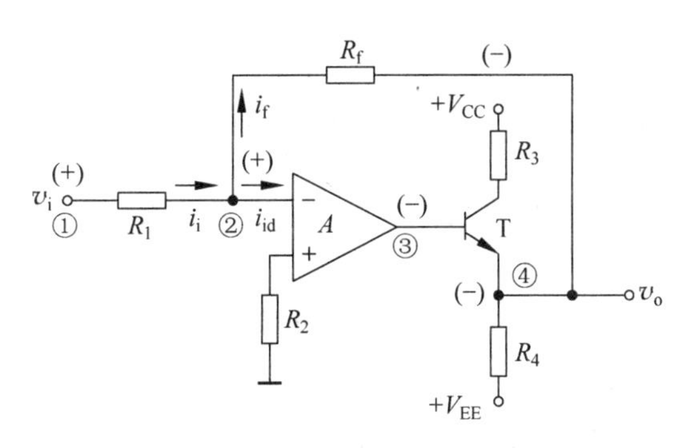

图 8.2.5　电压并联反馈极性的判别

1) 判别路径

从基本放大电路(由运放和射极跟随器组成)的输入端到输出端口，即从结点①→②→③→④，再从输出端口经反馈通路回到输入端口，即由结点④→R_f→②。

2) 瞬时电压极性的标注及反馈信号参考方向的确定

结点①：用(+)表示输入信号(v_i)对地产生了瞬时电压的正变化，同时用“→”表示 i_i 是流进输入端的；

结点①→②：信号经电阻 R_1 传输后不改变极性(同相)，结点②标注(+)；

结点②→③：分别是运放的反相输入、输出端，信号相位相反，结点③标注(−)；

结点③→④：信号基极输入、发射极输出(共集)，信号相位相同，结点④标注(−)；

结点④→R_f→①：根据上述假设和判别结果，R_f 在①处为(+)、在④处为(−)，因此可确定反馈电流 i_f 的方向是由①指向④。

3) 反馈极性的判别

输入端电流 i_i、净输入电流 i_{id} 的设定方向和反馈电流 i_f 的方向如图 8.2.5 所示，由 KCL 可得 $i_{id}=i_i-i_f$，即净输入电流减小，故引入的是负反馈。综上所述，该电路引入的是电压并联负反馈。

在图 8.1.2(a)共射极放大电路中，反馈元件是跨接在输入回路 l_1 和输出回路 l_2 之间的电阻 R_e，由前述分析可知引入的是电流串联反馈，反馈电压 v_f 是电阻 R_e 上的电压，采用瞬时极性法判别反馈极性时各点(+)、(−)标注如图 8.2.6 所示。首先在输入端标注(+)，表示瞬时电压的正变化，经耦合电容 C_1 传输极性不变，基极标注(+)；瞬时电压从基极传输到发射极(相当于射随器)信号同相，发射极标注(+)，因此反馈电压 v_f 的正极性端在发射极端。在输入回路中，输入端电压 v_i、净输入电压 v_{id} 的参考方向和反馈电压 v_f 的方向如图 8.2.6 所示，由 KVL 可得 $v_{id}=v_i-v_f$，净输入电压减小，所以引入的是负反馈。综上所述，该放大电路引入的是电流串联负反馈。

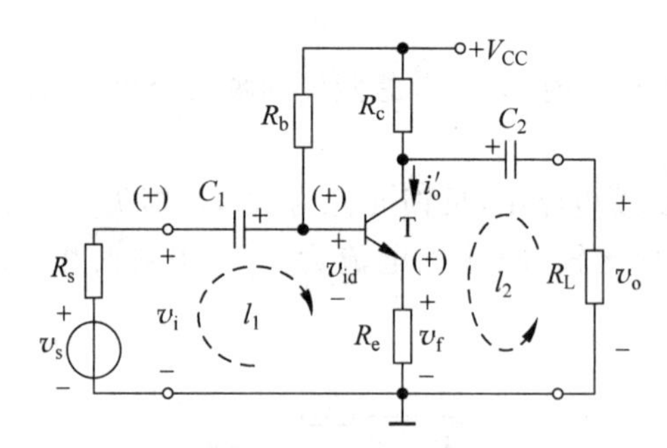

图 8.2.6　串联反馈时反馈极性的判别

采用瞬时极性法判别反馈极性时，首先要正确区分基本放大电路、反馈网络并确定反馈信号位置，其次要熟知各种基本放大电路如 BJT 放大电路、FET 放大电路、差分放大电路和运放等的输入、输出信号的相位关系，才能运用瞬时极性法得出正确的判断结果。

8.3 四种类型的负反馈放大电路

反馈的取样对象可以是电压或电流，在输入端的连接方式可以是串联或并联，因此，在电路中引入的反馈共有四种不同的组合，即四种不同的类型，分别是电压串联、电压并联、电流串联和电流并联。

在多级放大电路中，反馈既可以是整个放大电路的输出和输入之间的，也可以是单级基本放大电路的，或在电路中同时出现。例如，在两级放大电路中引入了如图 8.3.1 所示的三个反馈网络，其中 $\dot{F}_1$、$\dot{F}_2$ 分别是单级放大电路的反馈网络，$\dot{F}_3$ 是整个放大电路的反馈网络。通常将 $\dot{F}_1$、$\dot{F}_2$ 引入的反馈称为本级反馈或局部反馈，而将 $\dot{F}_3$ 引入的反馈称为整体反馈或大环反馈。还有一种称为级间反馈，既可以表示整个放大电路输出与输入间的反馈，也可以表示多级放大电路中两级或两级以上放大电路之间的反馈。

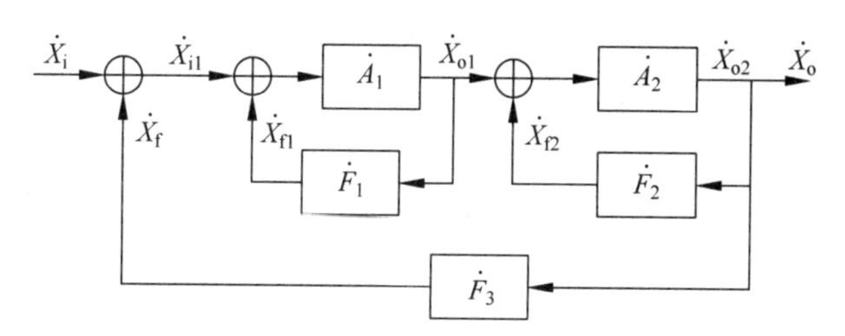

图 8.3.1　两级放大电路中引入反馈的方框图

8.3.1　电压串联负反馈

在图 8.3.2 所示的反馈放大电路中，基本放大电路是单个运放，反馈元件是 R_1、R_f，反馈网络由这两个电阻组成，形成分压电路，可将输出电压的一部分反馈到输入回路，电阻 R_1 上的电压为反馈电压 v_f。由于在交、直流通路中该反馈网络都存在，因此引入的是交、直流反馈。

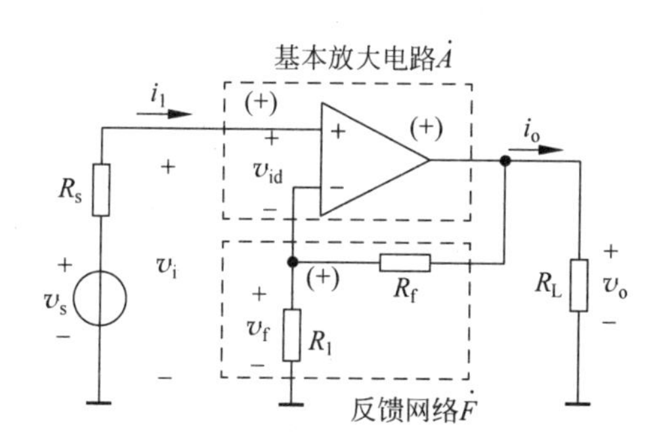

图 8.3.2　由单运放构成的电压串联负反馈放大电路

交流反馈类型的判别：输出电压 v_o(或 R_L)有一端接地，反馈从它们的另一端引出，即取样对象是电压，属电压反馈；反馈网络与输入信号 v_i 分别接在运放的两个输入端上，属串联反馈。反馈极性判别：根据瞬时极性法，各点极性的标注如图 8.3.2 所示，由此可以确定电阻 R_1 上的电压就是反馈电压 v_f，且有 $v_{id}=v_i-v_f$，即运放的净输入电压减小，引入的是负反馈。所以，该电路引入的是电压串联负反馈。

该电路为同相比例放大电路，由虚短、虚断分析法求得 $v_o=(1+R_f/R_1)v_i$，即输出电压与负载电阻 R_L 无关(在一定的范围内)，或者说 v_o 是基本稳定的，这也是电路中引入电压负反馈后所共有的特点，即电压负反馈可稳定输出电压 v_o。例如，该电路由于某种原因使 v_o 增加(或减小)，通过负反馈网络可对 v_o 取样、回送到输入回路、用反馈电压 v_f 影响运放的净输入 v_{id}，使 v_o 向相反的方向变化，电路自动平衡的结果是维持 v_o 基本不变。当 R_L 变大引起 v_o 增加时，自动反馈调节过程如下：

$$R_L\uparrow \longrightarrow v_o\uparrow \longrightarrow v_f\uparrow \longrightarrow (v_{id}=v_i-v_f)\downarrow$$

$$v_o\downarrow=(A_{vd}v_{id})\downarrow \longleftarrow$$

在图 8.3.3 中，基本放大电路是由 BJT 组成的共射—共射放大电路，整体反馈元件是 R_f、R_{e1}，R_{e1} 上的电压为反馈电压 v_f，引入的是交、直流反馈。

该电路交流反馈类型判别：输出电压 v_o（或 R_L）有一端接地，反馈从其另一端引出，属电压反馈；输入信号 v_i 与反馈网络分别接在 T_1 管的 b 极和 e 极上，故属串联反馈。根据瞬时极性法标注的各点的瞬时极性、反馈电压 v_f 的参考方向如图 8.3.3 所示，且有 $v_{id}=v_i-v_f$，即 T_1 的净输入电压（v_{be}）减小，因此该电路也属于电压串联负反馈，同样具有稳定输出电压 v_o 的特点。

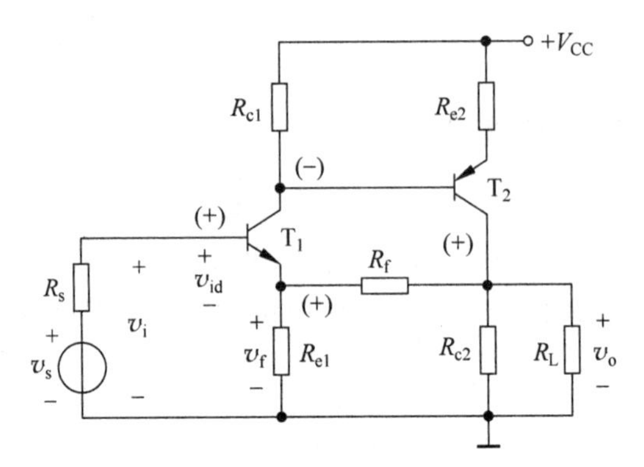

图 8.3.3　由 BJT 构成的电压串联负反馈放大电路

在图 8.3.3 中，R_{e1}、R_{e2} 分别是电路中的局部反馈，或者说是 T_1、T_2 管的本级反馈，均属于电流串联负反馈。

8.3.2 电压并联负反馈

在图 8.3.4 所示的电路中，运放 A 是基本放大电路，R_f 是反馈元件（反馈网络），R_f 可将输出电压 v_o 反馈到输入端，反馈电流 i_f 是流过 R_f 的电流，且引入的是交、直流反馈。

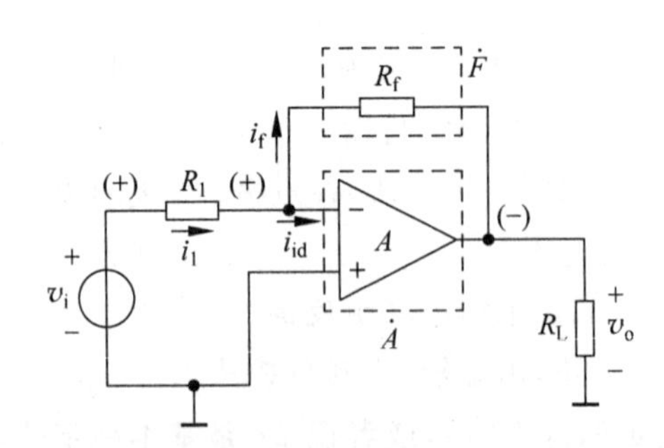

图 8.3.4　单运放构成的电压并联负反馈放大电路

交流反馈类型及反馈极性的判别：输出电压 v_o（或 R_L）有一端接地，反馈从它们的另一端引出，即取样对象是电压，属电压反馈；R_f 与输入信号 i_i 接在运放的同一输入端上，属并联反馈；根据瞬时极性法，各点的（＋）、（－）标注以及据此确定的反馈电流 i_f 的方向如

图 8.3.4 所示，而净输入电流 i_{id} 是流入运放反相端的，由 KCL 可得 $i_{id}=i_i-i_f$，即净输入减小，故为负反馈。所以，该电路引入的是电压并联负反馈。

该电路是反相比例放大电路，理想情况下由虚短、虚断法可得 $v_o=-(R_f/R_1)v_i$，输出电压与 R_L 的大小无关（在一定的范围内），即 v_o 是稳定的。由于该电路引入了电压负反馈，因此输出电压趋于稳定，这是电路输出量 v_o 稳定的本质，通过电路自动反馈调节过程的分析也可得到同样的结果。

在图 8.3.5 所示的电路中，基本放大电路由单端输入双端输出差分放大电路和运放构成，反馈元件是跨接在放大电路输入、输出端的电阻 R_f，i_f 是流过 R_f 的电流，引入的是交、直流反馈。

交流反馈类型及反馈极性的判别：R_L（或 v_o）有一端接地，反馈从它的另一端引出，属电压反馈；R_f 与输入信号 v_i 同时接在差分放大电路 T_1 管的 b 极上，属并联反馈；由于差分放大电路采用单入双出的形式，因此从差分放大电路的输入端到运放的输出端有两条不同的路径，可任选一条路径用瞬时极性法判别反馈的极性。例如，在输入端标注（+），经 R_{b1} 传输后极性不变，T_1 管的 b 极仍然为（+），再到 T_1 管的 c 极则应反相，即（+）变为（−），而 T_1 管的 c 极即运放的同相端到输出端同相，极性不变仍然为（−），各点的极性标注如图 8.3.5 所示，据此可确定 i_f 的方向并可求得 $i_{id}=i_i-i_f$，即流入 T_1 管基极的净输入电流减小，故引入的是负反馈。

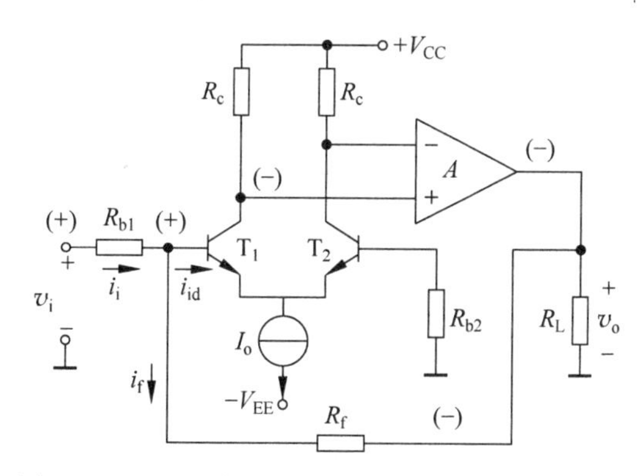

图 8.3.5 两级放大电路中引入了电压并联负反馈

综上所述，该电路中的交流反馈属于电压并联负反馈，具有稳定输出电压 v_o 的特点。当 R_L 变小引起 v_o 减小时，电路自动反馈调节过程如下：

$$R_L\downarrow \longrightarrow v_o\downarrow \longrightarrow i_f\uparrow \longrightarrow (i_{id}=i_i-i_f)\downarrow \longrightarrow i_{c1}\downarrow \longrightarrow v_{c1}\uparrow$$
$$v_o\uparrow \longleftarrow$$

8.3.3 电流串联负反馈

在图 8.3.6 所示的电路中，运放 A 是基本放大电路，R_1 是反馈元件（反馈网络），R_1 将输出电流反馈到输入回路，R_1 上的电压为反馈电压 v_f，且引入的是交、直流反馈。

交流反馈类型及反馈极性的判别：v_o（或 R_L）为悬浮输出（没有接地端），反馈电阻 R_1 串联在输出回路中，令 v_o（或 R_L）为零时，R_1 上仍然有输出短路电流流过，即取样对象是输

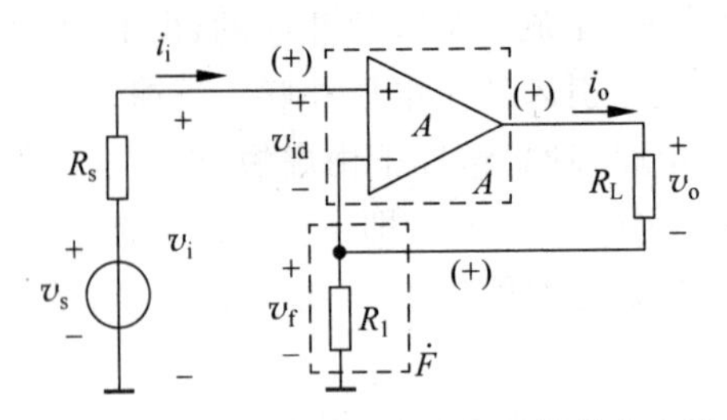

图 8.3.6 单运放电流串联负反馈放大电路

出电流，属电流反馈；反馈电阻 R_1 与输入信号 i_i 接在运放的不同输入端上，属串联反馈；根据瞬时极性法可确定各点的(＋)、(－)极性以及反馈电压 v_f 方向，如图 8.3.6 所示，由此可得 $v_{id}=v_i-v_f$，运放的净输入电压减小，即为负反馈。所以，该电路引入的是电流串联负反馈。

电流负反馈放大电路的特点之一是输出电流稳定。当 A 是理想运放时，由虚短、虚断法可得 $i_o=v_i/R_1$ 和 $v_o=R_Li_o=v_iR_L/R_1$，v_o 与 R_L 的大小有关即输出电压是不稳定的，而输出电流与 R_L 的大小无关(在一定的范围内)，即 i_o 是稳定的，其实质还是负反馈放大电路可通过自动反馈调节维持输出量(取样对象)基本不变。例如，当 R_L 变小引起 i_o 减大时，电路自动调节过程如下：

$$R_L\downarrow \longrightarrow i_o\uparrow \longrightarrow v_f\uparrow \longrightarrow (v_{id}=v_i-v_f)\downarrow$$
$$i_o\downarrow \longleftarrow$$

在图 8.3.7 所示的电路中，基本放大电路是共源—共射放大电路，反馈网络由 R_f、R_s 组成，v_f 是 R_s 两端的电压，引入的是交、直流反馈。

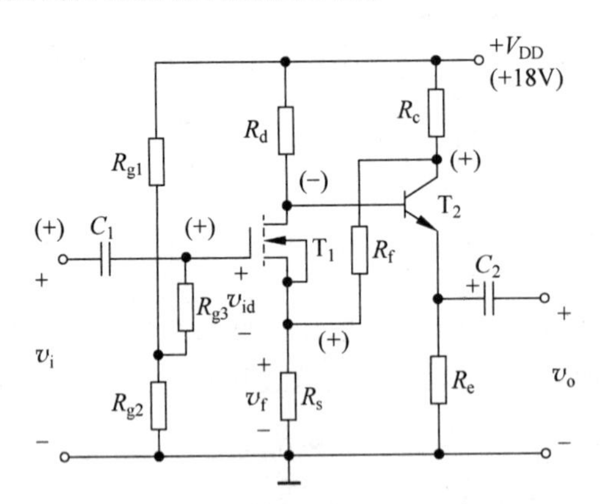

图 8.3.7 两级放大电路中引入了电流串联负反馈

交流反馈类型及反馈极性的判别：R_L(或 v_o)有一端接地，反馈没有从它的另一端取出，而是从 BJT 的 c 极引出，因此属电流反馈；R_f 与输入信号 v_i 分别接在 T_1 管源极 s 和栅极 g 上，属串联反馈。根据瞬时极性法，首先在输入端标注(＋)，经过 C_1 传输后在 T_1 管栅极 g 仍然为(＋)；T_1 管是共源放大电路，输入输出反相，因此 d 极即 T_2 管的 b 极为(－)，再到 T_2 管的 c 极变为(＋)，最后可确定反馈电压 v_f 方向如图 8.3.7 所示，且有 $v_{id}=$

v_i-v_f，属负反馈。所以，该电路引入的是电流串联负反馈，同样可维持输出电流基本稳定。

8.3.4 电流并联负反馈

在图8.3.8所示的电路中，运放A是基本放大电路，R_f、R构成反馈网络，反馈电流i_f是流过R_f的电流，且引入的是交、直流反馈。

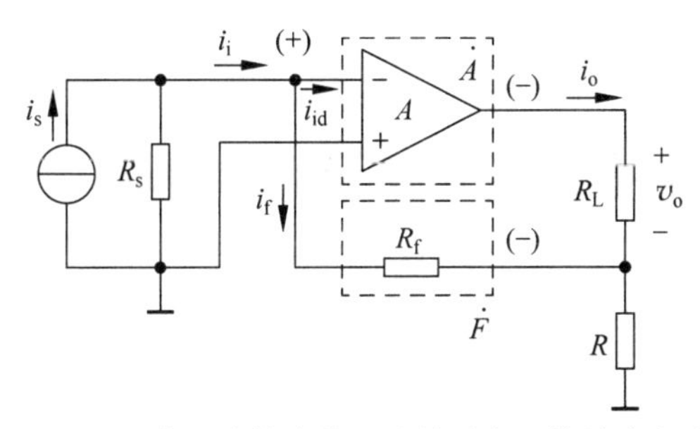

图8.3.8 单运放构成的电流并联负反馈放大电路

交流反馈类型及反馈极性的判别：v_o（或R_L）为悬浮输出，令v_o（或R_L）为零时，输出短路电流i_o有一部分流过R_f，反馈信号依然存在，属于电流反馈；R_f与输入信号i_i接在运放的同一输入端上，属并联反馈；根据瞬时极性法可确定反馈电流i_f参考方向，如图8.3.8所示，且有$i_{id}=i_i-i_f$，即运放的净输入电流减小，即为负反馈。所以，该电路引入的是电流并联负反馈。

当A是理想运放时，由虚短、虚断法可得$i_o=-(R+R_f)i_i/R$，输出电流与R_L的大小无关，同样具有输出电流稳定的特点，当R_L变小引起i_o增大时，电路自动反馈调节过程如下：

$$R_L\downarrow \rightarrow i_o\uparrow \rightarrow i_f\uparrow \rightarrow (i_{id}=i_i-i_f)\downarrow \rightarrow i_o\downarrow$$

在图8.3.9所示的电路中，基本放大电路是两级共射放大电路，R_f、R_{e2}构成级间反馈网络，i_f是流过R_f的电流，且引入的是交、直流反馈。

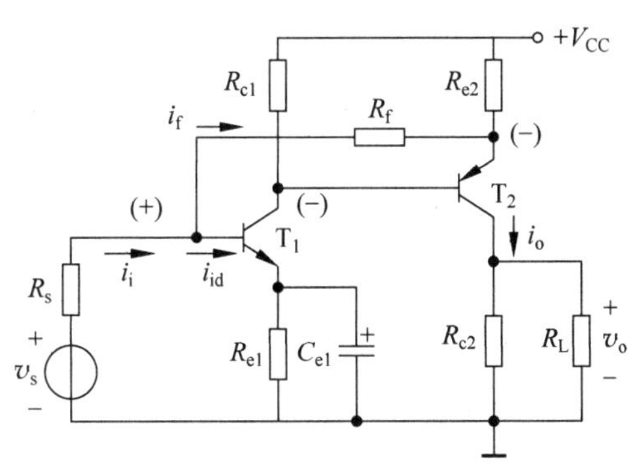

图8.3.9 两级放大电路中的电流并联负反馈

交流反馈类型及反馈极性的判别：输出电压v_o（或R_L）有一端接地，反馈没有从它的另一端引出，而是从T_2管的e极引出，因此是电流反馈；R_f与输入信号i_i同时接在T_1管的b极上，属并联反馈；根据瞬时极性法，在图8.3.9上给出了各点的瞬时极性和i_f方向，

且有 $i_{id}=i_i-i_f$,引入的是负反馈。所以,该电路引入的是电流并联负反馈,具有输出电流稳定的特点。

在负反馈放大电路中,输出量(取样对象)的稳定度与基本放大电路的增益和反馈量的大小有关。通常,负反馈放大电路只能使输出量相对稳定,或者说可减小输出量的波动程度。由于运放的开环电压增益很高,理想情况下可看作无穷大,因此构成闭环负反馈电路后输出量的稳定度也很高,可近似看作不变。

8.4 引入负反馈后对放大电路性能的影响

8.4.1 负反馈放大电路的一般表示法

为了便于研究负反馈放大电路中各种信号之间的关系、反馈深度及其对电路的影响,上述四种类型的负反馈放大电路均可用同一形式的方框图来表示。

1. 负反馈放大电路的方框图

图 8.4.1 是负反馈放大电路方框图,由基本放大电路、反馈网络和比较环节等组成,箭头表示信号的传输方向。方框图中各种信号的含义如下:$\dot{X}_i$、$\dot{X}_f$、$\dot{X}_{id}$ 分别表示输入信号、反馈信号和净输入信号,这些信号性质相同,由反馈在输入端的连接方式决定,即串联反馈时为电压信号,并联反馈时为电流信号;图中的⊕及"+、−"表示信号为差值比较,即有 $\dot{X}_{id}=\dot{X}_i-\dot{X}_f$;$\dot{X}_o$ 是输出信号,电压反馈时表示输出电压 v_o,电流反馈时表示输出电流 i_o;$\dot{A}$ 表示基本放大电路的增益或称为"开环增益",其定义为 $\dot{A}=\dot{X}_o/\dot{X}_{id}$,不同的反馈类型放大电路的增益类型也不同,分别为电压增益 $\dot{A}_v$(电压串联)、互阻增益 $\dot{A}_r$(电压并联)、互导增益 $\dot{A}_g$(电流串联)和电流增益 $\dot{A}_i$(电流并联);$\dot{F}$ 表示反馈网络的传输系数,其定义为 $\dot{F}=\dot{X}_f/\dot{X}_o$,不同类型的反馈电路有着不同的反馈系数,分别为电压系数 $\dot{F}_v$(电压串联)、互导系数 $\dot{F}_g$(电压并联)、互阻系数 $\dot{F}_r$(电流串联)和电流系数 $\dot{F}_i$(电流并联)。

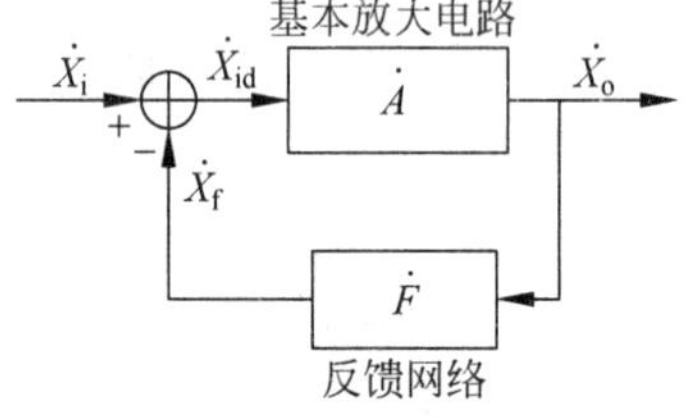

图 8.4.1 反馈放大电路方框图

引入负反馈后的放大电路称为"闭环电路",其闭环增益用 $\dot{A}_f$ 表示,定义为 $\dot{A}_f=\dot{X}_o/\dot{X}_i$,也有四种不同的形式并与四种反馈类型对应。上述各种信号、传输比与反馈类型的对应关系如表 8.4.1 所示。

表 8.4.1 各种信号、传输比与反馈类型的对应关系

信号或传输系数	反馈类型			
	电压串联	电压并联	电流串联	电流并联
x_i、x_f、x_{id}	电压	电流	电压	电流
x_o	电压	电压	电流	电流

续表

信号或传输系数	反馈类型			
	电压串联	电压并联	电流串联	电流并联
$\dot{A}=\dot{X}_o/\dot{X}_{id}$	$\dot{A}_v=v_o/v_{id}$	$\dot{A}_r=v_o/i_{id}$	$\dot{A}_g=i_o/v_{id}$	$\dot{A}_i=i_o/i_{id}$
$\dot{F}=\dot{X}_f/\dot{X}_o$	$\dot{F}_v=v_f/v_o$	$\dot{F}_g=i_f/v_o$	$\dot{F}_r=v_f/i_o$	$\dot{F}_i=i_f/i_o$
$\dot{A}_f=\dot{X}_o/\dot{X}_i$	$\dot{A}_{vf}=v_o/v_i$	$\dot{A}_{rf}=v_o/i_i$	$\dot{A}_{gf}=i_o/v_i$	$\dot{A}_{if}=i_o/i_i$

2. 闭环增益的基本方程式

由图 8.4.1 反馈放大电路方框图可得

$$\dot{X}_o=\dot{X}_{id}\dot{A}=(\dot{X}_i-\dot{X}_f)\dot{A}=(\dot{X}_i-\dot{X}_o\dot{F})\dot{A}=\dot{X}_i\dot{A}-\dot{X}_o\dot{F}\dot{A}$$

整理后有

$$\dot{X}_o=\dot{X}_i\dot{A}/(1+\dot{A}\dot{F})$$

根据闭环增益的定义得

$$\dot{A}_f=\frac{\dot{X}_o}{\dot{X}_i}=\frac{\dot{X}_i\dot{A}/(1+\dot{A}\dot{F})}{\dot{X}_i}=\frac{\dot{A}}{1+\dot{A}\dot{F}}$$

上式即为闭环增益的基本方程式，式中的$(1+\dot{A}\dot{F})$称为反馈深度，是表征反馈程度的重要参数。在定量分析负反馈对电路性能的影响时，其结果往往都与反馈深度有关，如闭环时的输入、输出电阻、频带扩展以及闭环增益的稳定程度等。

3. 反馈深度

反馈深度$(1+\dot{A}\dot{F})$决定了反馈放大电路的性能，也是闭环电路设计的重要指标，根据其取值的不同分别作如下讨论：

(1) 当$|1+\dot{A}\dot{F}|>1$时，有$|\dot{A}_f|<|\dot{A}|$，即闭环增益减小，电路中引入的是负反馈。也就是说，负反馈放大电路是以牺牲增益为代价换取电路性能的改善或影响电路指标。当$|1+\dot{A}\dot{F}|\gg 1$(通常>10)时，称为深度负反馈，在深度负反馈的条件下，由闭环增益的基本方程式可得

$$\dot{A}_f=\frac{\dot{A}}{1+\dot{A}\dot{F}}\approx\frac{\dot{A}}{\dot{F}\dot{A}}=\frac{1}{\dot{F}}$$

即闭环增益等于反馈系数的倒数，这也是在深度负反馈条件下近似计算电路闭环增益的依据。

(2) 当$|1+\dot{A}\dot{F}|<1$时，有$|\dot{A}_f|>|\dot{A}|$，即闭环增益变大，电路中引入的是正反馈。正反馈主要用在信号产生电路中。

(3) 当$|1+\dot{A}\dot{F}|=0$时，有$|\dot{A}_f|=\infty$，即闭环增益无限大，电路会产生自激振荡现象，在放大电路中应避免出现这一情况。

(4) 当$|1+\dot{A}\dot{F}|=1$时，有$|\dot{A}_f|=|\dot{A}|$，即闭环增益与开环增益一样，说明电路没有

反馈。

一般情况下电路增益、反馈系数的幅值和相位角均是频率的函数，所以用 $\dot{A}$、$\dot{A}_f$ 和 $\dot{F}$ 表示。当电路工作在中频区，而且反馈网络由电阻元件构成时，这些参数都是与频率无关的数值，可分别用 A、A_f 和 F 表示。在这种情况下闭环增益的基本方程式可写成 $A_f=A/(1+AF)$，则反馈深度为 $(1+AF)$。

当反馈网络仅由电阻元件构成时，总有反馈系数 $F<1$，因此需选用开环增益很高的集成运放来实现深度负反馈，如前述同相、反相比例放大电路等。而单级 BJT 或 FET 放大电路的增益不是很高，往往需要采用多级放大电路才能获得深度负反馈的效果。

8.4.2 负反馈对电路性能的改善

在放大电路中引入负反馈后，可在许多方面改善或改变电路的性能，而且不同类型的负反馈也将对电路产生不一样的影响。这些改善或影响均是以牺牲电路的增益为代价的，而且影响的程度与反馈深度成正比，定量分析计算的结果也直接与反馈深度有关。只有全面了解这一点，才能根据电路的设计要求和目的，在电路中正确地引入负反馈。

1. 提高闭环增益的稳定性

在四种类型的负反馈放大电路的分析讨论中可知，引入负反馈的放大电路，可自动对输出信号 X_o 取样、反馈控制，使基本放大电路的净输入信号 $X_{id}=X_i-X_o$ 减小，从而维持输出量 X_o 基本不变。而电路的闭环增益 $A_f=X_o/X_i$，当 X_o 维持不变时，说明闭环增益 A_f 基本稳定，即负反馈使闭环增益的稳定性获得提高。

当电路工作在中频区域且反馈网路由电阻元件构成时，闭环增益的基本方程式为 $A_f=A/(1+AF)$，对 A 求导数得

$$\frac{dA_f}{dA}=\frac{1}{1+AF}-\frac{AF}{(1+AF)^2}=\frac{1}{(1+AF)^2}$$

整理、变化后可得

$$dA_f=\frac{dA}{(1+AF)^2} \quad 或 \quad dA_f=\frac{1}{1+AF}\frac{dA}{A}\cdot\frac{A}{1+AF}=\frac{1}{1+AF}\frac{dA}{A}\cdot A_f$$

因此有

$$\frac{dA_f}{A_f}=\frac{1}{1+AF}\frac{dA}{A}$$

上式中的 dA_f/A_f 表示闭环增益的相对变化量，dA/A 表示开环增益即基本放大电路增益的相对变化量，其结果表明，dA_f/A_f 只是 dA/A 的 $1/(1+AF)$。反馈深度越大，闭环增益的相对变化量越小，即闭环增益 A_f 越稳定。

例如，当反馈深度 $(1+AF)=10$、开环增益相对变化量 $dA/A=10\%$ 时，闭环增益相对变化量 $dA_f/A_f=1\%$，即闭环时的变化只有开环时的十分之一。

引入深度负反馈后，闭环增益 $A_f\approx1/F$，其大小几乎与开环增益 A 无关，仅取决于反馈网络。反馈越深，近似程度越高，闭环增益的稳定性越好。在电路设计或开发应用中，为了减小环境温度变化、元器件参数的离散性以及不同负载对电路增益的影响，往往在电路中引入深度负反馈。

闭环增益 A_{f} 的含义由反馈类型决定，电压串联为 $A_{v\mathrm{f}}$（电压增益），电压并联为 $A_{r\mathrm{f}}$（互阻增益），电流串联为 $A_{g\mathrm{f}}$（互导增益），电流并联为 $A_{i\mathrm{f}}$（电流增益），不能简单地认为闭环增益就是电压增益，这一点尤其值得注意。

2. 减少非线性失真

由于构成放大电路的BJT和FET都是非线性器件，当信号的幅值较大时，可能会进入器件的非线性区域，产生非线性失真。在放大电路中引入负反馈后，通过电路的反馈控制、调节，可有效地减小输出信号的非线性失真。

图8.4.2是负反馈减小非线性失真过程的示意图。图中的波形①表示输入信号 x_{i}，当电路中未引入负反馈（开环）时，x_{i} 将直接加在基本放大电路 A 的输入端，假设 x_{i} 较大，信号在传输过程中进入器件的非线性区，使得输出信号 x_{o}' 的负半周产生非线性失真，即 x_{o}' 负半周幅值变小，如图中的波形②所示。

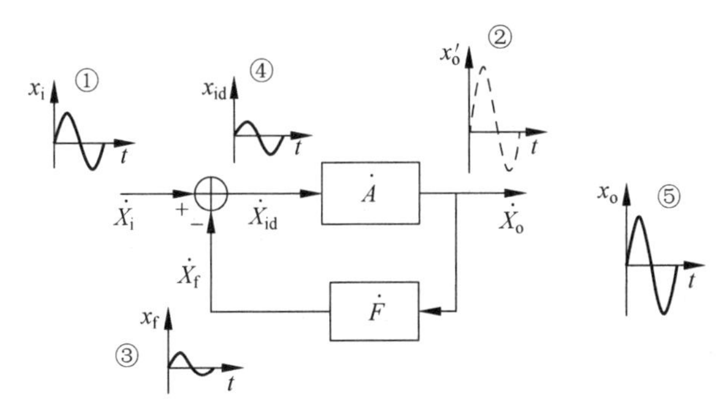

图8.4.2 负反馈减小非线性失真的示意图

当电路中引入仅由电阻元件构成的负反馈后，反馈网络不会带来附加的非线性失真，则反馈信号 x_{f} 的波形（图中波形③）同样是负半周幅值小。由于净输入信号 $x_{\mathrm{id}}=x_{\mathrm{i}}-x_{\mathrm{f}}$，因此 x_{id} 的波形（图中波形④）变成负半周比正半周大，与 x_{o}' 刚好相反。x_{id} 经过基本放大电路传输后，使得闭环时的输出信号 x_{o} 的正、负半周的不对称程度得到明显改善（图中波形⑤），即减小了非线性失真。

3. 负反馈对放大器频率响应的影响（扩展频带）

在固定偏流共射极放大电路中，电压增益 A_v 的下限截止频率 ω_{L} 与输入、输出端的耦合电容、射极电阻的旁路电容有关，而上限截止频率 ω_{H} 与BJT的结点电容、分布电容（可等效成输入或输出端口的旁路电容）有关。假设该放大电路在中频区的电压增益为 $A_{v\mathrm{m}}$，则放大电路在低频区域的增益可表示成

$$\dot{A}_v=\frac{\dot{A}_{v\mathrm{m}}}{1\mp \mathrm{j}\dfrac{\omega_{\mathrm{L}}}{\omega}}$$

当BJT的射极增加电阻 R_{e} 后，电路中就存在负反馈，其闭环增益可写成

$$\dot{A}_{\mathrm{f}}=\frac{\dot{A}_v}{1+\dot{A}_v F}$$

将前式代入得

$$\dot{A}_{\mathrm{f}}=\frac{\dfrac{\dot{A}_{v\mathrm{m}}}{1\mp \mathrm{j}\dfrac{\omega_{\mathrm{L}}}{\omega}}}{1+F\dfrac{\dot{A}_{v\mathrm{m}}}{1\mp \mathrm{j}\dfrac{\omega_{\mathrm{L}}}{\omega}}}=\frac{\dot{A}_{v\mathrm{m}}}{1+\dot{A}_{v\mathrm{m}}F\mp \mathrm{j}\dfrac{\omega_{\mathrm{L}}}{\omega}}=\frac{\dfrac{\dot{A}_{v\mathrm{m}}}{1+\dot{A}_{v\mathrm{m}}F}}{1\mp \mathrm{j}\dfrac{\omega_{\mathrm{L}}/(1+\dot{A}_{v\mathrm{m}}F)}{\omega}}=\frac{\dot{A}_{f\mathrm{m}}}{1\mp \mathrm{j}\dfrac{\omega_{\mathrm{Lf}}}{\omega}}$$

式中，$\dot{A}_{\mathrm{fm}}=\dot{A}_{v\mathrm{m}}/(1+\dot{A}_{v\mathrm{m}}F)$，为闭环时的中频增益；$\omega_{\mathrm{Lf}}=\dfrac{\omega_{\mathrm{L}}}{1+\dot{A}_{v\mathrm{m}}F}$，是闭环时电路的下限截止频率。由此可见，引入负反馈后使电路的下限截止频率变得更低，其值与反馈深度成反比。采用类似的分析方法可得 $\omega_{\mathrm{Hf}}=(1+F\dot{A}_{v\mathrm{m}})\omega_{\mathrm{L}}$，即闭环时电路的上限截止频率变得更高，且与反馈深度成正比。

上述结论适用于所有类型的负反馈电路，即引入负反馈后，电路的频率范围变得更宽，反馈越深，频带越宽。

4. 抑制反馈环内噪声

噪声是各种元器件(例如晶体管、电阻)内部载流子不规则运动所造成的杂乱、不规则的电压、电流，或是附加在有用信号上的某种干扰，通常用信号噪声比(S/N，简称信噪比)来衡量有用信号与噪声之间的相对大小。在电路中合理地引入负反馈，可抑制反馈环内的噪声，提高电路的信噪比。

例如，由两级放大构成的负反馈电路如图 8.4.3 所示。设：第一级为小信号电压放大电路，工作电流较小，因此可以看作无噪声放大电路，其电压增益为 A_{v1}；第二级为功率放大电路，通常工作电流较大，其内部噪声也大，可用噪声源 v_{N} 等效表示。A_{v2} 是功放的电压增益，F 是反馈网络的传输系数。

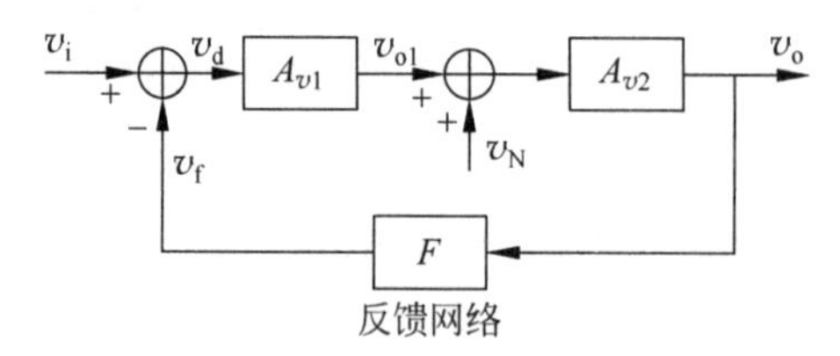

图 8.4.3 反馈环内含有噪声源的方框图

开环工作时，输出电压为

$$v_{\mathrm{o}}=v_{\mathrm{oS}}+v_{\mathrm{oN}}=A_{v1}A_{v2}v_{\mathrm{i}}+A_{v2}v_{\mathrm{N}}$$

式中，v_{oS}、v_{oN} 分别表示输出的信号电压和输出的噪声电压，则信噪比为

$$\frac{S_{\mathrm{o}}}{N_{\mathrm{o}}}=\frac{v_{\mathrm{oS}}}{v_{\mathrm{oN}}}=\frac{A_{v1}A_{v2}v_{\mathrm{i}}}{A_{v2}v_{\mathrm{N}}}$$

当 $A_{v1}=10$、$A_{v2}=10$ 时，输出信号 $v_{\mathrm{o}}=A_{v1}A_{v2}v_{\mathrm{i}}=100v_{\mathrm{i}}$，信噪比为

$$\frac{S_{\mathrm{o}}}{N_{\mathrm{o}}}=10\left(\frac{v_{\mathrm{i}}}{v_{\mathrm{N}}}\right)$$

闭环工作时的输出信号电压为

$$v_{oS}=v_i A_{vf}=\frac{v_i A_{v1} A_{v2}}{1+A_{v1} A_{v2} F} \tag{8.4.1}$$

对噪声信号来说，闭环时基本放大电路增益为 A_{v2}，反馈系数为 $A_{v2}F$，则输出噪声电压为

$$v_{oN}=v_N A_{vf}=\frac{v_N A_{v2}}{1+A_{v2}(A_{v1} F)} \tag{8.4.2}$$

由式(8.4.1)可知，引入负反馈后，闭环增益 A_{vf} 下降，即在同样的输入信号下输出信号减小。为了使 A_{vf} 与原来的开环增益基本一样，可适当提高第一级无噪声放大电路的增益。例如，当 $F=0.01$ 时取 $A_{v1}=1000$，保持 $A_{v2}=10$ 不变，则根据式(8.4.1)可计算出信号电压为 $v_{oS}\approx 100v_i$，根据式(8.4.2)可计算出噪声电压为 $v_{oN}\approx 0.1v_N$，这时的信噪比为

$$\left(\frac{S_o}{N_o}\right)_f=1000\left(\frac{v_i}{v_N}\right)$$

比开环时的信噪比提高了很多。

必须注意的是，负反馈可抑制反馈环内的噪声，而对反馈环外的噪声是无能为力的。

8.4.3 负反馈对输入电阻和输出电阻的影响

1. 对输入电阻的影响

图 8.4.4 是串联负反馈放大电路的输入端等效电路。根据输入电阻的定义，开环时基本放大电路的输入电阻为 $R_i=v_{id}/i_i$，闭环时的输入电阻为

$$R_{if}=\frac{v_i}{i_i}=\frac{v_{id}+v_f}{i_i}=\frac{v_{id}+AFv_{id}}{i_i}=\frac{v_{id}}{i_i}(1+AF)$$

即有

$$R_{if}=R_i(1+AF)$$

上式表明，当反馈网络由电阻元件构成且电路工作在中频区时，串联负反馈使 R_{if} 增大，其值是 R_i 的 $(1+AF)$ 倍，输入电阻大幅提高。因此，在串联负反馈电路中，采用电压源作为信号源，可有效地传输信号并提高反馈效果。此外，在深度负反馈的条件下估算电路的闭环增益时，可认为 $R_{if}\to\infty$，作为近似计算时的条件之一。

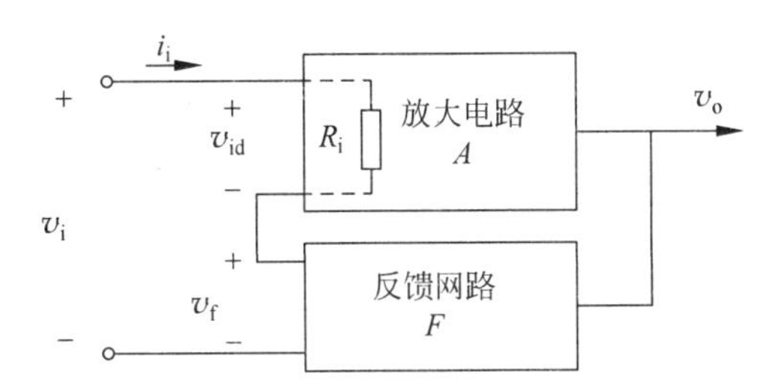

图 8.4.4 串联负反馈放大电路的输入端等效电路

图 8.4.5 是并联负反馈放大电路的输入端等效电路，开环时的输入电阻为 $R_i=v_i/i_{id}$，闭环时的输入电阻为

$$R_{if}=\frac{v_i}{i_i}=\frac{v_i}{i_{id}+i_f}=\frac{v_i}{i_{id}+i_{id}AF}=\frac{v_i}{i_{id}(1+AF)}=\frac{v_i}{i_{id}}\cdot\frac{1}{1+AF}$$

即有

$$R_{if}=\frac{R_i}{1+AF}$$

上式表明，当反馈网络由电阻元件构成且电路工作在中频区时，并联负反馈使 R_{if} 减小，其值是 R_i 的 $1/(1+AF)$，输入电阻显著减小。因此，在并联负反馈电路中，采用电流源作为信号源，可有效地传输信号并提高反馈效果。此外，在深度负反馈的条件下估算电路的闭环增益时，可认为 $R_{if}\rightarrow 0$，作为近似计算时的条件之一。

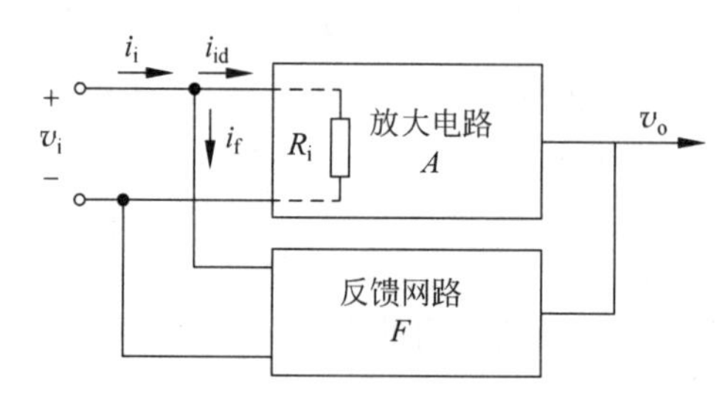

图 8.4.5　并联负反馈放大电路的输入端等效电路

2. 对输出电阻的影响

负反馈放大电路输出端口的特性，对负载电阻 R_L 而言，可以看作一个实际信号源。由电路理论可知，实际信号源可用戴维南等效电路替代，信号源内阻越小，负载电阻 R_L 所获得的电压越接近开路电压，或者说输出电压越稳定。放大电路中引入电压负反馈后，可使输出电压稳定，即闭环时的输出电阻 R_{of} 变小，反馈越深，R_{of} 越小。

实际信号源又可用诺顿等效电路替代，且信号源内阻越大，负载电阻 R_L 所获得的电流越接近短路电流，即输出电流越稳定。引入电流负反馈后，可稳定输出电流，也就是说闭环时的输出电阻 R_{of} 变大。反馈越深，R_{of} 越大。

R_{of} 的大小与反馈深度有关，通过定量分析计算，可以得出 R_{of} 与 R_o 的关系，电压负反馈时为 $R_{of}=R_o/(1+AF)$，电流负反馈时为 $R_{of}=(1+AF)R_o$，而负反馈在输入端的连接方式对 R_{of} 没有影响。

在电路中引入负反馈后，可在诸多方面改善或影响电路性能，四种类型的负反馈对放大电路性能的影响如表 8.4.2 所示，供分析负反馈放大电路或在电路中引入负反馈时参考。

表 8.4.2　各种负反馈对放大电路性能的影响

技术指标及功能	反馈类型			
	电压串联	电压并联	电流串联	电流并联
稳定闭环增益 A_f	A_{vf}	A_{rf}	A_{gf}	A_{if}
稳定输出量 x_o	v_o	v_o	i_o	i_o
输出电阻 R_{of}	$R_{of}=R_o/(1+AF)$	$R_{of}=R_o/(1+AF)$	$R_{of}=R_o(1+AF)$	$R_{of}=R_o(1+AF)$
输入电阻 R_{if}	$R_{if}=R_i(1+AF)$	$R_{if}=R_i/(1+AF)$	$R_{if}=R_i(1+AF)$	$R_{if}=R_i/(1+AF)$

续表

技术指标及功能	反馈类型			
	电压串联	电压并联	电流串联	电流并联
带宽	$\omega_{Lf}=\omega_L(1+AF)$，$\omega_{Hf}=\omega_H/(1+AF)$			
功能	v_i 控制 v_o	i_i 控制 v_o	v_i 控制 i_o	i_i 控制 i_o
信噪	可抑制环内噪声			

8.5 负反馈放大电路增益的近似计算

计算负反馈放大电路的增益，可根据电路的小信号模型和增益的定义，采用电路理论中常用的分析方法，精确计算出电路的闭环增益或电压增益。在负反馈放大电路中，由于反馈网络将电路的输出端口和输入端口连接在一起，输入、输出量相互影响，因此分析计算过程比开环时复杂得多，尤其是在分立元件构成的多级放大电路中引入负反馈，其分析计算更复杂。

在实际工程的许多电路中，引入的是深度负反馈，采用近似计算的方法即可求出电路增益，而且反馈越深，近似计算结果的误差越小。当基本放大电路为集成运放时，引入反馈后的反馈深度一般都很大，多数情况下近似计算带来的误差可忽略不计，如同相比例电路和反相比例电路等。

在深度负反馈的条件下，计算电路的闭环增益有两种方法，分别为反馈系数法和虚短、虚断法。在近似计算中，通常假设基本放大电路不产生附加相移，而且电路中引入的是电阻元件构成的反馈网络。

1. 反馈系数法近似计算 A_f

深度负反馈的条件为$(1+AF)\gg1$，由负反馈的基本方程式得

$$A_f=\frac{A}{1+AF}\approx\frac{1}{F}$$

即闭环增益是反馈系数的倒数，而 A_f 的含义由反馈类型决定，它们之间的关系见表8.4.1。

2. 虚短、虚断法近似计算 A_f

深度负反馈的条件有

$$A_f=\frac{A}{1+AF}\approx\frac{1}{F}=\frac{x_o}{x_f}\approx\frac{x_o}{x_i}$$

即有 $x_f\approx x_i$，或者有 $x_{id}=x_i-x_f\approx0$。

串联负反馈时，x_{id}、x_i、x_f 均为电压信号，当 $x_{id}\approx0$ 时，表明净输入端口可近似看成是短路，即“虚短”。串联负反馈时 R_{if} 增大，理想情况下（或深度负反馈时）$R_{if}\to\infty$，因此又可将净输入端看成是开路，即“虚断”。

并联负反馈时，x_{id}、x_i、x_f 均为电流信号，当 $x_{id}\approx0$ 时，表明净输入端口可近似看成是开路，即“虚断”。并联负反馈时 R_{if} 减小，理想情况下（或深度负反馈时）$R_{if}\to0$，因此又可将输入端口看成是短路，即“虚短”。

综上所述，不管是何种类型的负反馈放大电路，只要引入的是深度负反馈，都可以采用虚短、虚断法，近似计算出电路的闭环增益。

值得注意的是，上述两种近似计算方法是描述同一现象的不同表达方式，在近似计算中可灵活运用，尤其要注意利用 R_{if} 对电路的影响来辅助分析。此外，在实际电路的分析计算中，不管是何种类型的负反馈放大电路，往往都需要求电压增益 A_{vf} 或 A_{vsf}。如果是电压串联负反馈，A_f 就是 A_{vf}。如果是其他类型的负反馈，既可通过 $F \to A_f \to A_{vf}$（或 A_{vsf}）进行，也可采用虚短、虚断法直接求 A_{vf} 或 A_{vsf}。

例 8.5.1 试用两种方法求图 8.5.1 所示电路的 A_{vf} 或 A_{vsf}。设电路符合深度负反馈条件。

解：这是电流串联负反馈电路，其闭环增益为互导增益 A_{gf}，反馈系数为 F_r。信号在输入回路中是以电压的形式比较，电阻 R_1 上的电压为反馈电压 v_f，其他计算中要用到的电压、电流及其参考方向如图所示。

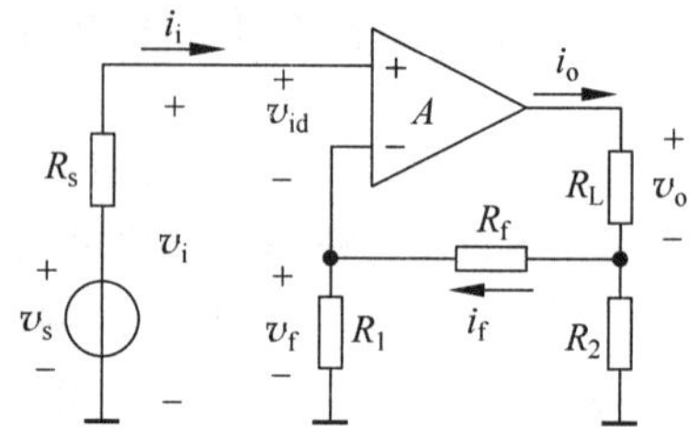

图 8.5.1 例 8.5.1 电路

(1) 反馈系数法。

因为是串联负反馈，有 $R_{if} \to \infty$，即电路的输入端口可看作是开路，因此 R_f、R_1 近似为串联，由分流公式可得

$$v_f = R_1\left(i_o \frac{R_2}{R_2 + R_f + R_1}\right)$$

闭环增益为

$$A_{gf} \approx \frac{1}{F_r} = \frac{i_o}{v_f} = \frac{i_o}{R_1\left(\dfrac{i_o R_2}{R_2 + R_f + R_1}\right)} = \frac{R_2 + R_f + R_1}{R_2 R_1}$$

由于 $R_s \ll R_{if} \to \infty$，因此 $v_o \approx v_s$，所以有

$$A_{vsf} \approx A_{vf} = \frac{v_o}{v_i} = \frac{i_o R_L}{v_f} = A_{gf} R_L = \frac{(R_2 + R_f + R_1) R_L}{R_2 R_1}$$

(2) 虚短、虚断法。

在深度、串联负反馈时，有净输入电压 $v_{id} = 0$ 和 $R_{if} \to \infty$。$v_{id} = 0$，即输入端“虚短”，则 $v_i \approx v_f$；$R_{if} \to \infty$，即输入端“虚断”，则有 $v_s \approx v_i \approx v_f$，而且可将 R_f、R_1 近似看作是串联，由分流公式可得

$$v_f = \frac{R_2 R_1 i_o}{R_2 + R_f + R_1}$$

根据电压增益的定义有

$$A_{vsf} = \frac{v_o}{v_s} \approx \frac{v_o}{v_i} = A_{vf} \approx \frac{i_o R_L}{\dfrac{R_1 R_2 i_o}{R_2 + R_f + R_1}} = \frac{(R_2 + R_f + R_1) R_L}{R_2 R_1}$$

结果与反馈系数法一样。

该例题中的基本放大电路是集成运放，采用第 2 章中的虚短、虚断分析法也可得出同样的结果，但分析的依据不同。负反馈电路中的虚短、虚断概念，是在深度负反馈的条件下，由

基本方程式和负反馈对输入电阻影响的结果推论而来，适用于所有的深度负反馈放大电路的分析计算。对由分立元器件构成的负反馈放大电路来说，同样可参照上述运放电路的估算方法进行。反馈越深，计算结果的误差也越小。

例 8.5.2　电压串联负反馈放大电路如图 8.5.2 所示。在深度负反馈的条件，试估算电路的闭环增益 A_f 和电压增益 A_{vf}。

解：该电路的基本放大电路为差分放大电路、运放，反馈网络是由 R_f、R_{b2} 构成的分压电路，反馈电压 v_f 为电阻 R_{b2} 上的电压。电压串联负反馈放大电路的反馈系数为 F_v，闭环增益 A_f 就是电压增益 A_{vf}。

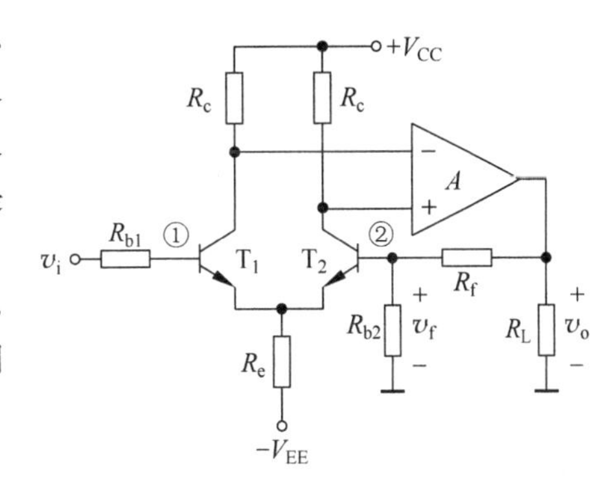

图 8.5.2　例 8.5.2 电路

在深度、串联负反馈时，有 $R_{if}\to\infty$（即虚断），即差分放大电路两个输入端可近似认为开路，因此 R_f 和 R_{b2} 可看作串联，由分压公式可得

$$F_v=\frac{v_f}{v_o}=\frac{\dfrac{R_{b2}}{R_{b2}+R_f}v_o}{v_o}=\frac{R_{b2}}{R_{b2}+R_f}$$

由此可求出电路的闭环增益为

$$A_f=A_{vf}=\frac{v_o}{v_i}\approx\frac{v_o}{v_f}=\frac{1}{F_v}=\frac{1}{\dfrac{R_{b2}}{R_{b2}+R_f}}=\frac{R_{b2}+R_f}{R_{b2}}$$

上式又可写成

$$v_o=\frac{R_{b2}+R_f}{R_{b2}}v_i$$

由输入、输出电压之间的关系式可知，v_o 与 R_L 无关，即电压串联负反馈能稳定输出电压，这一点与定性分析时的结论一致。上式还表明，电压串联负反馈电路可看作受控源，其类型为电压控制电压源，控制系数为反馈系数 F_v 的倒数，这也是电压串联负反馈电路的主要功能之一。

由于该电路的第一级放大电路采用的是差分放大电路，而且输出电压 v_o 是对地输出，因此整个电路可等效成由单运放 A' 构成的同相比例电路，如图 8.5.3 所示。等效过程中可用瞬时极性法判别 v_i 与 v_o 的相位关系，从而确定等效运放 A' 的同相端为原电路中的①端，反相端为原电路中的②端。

例 8.5.3　设图 8.5.4 电路满足深度负反馈的条件，试估算电路的电压增益 A_{vsf}（电容 C_1、C_2 的容抗很小，可忽略不计）。

解：图 8.5.4 电路是电压并联负反馈电路，基本放大电路为共集—共射组态，反馈元件是 R_f，反馈电流 i_f 为 R_f 上的电流，闭环增益为互阻增益 A_{rf} 而非电压增益 A_{vf}。

在深度、并联负反馈时，有净输入电流 $i_{id}\approx0$（即虚断）和 $R_{if}\to0$（即虚短）。"虚断"时，有 $i_i\approx i_f$，"虚短"时，有 $i_i\approx v_s/R_s$ 和 $i_f\approx -v_o/R_f$，由此可得

$$\frac{v_s}{R_s}\approx-\frac{v_o}{R_f}$$

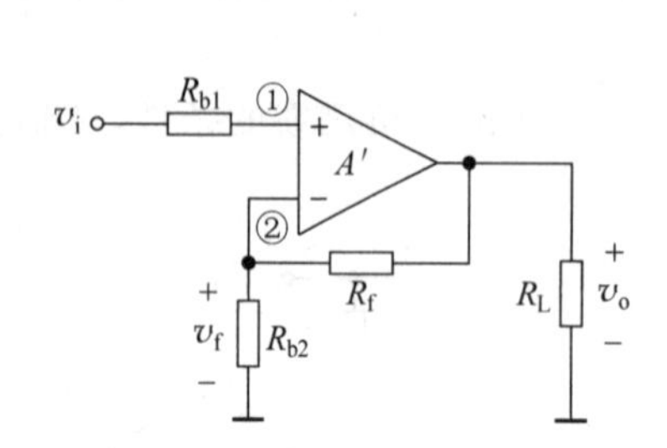

图 8.5.3 例 8.5.2 等效电路

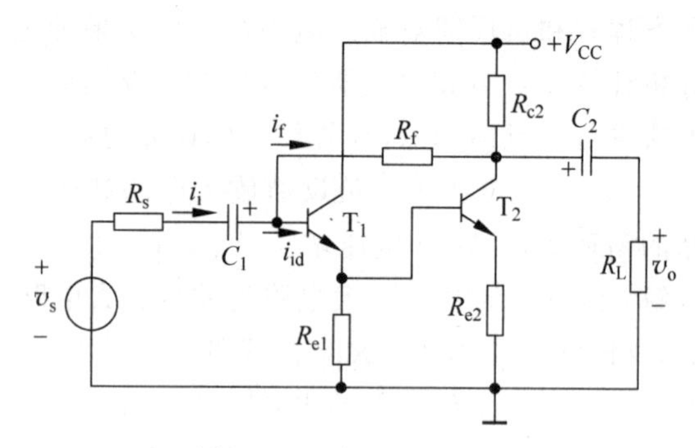

图 8.5.4 例 8.5.3 电路

根据电压增益的定义有

$$A_{vsf}=\frac{v_o}{v_s}\approx-\frac{R_f}{R_s} \tag{8.5.1}$$

该电路的闭环增益为

$$A_f=A_{rf}=\frac{v_o}{i_i}\approx\frac{v_o}{i_f}=-R_f \tag{8.5.2}$$

反馈系数为 $F=i_f/v_o=-(1/R_f)$。

由式(8.5.1)可得：$v_o=-(R_f/R_s)v_i$，输出电压与 R_L 无关，即电压并联负反馈同样可稳定取样对象即输出电压。由式(8.5.2)又可得：$v_o=-R_f i_i$，因此电压并联负反馈电路可等效成受控源，其类型为电流控制电压源，控制系数也是反馈系数，为 $1/F=-R_f$。

例 8.5.4 电流并联负反馈电路如图 8.5.5 所示。设电路满足深度负反馈的条件，试估算电路闭环增益 A_f 的电压增益 A_{vsf}。

解：该电路是电流并联负反馈电路，在 8.3 节中已经详细分析讨论了它的反馈类型和极性的判别方法。

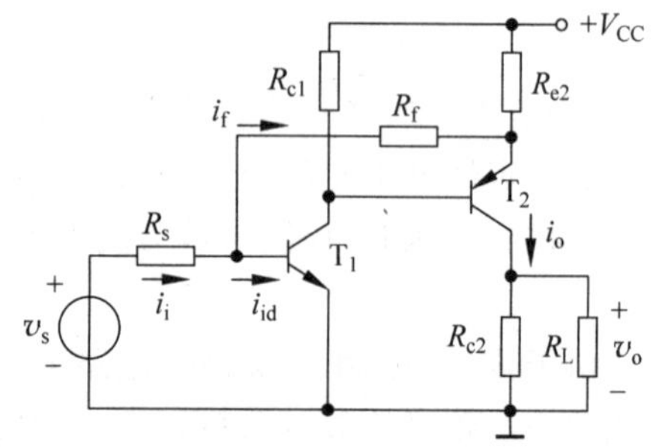

图 8.5.5 例 8.5.4 电路

在深度、并联负反馈时，有净输入电流 $i_{id}\approx0$（即虚断）和 $R_{if}\to0$（即虚短）。“虚断”时 $i_i\approx i_f$；“虚短”时 $i_i\approx v_s/R_S$，同时 R_f 和 R_{e2} 在交流通路中可近似看作并联，而且输出电流 i_o 流过这两个电阻。由分流公式可得

$$i_f\approx\frac{R_{e2}i_o}{R_f+R_{e2}}\approx i_i\approx\frac{v_s}{R_s}$$

所以有

$$v_s\approx\frac{R_{e2}R_s i_o}{R_f+R_{e2}}$$

根据电压增益的定义有

$$A_{vsf}=\frac{v_o}{v_s}\approx\frac{i_o(R_L/\!/R_{c2})}{\dfrac{R_{e2}R_s i_o}{R_f+R_{e2}}}=\frac{(R_f+R_{e2})(R_L/\!/R_{c2})}{R_{e2}R_s}$$

闭环增益为

$$A_{if}=\frac{i_o}{i_i}\approx\frac{i_o}{i_f}\approx\frac{i_o}{\dfrac{R_{e2}i_o}{R_f+R_{e2}}}=\frac{R_f+R_{e2}}{R_{e2}}$$

由 A_{vsf} 的表达式可知 v_o 与 v_s 之间的关系为

$$v_o=\frac{(R_f+R_{e2})(R_L/\!/R_{c2})}{R_{e2}R_s}v_s$$

上式表明，输出电压 v_o 与 R_L 有关，即电流反馈不能稳定输出电压。

由 A_{if} 的表达式可知 i_o 与 v_s 之间的关系为

$$i_o=\left(\frac{R_f+R_{e2}}{R_{e2}}\right)i_i$$

上式表明输出电流 i_o 与 R_L 无关，即电流负反馈能使输出电流稳定，与定性分析时的结论相同；电流并联负反馈电路可看成一个受控源，其类型为电流控制电流源，控制系数就是反馈系数 $F=R_{e2}/(R_f+R_{e2})$ 的倒数，这也是电流并联负反馈电路的主要功能之一。

例 8.5.5 试判别图 8.5.6 所示电路的反馈极性和类型。在深度负反馈的条件下，试估算电路闭环增益 A_f 的电压增益 A_{vf}。

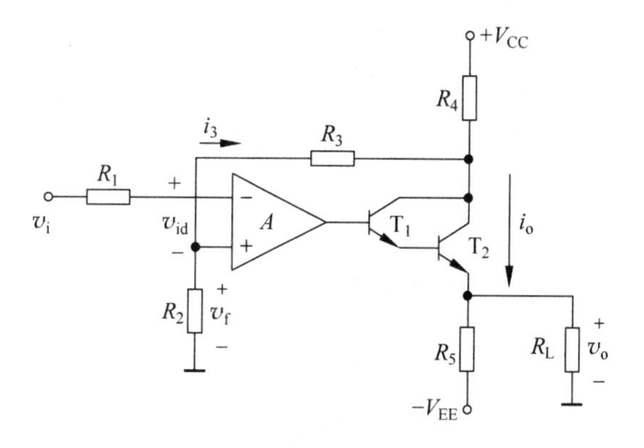

图 8.5.6 例 8.5.5 电路

解：该电路是电流串联负反馈电路。反馈网络由 R_2、R_3、R_4 构成，可将输出电流的一部分反馈到输入回路，反馈电压 v_f 为电阻 R_2 上的电压，其闭环增益为 A_{gf}，反馈系数为 F_r。

在深度、串联负反馈时，有净输入电流 $v_{id}\approx 0$（即虚短）和 $R_{if}\to\infty$（即虚断）。"虚断"时运放输入端的电流为 0，电阻 R_2、R_3 可近似看作串联，在交流通路中 R_2、R_3 支路与 R_4 并联；"虚短"时 $v_i\approx v_f$，因此可得

$$v_f\approx -R_2 i_3=-R_2\cdot\frac{R_4 i_o}{R_2+R_3+R_4}$$

根据电压增益的定义有

$$A_{vf}=\frac{v_o}{v_i}\approx\frac{v_o}{v_f}=\frac{(R_5/\!/R_L)i_o}{v_f}=-\frac{(R_5/\!/R_L)(R_2+R_3+R_4)}{R_2R_4}$$

电路的闭环增益为

$$A_f=A_{gf}=\frac{i_o}{v_i}\approx\frac{i_o}{v_f}=\frac{i_o}{-\frac{R_2R_4i_o}{R_2+R_3+R_4}}=-\frac{R_2+R_3+R_4}{R_2R_4}=\frac{1}{F_r}$$

即有

$$i_o\approx-\frac{R_2+R_3+R_4}{R_2R_4}v_i$$

由上式可知，该电路可看成电压控制电流源，其中控制量是 v_i，输出量是电流 i_o，控制系数是 $1/F_r=-(R_2+R_3+R_4)/(R_2R_4)$，这也是电流串联负反馈电路的主要功能之一。

8.6 负反馈放大电路的自激现象及其消除方法

8.6.1 负反馈放大电路的自激现象及产生条件

1. 自激振荡现象

自激振荡又可简称为“自激”现象，它是指在特定的条件下，由负反馈放大电路“自生”出来的一种振荡信号。也就是说，即使电路中没有输入信号，也会产生输出信号。出现自激振荡现象后，电路中会出现一种随机的、杂乱无章的信号，它会严重干扰甚至“淹没”放大电路的有效输出信号，使负反馈放大电路不能正常工作。因此，在设计负反馈放大电路时，应采取一些有效措施，避免出现自激现象。

2. 产生自激振荡的原因

上述章节中对负反馈放大电路的分析计算，都是假定电路工作在中频区域，即忽略了电路中的电抗元件在信号传输过程中的影响，因此放大电路的净输入信号总是减小的，电路呈现负反馈。但是，当负反馈放大电路工作在低频或高频区域时，这些电抗元件对信号的附加相移往往不能忽略，因为附加相移达到一定程度后，反馈信号可能产生180°的相移，净输入信号由减小变为增加，原来的负反馈则变为正反馈。在这种情况下，由于电路中的噪声或干扰信号的存在，即使没有输入信号电路也能自动产生振荡信号，即发生自激振荡现象。

由于单级放大电路在低频或高频时最大相移的绝对值小于90°，因此只有在三级或三级以上放大电路中引入负反馈后，才有可能产生低频或高频自激振荡。图8.6.1是三级阻容耦合负反馈放大电路的方框图，耦合电容、旁路电容等为三个或三个以上的放大电路，引入负反馈后有可能产生低频振荡。同理，在三级或三级以上的直接耦合放大电路引入负反馈后，工作频率过高易产生高频自激。

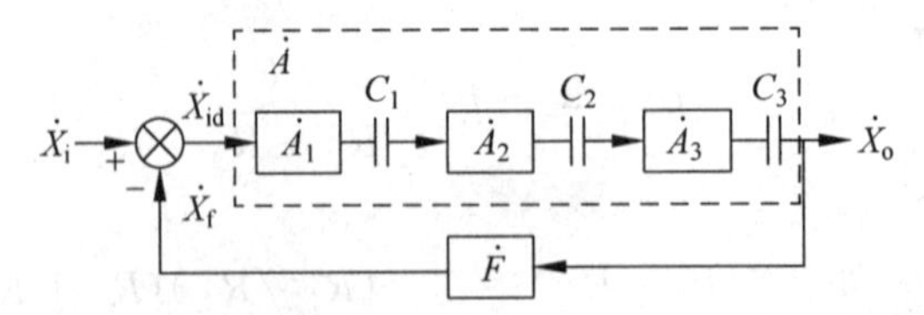

图8.6.1 三级阻容耦合负反馈放大电路方框图

3. 产生自激振荡的条件

设 φ_a、φ_f 分别是基本放大电路和反馈网络的相移，则基本放大电路的增益和反馈系数可表示成 $\dot{A}=A\angle\varphi_a$ 及 $\dot{F}=F\angle\varphi_f$。

在中频区域即附加相移($\Delta\varphi_a+\Delta\varphi_f$)为 0°时，$\varphi_a+\varphi_f=\pm 2n\times180°$，$n=0,1,2,\cdots$，反馈信号与输入信号同相，$\dot{X}_{id}=\dot{X}_i-\dot{X}_f<\dot{X}_i$，电路呈现负反馈。此时的环路增益为 $\dot{A}\dot{F}=1$。

在高频(或低频)区域，当附加相移($\Delta\varphi_a+\Delta\varphi_f$)达到 ±180°时，即环路增益 $\dot{A}\dot{F}=-1$ 时，反馈信号与输入信号反相，差值比较的结果是净输入增加，电路呈现正反馈，易产生自激振荡现象。此时环路相移为 $\varphi_a+\varphi_f=\pm 2n\times180°+(\Delta\varphi_a+\Delta\varphi_f)=\pm(2n+1)\times180°$，$n=0,1,2,\cdots$。因此，负反馈放大电路产生自激振荡的条件为

$$\dot{A}\dot{F}=-1 \tag{8.6.1}$$

由此可得自激振荡的幅值条件为

$$|\dot{A}\dot{F}|=1 \tag{8.6.2}$$

自激振荡的相位条件为

$$\varphi_a+\varphi_f=\pm(2n+1)\times180°,\quad n=0,1,2,\cdots \tag{8.6.3}$$

环路增益 $\dot{A}\dot{F}$ 的附加相移是产生自激现象的根本原因，因此相位条件又可写成($\Delta\varphi_a+\Delta\varphi_f$)=±180°。

8.6.2 负反馈放大电路稳定工作的条件

1. 负反馈放大电路的稳定工作条件

由上述讨论可知，当负反馈放大电路同时满足自激振荡的幅值条件和相位条件时，电路中会出现自激现象。因此，为了保证负反馈放大电路能稳定工作，电路设计时必须作如下考虑：

(1) 当 $|\dot{A}\dot{F}|\geqslant1$(即 $20\lg|\dot{A}\dot{F}|\geqslant0$dB)时，即电路满足自激振荡的幅值条件时，应该使附加相移($\Delta\varphi_a+\Delta\varphi_f$)<180°，则电路不会出现自激振荡。

(2) 当附加相移($\Delta\varphi_a+\Delta\varphi_f$)≥180°时，即电路满足自激振荡的相位条件时，应该使幅值条件满足 $|\dot{A}\dot{F}|<1$ 即 $20\lg|\dot{A}\dot{F}|<0$dB，则电路不会自激振荡。

(3) 当电路满足自激振荡的幅值(或相位)条件时，不仅要避免满足相位(或幅值)条件，还必须远离该条件，即要有一定的裕量。

2. 稳定裕量

实际使用中，要使设计的负反馈放大电路能正常、可靠地放大或传输信号，通常在稳定工作的基础上还需要留有一定的裕量，称为“稳定裕量”。下面以低通放大电路为例，讨论负反馈放大电路中的“增益裕量”和“相位裕量”。

1) 增益裕量 G_m

当附加相移达到±180°时，环路增益的幅值必须满足 $|\dot{A}\dot{F}|<1$ 即 $20\lg|\dot{A}\dot{F}|<0$dB，电

路才是稳定的。因此,将$(\Delta\varphi_a+\Delta\varphi_f)=\pm180°$时所对应的环路增益$\dot{A}\dot{F}$的幅值定义为增益裕量,并用$G_m$表示。

在图8.6.2所示的负反馈放大电路的幅频和相频特性曲线中,f_c表示$(\Delta\varphi_a+\Delta\varphi_f)=-180°$时的频率,则增益裕量为

$$G_m=20\lg|\dot{A}\dot{F}|_{f=f_c}(\text{dB})$$

G_m应为负值,其绝对值越大则表明电路越稳定,通常取$G_m\leqslant-10$dB。

2) 相位裕量φ_m

当环路增益的幅值为$|\dot{A}\dot{F}|=1$即$20\lg|\dot{A}\dot{F}|=0$dB,附加相移必须在$\pm180°$以内,电路才是稳定的。因此,将$|\dot{A}\dot{F}|=1$即$20\lg|\dot{A}\dot{F}|=0$dB时所对应的附加相移与$\pm180°$之差定义为相位裕量,用φ_m表示。

在图8.6.3所示的负反馈放大电路的幅频和相频特性曲线中,f_0表示$|\dot{A}\dot{F}|=1$即0dB时的频率,则相位裕量为

$$\varphi_m=-|\varphi(f_0)|-(-180°)=180°-|\varphi(f_0)|$$

φ_m为正值,其值越大则表明电路越稳定。一般要求$\varphi_m\geqslant45°$。

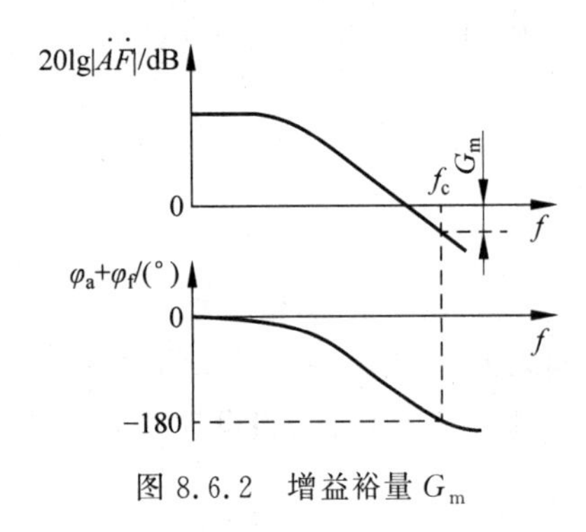

图8.6.2 增益裕量G_m

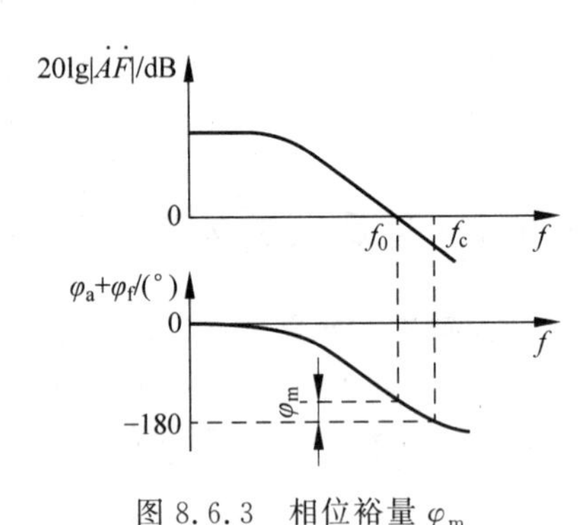

图8.6.3 相位裕量φ_m

3. 负反馈放大电路稳定性分析

分析负反馈放大电路的稳定性,可在环路增益的波特图上,根据稳定工作所需的相位裕量条件,作出电路可靠工作的稳定区域。

设基本放大电路是直接耦合的多级放大电路,开环增益具有低通特性,其频率特性方程为

$$\dot{A}(f)=\frac{K}{\left(1+\frac{f}{f_1}\right)\left(1+\frac{f}{f_2}\right)\left(1+\frac{f}{f_3}\right)} \tag{8.6.4}$$

式中,K为正实数;f_1、f_2、f_3是三个极点频率,且有$f_1<f_2<f_3$,其幅值波特图如图8.6.4中的实线所示。

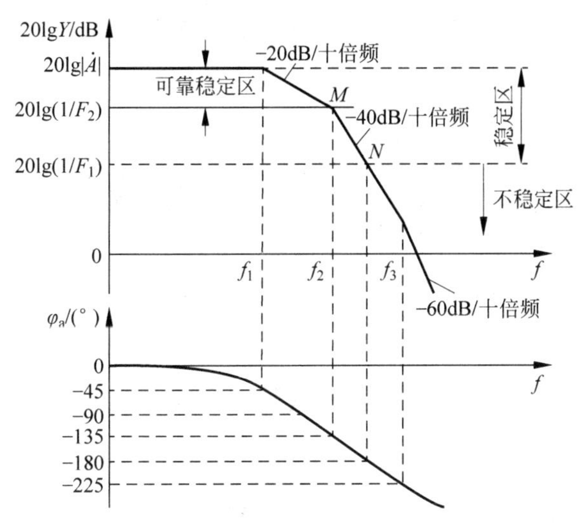

图 8.6.4　用图解法分析负反馈放大电路的稳定性

为了分析方便，设反馈网络由电阻元件构成，则环路增益的幅值可表示成

$$20\lg|\dot{A}F|=20\lg|\dot{A}|+20\lg F=20\lg|\dot{A}|-20\lg\frac{1}{F} \tag{8.6.5}$$

上式中的 $20\lg|\dot{A}|$ 就是图 8.6.4 中的基本放大电路的幅值波特图，而式中的 $20\lg(1/F)$ 在图 8.6.4 中则是一条水平直线。例如，当 $F=F_1$ 时，$20\lg(1/F_1)$ 所对应的水平线（虚线）如图 8.6.4 所示。如果用 $20\lg|\dot{A}|$ 减去 $20\lg(1/F_1)$，相当于将幅值波特图中的频率轴向上平移至 $20\lg(1/F_1)$ 处。在新的等效坐标系中，由式(8.6.5)可知，原来的 $20\lg|\dot{A}|$ 曲线就变成 $20\lg|\dot{A}F_1|$ 的曲线。以下对电路稳定性的分析讨论，都是基于该思路来进行的。

令 $F=F_1$ 时满足自激振荡条件，即有 $\dot{A}\dot{F}_1=\dot{A}F_1=-1$，则相位条件为 $\varphi_a=180°$，幅值条件为

$$20\lg|\dot{A}F_1|=20\lg|\dot{A}|-20\lg\frac{1}{F_1}=0$$

或写成

$$20\lg|\dot{A}|=20\lg\frac{1}{F_1}$$

在图 8.6.4 中的波特图上作一条水平线，其幅值为 $20\lg(1/F_1)$，与 $20\lg|\dot{A}|$ 相较于 N 点。对这条直线进行分析讨论，得出以下几点结论：

(1) 在上述设定的自激振荡条件下，N 点所对应的相移为 $\varphi_a=-180°$，且有 $20\lg|\dot{A}|=20\lg(1/F_1)$，即该点是自激振荡的临界点，$20\lg(1/F_1)$ 的水平线是自激振荡临界线。

(2) 当 $F<F_1$ 时，即反馈深度减小时，该条水平线向上平移，与 $20\lg|\dot{A}|$ 曲线的交点处满足幅值条件，但附加相移减小，电路进入稳定区域。由此可知，$20\lg(1/F_1)$ 水平线上方是稳定工作区。

当反馈深度减小到 $F=F_2$ 时，$20\lg(1/F)$ 水平线与 $20\lg|\dot{A}|$ 相交于 M 点，如图 8.6.4

所示。在 M 点处有 $20\lg|\dot{A}|=20\lg(1/F_2)$，满足自激振荡的幅值条件，而该点对应的附加相移为 $\varphi_a=-135°$，不满足自激振荡的相位条件，且相位裕量为 $\varphi_m=45°$，电路能可靠、稳定地工作。该水平线上方即为电路的可靠稳定区。

(3) 当 $F>F_1$ 时，即反馈深度增大时，该条水平线向下平移，与 $20\lg|\dot{A}|$ 曲线的交点处不仅满足自激振荡的幅值条件，而且附加相移将超过 $-180°$，电路很容易产生自激现象。由此可知，$20\lg(1/F_1)$ 水平线下方是电路不能稳定工作的区域。

通过以上分析讨论可知，在可靠稳定区内，本例电路的反馈深度可调节范围较小，这将大大抑制电路性能改善的程度。

8.6.3 负反馈放大电路中自激振荡的消除方法

消除负反馈放大电路中自激振荡最简单的方法是减小反馈系数或反馈深度，即破坏自激振荡的幅值条件，在附加相移到达 180°时，使 $|\dot{A}\dot{F}|\leqslant 1$。这种方法的代价是反馈深度变小，不利于电路性能的改善。因此，在实际工程上往往采用频率补偿的方法，在保证一定裕量的前提下使电路获得较大的环路增益，从而使负反馈电路能可靠稳定地工作。

常用的频率补偿技术为"电容补偿"，其补偿方法简便易行、效果显著，且有多种不同的补偿形式。

1. 单电容滞后补偿

1) 主极点补偿

这是一种通过人为改变频率特性中极点频率的分布，特别是拉开主极点频率 f_1 和 f_2 之间的距离，使得 -20dB/十倍频程段的范围扩大，从而加大反馈深度的调节范围，消除原来的不稳定状态或自激现象。

仍以图 8.6.4 所示的低通电路为例，并对主极点频率 f_1 进行补偿。设补偿后的频率为 f_1'，且补偿后的幅值波特图如图 8.6.5 中虚线所示，其可靠稳定区较补偿前扩大了很多。例如，在图 8.6.4 中，如果电路工作于 N 点时，极易产生自激振荡，而补偿后该点完全落在可靠稳定区。由于补偿后的频带变窄，因此这种补偿又称"窄带补偿"。

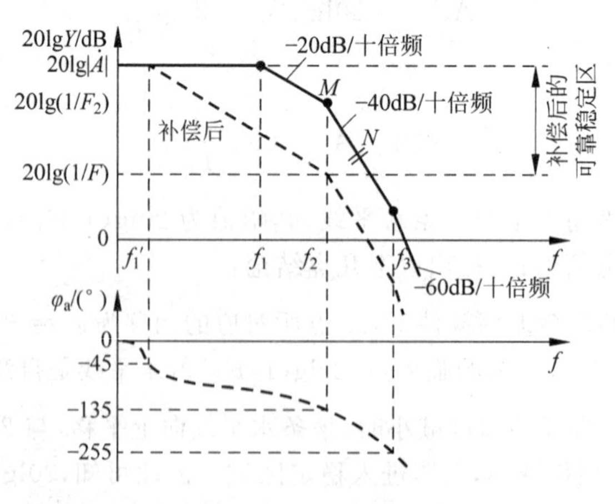

图 8.6.5 主极点补偿法增加反馈深度的调节范围

由于单级基本放大电路的高频响应可等效为一个单时间常数的低通网络，所以在低通网络上接入一个补偿电容即可使转折频率下降。实际应用时，补偿电容 C_P 应接在放大倍数较大、输入输出回路等效电阻较大的这一级上，如图 8.6.6(a)所示，因为这里时间常数最大、对应的极点频率最低，肯定是电路的主极点频率。C_P 的数值与具体的电路及补偿的程度有关，图 8.6.6(b)是补偿后的简化高频等效模型，补偿前、后的主极点频率 f_1、f'_1 分别为

$$f_1=\frac{1}{2\pi(R_{o1}/\!/R_{i2})C_{i2}} \quad 和 \quad f'_1=\frac{1}{2\pi(R_{o1}/\!/R_{i2})(C_{i2}+C_P)}$$

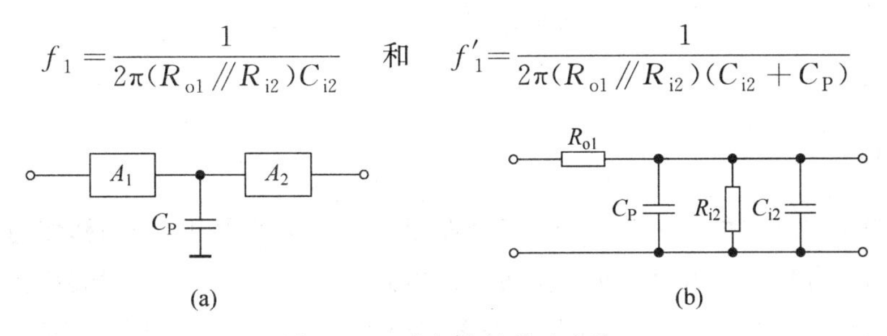

图 8.6.6 主极点补偿法电路

(a) 补偿电容 C_P 的连接方法；(b) 高频简化等效电路

2) 米勒效应补偿

这是一种利用米勒效应可使电容倍增的原理，将补偿电容跨接在某一级放大电路输入、输出端之间实现补偿的方法。图 8.6.7(a)是补偿电容接入电路的简化原理图，图 8.6.7(b)是它的等效电路。值得注意的是，补偿电容 C_P 应接在放大倍数较大、对应的极点频率最低的那一级上。由等效电路可知，这种补偿方法与主极点补偿法的原理一样，但在获得相同的补偿效果时，所用的电容较小，因此在集成电路的制作中应用广泛。

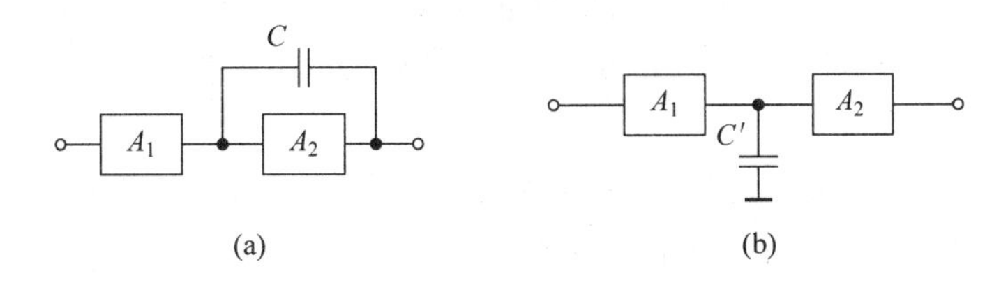

图 8.6.7 米勒补偿法电路

(a) 补偿电容 C_P 的连接方法；(b) 等效电路

2. RC 补偿法

单电容滞后补偿使放大电路的频带变窄，而采用 RC 滞后补偿则可改善这种现象，减小频带的变化。其方法是将 RC 串联后接入放大电路中主极点所在的回路里，如图 8.6.8 所示。通过选择合适的元件参数后，可用更小的极点频率 f'_1 代替原来的主极点频率 f_1，同时可将式(8.6.4)频率特性方程中的 f_2 抵消掉，则新的方程为

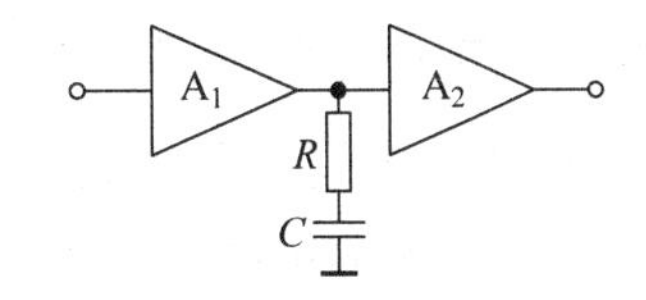

图 8.6.8 RC 滞后补偿法电路

$$\dot{A}(f)=\frac{K}{\left(1+\frac{f}{f'_1}\right)\left(1+\frac{f}{f_3}\right)}$$

式中，只有两个极点频率，电路肯定不会产生自激振荡。这种方法在实际电路设计中也用得较多。

还有一种电容超前补偿法，是将补偿电容接在反馈网络中，可使原来的带宽基本不变，具体的分析讨论可参考有关教材或文献。

本章小结

电子电路中的反馈可分别存在于直流通路或(和)交流通路中，分别称作为直流反馈或(和)交流反馈。合理地引入直流负反馈可稳定电路的直流工作点，而交流负反馈不仅可稳定输出电压(或电流)和闭环增益，而且可在多方面改善电路的性能，因此在电子技术中获得广泛应用。本章主要是对交流负反馈电路进行了分析讨论。

1. 反馈元件与反馈网络

反馈网络是一种二端口网络，与基本放大电路按特定的方式(串或并)联接在一起后，起到将输出信号回送到输入端口的作用，许多情况下仅由电阻元件构成。构成反馈网络的元件称为反馈元件，这些元件不仅可将输出信号反馈到输入端口，而且还决定了反馈量的多少和闭环增益的大小。

2. 四种类型的负反馈及判别方法

负反馈放大电路在输出端的取样对象分电压或电流两种，在输入端的比较方式分串联或并联两种，因此共有四种不同类型的负反馈，分别称为电压串联、电压并联、电流串联和电流并联负反馈。

(1) 电压、电流反馈(取样对象)可由负载短路法判别：令 $R_L=0$(即 $v_o=0$)，如果交流电路中的反馈信号随之消失，即为“电压反馈”；反之，则为“电流反馈”。若 v_o 有一极性端接地，可用更简捷的判断方法：如果输出电压 v_o(或负载电阻 R_L)有一端接地，反馈信号从 v_o(或 R_L)的另一端取出，则肯定是电压反馈。

(2) 并联、串联反馈(在输入端的联接方式)可由输入结点法判别：输入信号和反馈信号出现在同一输入端(形成结点)为并联反馈，否则，为串联反馈。

(3) 正、负反馈通常采用瞬时极性法判别：在判别路径上通过瞬时电压极性的标注，确定反馈信号 v_f(串联反馈)或 i_f(并联反馈)的参考方向，若净输入量 v_{id} 或 i_{id} 减小，为负反馈；反之，则为正反馈。

3. 负反馈对电路性能的改善和影响

负反馈放大电路通过自身信号的反馈、控制调节，可使输出量(电压或电流)趋于恒定，并可在多方面改善电路的性能，如提高闭环增益的稳定性、减小信号的非线性失真、抑制反馈环内的噪声和扩展电路的频率范围等。

负反馈放大电路对电路性能的影响主要体现在输入、输出电阻上。具体而言，电压反馈可减小输出电阻，电流反馈可增大输出电阻；并联反馈可减小输入电阻，串联反馈可增大输入电阻。

负反馈放大电路对电路性能的改善或影响均是以牺牲电路的增益为代价的，而且影响的程度与反馈深度$(1+AF)$有关，而且不同类型的负反馈对电路产生的影响也是不一样的。

4. 深度负反馈条件下电路增益的近似计算

深度负反馈的条件为$(1+AF)\gg 1$，在此条件下，不管是何种类型的负反馈放大电路，都可用反馈系数法或虚短、虚断法近似计算电路的闭环增益。这两种近似计算方法是描述同一现象的不同表达方式，在近似计算中可灵活运用，尤其要注意利用R_{if}对电路的影响来辅助分析。

在工程上，不管是何种类型的负反馈放大电路，往往都需要求电压增益A_{vf}（或A_{vsf}）。如果是电压串联负反馈，A_f就是A_{vf}；如果是其他类型的负反馈，既可通过$F\to A_f\to A_{vf}$（或A_{vsf}）进行，也可采用虚短、虚断法直接求A_{vf}或A_{vsf}。

5. 负反馈放大电路的自激现象、稳定工作条件和自激现象的消除

当负反馈放大电路工作在低频或高频区域时，由电抗元件引起的附加相移达到一定程度后，可能同时满足自激振荡的幅值条件和相位条件，原来的负反馈则变为正反馈，产生自激振荡现象，使电路不能正常工作。因此，在设计负反馈放大电路时，应采取一些有效措施，避免出现自激现象。

为了保证负反馈放大电路能正常、可靠地放大或传输信号，通常在稳定工作的基础上还在增益或相位上需要留有一定的裕量，分别称为增益裕量G_m和相位裕量φ_m，统称为“稳定裕量”。

电容补偿是消除自激振荡的常用方法，其补偿方法简便易行、效果显著，且有多种不同的补偿形式，如单电容滞后补偿、RC补偿法和电容超前补偿法等，其原理是破坏自激振荡的幅值或相位条件，从而使负反馈电路能可靠稳定地工作。

由于单级放大电路在低频或高频时最大相移的绝对值小于90°，因此只有在三级或三级以上放大电路中引入负反馈后，才有可能产生低频或高频自激振荡。

习题8

8.1　在图题8.1各电路中，电容器的容量均足够大（交流短路），试判断电路中是否存在反馈。若存在反馈，则指出反馈元件，并判断是直流反馈还是交流反馈。

8.2　在图题8.2各电路中，是否存在反馈？若存在反馈，则指出反馈元件，并说明是直流反馈还是交流反馈。

8.3　判断图题8.1中各电路的交流反馈组态和极性，并分别说明各电路可稳定何种输出量。

8.4　判断图题8.2各电路的级间（输入输出间）交流反馈组态和极性，并说明各电路可稳定何种输出量和闭环增益，以及哪些电路可提高输入电阻？哪些可降低输出电阻？

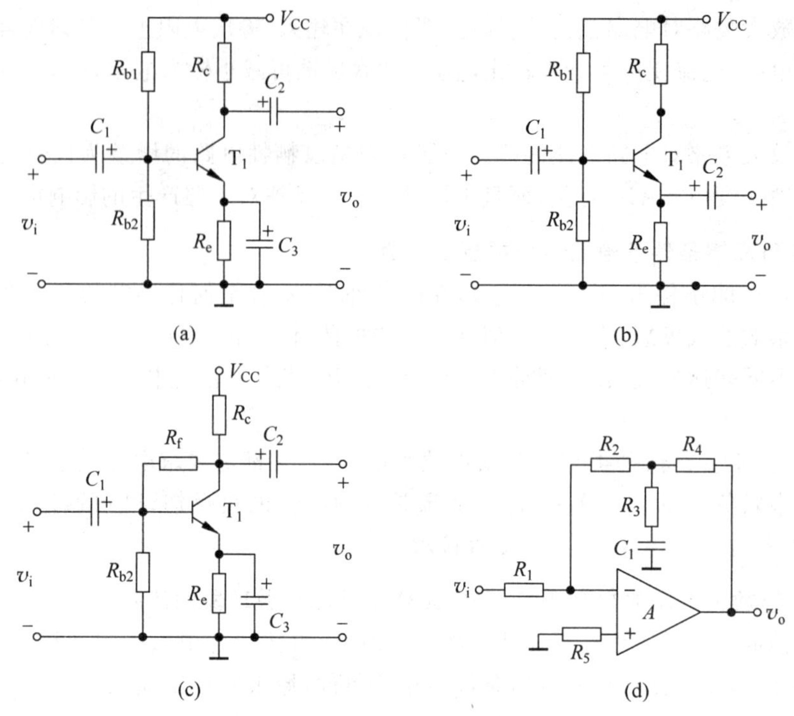

图题 8. 1

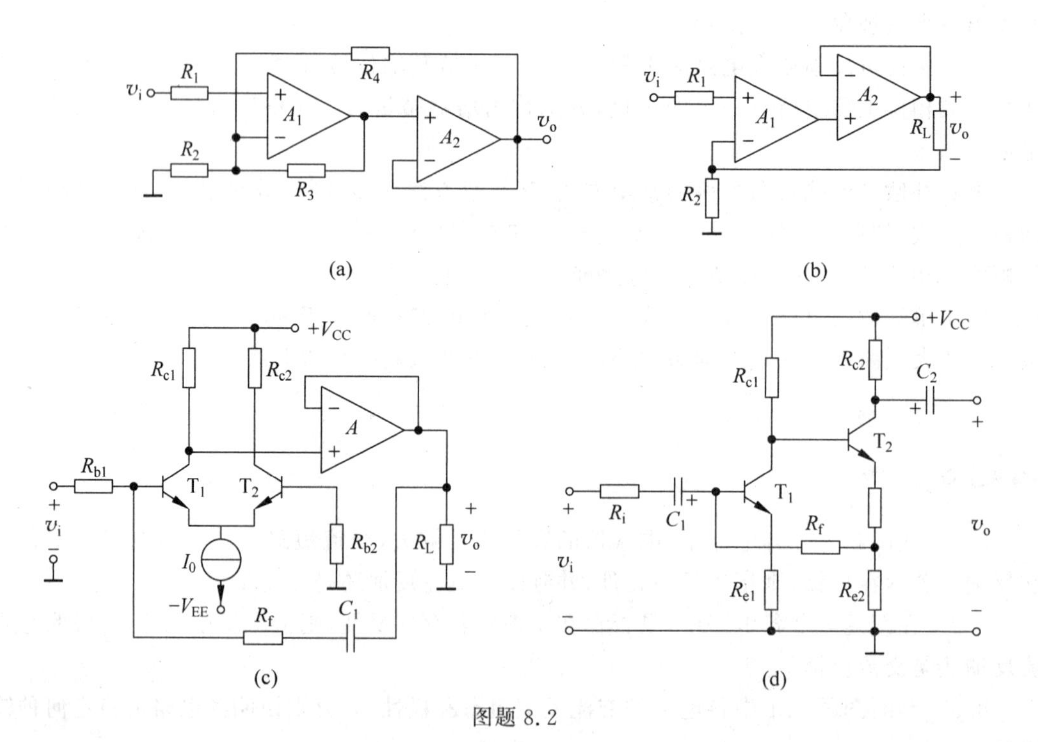

图题 8.2

8.5 设图题 8.2 中的电路均满足深度负反馈条件，试近似计算它们的闭环增益和闭环电压增益。

8.6 判断图题 8.6 中电路的交流反馈组态和极性，可稳定何种增益？若满足深度负反馈条件，试近似计算该电路的闭环增益和闭环电压增益。

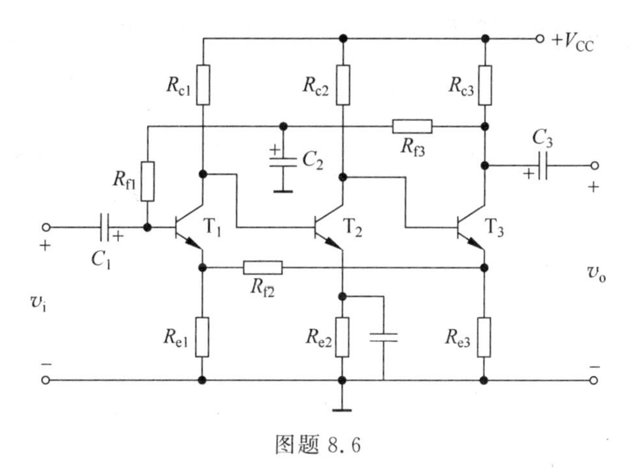

图题 8.6

8.7　判断图题 8.7 电路中反馈的极性和组态，在深度反馈的条件下计算电路的输入电阻 R_{if} 和电压增益 A_{vf}。

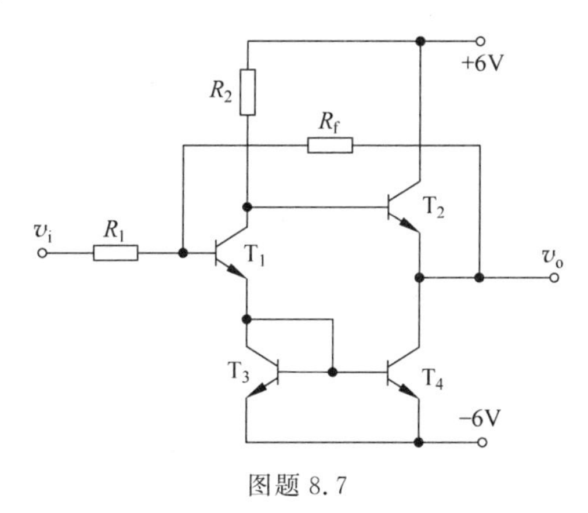

图题 8.7

8.8　在图题 8.8 所示的电路中，v_{o1}、v_{o2} 是放大电路的两个输出端，试：(1)判断信号从 v_{o1}、v_{o2} 输出时级间交流反馈的极性和组态；(2)在深度反馈条件下，估算闭环电压增益 $A_{vf1}=v_{o1}/v_i$ 和 $A_{vf2}=v_{o2}/v_i$；(3)若要提高电路的输入电阻，电路中的连线作何变动？变动后的负反馈组态有何变化？

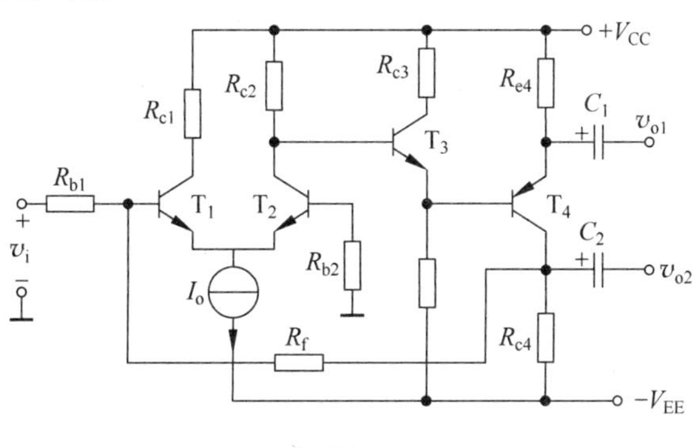

图题 8.8

8.9　电路如图题 8.9 所示，试：(1)判别电路有哪些局部和级间反馈，写出反馈元件并判别交流反馈的极性和类型；(2)设电路为深度负反馈，估算闭环电压增益 A_{vf}。

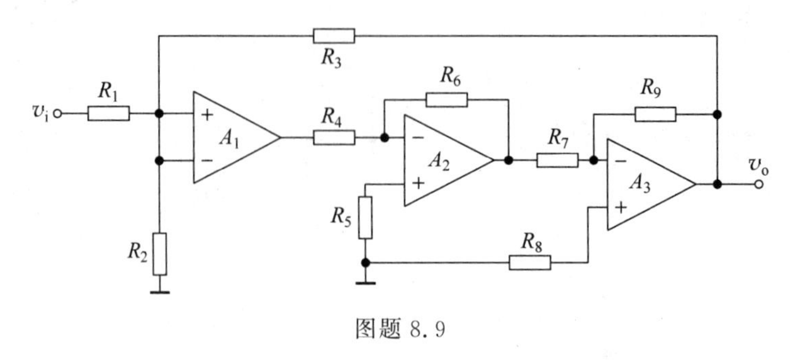

图题 8.9

第9章

正弦波信号产生电路

正弦波信号是许多技术领域经常使用的信号源，很多非正弦波信号（如方波、三角波和锯齿波等）也可以由正弦波信号产生。本章从产生正弦振荡的条件出发，讨论了正弦波振荡电路的基本原理和能否振荡的判断方法，然后介绍了常见的RC、LC和石英晶体正弦波信号产生电路，分析了它们的电路组成、工作原理、分析方法以及各自特点。

本书前几章研究的内容主要是信号的放大和处理，电子技术领域还有一个重要的功能就是产生信号，能实现这一功能的电路称为信号产生电路，通常也称为信号源、振荡电路（振荡器）或波形产生电路，在自动控制、检测和无线通信等领域应用广泛。

与放大电路相比，信号产生电路最大特点是不需要外加输入信号，只要满足一定的振荡条件，电路自身就能产生一定波形、频率与振幅的输出信号，因此也称为自激振荡电路。信号产生电路的实质是一种能量转换器，将直流电源的能量转换为交流能量并输出。

正弦波信号产生电路是最常见的信号产生电路，也是各类非正弦信号产生电路的基础。正弦波信号产生电路是用来产生一定频率与振幅的正弦交流信号，也称正弦波振荡电路。目前常见的正弦波产生电路有RC振荡器、LC振荡器和石英晶体振荡器，前者主要产生低于1MHz的低频信号，后两种振荡器主要产生高于1MHz的高频信号，石英晶体振荡器相对LC振荡器而言，频率稳定度更高。

9.1 正弦波振荡器的基本原理

负反馈放大电路中，我们已经学过，在高频区与低频区，由于附加相移的存在，有可能使负反馈变成正反馈。当正反馈较强，满足自激振荡条件 $\dot{A}\dot{F}=-1$ 时，负反馈放大电路产生自激振荡。在放大电路中，自激振荡会破坏放大电路的正常工作，必须采取措施消除自激振荡。

负反馈放大电路中，自激振荡的输出可以是一定频率与振幅的正弦波，但是由于正反馈的产生与相移相关，且振荡频率与分布电容、寄生电容等不可预知的参数相关，导致其频率不可控，因此不能作为正弦波振荡电路。而波形产生电路则不同，它是利用自激振荡的原理而工作的，人为地引入正反馈使电路发生自激振荡，并利用选频网络实现振荡频率的可控性。

9.1.1 正弦波振荡平衡条件和起振条件

1. 振荡平衡条件

正弦波振荡电路的框图如图 9.1.1 所示，是一个带正反馈网络的闭环电路。当输入信号 $\dot{X}_i=0$ 时，反馈信号 $\dot{X}_f$ 等于净输入信号 $\dot{X}_a$，即当基本放大电路的输入端输入一正弦信号 $\dot{X}_a$，经过基本放大电路与反馈网络后得到的反馈信号 $\dot{X}_f$ 与 $\dot{X}_a$ 在大小和相位上都相同，则可以去掉放大电路的输入信号 $\dot{X}_i$，将反馈网络输出端直接连到基本放大电路的输入端。此图表明，当没有输入信号时，依靠基本放大电路与正反馈网络，就能够维持一定的输出信号 $\dot{X}_o$。由 $\dot{X}_f=\dot{X}_a$ 可得

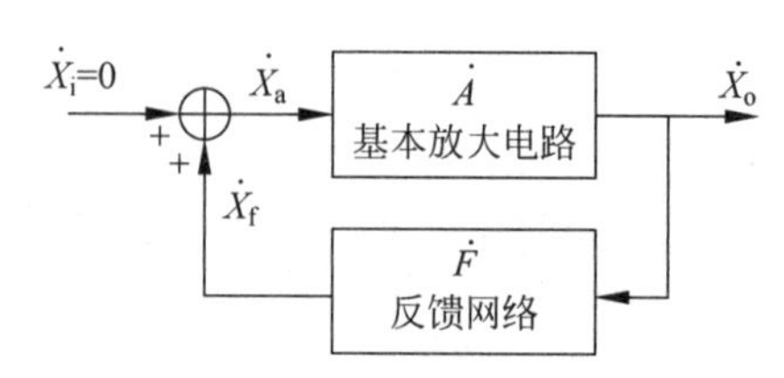

图 9.1.1 正弦波振荡电路方框图

$$\frac{\dot{X}_f}{\dot{X}_a}=\frac{\dot{X}_o}{\dot{X}_a}\cdot\frac{\dot{X}_f}{\dot{X}_o}=\dot{A}\dot{F}=1$$

即电路产生正弦波振荡平衡的条件是

$$\dot{A}\dot{F}=1 \tag{9.1.1}$$

简称振荡条件，改写为模与相位的形式为

$$|\dot{A}\dot{F}|=AF=1 \tag{9.1.2}$$

$$\varphi_A+\varphi_F=2n\pi \quad (n=\text{整数}) \tag{9.1.3}$$

式(9.1.2)称为振幅平衡条件，式(9.1.3)称为相位平衡条件，简称振幅条件和相位条件。要产生正弦波振荡，这两个条件缺一不可。

比较式(8.6.1)与式(9.1.1)，负反馈放大电路的自激振荡条件与正弦波振荡电路的振荡条件相差一个负号，这是由于反馈信号的性质不同造成的，前者是负反馈，后者是正反馈，但是它们的环路增益都是 1。

2. 起振条件(产生振荡条件)与稳幅

上述分析振荡平衡条件时，采取了假设基本放大电路的输入信号、反馈信号与输出信号已经处于一个平衡状态。实际的振荡电路在接通电源的瞬间并没有某一定值的输入、输出或反馈信号，而是依靠电路中存在的干扰，比如开关电扰动或内部噪声，都会进入反馈环路，经历放大——正反馈——再放大——再正反馈的循环过程。这些干扰信号一般比较小但频谱范围比较宽，若 $\dot{A}\dot{F}=1$，则输出信号的幅值将维持不变，通常这一输出幅值都很小。要获得一定幅值的输出，必须对信号进行一定的放大，即每次反馈到输入端的信号幅值要比前一次大，或者说反馈信号的幅值要大于净输入信号的幅值，同时，相位也要保持同相，即要求

$\dot{X}_f > \dot{X}_a$，使振荡的输出信号幅值逐渐增大起来。由式(9.1.1)可知，电路的起振条件是

$$\dot{A}\dot{F} > 1 \tag{9.1.4}$$

或

$$|\dot{A}\dot{F}| = AF > 1 \tag{9.1.5}$$

$$\varphi_A + \varphi_F = 2n\pi \quad (n = \text{整数}) \tag{9.1.6}$$

式(9.1.5)称为振幅起振条件，式(9.1.6)称为相位起振条件，对比式(9.1.3)与式(9.1.6)，相位条件相同，即平衡与起振时，净输入信号与反馈信号都是同相位的。

在起振后，由于 $\dot{A}\dot{F} > 1$，输出信号的幅值将不断增大，但这个过程不会无限持续下去。以晶体管为例，其具有非线性特点，在反馈信号或输出信号相对较小时，晶体管工作在放大区，输出信号与反馈信号近似呈正比关系。随着输出信号的增大，晶体管将进入非线性的饱和区或截止区，导致信号放大倍数逐渐降低，非线性越强，放大倍数下降越快，从而限制了输出幅值，最终使电路稳定在 $|\dot{A}\dot{F}| = 1$ 处，实现振幅平衡，具有稳定的输出信号。通常，电路从起振到振幅平衡，实现稳幅振荡，所需的时间很短，一般只有几个振荡周期。

9.1.2　正弦波振荡电路的组成及各自作用

由以上分析，针对振荡电路对起振、稳幅、频率和相位等要求，正弦波振荡电路的组成包括以下四个部分。

1. 放大电路

放大电路以有源器件为核心，主要具备两个功能：一是实现能量的转换，将直流电源的能量转换成一定频率的交流能量；二是具备信号放大功能，对所需的某一频率的信号进行放大。实际设计振荡电路时，放大电路部分通常是实现电压放大功能。

2. 正反馈网络

其作用是将输出信号反馈到输入端，满足振幅平衡与相位平衡条件，使环路能够实现自激振荡。

3. 选频网络

电路在刚起振时，输入信号是微弱的杂波或噪声，频谱范围很宽，可分解为各种频率的正弦波，其中也包含所需的某一振荡频率，选频网络的作用是选择所需的某一特定频率，抑制其余频率的信号，形成单一频率的正弦波振荡。实际设计振荡电路时，选频网络可以设计在正反馈网络中，与正反馈网络合二为一，也可以设计在放大电路部分或者独立设计。

4. 稳幅环节

其作用是稳定输出信号幅值，实现等幅振荡，这是一个非线性环节。上文所述利用晶体管或放大电路自身的非线性实现稳幅功能的，称为内稳幅。也可以在反馈网络中使用热敏电阻等非线性元器件组成独立的稳幅电路，这类稳幅方式称为外稳幅。通常，RC 振荡器采用外稳幅方式，LC 振荡器采用内稳幅方式。

9.1.3　判断电路能否产生正弦波振荡的方法

在分析一个正弦波振荡电路时，首先要判断电路能否产生振荡，需要对电路的结构进行

分析,可按以下步骤进行判断:

(1) 分析电路的组成,观察电路中是否包含放大电路、正反馈网络、选频网络和稳幅环节四个组成部分,其中需要注意选频网络有可能包含在放大电路或反馈网络中。

(2) 分析静态工作点是否合适,即电路能否正常放大。

(3) 检查电路是否满足相位平衡条件,即判断电路是不是正反馈。可利用瞬时极性法进行判断。

(4) 分析起振条件,即根据具体电路,判断$|\dot{A}\dot{F}|$是否大于1。

(5) 分析稳幅环节,判断电路能否实现稳幅振荡。

在实际电路分析时,若能够满足以上几个条件,尤其是相位平衡条件与起振条件,则电路能够产生正弦波振荡。

9.2 RC 正弦波振荡电路

正弦波振荡电路的分类往往按选频网络所使用的元器件类型来分类,常见的有 RC 振荡电路、LC 振荡电路和石英晶体振荡电路。

RC 正弦波振荡电路是一种低频振荡电路,通常用来产生 1MHz 以下的低频信号,由电阻和电容组成选频网络,可分为 RC 串并联振荡电路、移相式振荡电路和双 T 式振荡电路等类型,其中最常见的是 RC 串并联振荡电路,也称桥式振荡电路或文氏桥(Wien-bridge,也译作惠斯顿桥或惠氏桥)振荡电路,本章主要讨论此类振荡电路。

9.2.1 RC 串并联选频网络的频率特性

RC 串并联振荡电路的特点是采用 RC 串并联选频网络实现选频和反馈,RC 串并联选频网络如图 9.2.1(a)所示,电阻 R_1 与电容 C_1 串联,电阻 R_2 与电容 C_2 并联。输入电压 $\dot{V}_1$ 加在选频网络两端,输出电压 $\dot{V}_2$ 取自 R_2 与 C_2 并联支路的两端。

1. 定性分析

当输入电压 $\dot{V}_1$ 的角频率 ω 较低时,电容的等效阻抗较大,$\frac{1}{\omega C_1}\gg R_1$,$\frac{1}{\omega C_2}\gg R_2$。若此时 R_1 的分压作用与 C_2 的分流作用可忽略不计,则 R_1 与 C_1 的串联支路可简化为电容 C_1,R_2 与 C_2 的并联支路可简化为电阻 R_2,则 RC 串并联选频网络可等效为 C_1 和 R_2 的串联,如图 9.2.1(b)所示。根据容性电路性质可知,输入回路中电流超前电压,而输出回路中电流与电压同相位,即输出电压 $\dot{V}_2$ 的相位超前输入电压 $\dot{V}_1$。当角频率 ω 很低,趋近于零时,输出电压 $\dot{V}_2$ 的相位超前输入电压 $\dot{V}_1$ 趋近于 90°,并可知 $\dot{V}_2$ 的大小趋近于零。

当输入电压 $\dot{V}_1$ 的角频率 ω 较高时,电容的等效阻抗较小,$\frac{1}{\omega C_1}\ll R_1$,$\frac{1}{\omega C_2}\ll R_2$。同理,在忽略 C_1 与 R_2 的情况下,RC 串并联选频网络可等效为 R_1 和 C_2 的串联,如图 9.2.1(c)所示。此时输出电压 $\dot{V}_2$ 的相位滞后输入电压 $\dot{V}_1$。当角频率 ω 很高,趋近于无穷大时,输出电压 $\dot{V}_2$ 的相位滞后输入电压 $\dot{V}_1$ 趋近于 90°,并可知 $\dot{V}_2$ 的大小依然趋近于零。

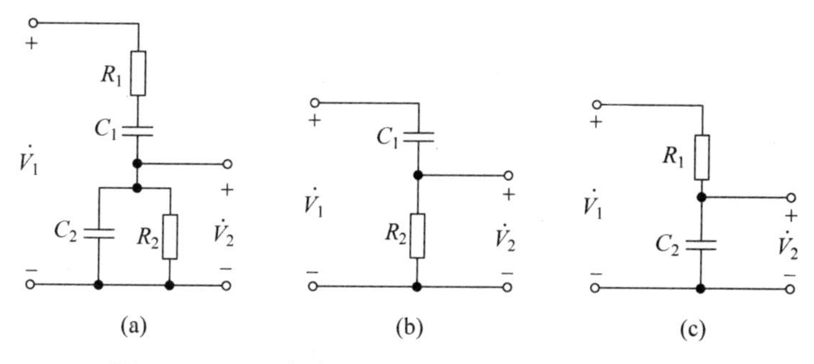

图 9.2.1　RC 串并联选频网络及其高低频等效电路

(a) RC 串并联选频网络；(b) 低频等效电路；(c) 高频等效电路

综上，在信号频率趋近于零与趋近于无穷大之间，必然存在一个角频率 ω_0，使得输入电压 $\dot V_1$ 与输出电压 $\dot V_2$ 的相位一致，既不超前，也不滞后，这就说明 RC 串并联网络具有选频特性。

2. 定量分析

通常，RC 串并联选频网络中的电阻、电容的参数为固定值，实际电路中，一般选取 $R_1=R_2=R, C_1=C_2=C$。

设 RC 串联支路的阻抗为 Z_1，RC 并联支路的阻抗为 Z_2，可得

$$Z_1=R+\frac{1}{j\omega C}=\frac{1+j\omega CR}{j\omega C} \tag{9.2.1}$$

$$Z_2=R/\!/\frac{1}{j\omega C}=\frac{R\cdot\frac{1}{j\omega C}}{R+\frac{1}{j\omega C}}=\frac{R}{1+j\omega CR} \tag{9.2.2}$$

则

$$\dot F=\frac{\dot V_2}{\dot V_1}=\frac{Z_2}{Z_1+Z_2}=\frac{j\omega CR}{(1-\omega^2C^2R^2)+j3\omega CR}=\frac{1}{3+j\left(\omega RC-\frac{1}{\omega RC}\right)} \tag{9.2.3}$$

令 $\omega_0=\dfrac{1}{RC}$，代入式(9.2.3)得

$$\dot F=\frac{1}{3+j\left(\frac{\omega}{\omega_0}-\frac{\omega_0}{\omega}\right)} \tag{9.2.4}$$

由此可知 RC 串并联选频网络的幅频特性

$$|\dot F|=\frac{1}{\sqrt{3^2+\left(\frac{\omega}{\omega_0}-\frac{\omega_0}{\omega}\right)^2}} \tag{9.2.5}$$

相频特性

$$\varphi_F=-\arctan\frac{\frac{\omega}{\omega_0}-\frac{\omega_0}{\omega}}{3} \tag{9.2.6}$$

由式(9.2.5)可知，当 $\omega=\omega_0=\frac{1}{RC}$ 或 $f=f_0=\frac{1}{2\pi RC}$ 时，振幅 $|\dot{F}|$ 最大，等于 $\frac{1}{3}$。由式(9.2.6)可知，此时相移 $\varphi_F=0$。说明输出电压的幅值是输入电压的 $\frac{1}{3}$，并且同相位，电路发生谐振，呈现纯电阻性。或者说选频网络只有在选中 ω_0 或者 f_0 时才能使电路符合相位平衡条件。

由式(9.2.5)和式(9.2.6)可画出 RC 串并联选频网络的频率特性曲线，如图 9.2.2 所示。

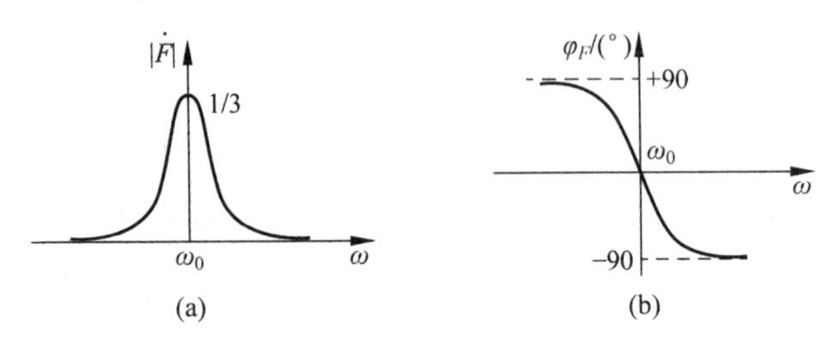

图 9.2.2 RC 串并联选频网络的频率特性曲线

(a) 幅频响应；(b) 相频响应

9.2.2 RC 文氏桥振荡电路

1. 电路原理

RC 串并联振荡电路原理如图 9.2.3 所示。电路主要由放大电路和上文所分析的选频网络两部分组成，放大电路通常是由集成运放构成的电压串联负反馈放大电路，其特点是工作在深度负反馈状态下，输入电阻很大，输出电阻很小，可减小放大电路对选频特性的影响，使振荡频率仅仅取决于选频网络，R_1 与 R_f 构成负反馈环节。放大电路输出信号的另一分支经过选频网络，又反馈到放大电路的输入端，利用瞬时极性法可判断出这是一个正反馈，选频网络的输入信号就是放大电路的输出信号 $\dot{V}_o$，输出信号就是输入到放大电路的反馈信号 $\dot{V}_f$。因此选频网络同时也起到正反馈环节的作用。R_1、R_f 与 RC 串并联网络的串联支路和并联支路各作为一个桥臂构成一个电桥，电桥的对角线接入集成运放的同相与反相输入端，因此 RC 串并联振荡电路也称为桥式振荡电路或文氏桥振荡电路。

2. 振荡的建立

图 9.2.3 所示的放大电路是同相比例放大电路，可得放大电路部分的电压放大倍数

$$|\dot{A}_v|=\left|\frac{\dot{V}_o}{\dot{V}_f}\right|=1+\frac{R_f}{R_1}$$

当 $\omega=\omega_0=\frac{1}{RC}$ 时，由选频网络可知，$\dot{V}_o$ 与 $\dot{V}_f$ 同相，满足产生正弦波振荡的相位平衡条件。同时，可得到

$$|\dot{F}|=\frac{1}{3} \tag{9.2.7}$$

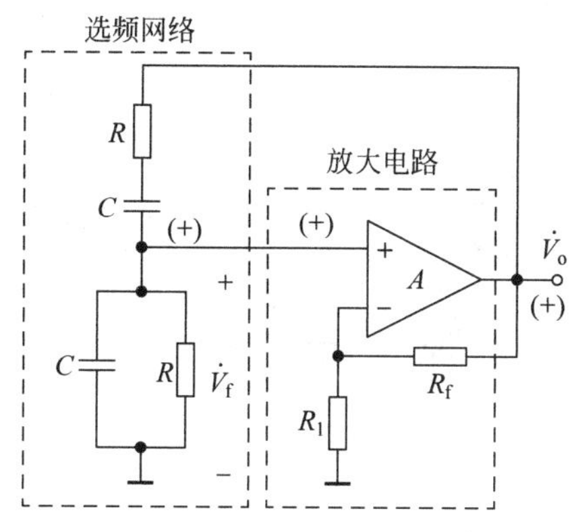

图 9.2.3　RC 桥式振荡电路原理图

根据正弦波振荡的幅值平衡条件

$$|\dot{A}\dot{F}|=1$$

可知，当电路等幅振荡时，有

$$|\dot{A}_v|=1+\frac{R_f}{R_1}=3 \tag{9.2.8}$$

则

$$R_f=2R_1$$

根据起振条件

$$|\dot{A}\dot{F}|>1$$

实际在选择电阻时，R_f 应略大于 $2R_1$，此时失真很小。如果 R_f 过大，导致 $|\dot{A}_v|$ 远大于 3，会因为振幅的增大，使放大器件工作在非线性区域，产生严重的非线性失真。

3. 稳幅措施

为了进一步改善输出幅值的稳定度，可以在电路中加入非线性环节来稳定输出电压的幅值。通常可以利用热敏电阻和二极管等元件的非线性特性以及场效应管的可变电阻特性来自动地实现稳幅功能。

1）利用热敏电阻的非线性特性

例如在图 9.2.3 所示电路的负反馈支路中，R_f 可采用负温度系数的热敏电阻。当输出电压增大时，流过 R_f 的电流也增大，导致温度上升，R_f 的阻值随之减小，使负反馈增强，放大倍数减小，从而实现放大倍数的自动调节，使输出幅值保持稳定。也可以用一正温度系数的热敏电阻替代 R_1，其原理类似。

2）利用二极管的非线性特性

在图 9.2.3 中的负反馈网络中，加入二极管 D_1、D_2 和电阻 R_3，得到如图 9.2.4 所示的利用二极管稳幅的 RC 串并联振荡电路。D_1 和 D_2 参数一致并且反向与 R_3 并联，无论信号方向如何，总有一个二极管可以正向导通，另外一个二极管截止，设 r_d 为二极管的正向动态电阻。此时电路的电压放大倍数

$$A_v=\frac{R_1+R_2+R_3/\!/r_d}{R_1}=1+\frac{R_2+R_3/\!/r_d}{R_1} \tag{9.2.9}$$

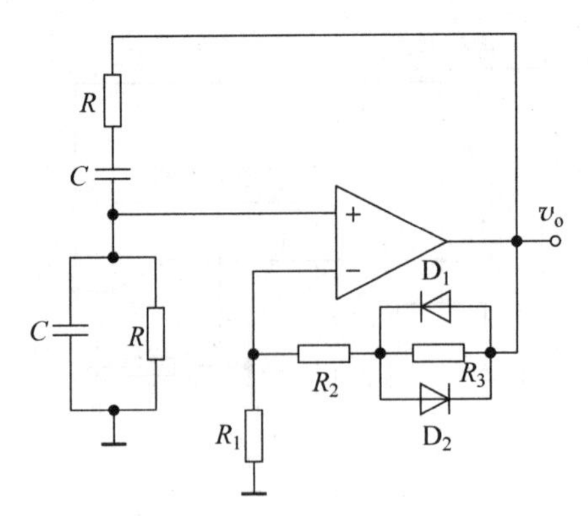

图 9.2.4 利用二极管稳幅的 RC 串并联振荡电路

在电路刚起振，振荡幅值较小时，根据二极管的特性，此时流过二极管的电流较小，动态电阻较大，A_v 相应较大，有利于起振。起振后，振荡幅值增大，此时流过二极管的电流增大，动态电阻较小，A_v 相应减小，阻止了振幅的持续增大，从而达到稳幅的目的。

例 9.2.1 二极管稳幅电路如图 9.2.4 所示。已知 $R_1=5\text{k}\Omega, R_2=9\text{k}\Omega, R_3=2\text{k}\Omega$，$R=10\text{k}\Omega, C=0.01\mu\text{F}$，运放最大输出电压为 ±12V，试求：

(1) 从振幅平衡条件判断该电路能否起振；

(2) 设电路已产生稳幅正弦波振荡，且当输出电压达到正弦波峰值时，二极管正向压降约为 0.6V，正向动态电阻约为 2kΩ，试粗略估算输出电压的峰值 V_{om}；

(3) 若将 R_2 短路，电路能否振荡？定性说明输出电压 v_o 的波形。

解：(1) 输出电压 v_o 幅值很小时，二极管动态电阻 r_{d1} 较大，接近于开路，有

$$A_v=\frac{R_1+R_2+R_3 /\!/ r_{d1}}{R_1}\approx\frac{R_1+R_2+R_3}{R_1}=\frac{5+9+2}{5}=3.2>3$$

因此可以起振。

(2) 稳幅时 $A_v\approx3$，代入式(9.2.9)，可得稳幅振荡时相应的二极管动态电阻 r_{d2} 与 R_3 的并联电阻

$$R'_3=R_3 /\!/ r_{d2}=1\text{k}\Omega$$

所以

$$V_{om}=i_{R'_3}(R_1+R_2+R'_3)=\frac{V_{R'_3}}{R'_3}(R_1+R_2+R'_3)=\frac{0.6}{1}(5+9+1)=9\text{V}$$

(3) 当 $R_2=0$ 时，可知 $A_v<3$，电路停振，$v_o=0$，波形为一条与时间轴重合的直线。

3) 利用场效应管的可变电阻特性

由 JFET 的特性可知，当漏源电压 v_{DS} 较小，$v_{DS}<v_{GS}-V_P$ 时，JFET 工作在可变电阻区，可以通过改变栅源电压 v_{GS} 的大小来控制沟道的电阻，将该区域等效为一个压控电阻。

图 9.2.5 所示是利用 JFET 可变电阻特性进行稳幅的 RC 串并联振荡电路原理图。其负反馈支路由 R_{p1}、R_1 和 JFET 的漏源电阻 R_{ds} 组成。二极管 D、电阻 R_2 和电容 C_1 组成整流滤波电路，把振荡器的输出电压变换为负的直流电压后，通过 R_3 和 R_{p2} 加到 JFET 的栅极上，控制栅源电压。当输出幅值增大时，栅源电压 v_{GS} 反向增大，导电沟道变窄，漏源电阻 R_{ds} 相应增大，从而反馈电压增大，集成运放净输入信号减小，导致输出幅值减小，实现自

动稳幅的功能。可变电阻 R_{p1} 和 R_{p2} 在实际电路中主要用来调整输出波形，降低失真。

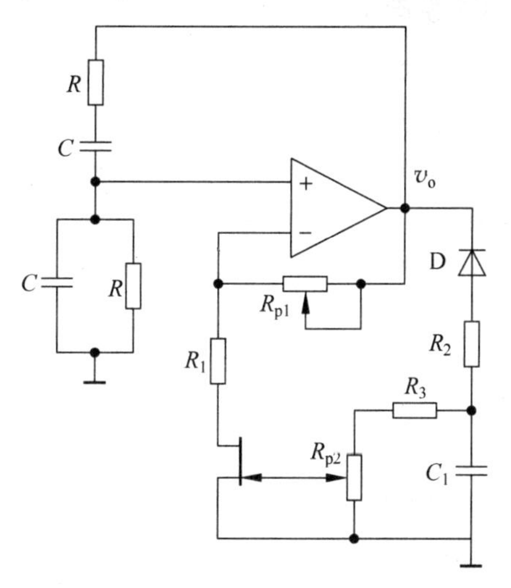

图 9.2.5　利用场效应管稳幅的 RC 串并联振荡电路

4. 频率连续可调的 RC 串并联选频网络

RC 串并联振荡电路的振荡频率由选频网络决定，$\omega_0=\dfrac{1}{RC}$。电阻和电容值一旦确定，振荡频率就是唯一的。为了获得频率连续可调振荡波形，需要对选频网络进行改进。图 9.2.6 是改进后的选频网络电路，$\dot{V}_o$ 是选频网络的输入信号，$\dot{V}_f$ 是选频网络的输出信号。电路选用双刀波段开关，通过切换不同容量的电容器实现振荡频率的粗调，共用一个同轴电位器实现振荡频率的微调。每组电容器和同轴电位器能够对应一段连续可调的频率范围，为了实现频率的连续可调，相邻两组的频率范围在两端处应具有相互重叠的频率。

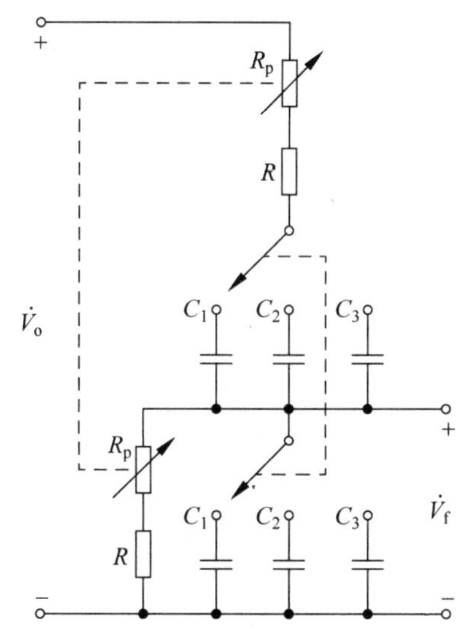

图 9.2.6　振荡频率连续可调的 RC 串并联选频网络

9.2.3 RC 移相式振荡电路

RC 移相式振荡电路，是利用 RC 网络的移相特性，与放大电路形成正反馈回路来产生正弦波自激振荡的电路。图 9.2.7 所示是一种常见的 RC 移相式正弦波振荡电路，由移相网络与放大电路组成。放大电路产生的相移 $\varphi_a=180^\circ$，当 RC 网络相移 $\varphi_f=\pm180^\circ$时，满足相位平衡条件，就有可能产生振荡。在放大电路的频率响应部分，我们已经知道，每级单时间常数的 RC 低通（或高通）电路理论上可移相 $0\sim-90^\circ$（或 90°）。但是，在 $\pm90^\circ$ 处，其电压传递系数的幅值，即输出电压与输入电压的幅值比已为零，所以两级 RC 移相电路组成的网络不能满足振荡的幅值条件。而三级 RC 移相电路最大移相范围达到 $\pm270^\circ$，适当选择元件参数，就可能在特定频率下产生 $\pm180^\circ$ 的相移，且电压传递系数不为零，满足相位和振幅条件，产生正弦波振荡，可见，移相网络同时也是反馈网络和选频网络，振荡频率由选频网络决定。

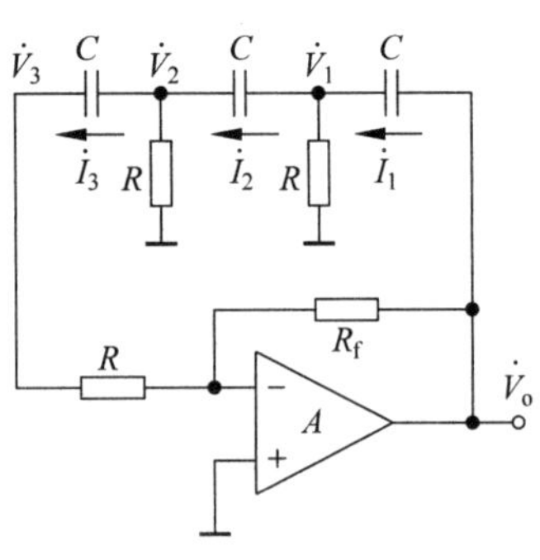

图 9.2.7 RC 移相式振荡电路

图 9.2.7 所示电路的 RC 移相网络属于相位超前式的高通电路，采用三级 RC 移相网络，其中一节移相网络的电阻 R 利用了放大电路的输入电阻。分析该电路，设移相网络中各电流、电压如图所示，列出各移相网络的电压与电流关系方程，可得

$$\begin{cases}\dot V_o=\dfrac{\dot I_1}{j\omega C}+\dot V_1\\ \dot V_1=\dfrac{\dot I_2}{j\omega C}+\dot V_2\\ \dot V_2=\dfrac{\dot I_3}{j\omega C}+\dot V_3\\ \dot I_1=\dfrac{\dot V_1}{R}+\dot I_2\\ \dot I_2=\dfrac{\dot V_2}{R}+\dot I_3\\ \dot I_3=\dfrac{\dot V_3}{R}\end{cases}\tag{9.2.10}$$

解方程，消去 $\dot V_1$、$\dot V_2$、$\dot I_1$、$\dot I_2$ 和 $\dot I_3$，得

$$\dot F_v=\frac{\dot V_f}{\dot V_o}=\frac{\dot V_3}{\dot V_o}=\frac{1}{1-5\left(\dfrac{1}{\omega RC}\right)^2-j\left[\dfrac{6}{\omega RC}-\left(\dfrac{1}{\omega RC}\right)^3\right]}\tag{9.2.11}$$

振荡时，虚部为零

$$\frac{6}{\omega RC}-\left(\frac{1}{\omega RC}\right)^3=0$$

求得振荡频率(谐振频率)

$$\omega_0=\frac{1}{RC\sqrt{6}} \tag{9.2.12}$$

或

$$f_o=\frac{1}{2\pi RC\sqrt{6}} \tag{9.2.13}$$

由式(9.2.11)还可得出振荡时的反馈系数

$$\dot{F}_v=\frac{\dot{V}_f}{\dot{V}_o}=\frac{\dot{V}_3}{\dot{V}_o}=\frac{1}{1-5\left(\frac{1}{\omega_0 RC}\right)^2}=-\frac{1}{29}$$

由满足振幅平衡条件时

$$|\dot{A}_v\dot{F}_v|=1$$

可得振幅平衡时,放大电路的电压放大倍数

$$A_v=|\dot{A}_v|=\frac{R_f}{R}=29$$

所以,适当调节 R_f 值就可以同时满足相位平衡与幅值平衡条件。

同理,RC 移相网络也可采用相位滞后式的低通电路,其分析方法类似,在此不再赘述。

由式(9.2.12)可以看出,RC 移相振荡电路的频率也取决于 R、C 的乘积,要改变振荡频率,需同时改变三级移相网络的 R、C 值,调节相对复杂,但是该结构相对 RC 串并联振荡电路而言更简单,因此往往用于固定频率的振荡电路中。

9.2.4　双 T 式振荡电路

图 9.2.8 所示是 RC 双 T 式正弦波振荡电路原理图,电路由对称双 T 网络和集成运放组成。其中双 T 网络由一个无源低通滤波器与一个无源高通滤波器并联组成,具有带阻特性,中心角频率(谐振角频率)$\omega_0=\frac{1}{RC}$,当 $\omega=\omega_0$ 时,双 T 网络输出为零,该频率被阻断。从集成运放两个环路看,R_1 与 R_f 构成正反馈,双 T 网络接在负反馈环路中,同时它也是选频网络。当 $\omega=\omega_0$ 时,负反馈作用最弱,因而正反馈起主要作用,电路可在 ω_0 频率下进行振荡,输出正弦波信号。$\omega\neq\omega_0$ 时,负反馈增强,抑制输出信号。因此,该电路只有 $\omega=\omega_0$ 的信号能够振荡输出。改变 R 或 C,可得不同的振荡角频率 ω_0。改变 R_1 或 R_f,可改变正反馈的程度,以满足幅值条件,使电路能够起振并减小输出波形的失真。

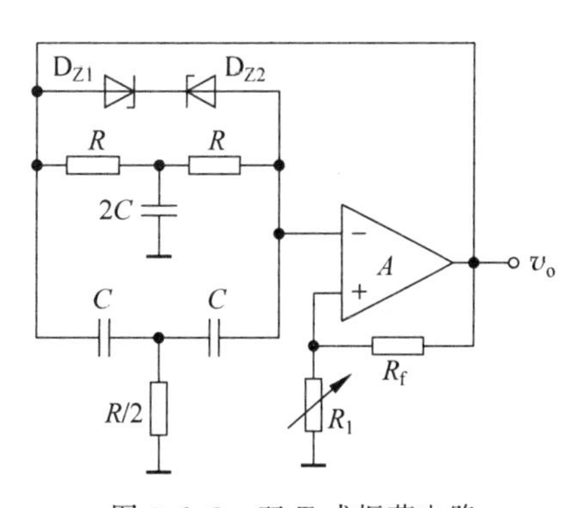

图 9.2.8　双 T 式振荡电路

双 T 网络特点在于正负反馈共存,其中正反馈固定,负反馈随着频率的大小而改变,即负反馈可变。RC 双 T 式正弦波振荡电路的缺点是振荡频率的调节较困难(因为有两个 T 网络),所以常用于固定频率的场合。

上述各类常见的RC正弦波振荡电路，都具有结构简单的优势，但是存在振荡频率调节复杂、输出波形部分失真的缺点。其振荡频率都取决于R、C的乘积，要提高振荡频率，就需要减小R、C的值。但是一方面RC网络属于放大电路的负载，RC值减小，就相当于增加了放大电路的负载；另一方面C值过小，放大电路中的寄生电容和极间电容的影响就会相对增加，影响振荡频率的值和稳定性。所以RC正弦波振荡电路通常用于产生1MHz以下的低频振荡信号。当需要更高频率的振荡信号时，可采用下文讨论的LC正弦波振荡电路。

9.3 LC正弦波振荡电路

LC正弦波振荡电路的振荡原理与RC正弦波振荡电路类似，区别在于前者采用电容和电感组成选频网络，一般用于产生1MHz以上的高频信号。由于LC正弦波振荡电路的振荡频率较高，而普通的集成运放通频带较窄，限制了振荡频率的提高，因此LC正弦波振荡电路一般采用分立元件组成。

常见的LC正弦波振荡电路有变压器反馈式、电感反馈式和电容反馈式三种。本节首先讨论LC并联谐振回路的频率特性，然后介绍各类LC正弦波振荡电路的组成与工作原理。

9.3.1 LC并联谐振回路的频率特性

1. 并联谐振回路

LC正弦波振荡电路中常用的选频网络是如图9.3.1所示的LC并联谐振回路。R表示回路总的等效损耗电阻，其值一般很小，且通常有$R \ll \omega L$。

由图可知，LC并联谐振回路的等效阻抗

$$Z=\frac{\frac{1}{\mathrm{j}\omega C}(R+\mathrm{j}\omega L)}{\frac{1}{\mathrm{j}\omega C}+R+\mathrm{j}\omega L} \tag{9.3.1}$$

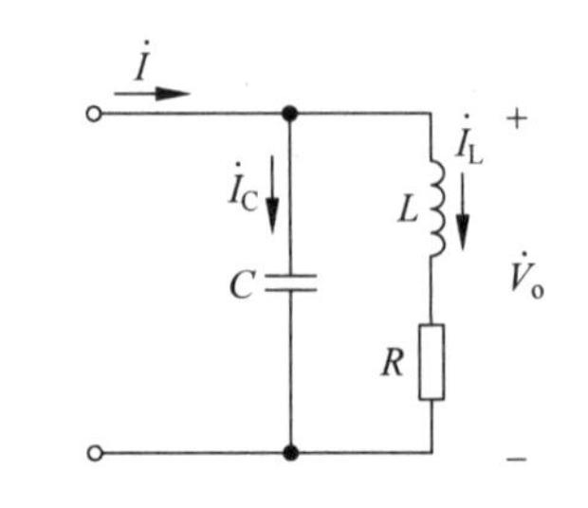

图9.3.1 LC并联谐振电路

或等效导纳

$$Y=\mathrm{j}\omega C+\frac{1}{R+\mathrm{j}\omega L}$$

对并联支路，为方便分析，采用导纳形式，由上式可得

$$Y=\frac{R}{R^2+(\omega L)^2}+\mathrm{j}\left[\omega C-\frac{\omega L}{R^2+(\omega L)^2}\right]$$

当$\omega C=\frac{\omega L}{R^2+(\omega L)^2}$时，虚部为零，电路处于并联谐振状态。

2. 并联谐振回路的基本特性

1）谐振频率与谐振阻抗

谐振时

$$\omega_0 C=\frac{\omega_0 L}{R^2+(\omega_0 L)^2} \tag{9.3.2}$$

式中，ω_0 为谐振角频率。由上式可得

$$\omega_0=\frac{\sqrt{\frac{L}{C}-R^2}}{L}$$

考虑到 R 值很小，得

$$\omega_0\approx\frac{\sqrt{\frac{L}{C}}}{L}=\frac{1}{\sqrt{LC}} \tag{9.3.3}$$

或谐振频率

$$f_0=\frac{1}{2\pi\sqrt{LC}} \tag{9.3.4}$$

谐振时，回路总等效阻抗为纯电阻性质，且阻抗值最大

$$Z_o=\frac{1}{Y_o}=\frac{R^2+(\omega_0L)^2}{R} \tag{9.3.5}$$

将式(9.3.3)代入式(9.3.5)，并考虑到 R 值很小，得

$$Z_o=\frac{1}{Y_o}=\frac{R^2+(\omega_0L)^2}{R}\approx\frac{\left(\frac{L}{\sqrt{LC}}\right)^2}{R}=\frac{\frac{L}{C}}{R}=\frac{L}{RC} \tag{9.3.6}$$

或

$$Z_o=\frac{1}{Y_o}=\frac{R^2+(\omega_0L)^2}{R}\approx\frac{(\omega_0L)^2}{R}=Q^2R \tag{9.3.7}$$

称为谐振阻抗。

2）回路的品质因数

谐振时，式(9.3.2)还可改写为

$$\omega_0=\frac{1}{\sqrt{LC}}\cdot\frac{1}{\sqrt{\left(\frac{R}{\omega_0L}\right)^2+1}}=\frac{1}{\sqrt{LC}}\cdot\frac{1}{\sqrt{\left(\frac{1}{Q}\right)^2+1}}$$

式中，$Q=\frac{\omega_0L}{R}$，称为回路的品质因数，是 LC 电路的一项重要指标，用来衡量回路损耗的大小。一般 LC 谐振回路的 Q 值在几十到几百之间。

将 $Q=\frac{\omega_0L}{R}$ 代入式(9.3.3)中，得

$$Q=\frac{\omega_0L}{R}=\frac{\frac{1}{\sqrt{LC}}L}{R}=\frac{1}{R}\sqrt{\frac{L}{C}} \tag{9.3.8}$$

表明，在相同的谐振频率下，如果电路的回路损耗越小，电容越小，电感越大，则品质因数越大。

3）输入电流与 LC 并联支路电流的关系

将 $Q=\frac{\omega_0L}{R}$ 代入式(9.3.6)，得

$$Z_o \approx \frac{L}{RC} = \frac{Q}{\omega_0 C} \tag{9.3.9}$$

将式 $Q=\frac{\omega_0 L}{R}$ 代入式(9.3.7),得

$$Z_o \approx Q^2 R = Q\frac{\omega_0 L}{R} R = Q\omega_0 L \tag{9.3.10}$$

根据图 9.3.1,由式(9.3.9)得

$$\dot{V}_o = Z_o \dot{I} = \frac{Q}{\omega_0 C}\dot{I}$$

对电容支路,有

$$|\dot{I}_C| = \omega_0 C |\dot{V}_o| = Q|\dot{I}|$$

当 $Q \gg 1$ 时,$|\dot{I}_C| \approx |\dot{I}_L| = Q|\dot{I}| \gg |\dot{I}|$,可见,谐振时电容或电感支路的电流值比输入电流大得多,此时输入电流 $\dot{I}$ 对并联谐振回路的影响可以忽略。由于谐振时,电容和电感支路流经的电流值几乎相等,因此也把 LC 并联谐振电路称为电流谐振电路。

3. 并联谐振回路的频率响应

当 $R \ll \omega L$ 时,式(9.3.1)可近似为

$$Z = \frac{\frac{1}{j\omega C} \cdot j\omega L}{\frac{1}{j\omega C} + R + j\omega L} = \frac{\frac{L}{C}}{R + j\left(\omega L - \frac{1}{\omega C}\right)} = \frac{\frac{L}{RC}}{1 + j\frac{\omega L}{R}\left(1 - \frac{1}{\omega^2 LC}\right)}$$

若信号频率 ω 只限于在 ω_0 附近,即 $\omega \approx \omega_0$,则上式可近似表示为

$$Z = \frac{Z_o}{1 + jQ\left(1 - \frac{\omega_0^2}{\omega^2}\right)} = \frac{Z_o}{1 + jQ\frac{(\omega - \omega_0)(\omega + \omega_0)}{\omega^2}} = \frac{Z_o}{1 + jQ\frac{2(\omega - \omega_0)}{\omega_0}}$$

又令 $\omega - \omega_0 = \Delta\omega$,则上式可表示为

$$Z = \frac{Z_o}{1 + jQ\frac{2\Delta\omega_0}{\omega_0}} \tag{9.3.11}$$

则其阻抗模为

$$|Z| = \frac{Z_o}{\sqrt{1 + \left(Q\frac{2\Delta\omega_0}{\omega_0}\right)^2}}$$

相角为

$$\varphi = -\arctan Q\frac{2\Delta\omega_0}{\omega_0}$$

其中,$\frac{2\Delta\omega_0}{\omega_0}$ 称为相对失谐量,表明信号角频率 ω 偏离回路谐振角频率 ω_0 的程度。

由式(9.3.11)可画出 LC 并联谐振回路的幅频特性与相频特性曲线,如图 9.3.2 所示。从图中的曲线性质,可以得到以下结论:

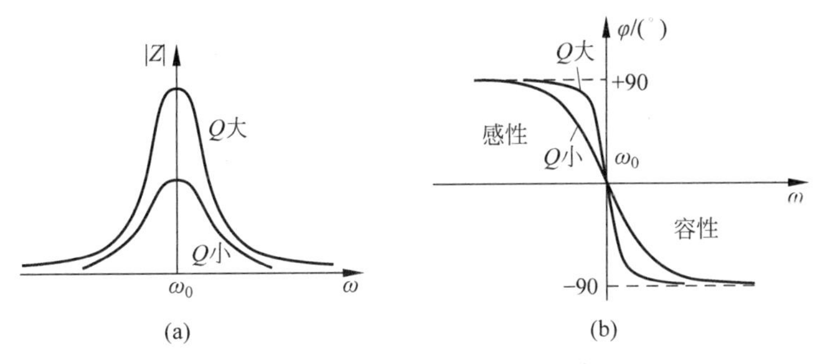

图 9.3.2 LC 并联谐振回路的频率特性曲线

(a) 幅频特性；(b) 相频特性

(1) 从幅频特性曲线看，$\omega=\omega_0$，即相对失谐量为零时，回路总等效阻抗值最大，处于并联谐振状态。当 $\omega\neq\omega_0$ 时，阻抗值将减小，信号频率偏离谐振角频率 ω_0 越大，阻抗值越小，说明 LC 并联谐振回路具有选频特性。

(2) 从相频特性曲线看，当 $\omega=\omega_0$ 时，并联谐振回路呈纯电阻性质，$\dot{V}_o$ 与 $\dot{I}$ 同相；当 $\omega>\omega_0$ 时，谐振回路呈容性阻抗，$\varphi<0$，$\dot{V}_o$ 滞后 $\dot{I}$；$\omega<\omega_0$ 时，谐振回路呈感性阻抗，$\varphi>0$，$\dot{V}_o$ 超前 $\dot{I}$。

(3) 从 Q 值分析，Q 值越大，幅频特性曲线越尖锐，选频特性越好；Q 值越大，相频特性曲线越陡峭，相位在 ω_0 附近的变化越快。在相同的 φ 变化量下，越陡的相频特性曲线，ω 变化量越小，说明频率稳定性越好。

(4) Q 值并非越大越好，幅频特性曲线越尖锐，通频带往往就越窄，对无线电信号而言，其通常都占有一定的频带宽度。过大的 Q 值，导致通频带过窄，影响信号的传输。

LC 串联回路也可作为谐振网络，但是 LC 串联谐振回路在谐振时，等效阻抗最小，相当于增加了放大电路的负载，因此 LC 正弦波振荡电路的选频网络一般采用 LC 并联谐振回路。

9.3.2 变压器反馈式 LC 振荡电路

1. 电路的组成和工作原理

变压器反馈式 LC 振荡电路又称变压器耦合 LC 振荡电路。图 9.3.3(a)所示是一种典型的变压器反馈式 LC 振荡电路原理图。该电路由三极管和 LC 选频网络构成的选频放大电路与变压器反馈网络构成。其中：三极管 T 采用射极偏置的共射极组态，R_{b1}、R_{b2} 和 R_e 用来稳定管子的静态工作点；C_1 为隔直电容，C_e 为旁路电容，在交流信号下都可视为短路；变压器原边线圈 L 与电容 C 构成 LC 并联谐振电路，同时也是三极管的集电极负载；反馈信号从变压器副边线圈 L_1 取出，回送到三极管 T 的基极，构成正反馈回路，线圈 L 与 L_1 的互感为 M；线圈 L_2 将电路产生的振荡波形输送到负载 R_L。

2. 振荡平衡与起振条件分析

1) 相位平衡条件

谐振时，LC 并联回路呈纯电阻特性，利用瞬时极性法，可知共射极组态的三极管，其基极与集电极相位差 $\varphi_a=180°$，设基极极性为“正”，则集电极极性为“负”。根据变压器同名端极性相同的性质，由于线圈 L 的极性是上“正”下“负”，故线圈 L_1 的极性也是上“正”下

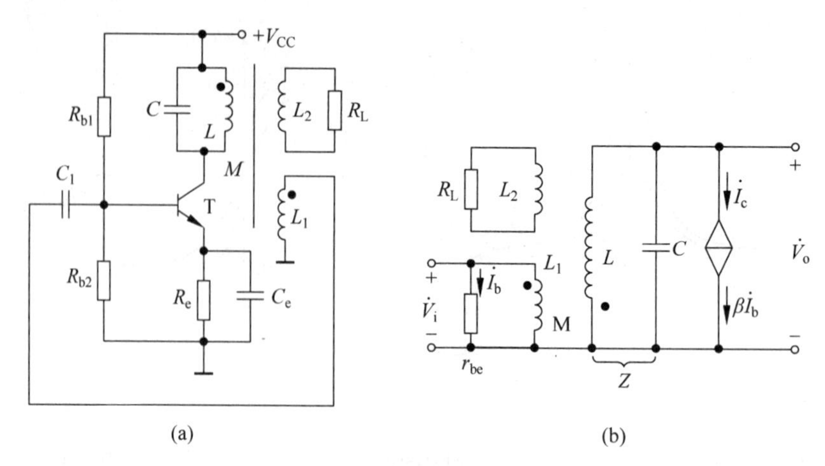

图 9.3.3 变压器反馈式 LC 振荡电路

(a) 电路原理图;(b) 小信号等效电路

"负",因此变压器绕组又引入 180°的相移,$\varphi_f=180°$,$\varphi=\varphi_a+\varphi_f=360°$,形成正反馈,满足相位平衡条件。

2) 振幅平衡条件

图 9.3.3(b)是图 9.3.3(a)所示电路的小信号等效电路,Z 为 LC 选频网络的等效阻抗,设 R 为 LC 谐振回路总的损耗等效电阻(包括变压器副边的折合电阻,图中未画出),由小信号等效电路可知

$$Z=\frac{\frac{1}{\mathrm{j}\omega C}(R+\mathrm{j}\omega L)}{\frac{1}{\mathrm{j}\omega C}+R+\mathrm{j}\omega L}=\frac{R+\mathrm{j}\omega L}{1-\omega^2 LC+\mathrm{j}\omega RC}$$

放大电路部分:

$$\dot{A}_v=\frac{\dot{V}_c}{\dot{V}_b}=\frac{-\beta\dot{I}_b Z}{\dot{I}_b r_{be}}=\frac{-\beta Z}{r_{be}}=\frac{-\beta(R+\mathrm{j}\omega L)}{r_{be}(1-\omega^2 LC+\mathrm{j}\omega RC)}$$

反馈网络部分,副边线圈电压 $\dot{V}_f$ 与原边电感电流 $\dot{I}_L$ 的关系为

$$\dot{V}_f=-\mathrm{j}\omega M\dot{I}_L$$

则

$$\dot{F}_v=\frac{\dot{V}_f}{\dot{V}_c}=\frac{(-\mathrm{j}\omega M)\dot{I}_L}{\dot{V}_c}=\frac{(-\mathrm{j}\omega M)\frac{\dot{V}_c}{R+\mathrm{j}\omega L}}{\dot{V}_c}=-\frac{\mathrm{j}\omega M}{R+\mathrm{j}\omega L}$$

所以

$$\dot{A}_v\dot{F}_v=\frac{\mathrm{j}\beta\omega M}{r_{be}(1-\omega^2 LC+\mathrm{j}\omega RC)}=\frac{1}{r_{be}\left[\frac{RC}{\beta M}+\mathrm{j}\left(\frac{\omega LC}{\beta M}-\frac{1}{\beta\omega M}\right)\right]} \tag{9.3.12}$$

谐振时,虚部为零,得

$$\omega_0=\frac{1}{\sqrt{LC}}$$

说明电路的振荡频率就是 LC 并联谐振电路的振荡频率。

由起振条件 $|\dot{A}_v\dot{F}_v|>1$ 及式(9.3.12)可得

$$\beta>\frac{r_{be}RC}{M}$$

因此，如选择 β 值较大的管子，或增加变压器的耦合程度（增大 M 值），都可以使电路更容易起振。通常对 β 值的要求并不高，常见三极管大多可以满足要求。

或者，根据 LC 并联回路谐振时，电感或电容电流为输入电流即集电极电流 Q 倍的性质，也可得到上述结论，在此不再赘述。

3. 电路特点

(1) 变压器反馈式 LC 振荡电路的稳幅措施是利用放大电路自身的非线性实现的，因此当振幅增大到一定程度，三极管进入截止或饱和区后，集电极输出信号会产生失真，集电极电流为非正弦波，拥有丰富的谐波，但是 LC 选频网络具有较好的选频特性，只有与谐振回路频率相同的信号分量才能输出，因此输出波形基本是不失真的正弦波。

(2) 变压器反馈式 LC 振荡电路的优点在于结构相对简单，改变电容 C 就可以方便地调整频率，起振也比较容易。其缺点在于选频网络与反馈网络的连接依靠变压器耦合，损耗较大，也会影响振荡频率的稳定性。另外，变压器的分布电容等参数，往往也会限制振荡频率的提高，通常用于产生 10MHz 以下的正弦波形。

9.3.3 LC 三点式振荡电路

LC 三点式振荡电路也是一种常用的 LC 振荡电路。将上文所述 LC 并联选频网络中的电感 L 或电容 C 支路变为两个电感或两个电容的支路，这样 LC 回路可以引出三个端点，称为三点式，如图 9.3.4 所示。将这三个端点分别与 BJT、FET 或集成运放的三个电极相连而构成的振荡电路，称为 LC 三点式振荡电路。按 LC 回路中是两个电感或电容，通常可分为电感三点式和电容三点式 LC 振荡电路。

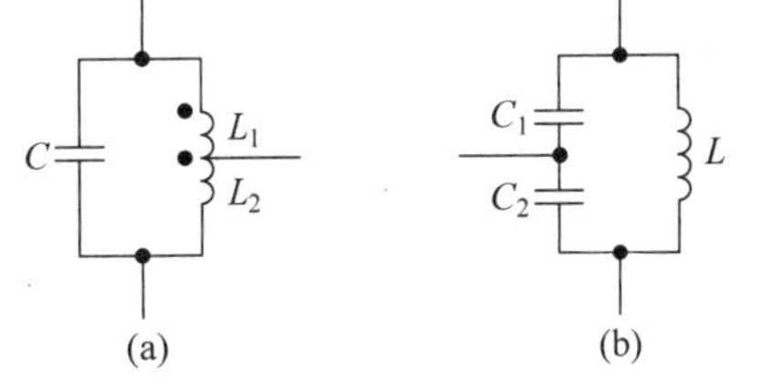

图 9.3.4　LC 三点式选频网络结构
(a) 电感三点式；(b) 电容三点式

1. 电感三点式

1) 电路结构

将图 9.3.3(a)所示变压器反馈式正弦波振荡电路中原边线圈接电源一端与副边线圈接地一端直接相连，形成一个线圈，连接处作为中间抽头引出接直流电源 V_{CC}，就构成了常见的基于 BJT 的电感三点式振荡电路，如图 9.3.5(a)所示（图中负载未画出）。可以看出，该电路克服了变压器反馈式振荡电路由于原副边耦合不紧密的缺点。在设计时，一般将电容并联在整个线圈上，提高谐振效果。通常将 LC 并联回路中的三个端子，按从放大网络到反馈网络的顺序，从上到下，分别称为首端、中间端（中间抽头）和尾端。其交流通路如图 9.3.5(b)所示，三个端子分别连接 BJT 的集电极、发射极和基极，反馈信号来自 L_2 上的电压，因此也称电感反馈式振荡电路或者哈特利(Hartley)振荡电路。

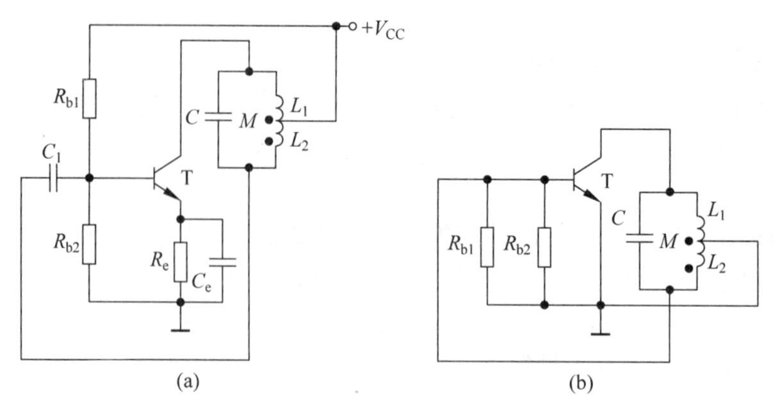

图 9.3.5　基于 BJT 的电感三点式 LC 振荡电路
(a) 电路原理图；(b) 交流通路

图 9.3.6 是一种基于集成运放的电感三点式振荡电路的交流通路，LC 并联回路的三个端子分别连接运放的输出端、同相输入端和反相输入端。

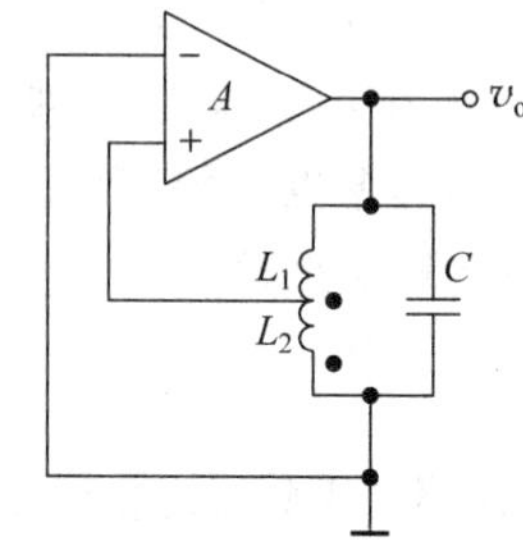

图 9.3.6　基于集成运放的电感三点式 LC 振荡电路交流通路

2）相位平衡条件判断

在 LC 选频网络谐振时，我们知道回路电流比外电路电流大得多，首尾两端呈纯电阻特性。因此，LC 选频网络三个端子的电压极性取决于与其相连的放大电路三个端子的极性，或者说其极性可由选频网络中电容、电感相对于放大电路的位置来判断。由图 9.3.5(b)，利用瞬时极性法，谐振时，设 BJT 基极瞬时极性为"正"，则集电极极性为"负"，所以 LC 选频网络的首端极性为"负"，尾端极性为"正"，发射极与中间抽头都交流接地。放大电路相移 $\varphi_a=180°$，反馈选频网络相移 $\varphi_f=180°$，可知反馈信号与输入信号同相，满足相位平衡条件。图 9.3.6 中，运放反相输入端与 LC 选频网络尾端交流接地，设运放同相输入端瞬时极性为"正"，则运放输出端极性为"正"，所以 LC 选频网络首端与中间抽头极性都为"正"。放大电路相移 $\varphi_a=0°$，反馈选频网络相移 $\varphi_f=0°$，满足相位平衡条件。

综上可知，电感三点式 LC 振荡电路的相位平衡条件判断，关键在于 LC 选频网络的端子相位关系，可做如下总结：

(1) 若中间抽头交流接地，则首尾两端电位极性相反；若首端或尾端交流接地，则另外两个端子电压极性相同。

(2) 电感三点式振荡电路的相位平衡条件可通过选频网络中的三个电抗元件与三极管三个电极或运放三个端子的相对位置来判断：若连接到发射极或同相端两边的电抗元件类型相同，则满足相位平衡条件，否则就不满足。

3）振荡频率

由于基本放大电路的放大倍数通常都比较大，而反馈信号的大小与 L_1、L_2 以及它们的互感 M 相关，因此只要合理选择 L_1 与 L_2 的比值，就可以实现起振。当 Q 值较大时，类似变压器反馈式振荡电路，振荡频率与 LC 选频网络的谐振频率近似相同，考虑到 L_1 与 L_2 的互感 M，电路的振荡频率可近似表示为

$$\omega_0 = \frac{1}{\sqrt{(L_1 + L_2 + 2M)C}}$$

或者

$$f_0 = \frac{1}{2\pi\sqrt{(L_1 + L_2 + 2M)C}}$$

反馈信号取自 L_2，反馈系数可近似为

$$F = \frac{V_f}{V_o} = \frac{L_2 + M}{L_1 + M}$$

因此减小 L_1 或者加大 L_2 的值，有利于起振。实际电路中，L_2 的匝数通常占总匝数的 1/8～1/4。如采用可变电容，振荡频率可在一定范围内连续调节，最高可达数十兆赫。其缺点主要在于电感在高频下具有较大的电抗，输出电压波形含有高次谐波，通常用于对波形要求不高的场合，如高频加热器等。

2. 电容三点式

1）电路结构

图 9.3.7(a)所示为电容三点式 LC 振荡电路，LC 选频网络由两个串联的电容并联一个电感构成。其交流通路如图 9.3.7(b)所示，LC 谐振网络的三个端子连接与电感三点式一样，也与 BJT 的三个电极相连。反馈电压取自电容 C_2，因此也称为电容反馈式振荡电路或考毕兹(Colpitts)振荡电路。

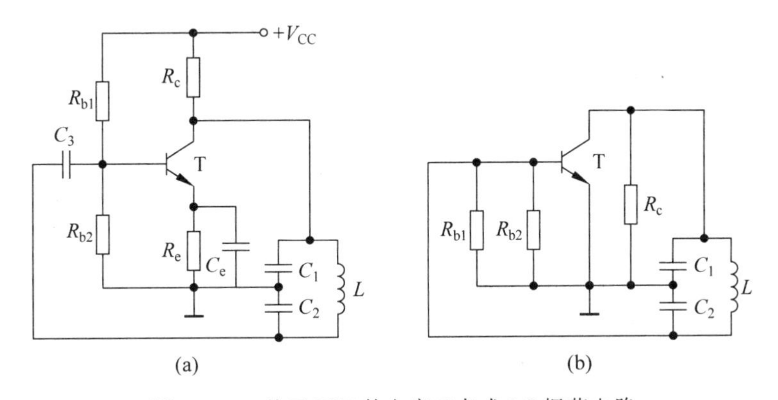

图 9.3.7 基于 BJT 的电容三点式 LC 振荡电路

(a) 电路原理图；(b) 交流通路

2）相位平衡条件判断

电容三点式与电感三点式振荡电路具有结构类似的 LC 并联结构，前文中电感三点式端子极性判断方法对电容三点式同样适用。根据瞬时极性法，谐振时，设 BJT 基极瞬时极性为"正"，则集电极极性为"负"，所以 LC 选频网络的首端极性为"负"，尾端极性为"正"，发射极与中间抽头都交流接地。放大电路相移 $\varphi_a = 180°$，反馈选频网络相移 $\varphi_f = 180°$，可知反馈信号与输入信号同相，满足相位平衡条件。

3）振荡频率

类似电感三点式振荡电路，当Q值较大时，电容三点式LC振荡电路的振荡频率可近似表示为

$$\omega_0=\frac{1}{\sqrt{L\dfrac{C_1C_2}{C_1+C_2}}}$$

或者

$$f_0=\frac{1}{2\pi\sqrt{L\dfrac{C_1C_2}{C_1+C_2}}}$$

实际电路中，一般选取β值较大的管子，并选取$C_2/C_1\geqslant1$，有利于起振。

由于反馈从C_2取出，因此对高次谐波阻抗较小，谐波分量小，输出波形较好，振荡频率可达100MHz以上。由于电容三点式振荡电路有两个电容，所以调节频率时要对两个电容进行调整，操作相对复杂一些，因此电容三点式振荡电路往往用于固定频率的场合。

3. 改进的电容三点式

由于电容三点式振荡电路，高频输出波形较好，为了实现对频率的调节，并克服C_1、C_2较小时极间电容和寄生电容的影响，需要对电容三点式电路进行改进。

通常在电感支路中串联一小电容C，如图9.3.8所示，C远小于C_1和C_2，回路总电容为

$$C'=\frac{1}{\dfrac{1}{C}+\dfrac{1}{C_1}+\dfrac{1}{C_2}}\approx C$$

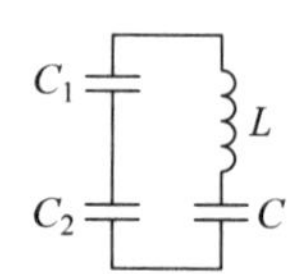

图9.3.8 改进的电容三点式谐振回路

当图9.3.7所示电路采用该改进方式后，可以得出振荡频率为

$$f_0=\frac{1}{2\pi\sqrt{LC}}$$

振荡频率主要由L和C决定，C_1、C_2对振荡频率的影响已经不大，电路极间电容和寄生电容等分布参数的影响也变得很小。这种改进的电容三点式振荡电路也称为克拉泼(Clapp)振荡电路。

9.4 石英晶体正弦波振荡器

在LC并联振荡电路中，品质因数$Q=\dfrac{1}{R}\sqrt{\dfrac{L}{C}}$，$Q$值越大，频率稳定性越好，因此为了提高$Q$值，可以在设计中尽量减小LC并联回路的等效损耗电阻R，或增大L与C的比值。但如果增大L值会使损耗电阻R增大，过度减小C值，会导致分布电容的影响增大，影响频率的稳定性。因此Q值大小受电路结构的制约，通常最大值也只有几百。

一般用频率的相对变化量$\frac{\Delta f}{f_0}$来表示频率的稳定性，称为频率稳定度。其中f_0为振荡频率，Δf为频率偏移量。频率稳定度是衡量振荡电路的一个重要质量指标。在实际应用中，有很多领域要求正弦波振荡的频率有较高的稳定度，比如数字系统中的时钟电路，Q值只达数百的普通LC振荡电路就不能使用了。如果要获得更大的Q值以提高频率稳定度，通常采用石英晶体作为选频网络的正弦波振荡电路。对普通的LC振荡电路，其频率稳定度一般不超过10^{-5}，而石英晶体振荡电路的频率稳定度可达$10^{-9}\sim10^{-11}$，Q值可达5×10^5左右，远远优于LC振荡电路。

9.4.1 压电效应

天然石英是一种呈正六面体结构的单晶体，其化学成分是二氧化硅(SiO_2)。将石英晶体按一定方向切割成一定形状(如方形、矩形或圆形等)的薄片，称为石英晶片，在晶片的两个对应表面上制作出两个银电极，并用导线引出，然后封装(通常采用金属封装)，就构成了石英晶体振荡器，简称石英晶体或晶振。其结构、外形与电路符号如图9.4.1所示。

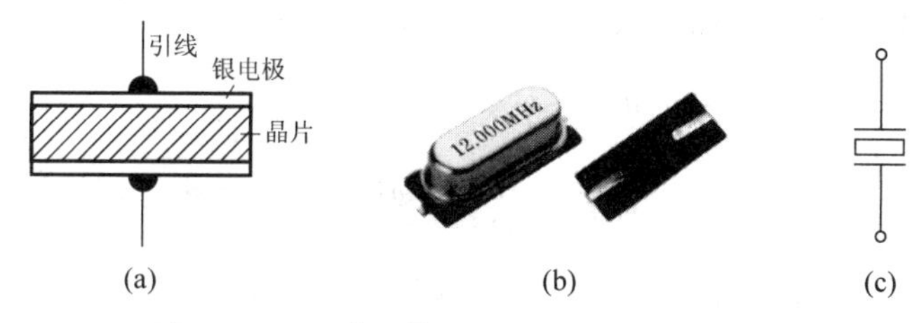

图9.4.1 石英晶体的结构、外形与电路符号
(a) 结构；(b) 外形；(c) 电路符号

石英晶体用作振荡器，是利用它的压电效应。若在石英晶片的两个极板间施加机械力而发生形变时，内部会产生极化现象，同时在两表面产生符号相反的电荷，即产生电场；反之，若在石英晶片的两个极板间施加电场，晶片也会产生形变，这一现象称为压电效应。若在晶片两极板间加上交变电压，晶片就会产生机械振动，同时机械振动又会产生交变电压。一般情况下，振动幅度很小，当外加交变电压的频率与晶片的固有频率(由外形、尺寸决定)相同时，振动的幅度将会急剧增大，这一现象称为压电谐振。石英晶体振荡器就是利用这一压电谐振特性工作的，因此石英晶体振荡器也称石英晶体谐振器。石英是一种具有良好压电效应的压电晶体，其介电常数和压电系数的温度稳定性相当好，在常温范围内这两个参数几乎不随温度变化。需要注意的是，石英是一种各向异性的晶体，并非在任意方向上都有压电效应，因此，按不同方向切割的晶片，其物理性质(如弹性、温度特性等)相差很大，在选用时要注意晶片的切型。

9.4.2 石英谐振器的电特性

石英晶体的压电谐振现象与LC串并联谐振近似，可用图9.4.2(a)所示的等效电路表示。图中C_0表示晶体不振动时的静态电容，其值在几皮法到几十皮法之间。晶片振动时，用L模拟晶体的惯性，L的值通常在几十毫亨到几十亨之间；用C模拟晶体的弹性，C值很小，通常为0.0001～0.1pF；用R表示因晶体振动而造成的各种损耗，其值在几欧姆到几百欧姆之间。谐振频率由回路等效总电容与电感 L 决定。由于石英晶体的电感 L 值较大，总电容很小，因此石英晶体谐振电路的 Q 值极高，可达 10^5 左右。又由于石英晶体的固有频率只与形状、尺寸相关，所以石英晶体振荡器选频特性好，频率稳定度高。

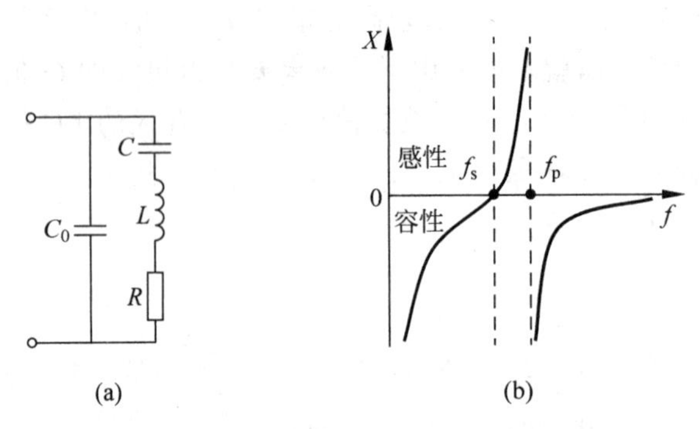

图 9.4.2　石英晶体的等效电路与电抗特性

(a) 等效电路；(b) 电抗-频率特性

由图 9.4.2(a)，当忽略损耗等效电阻 R 时，等效电路的总电抗为

$$X=\frac{-\frac{1}{\omega C_0}\left(\omega L-\frac{1}{\omega C}\right)}{-\frac{1}{\omega C_0}+\left(\omega L-\frac{1}{\omega C}\right)}=\frac{\omega^2 LC-1}{\omega(C_0+C-\omega^2 LCC_0)} \tag{9.4.1}$$

由式(9.4.1)可画出石英晶体的电抗-频率特性曲线，如图 9.4.2(b)所示，石英晶体有两个谐振频率。

(1) 当 R、L、C 支路发生串联谐振时，等效阻抗最小，X 为零，代入式(9.4.1)可得回路的谐振频率

$$f_s=\frac{1}{2\pi\sqrt{LC}}$$

或谐振角频率

$$\omega_s=\frac{1}{\sqrt{LC}}$$

由于 C_0 很小，其容抗比 R 大得多，所以串联谐振回路的等效阻抗近似为 R，呈纯电阻特性，且阻值较小。这一频率也是石英晶体的固有频率。

(2) 当频率高于 f_s 时，R、L、C 支路呈感性，可与电容 C_0 发生并联谐振，谐振时，等效阻抗最大，若忽略 R，则 X 趋向于无穷大，代入式(9.4.1)，可得回路的并联谐振频率

$$f_p=\frac{1}{2\pi\sqrt{LC}}\sqrt{1+\frac{C}{C_0}}=f_s\sqrt{1+\frac{C}{C_0}}$$

或

$$\omega_p=\frac{1}{\sqrt{LC}}\sqrt{1+\frac{C}{C_0}}=\omega_s\sqrt{1+\frac{C}{C_0}}$$

由于 $C \ll C_0$，所以 f_p 与 f_s 很接近。其振荡频率由 LC 乘积决定。石英晶体振荡器就是利用 f_p 与 f_s 之间的等效电感与等效电容来决定振荡频率的。

综上：

(1) 当 $f=f_s$ 时，石英晶体发生串联谐振，其电抗为零，相当于阻值很小的纯电阻元件。

(2) 当 $f=f_p$ 时，石英晶体发生并联谐振，其电抗为无穷大。

(3) 当 $f_s<f<f_p$ 时，石英晶体呈感性，电抗为正。

(4) 当 $f<f_s$ 或 $f>f_p$ 时，石英晶体呈容性，电抗为负。

9.4.3 石英晶体振荡电路

1. 石英晶体的校正频率

通常，石英晶体产品的标称频率并非 f_s 或者 f_p，而是串联一小电容 C_s 后的校正频率，如图 9.4.3 所示。C_s 的值通常大于 C 值。

根据图 9.4.3(b)，若忽略等效损耗电阻 R，可得串入 C_s 后等效电路的总电抗

$$X'=-\frac{C+C_0+C_s-\omega^2LC(C_0+C_s)}{\omega C_s(C+C_0-\omega^2LCC_0)} \tag{9.4.2}$$

当 $X'=0$ 时，发生串联谐振，谐振频率为

$$f'_s=f_s\sqrt{1+\frac{C}{C_0+C_s}}$$

可见，随着 C_s 的变化，串联谐振频率可在 f_s 与 f_p 之间变动。

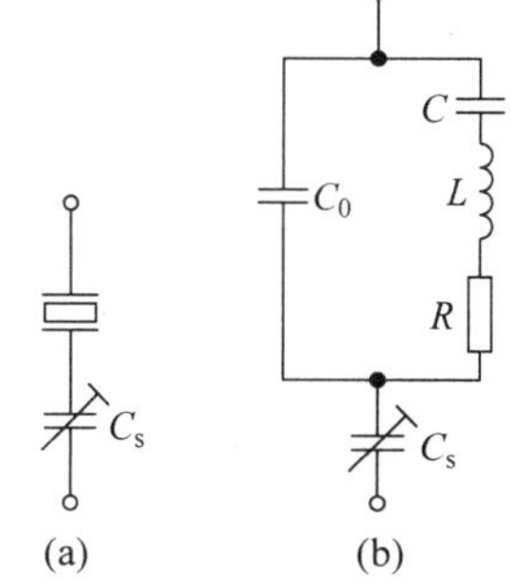

图 9.4.3 石英晶体谐振频率调整电路
(a) 电路符号；(b) 等效电路

当 X' 趋向无穷大时，发生并联谐振，观察式(9.4.2)可知，串入 C_s 后并不影响并联谐振频率。

2. 串联型石英晶体振荡电路

由于石英晶体具有串联谐振与并联谐振两种特性，因此采用石英晶体的振荡电路有串联型振荡电路和并联型振荡电路两种。前者利用在串联谐振时阻抗最小且为纯电阻的特性来构成振荡电路，后者则是利用石英晶体呈高 Q 值的电感特性与外接电容构成振荡电路。

图 9.4.4 是一种常见的串联型晶体振荡电路。其中 T_1 管为共基极放大电路，T_2 管为共集电极放大电路。利用瞬时极性法，设 T_1 管的反馈输入端发射极瞬时电位为“正”，则 T_1 的集电极也为“正”，经 T_2 管后，T_2 的发射极为“正”，则当晶体处于串联谐振时，反馈电压与输入电压同相，满足相位平衡条件。调整 R_f 的阻值，可以调节反馈量的大小，满足振幅条件。T_2 管采用共集电极组态，可以提高振荡电路的带负载能力。

3. 并联型石英晶体振荡电路

图 9.4.5 所示为并联型晶体振荡电路。晶体在电路中起电感的作用，与电容 C_1、C_2 组成电容三点式振荡电路。一般情况下 C_1、C_2 均远大于 C_s，因此振荡频率取决于 C_s 校正下的石英晶体的谐振频率，可在 f_s 与 f_p 之间调节。

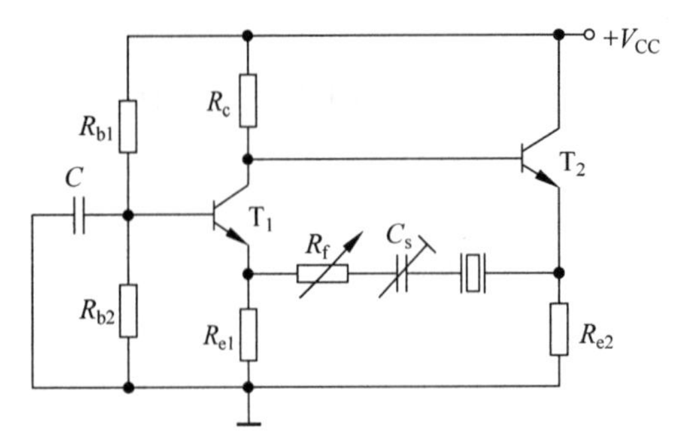

图 9.4.4 串联型晶体振荡电路

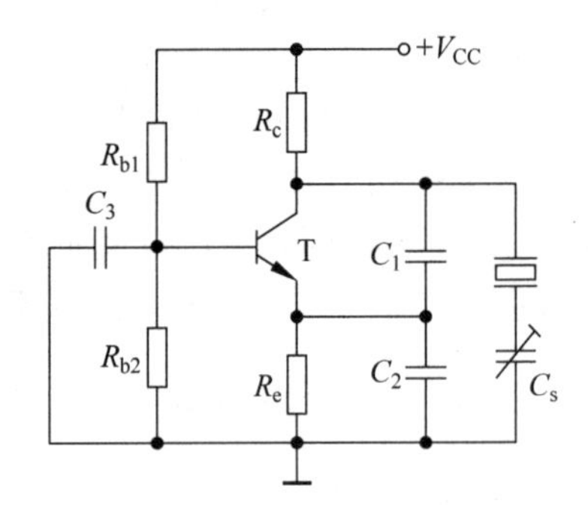

图 9.4.5 并联型石英晶体振荡电路

本章小结

（1）正弦波振荡电路实际上是一个满足自激振荡条件的、带选频网络的放大电路。

（2）电路产生正弦波振荡平衡的条件是 $\dot{A}\dot{F}=1$。

（3）在很多正弦波振荡电路中，选频网络往往与反馈网络结合在一起，即一个电路既选频又起反馈作用。

（4）根据构成选频网络的元件不同，正弦波振荡电路可分两大类：RC 正弦波振荡电路和 LC 正弦波振荡电路。RC 正弦波振荡电路一般用于产生频率低于 1 MHz 的正弦波，高频正弦波振荡电路通常为 LC 正弦波振荡电路。

（5）RC 正弦波振荡电路通常基于桥式振荡电路或 RC 移相网络；LC 正弦波振荡电路通常分为变压器反馈式与三点式振荡电路。

习题 9

9.1 电路如图题 9.1 所示，试判断：(1)电路是否可能产生正弦波振荡，简述理由。(2)若电路中减少一级 RC 电路，电路是否可能产生正弦波振荡，简述理由。(3)若在原电路再加上一级 RC 电路，电路是否可能产生正弦波振荡，简述理由。

9.2 电路如图题 9.2 所示，电阻单位为 Ω，试求解：(1)R_w 的下限值；(2)振荡频率的调节范围(两个 R_2 为可调电阻，且阻值同时变化，大小相同)。

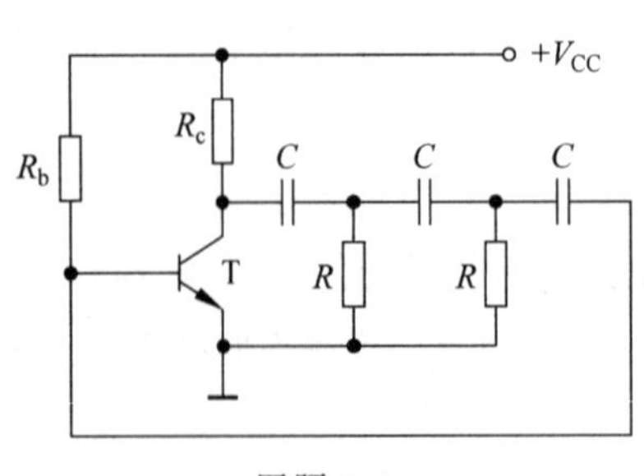

图题 9.1

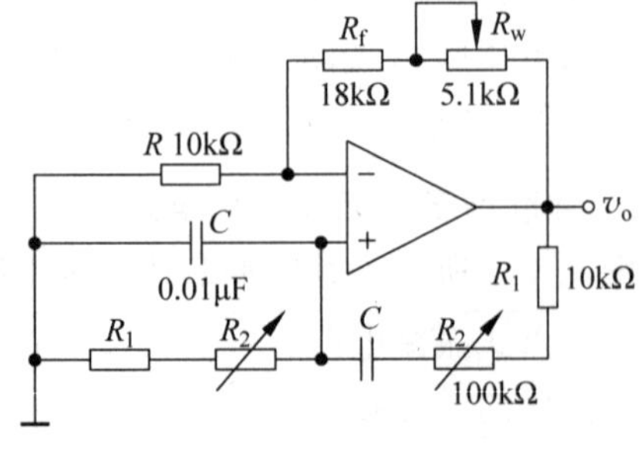

图题 9.2

9.3 图题9.3所示电路若为一个正弦波振荡电路,问:(1)为保证电路正常的工作,结点 K、J、L、M 应该如何连接?(2)R_2 应该选多大才能起振?(3)振荡信号的频率是多少?(4)R_2 使用热敏电阻时,应该具有何种温度系数?

9.4 RC桥式振荡电路如图题9.4所示,试求:(1)该电路接通电源后能否起振?如不能起振,请找出错误并改正之,并求其振荡频率。(2)为稳定振荡幅度,R_2 应采用什么温度系数的电阻?

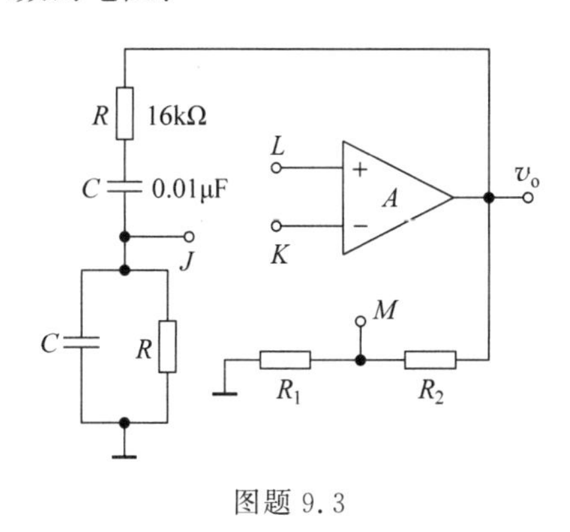

图题9.3

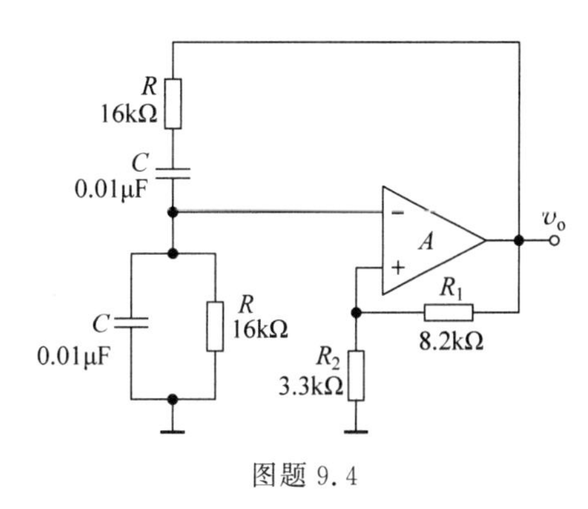

图题9.4

9.5 电路如图题9.5所示,稳压管 D_Z 起稳幅作用,其稳定电压 $\pm V_Z=\pm 6V$。试估算:(1)输出电压不失真情况下的有效值;(2)振荡频率。

9.6 电路如图题9.6所示。(1)为使电路产生正弦波振荡,标出集成运放的同相端和反相端,用"+"和"-"表示;(2)若 R_1 短路,则电路将产生什么现象?(3)若 R_1 断路,则电路将产生什么现象?(4)若 R_f 短路,则电路将产生什么现象?(5)若 R_f 断路,则电路将产生什么现象?

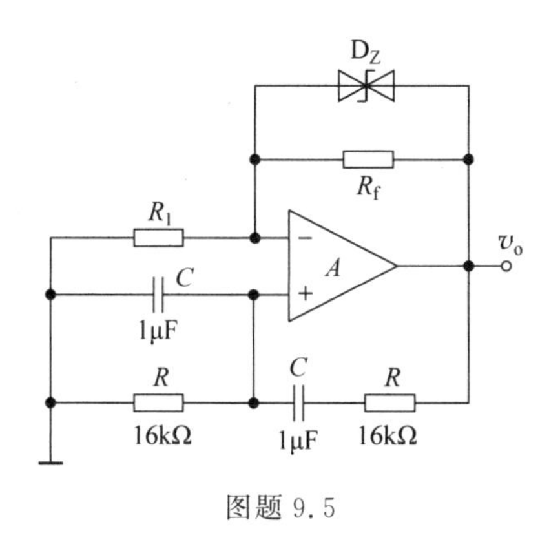

图题9.5

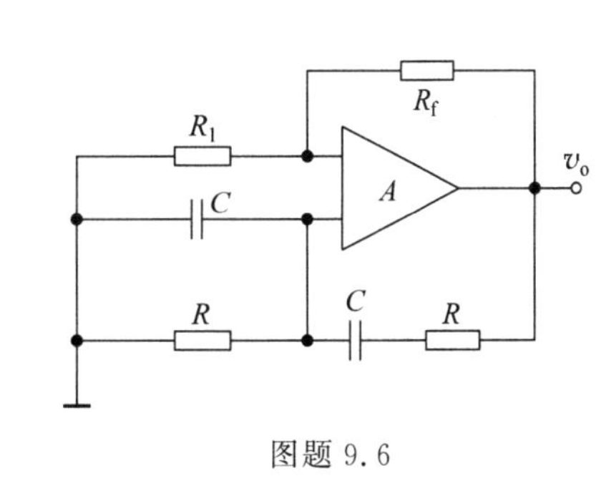

图题9.6

9.7 电路如图题9.7所示,在深度反馈的条件下,求:(1)用相位平衡条件判断(a)、(b)两电路是否能振荡?(2)如果能振荡写出振荡频率。

9.8 电路如图题9.8所示,其中(a)图中线圈互感为 M,在深度反馈的条件下:(1)用相位平衡条件判断(a)、(b)两电路是否能振荡?(2)如不能振荡,请修改电路,使其满足相位

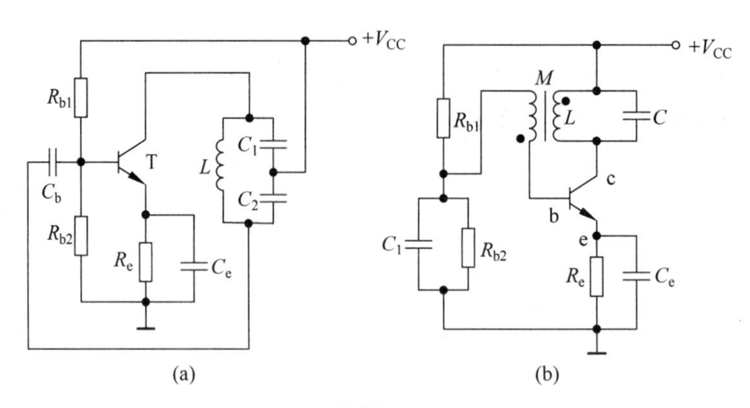

图题 9.7

平衡条件。(3)写出两电路修改后的振荡频率。

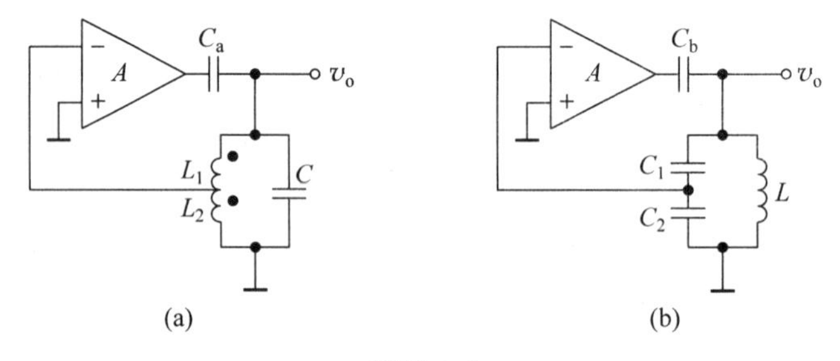

图题 9.8

9.9 电路如图题 9.9 所示,在深度反馈的条件下:(1)用相位平衡条件判断(a)、(b)两电路是否能振荡?(2)说明(b)电路中 R_w 的活动端在上端容易起振还是在下端容易起振?

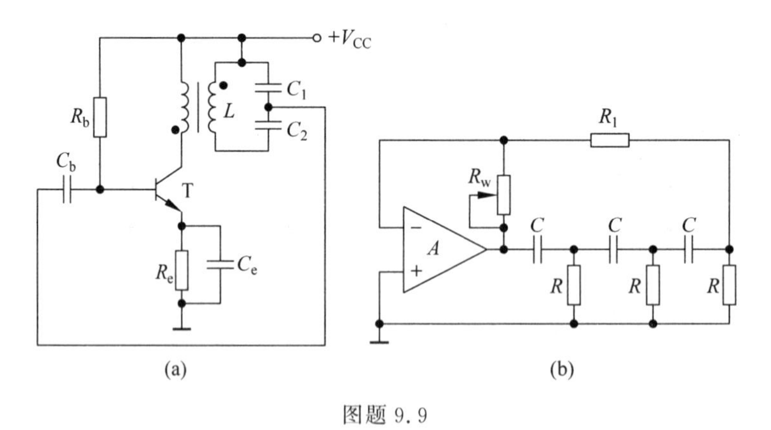

图题 9.9

9.10 电路如图题 9.10 所示。(1)(a)、(b)电路是否满足振荡的相位平衡条件?(2)修改不满足条件的电路使其满足振荡的相位平衡条件。

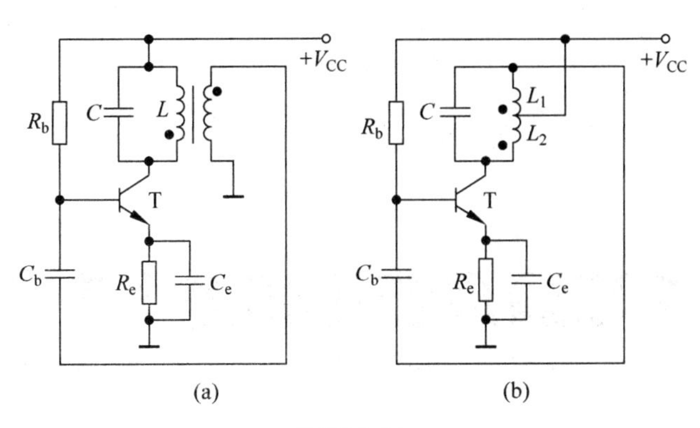

图题 9.10

第10章

电压比较器及非正弦信号产生电路

电压比较器是一种能够比较两个模拟电压信号大小的电路，比较结果可通过电路输出端电平的高、低来表示。电压比较器也是一种常用的功能电路，在自动控制、电子测量、A/D变换、电压检测、波形变换电路以及非正弦信号产生电路中得到广泛应用。电压比较器还具有开关特性，也是非正弦信号产生电路中的重要环节之一。本章主要介绍几种常用的比较器电路及其电压传输特性、矩形波和锯齿波等非正弦信号产生电路的工作原理及主要参数的计算。

10.1 电压比较器

常用的电压比较器电路可由集成运放（或集成电压比较器）构成，其电路形式有两种：一种是运放开环直接应用；另一种是在电路中引入闭环正反馈。在比较器电路中运放均工作在非线性状态，因此运放线性应用时的虚短、虚断法不再适用。但是，由于运放的输入电阻很高，输入电流近似为零，因此在分析电压比较器电路时仍可应用“虚断”这一概念。

常用的电压比较器有单门限电压比较器、迟滞比较器和窗口电压比较器。在分析比较器电路时，通常需要分析计算输出电平跳变时的门限电压和跳变方向、输出高电平和低电平的幅值大小以及表示输入输出信号之间关系的电压传输特性曲线。此外，最小鉴别电压、响应时间和抗干扰能力等也是电压比较器的主要技术参数。

集成电压比较器是一种与运放相近的专用集成电路，与通用集成运放相比，构成的电压比较电路具有切换速度快、延迟时间短等特点，因此在工程实际中得到广泛应用。

10.1.1 单门限电压比较器

1. 典型单门限电压比较器

1）电路组成

由集成运放构成的单门限电压比较器电路如图10.1.1所示，运放均工作在开环状态。

在图 10.1.1(a)中，v_{i1} 与 v_{i2} 相比较，比较结果由输出电压 v_o 的状态表示，$\pm V_{CC}$ 是运放的工作电源。在图 10.1.1(b)中，直流电压 V_{REF} 称作参考电压(或称为基准电压)，作为电压比较基准，输入信号 v_i 与 V_{REF} 比较，图(b)采用的是习惯画法，省略了运放的正、负工作电源。

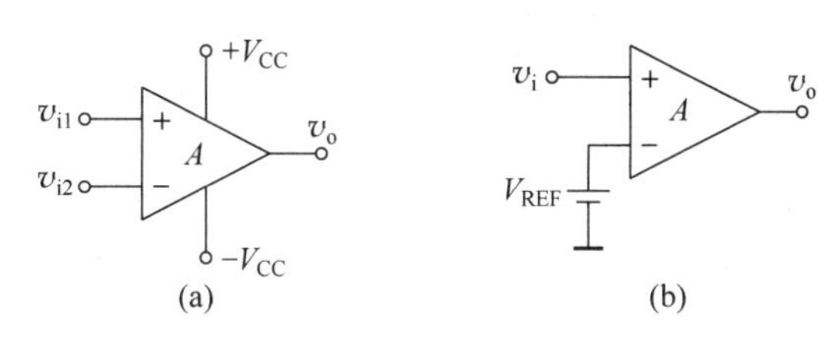

图 10.1.1　单门限电压比较器

(a) v_{i1} 与 v_{i2} 比较；(b) v_i 与 V_{REF} 比较

2) 工作原理

在运放线性应用时，输入、输出信号之间的关系为 $v_o = A_{vo}(v_P - v_N)$，其中开环电压增益 A_{vo} 为 10^5 以上。当两个输入信号较大，但压差 $|v_P - v_N|$ 很小时，例如 $|v_P - v_N| = 1\text{mV}$，由于运放开环应用，因此比较器的输出电压 v_o 理论值高达数百伏，远远超过运放的工作电压。在这种情况下，运放内部的输出电路实际上已经处于饱和状态，即运放已工作在非线性区，因此输出电压 v_o 只能是高电平 V_{OH}(正饱和时)或者是低电平 V_{OL}(负饱和时)。在输出端没有限幅电路时，$v_o \approx \pm V_{CC}$，即高电平 $V_{OH} \approx V_{CC}$，低电平 $V_{OL} \approx -V_{CC}$。

在图 10.1.1(a)中，当 $v_{i1} > v_{i2}$ 即运放的 $v_P > v_N$ 时，输出 v_o 为高电平 V_{OH}；反之，当 $v_{i1} < v_{i2}$ 即运放的 $v_N > v_P$ 时，v_o 为低电平 V_{OL}。

图 10.1.1(b)是典型的单门限电压比较器，电路中的 V_{REF} 是转换点电平，称作门限电压或阈值电压，用 V_{TH} 表示，即有 $V_{TH} = V_{REF}$。门限电压 V_{TH} 的含义是，当输入信号 v_i 单向变化达到并越过该电压时，比较器输出状态发生跳变。由于该比较器中只有一个门限电压 V_{TH}，因此称作单门限电压比较器。参考电压 V_{REF} 的取值可正可负，v_i 和 V_{REF} 的位置也可以互换，但始终有 $v_P > v_N$ 时，$v_o = V_{OH}$；反之，$v_o = V_{OL}$。

3) 电压传输特性

电压传输特性可直观地反映比较器门限电压的大小、输出电压的跳变方向和输出高、低电平的幅值等参数，是描述电压比较器工作特性的主要方法。例如，在图 10.1.2(b)所示的单门限电压比较器中，设运放为理想器件，当 $v_i > V_{REF}$ 即 $v_P > v_N$ 时，输出 v_o 为高电平 V_{OH}；反之，当 $v_i < V_{REF}$ 即 $v_P < v_N$ 时，v_o 则为低电平 V_{OL}；由于电路中没有限幅电路，因此 v_o 为高、低电平时分别等于 $\pm V_{CC}$，据此画出的电压传输特性如图 10.1.2(a)所示。由电压传输特性可知：①v_i 无论从小变大还是从大变小，v_o 均在 $v_i = V_{REF}$ 处跳变，即只有一个 V_{TH}；②门限电压为 $V_{TH} = V_{REF}$；③理想情况下，v_o 的高、低电平分别为正、负电源电压。

在实际运放构成的电压比较器中，高、低电平的幅值较电源电压低些，而且当 v_o 由高(或低)电平转换成低(或高)电平时存在过渡过程，如图 10.1.2(b)所示。由于运放的开环增益 A_{vo} 很高，因此该过渡过程很窄，一般情况下可忽略，若采用集成电压比较器，则过渡过程更窄。

单门限电压比较器在实际工程中有着广泛的应用。例如，可将输入的正弦波转换成矩形波，如图 10.1.3 所示。

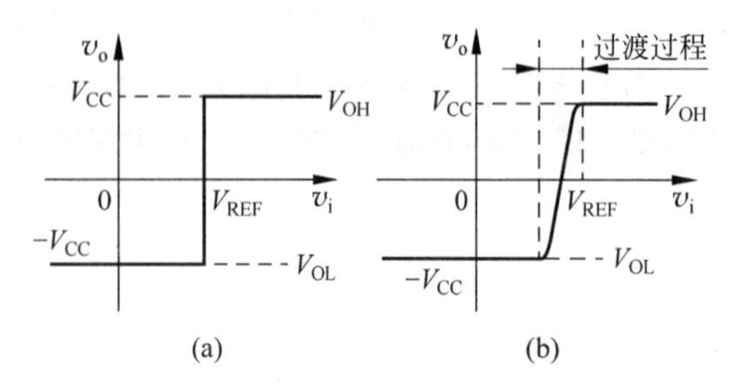

图 10.1.2 单门限电压比较器的电压传输特性

(a) 理想运放；(b) 实际运放

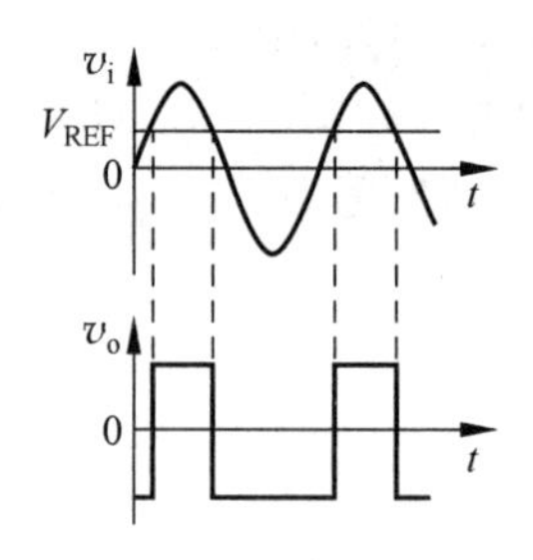

图 10.1.3 正弦波/矩形波变换

2. 过零比较器

在图 10.1.1(b)的电路中，令 $V_{REF}=0$(运放反相输入端直接接地)，即构成同相端输入的过零比较器，如图 10.1.4(a)所示，其传输特性曲线如图 10.1.4(b)所示。过零比较器可用来检测输入信号 v_i 的过零状态，在实际工程中比较常用。例如，利用过零比较器可将输入的正弦波转换成方波，如图 10.1.4(c)所示。

在图 10.1.4(a)电路中，将运放的同相端与反相端互换后，就可构成反相端输入的过零比较器。

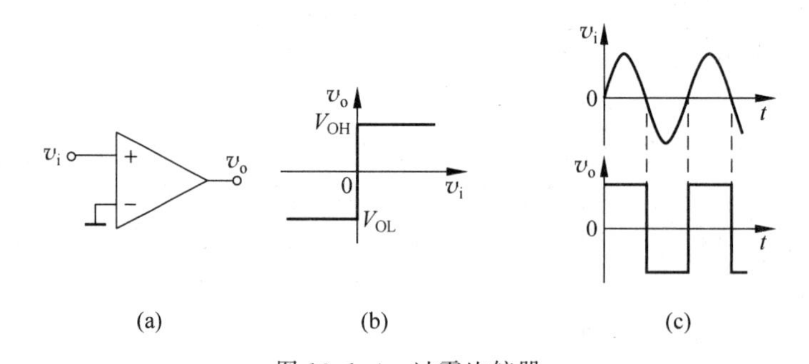

图 10.1.4 过零比较器

(a) 电路原理图；(b) 电压传输特性；(c) 正弦波/方波变换

3. 采用过零比较器实现单门限电压比较

采用过零比较器实现单门限电压比较的电路如图 10.1.5 所示。该电路是在过零比较器的基础上，将输入信号 v_i、参考信号 V_{REF} 分别与电阻串联后同时接在运放的输入端，即可实现任意单门限电压的比较。

设运放同相端的电压为 v_P，且运放输入端为虚断，由结点电压法得

$$\left(\frac{1}{R_1}+\frac{1}{R_2}\right)v_P=\frac{v_i}{R_1}+\frac{V_{REF}}{R_2}$$

变换后有

$$v_P=\frac{R_2 v_i}{R_1+R_2}+\frac{R_1 V_{REF}}{R_1+R_2} \tag{10.1.1}$$

比较器在 $v_P=v_N=0$ 时发生跳变，即有 $R_2 v_i+R_1 V_{REF}=0$，则门限电压为

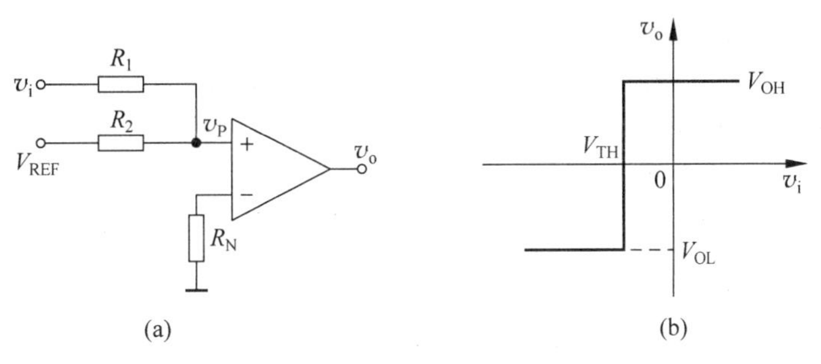

图 10.1.5　过零比较器实现单门限电压比较
(a) 电路原理图；(b) 电压传输特性

$$V_{TH}=v_i=-\frac{R_1V_{REF}}{R_2} \tag{10.1.2}$$

当 $v_i>V_{TH}$ 时，有 $v_P>v_N$，比较器发生正跳变，输出为高电平，$v_o=V_{OH}$；当 $v_i<V_{TH}$ 时，有 $v_P<v_N$，比较器发生负跳变，输出为低电平，$v_o=V_{OL}$。据此，画出的电压传输特性如图 10.1.5(b)所示。

在实际比较器电路设计中，通常选取 $R_1=R_2$，则有 $V_{TH}=-V_{REF}$，即门限电压计算简单、输出状态跳变条件直观。在 $R_1=R_2$ 条件下，若该比较器 V_{REF} 的取值与图 10.1.1(b)电路参考电压的取值大小一样、极性相反，则两个电路的电压传输特性完全相同，即具有相同的电压比较功能。另外，电路中 R_1、R_2 对运放的输入端具有缓冲保护作用。

该比较器电路的最大特点是，在相同条件下与典型单门限比较器相比，可有效地减小施加在运放输入端的共模信号的幅值，且与过零比较器一样，在运放的输入端可采用二极管限幅保护电路。使用该电压比较器时还应注意，v_i 与 V_{REF} 的极性必须相反，v_o 才可能发生跳变。

4. 输入保护电路和输出限幅措施

电压比较器通常工作在开环、大信号的环境中，为防止输入信号过大损坏集成运放，通常可在比较器的输入回路中串联电阻，可对运放的输入端起一定的缓冲保护作用。对于过零比较器，还可在运放的两输入端间并联两个正反相接的二极管(硅管)，使运放输入端的信号幅度限制在±0.7V之间，而电路的电压比较功能不受影响。

图 10.1.6 是过零比较器，在输入端的 R_1 起缓冲保护作用，D_1、D_2 构成了双向限幅保护电路。

为了将输出电压限制在一定的幅值上，通常可采用如图 10.1.7 所示的稳压二极管双向限幅电路，则输出高电平时 $v_o=V_{OH}\approx V_Z$，输出低电平时 $v_o=V_{OL}\approx -V_Z$，由此可实现输出信号的电平变换，为负载或下级电路提供合适的信号电压。

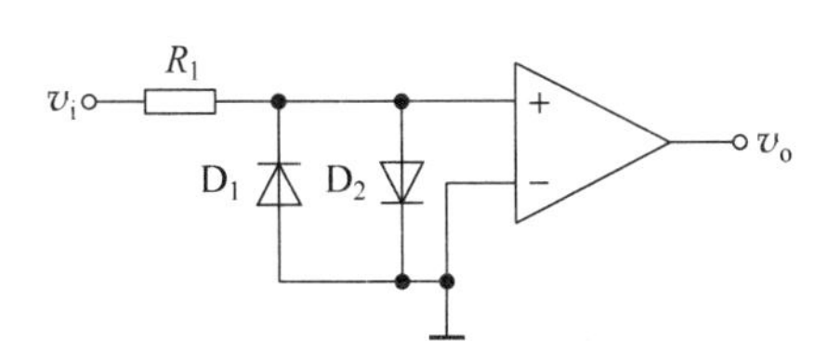

图 10.1.6　过零比较器输入端保护电路

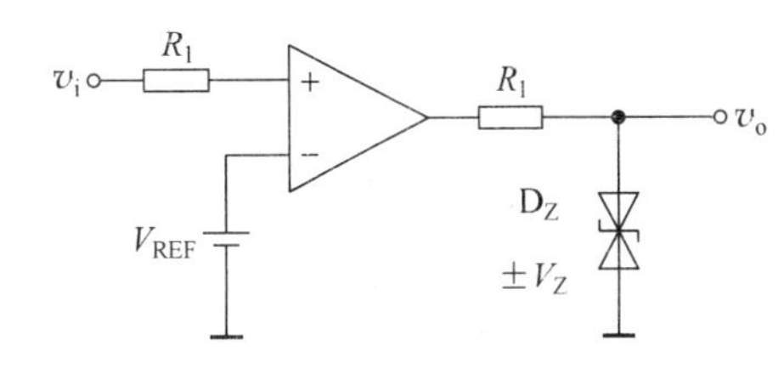

图 10.1.7　比较器输出端限幅电路

例 10.1.1 图 10.1.8 是实际工程中使用的电压比较器。设 $V_{REF}=5V$，v_i 的变换范围为 0～−12V，$R_1=R_2=10k\Omega$。试求：(1)该比较器的门限电压 V_{TH}，绘出电压传输特性曲线；(2)若采用典型的单门限电压比较器，如何实现？(3)在 $v_i=-12V$ 时分别计算两种比较器输入端的差模、共模信号。

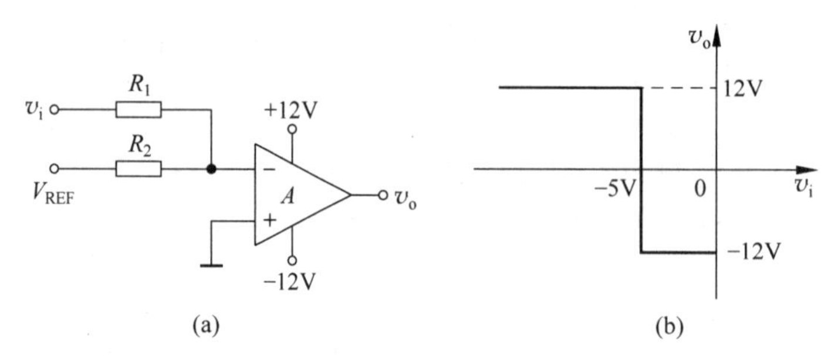

图 10.1.8 例 10.1.1 图

(a) 例题电路；(b) 电压传输特性

解：(1) 该电路采用过零比较器实现单门限电压比较，且有 $R_1=R_2$，由式(10.1.2)可得

$$V_{TH}=-\frac{R_1V_{REF}}{R_2}=-5V$$

当 $v_i>V_{TH}=-5V$ 时，有 $v_N>0$，输出为低电平，$v_o\approx-12V$；当 $v_i<V_{TH}=-5V$ 时，有 $v_N<0$，输出为高电平，$v_o\approx12V$。由此可得电压传输特性如图 10.1.8(b)所示。

(2) 可采用图 10.1.9 所示的等效单门限电压比较器，其中 V_{REF} 取−5V 接运放的同相端，v_i 通过电阻 R 接运放的反相端，通常 R 可在 1～10kΩ 范围内取值。

(3) 在图 10.1.8(a)比较器电路中，由式(10.1.1)得

$$v_N=\frac{R_2v_i}{R_1+R_2}+\frac{R_1V_{REF}}{R_1+R_2}=\frac{v_i}{2}+\frac{V_{REF}}{2}$$

当 $v_i=-12V$ 时，$v_N=-6V+2.5V=-3.5V$，则差模输入信号为

$$v_{id1}=v_P-v_N=0-(-3.5)=3.5(V)$$

共模输入信号为

$$v_{ic1}=(v_P+v_N)/2=(0-3.5)/2=-1.75(V)$$

在图 10.1.9 典型单门限比较器中，当 $v_i=-12V$ 时，可求得差模输入信号为

$$v_{id2}=v_P-v_N=-5-(-12)=7(V)$$

共模输入信号为

$$v_{ic2}=(v_P+v_N)/2=(-5-12)/2=-8.5(V)$$

由计算结果可知，采用过零比较器实现单门限电压比较可有效地减小运放输入端的共模信号和差模信号，这也是该比较器的显著特点之一。另外，在该比较器的输入端增加如图 10.1.10 所示的二极管双向限幅电路后，使运放两个输入端的压差始终限制在±0.7V(硅管)之间，可有效地降低运放输入端口的电压，提高电路的可靠性，同时可扩大 v_i 的变化范围。因此，该电压比较器在工程实际中应用广泛。

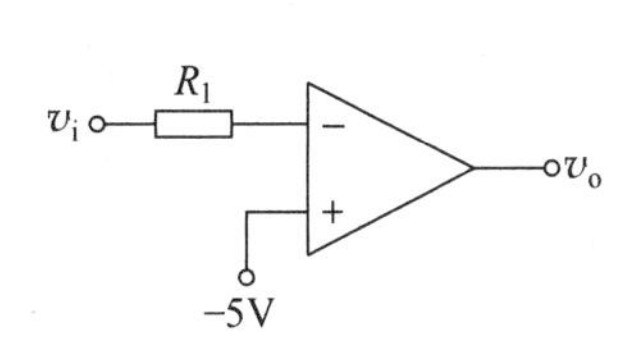

图 10.1.9 等效单门限比较器

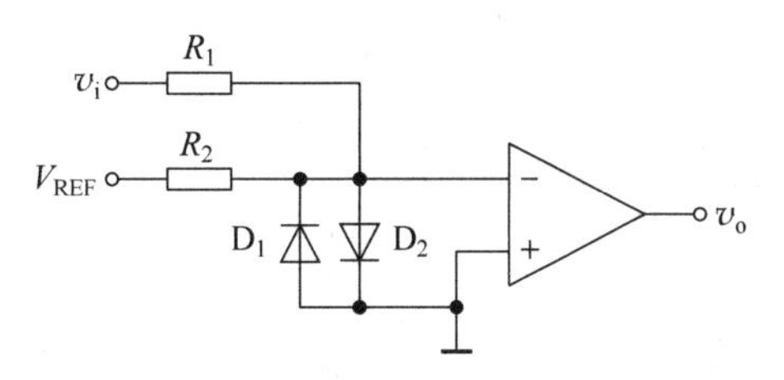

图 10.1.10 限幅二极管在输入端的接法

单门限电压比较器结构简单、灵敏度高，在实际电路设计中得到广泛应用。其不足之处是，当 $v_i \approx V_{REF}$ 即临界状态时，电路中电压的微小变化或一些干扰信号的出现，会使输出电压在高、低电平间来回跳动，即单门限电压比较器抗干扰能力较低。如果比较器的输出是其他电路的控制信号，则 v_o 频繁跳动会产生许多不利影响，如输出状态不稳定、易出现误动作等，而采用迟滞电压比较器可有效地避免这种现象。

10.1.2 迟滞电压比较器

迟滞电压比较器是在单门限电压比较器的基础上，在电路中增加了正反馈网络，其最主要的特点是输出正向跳变与反向跳变的门限电压(或称阈值电压)不同，因此比单门限电压比较器的抗干扰性强。

迟滞电压比较器有反相输入和同相输入两种类型。图 10.1.11(a)是反相输入的迟滞电压比较器，v_i 加在运放的反相输入端，电路中的 V_{REF} 是参考电压，R_2 可将 v_o 反馈到输入回路形成正反馈，具有加速电路翻转过程、改善输出波形在跳变时陡峭度的作用。迟滞电压比较器的主要参数有输出跳变时的上(下)门限电平、回差电压和输出电平(高、低)，描述方法同样是电压传输特性。

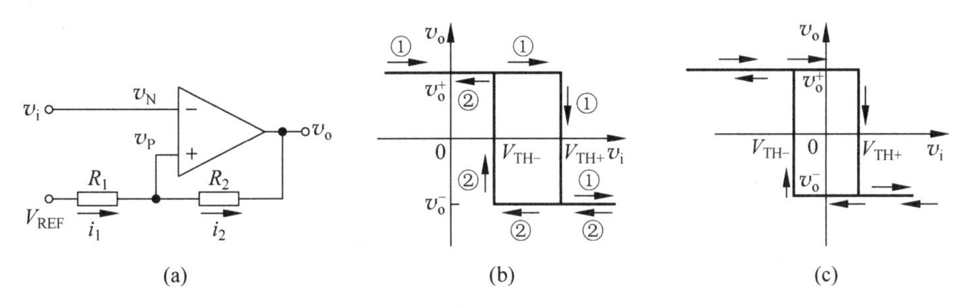

图 10.1.11 反相输入迟滞电压比较器

(a) 迟滞电压比较器电路图；(b) 电压传输特性($V_{REF} \neq 0$)；(c) 电压传输特性($V_{REF}=0$)

1. 门限电平

在图 10.1.11(a)所示的迟滞电压比较器电路中，当 $v_i=v_N=v_P$ 时，比较器的输出状态发生跳变，对应的输入电压即为门限电平。由运放的“虚断”概念可知，图中的 $i_1=i_2$，即有

$$\frac{V_{REF}-v_P}{R_1}=\frac{v_P-v_o}{R_2}$$

则门限电平为

$$v_P = \frac{R_2 V_{REF} + R_1 v_o}{R_1 + R_2}$$

由于 v_o 具有正、负两个饱和值，所以门限电平也有两个。如果用 V_{TH+} 表示上门限电平、V_{TH-} 表示下门限电平，则有

$$V_{TH+} = \frac{R_2 V_{REF} + R_1 v_o^+}{R_1 + R_2} \quad 和 \quad V_{TH-} = \frac{R_2 V_{REF} + R_1 v_o^-}{R_1 + R_2}$$

通常，两个门限电平之间的关系为 $V_{TH+} > V_{TH-}$。此外，上、下门限电平也可通过叠加定理获得，方法是将 V_{REF} 和 v_o 分别看作是理想电压源，分别作用时求出 v_P 后再叠加即可。

2. 电压传输特性

迟滞电压比较器输出电压 v_o 的跳变不仅与 v_i 的大小有关，而且还取决于 v_i 的变化方向。下面根据 v_i 的变化方向，分两种情况讨论其工作过程并绘出电压传输特性。

(1) 设 v_i 足够小，即 $v_i = v_N < v_P$，这时 v_o 为高电平，$v_P = V_{TH+}$ 为上门限电平。当 v_i 由小向大的方向变化、经过 $v_P = V_{TH+}$ 时，v_o 由高电平跳变为低电平，同时 v_P 变为 V_{TH-}（下门限电平，小于 V_{TH+}），此后 v_i 再增加，v_o 维持低电平不变，其电压传输特性如图 10.1.11(b)中的箭头①所示。

(2) 在上述步骤结束时，v_i 已足够大，且 v_o 为低电平，$v_P = V_{TH-}$。当 v_i 由大向小的方向变化，只有经过 $v_P = V_{TH-}$ 时，v_o 才由低电平跳变为高电平（v_P 又变为 V_{TH+}），其电压传输特性如图 10.1.11(b)中的箭头②所示。

根据上述分析，可画出如图 10.1.11(b)所示的电压传输特性。令 $V_{REF} = 0$，则上门限电平为

$$V_{TH+} = \frac{R_1 v_o^+}{R_1 + R_2} \tag{10.1.3}$$

下门限电平为

$$V_{TH-} = \frac{R_1 v_o^-}{R_1 + R_2} \tag{10.1.4}$$

当 $v_o^+ = -v_o^-$ 时，则有 $V_{TH+} = -V_{TH-}$，其电压传输特性如图 10.1.11(c)所示。

3. 回差电压 ΔV_{TH}

将两个门限电平之差定义为回差电压，并用 ΔV_{TH} 表示。那么该比较器的回差为

$$\Delta V_{TH} = V_{TH+} - V_{TH-} = \frac{R_1}{R_1 + R_2}(v_o^+ - v_o^-)$$

由上式可知，改变电阻 R_1、R_2 的阻值，就可以改变 ΔV_{TH} 的大小。ΔV_{TH} 越大，该比较器的抗干扰能力越强，但灵敏度也越低，在实际电路设计中应根据具体要求选择合适的回差电压。

图 10.1.12 是单门限比较器与迟滞比较器抗干扰能力比较的波形图。

10.1.3 窗口比较器

窗口比较器由两个单门限电压比较器组合而成，典型电路如图 10.1.13 所示。窗口比

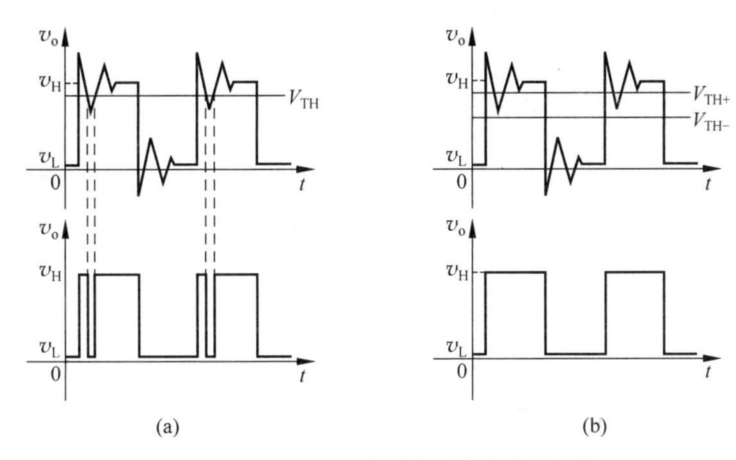

图 10.1.12 电压比较器抗干扰能力的比较

(a) 单门限比较器；(b) 迟滞比较器

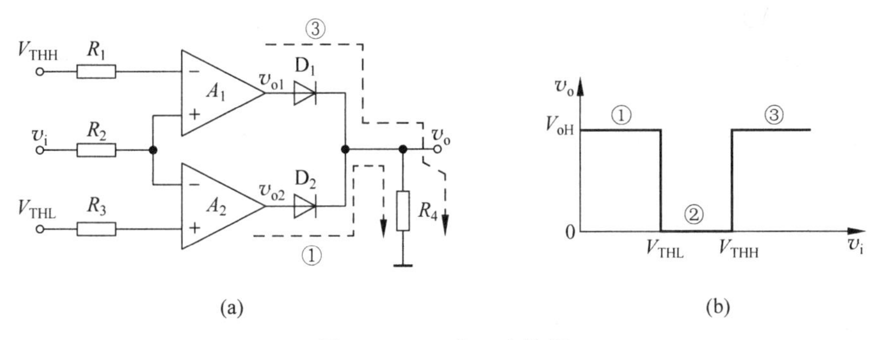

图 10.1.13 窗口比较器

(a) 窗口比较器原理图；(b) 电压传输特性

较器有高、低两个门限电平(V_{THH}、V_{THL})，其最大特点是在 v_i 单向增加或单向减小时，v_o 会出现两次跳变，而前述几种电压比较器只会出现一次跳变。

在图 10.1.13 所示窗口比较器电路中，运放 A_1、A_2 均构成单门限比较器，V_{THH}、V_{THL} 分别是它们的门限电平，两个比较器的输出端 v_{o1}、v_{o2} 分别通过二极管 D_1、D_2 单向传输后并接在一起，作为窗口比较器输出电压 v_o。输出端的这种连接方式可实现逻辑“或”运算，即只有 v_{o1}、v_{o2} 同时为低电平时，v_o 输出才是低电平；否则，v_o 输出为高电平。

设 $V_{THH}>V_{THL}>0$，则窗口比较器的工作过程如下：

(1) 若 $v_i<V_{THL}$，则同时有 $v_i<V_{THH}$。对 A_1 来说，$v_i<V_{THH}$，则 v_{o1} 为低电平，D_1 截止，v_{o1} 与 v_o 相当于断开；对 A_2 来说，$v_i<V_{THL}$，则 v_{o2} 为高电平，D_2 导通，所以窗口比较器的输出 v_o 为高电平。

(2) 若 $V_{THL}<v_i<V_{THH}$，则两个单门限比较器的输出 v_{o1}、v_{o2} 均为低电平，这时 D_1、D_2 都截止，所以窗口比较器的输出为零，即 v_o 为低电平。

(3) 若 $v_i>V_{THH}$，则同时有 $v_i>V_{THL}$。对 A_2 来说，$v_i>V_{THL}$，v_{o2} 为低电平，D_2 截止相当于断路，v_{o2} 对 v_o 没有影响；对 A_1 来说，$v_i>V_{THH}$，v_{o1} 为高电平，D_1 导通，所以输出电压 $v_o=v_{o1}$，即 v_o 为高电平。

根据上述分析，可画出窗口比较器的电压传输特性，如图 10.1.13(b)所示。由于该比较器有上、下两个门限值以及传输特性曲线的特殊形状，故称其为双门限比较器或窗口比较器，同时将两个门限电压之间的值称为窗口宽度。

窗口比较器主要用来检测输入电压是否在规定的上限电压和下限电压之间，在工程实际中得到广泛应用。

10.2 非正弦波产生电路

非正弦周期波的种类很多，如矩形波、方波、锯齿波、三角波、阶梯波、尖顶波以及梯形波等。非正弦周期波发生器的电路结构和工作原理与正弦波产生电路完全不同，因此分析方法也不一样。本节主要介绍常用的矩形波(含方波)和锯齿波(含三角波)产生电路及其分析方法。

10.2.1 方波产生电路

方波可以看作是一种占空比为 50%的矩形波，是非正弦波产生电路中最常见的电路之一，同时也是产生其他多种非正弦波如三角波、锯齿波等电路的基础。由于方波具有非常丰富的谐波成分，所以方波产生电路又称为“多谐振荡器”。

1. 电路结构

方波产生电路通常由开关电路、反馈网络和延迟环节三部分构成。在图 10.2.1 所示的方波产生电路中，开关电路采用的是反相输入的迟滞比较器，由运放和电阻 R_1、R_2 组成；反馈网络由电阻 R_f 构成，延迟环节由电容 C 构成，也可将 R_f 和 C 看作一个整体，称为反馈延迟网络。在该电路的输出端，采用了稳压二极管构成的双向限幅电路，因此输出电压的正饱和值为 $v_o=+V_Z$，负饱和值为 $v_o=-V_Z$。

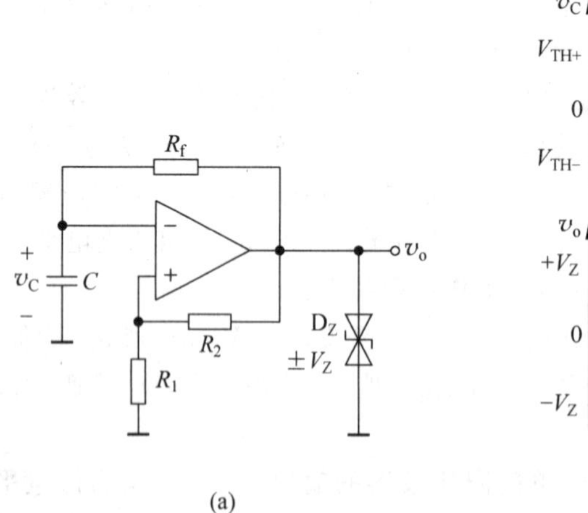

(a)

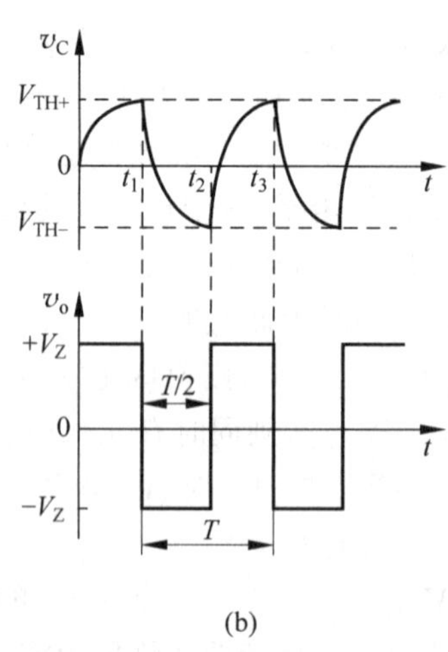

(b)

图 10.2.1 方波产生电路

(a) 原理图；(b) v_C、v_o 的波形及其对应关系

2. 工作原理

(1) 设 $t=0$ 时,电容 C 两端的初始电压 $v_C=0$,输出电压 $v_o=+V_Z$(高电平),这时迟滞比较器的门限电平为上触发电平,由式(10.1.3)可得其大小为

$$V_{TH+}=v_p(v_o^+)=\frac{R_1 v_o^+}{R_1+R_2}=\frac{R_1 V_Z}{R_1+R_2} \tag{10.2.1}$$

在 $0<t<t_1$ 时间段,由于 $v_o=+V_Z>0$,v_o 通过 R_f 对电容 C 充电,则 v_C 由 0 向 $+V_Z$ 方向增加。

(2) 在 $t=t_1$ 时刻,电容电压增大到上门限电平即 $v_C=V_{TH+}$,比较器输出状态发生改变,在 v_o 由高电平 $+V_Z$ 跳变为低电平 $-V_Z$ 的同时,迟滞比较器的触发电平变为下门限电平,由式(10.1.4)可得

$$V_{TH-}=v_p(v_o^-)=\frac{R_1 v_o^-}{R_1+R_2}=-\frac{R_1 V_Z}{R_1+R_2} \tag{10.2.2}$$

(3) 在 $t_1<t<t_2$ 期间,由于 $v_o=-V_Z<0$,电容 C 通过 R_f 对 $-V_Z$ 放电,v_C 由 V_{TH+} 向 $-V_Z$ 方向减小;在 $t=t_2$ 时刻,电容电压减小到 $v_C=V_{TH-}$(为负值),这时比较器输出状态再次改变,即 v_o 由低电平 $-V_Z$ 跳变成高电平 $+V_Z$,而比较器的触发电平也同时变为上门限电平 V_{TH+}。

(4) 在 $t_2<t<t_3$ 期间,输出电压 $v_o=+V_Z$ 通过 R_f 对电容 C 充电,v_C 由 V_{TH-} 向 $+V_Z$ 增大;当 $t=t_3$ 时,$v_C=V_{TH+}$,v_o 由高电平 $+V_Z$ 跳变为低电平 $-V_Z$,比较器的触发电平同时变为下门限电平 V_{TH-}。

此后,电容器重复充、放电过程,输出电压 v_o 在高、低电平间反复跳变,由此形成周期性的自激振荡。根据以上分析,v_C、v_o 的波形及其对应关系如图 10.2.1(b)所示。由于电容器的充、放电时间常数相同,因此 v_o 波形中高、低电平持续时间相等,即输出电压 v_o 为方波信号。

3. 周期和频率

由于方波信号的高、低电平持续时间各为半个周期,因此,在图 10.2.1(b)中只要求出 t_2-t_1 的大小,即可求得方波信号的周期和频率。根据一阶动态电路中的三要素分析法,可求出 t_1 至 t_2 期间 v_C 随时间变化的规律。由上述分析可知,初始值 $v_C(t_{1+})=V_{TH+}$,终值 $v_C(\infty)=-V_Z$,时间常数 $\tau=R_fC$,由三要素公式得

$$v_C(t)=v_C(\infty)+[v_C(t_1+)-v_C(\infty)]e^{-\frac{t}{\tau}}=-V_Z+[V_{TH+}-V_Z]e^{-\frac{t}{R_fC}} \quad (t\geqslant t_1)$$

当 $t=t_2$ 时有 $v_C(t_2)=V_{TH-}$,代入上式得

$$v_C(t_2)=-V_Z+[V_{TH+}+V_Z]e^{-\frac{t_2}{R_fC}}=V_{TH-}$$

变换后有

$$t_2=R_fC\ln\frac{V_{TH+}+V_Z}{V_{TH-}+V_Z}$$

由于是以 t_1 作为分析的起始点,因此 t_2 取 $T/2$,将此值及式(10.2.1)、式(10.2.2)代入上式,整理后可得方波信号的周期为

$$T=2R_fC\ln\left(1+\frac{2R_1}{R_2}\right)$$

方波的振荡频率为

$$f=\frac{1}{2R_{\mathrm{f}}C\ln\left(1+\frac{2R_1}{R_2}\right)}$$

4. 矩形波产生电路

在矩形波信号中，高、低电平的持续时间是不同的。设 T_1 为高电平的持续时间，T_2 为低电平的持续时间，则矩形波的周期 $T=T_1+T_2$。此外，占空比是矩形波的主要参数之一，其定义为高电平的持续时间 T_1 与周期 T 的比值，若用 k 表示占空比，则有

$$k=\frac{T_1}{T}=\frac{T_1}{T_1+T_2}$$

由方波产生电路的工作原理可知，只要在电容器 C 的充、放电过程中采用不同的时间常数，v_{o} 的高、低电平的持续时间就会不同，则输出信号就是矩形波。

图 10.2.2 是一种占空比可调的矩形波产生电路，它是在方波电路的基础上，利用二极管 D_1、D_2 的单向导电性，采用不同的回路对电容充、放电。v_{o} 为高电平时，$+V_{\mathrm{Z}}$ 经 R_{w1}（电位器 R_{w} 上端的阻值）、D_1 和 R_{f} 对电容 C 充电，则时间常数为 $\tau_1=(R_{\mathrm{f}}+R_{\mathrm{w1}})C$，对应高电平的持续时间为 T_1；v_{o} 为低电平时，电容 C 经 R_{f}、D_2 和 R_{w2}（电位器 R_{w} 下端的阻值）对 $-V_{\mathrm{Z}}$ 放电，则时间常数为 $\tau_2=(R_{\mathrm{f}}+R_{\mathrm{w2}})C$，对应低电平的持续时间为 T_2。调节电位器 R_{w}，就可以改变充、放电的时间常数 τ_1 和 τ_2，则输出电压 v_{o} 为占空比可调的矩形波。根据一阶动态电路的三要素分析法，可分别计算充电时间（输出高电平持续时间）T_1、放电时间（输出低电平持续时间）T_2，其结果如下：

$$T_1=\tau_1\ln\left(1+\frac{2R_1}{R_2}\right)=(R_{\mathrm{f}}+R_{\mathrm{w1}})C\ln\left(1+\frac{2R_1}{R_2}\right)$$

$$T_2=\tau_2\ln\left(1+\frac{2R_1}{R_2}\right)=(R_{\mathrm{f}}+R_{\mathrm{w2}})C\ln\left(1+\frac{2R_1}{R_2}\right)$$

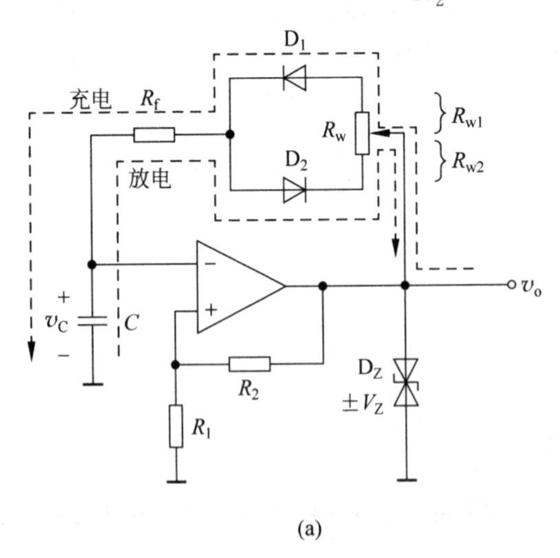

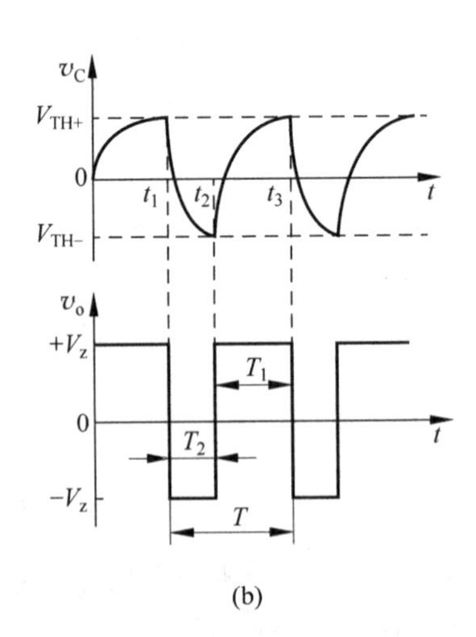

(a) (b)

图 10.2.2 占空比可调的矩形波产生电路

(a) 电路原理图；(b) v_{C}、v_{o} 的波形

由此可求得矩形波信号的周期为

$$T = T_1 + T_2 = (2R_f + R_w)C\ln\left(1 + \frac{2R_1}{R_2}\right)$$

矩形波信号的占空比为

$$k = \frac{T_1}{T} = \frac{R_f + R_{w1}}{2R_f + R_w}$$

10.2.2　锯齿波产生电路

锯齿波也是一种常用的非正弦周期性信号，其电压波形的特点是在一个周期内先线性上升，然后再下降。当锯齿波的上升、下降时间相同时，则称为三角波，或者说三角波是锯齿波的一种特殊情况。为了便于理解和分析，先讨论三角波产生电路。

1. 三角波产生电路

由迟滞电压比较器、积分器构成的三角波产生电路如图 10.2.3(a)所示，图中运放 A_1 和电阻 R_1、R_2、R_3 等构成同相输入的迟滞电压比较器，其输入信号是 v_{i1}，起限幅作用的双向稳压二极管接在 A_1 输出端，因此 $v_{o1} = \pm V_Z$；运放 A_2、R_4 和电容 C 构成反相积分电路，输入信号为 $v_{o1} = \pm V_Z$，输出信号是 v_{o2}，且 v_{o2} 又回送到比较器的输入端，即有 $v_{i1} = v_{o2}$。

2. 工作原理

在图 10.2.3(a)中，运放 A_1 构成的迟滞电压比较器在 $v_{P1} = v_{N1} = 0$ 时发生跳变，由叠加定理可得

$$v_{p1} = \frac{R_2 v_{i1}}{R_1 + R_2} + \frac{R_1 v_{o1}}{R_1 + R_2}$$

令上式为 0，求出 v_{i1} 与 v_{o1} 之间的关系

$$v_{i1} = -\frac{R_1 v_{o1}}{R_2} = V_{TH} \tag{10.2.3}$$

上式即为比较器的门限电平值。

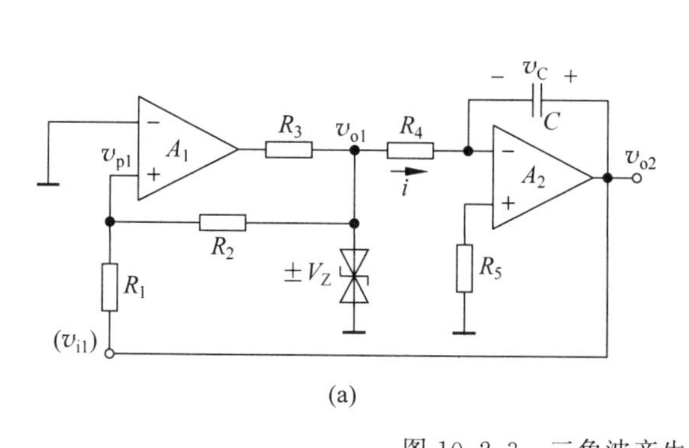

(a)

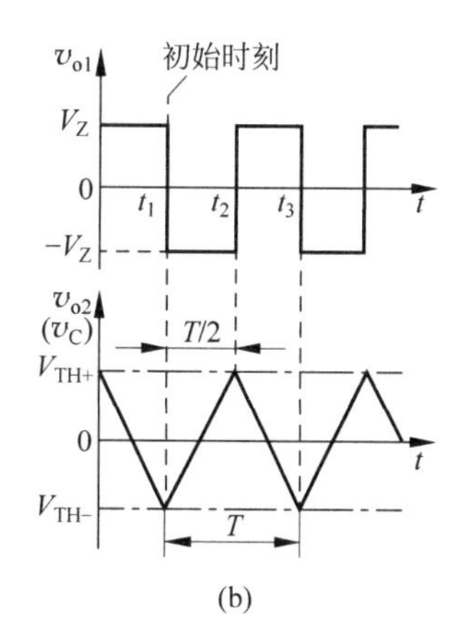

(b)

图 10.2.3　三角波产生电路

(a) 电路原理图；(b) v_{o1}、v_{o2} 的波形及其对应关系

由式(10.2.3)可知，当 $v_{o1}=-V_Z$ 即比较器输出低电平时，对应的是上门限电平

$$V_{TH+}=\frac{R_1V_Z}{R_2}$$

当 $v_{o1}=+V_Z$ 即比较器输出高电平时，对应的是下门限电平

$$V_{TH-}=-\frac{R_1V_Z}{R_2}$$

由于 $v_{i1}=v_{o2}=v_C$，所以当 v_{o2} 即 v_C 由小增大到 V_{TH+} 时，比较器发生正跳变，$v_{o1}=V_Z$；当 v_{o2} 即 v_C 由大减小到 V_{TH-} 时，比较器发生负跳变，$v_{o1}=-V_Z$。

三角波波形与电压比较器输出波形之间的对应关系如图 10.2.3(b)所示，下面结合该图介绍三角波产生电路的工作原理。

(1) 设初始时刻为 t_1，且在 $t=t_{1+}$ 时，$v_{o1}=-V_Z$(比较器刚刚由高电平跳变为低电平)，则对应的门限电平为 V_{TH+}，这时电容器 C 上的初始电压应为 $v_C(t_{1+})=v_{o2}=v_{i1}=V_{TH-}$。

(2) 在 $t_1\sim t_2$ 期间，$i=v_{o1}/R_4=-V_Z/R_4$，该电流对电容 C 充电，v_C(即 v_{o2})在初始值(V_{TH-})的基础上线性增加。

(3) 在 $t=t_2$ 时刻，v_C(即 v_{o2})增加到 V_{TH+}，比较器的输出 v_{o1} 由低跳变为高，即 $v_{o1}=V_Z$，同时门限电平由 V_{TH+} 变为 V_{TH-}。

(4) 在 $t_2\sim t_3$ 期间，电流 $i=v_{o1}/R_4=V_Z/R_4$，即充电电流大小不变、方向相反，实际为电容放电，因此 v_C(即 v_{o2})在 V_{TH+} 的基础上线性减小。

(5) 达到 t_3 时，即 $v_{i1}=v_{o2}=v_C=V_{TH-}$ 时比较器又发生跳变，此后重复上述过程。由于电容器的充、放电时间常数相同，所以 v_{o2} 为三角波信号，v_{o1} 为方波信号。

3. 主要参数

1) 峰值电压

由图 10.3.1(b)所示的波形可知，三角波的正、负峰值分别为上下触发电平，即有

$$v_{om}=\pm\frac{R_1V_Z}{R_2}$$

2) 周期和频率

运放 A_2 构成反相积分器，则在 $t_1\sim t_2$ 时间段有

$$v_{o2}(t_2)=v_C(t_1)-\frac{(-V_Z)}{R_4C}(t_2-t_1)$$

所以三角波的周期为

$$T=2(t_2-t_1)=\frac{2[v_{o2}(t_2)-v_C(t_1)]R_4C}{V_Z}=\frac{2(V_{TH+}-V_{TH-})R_4C}{V_Z}$$

$$=\frac{2\left[\dfrac{R_1V_Z}{R_2}-\left(-\dfrac{R_1V_Z}{R_2}\right)\right]R_4C}{V_Z}=\frac{4R_1R_4C}{R_2}$$

三角波的频率为

$$f=\frac{1}{T}=\frac{R_2}{4R_1R_4C}$$

4. 锯齿波产生电路

在图 10.2.3(b)所示的三角波波形中，如果在一个周期内的上升沿和下降沿所用的时间不同，则称为锯齿波，如图 10.2.4(b)所示。在实际使用中，上升、下降沿所用的时间不仅不同，而且两者差异往往较大。锯齿波产生电路可在三角波电路的基础上，通过改变正、反向积分的时间常数来实现。在图 10.2.4(a)所示的锯齿波产生电路中，利用二极管的单向导电性，使得波形上升时的积分时间常数为 R_4C，下降时的积分时间常数约为 $(R_4/\!/R_5)C$，则输出电压 v_{o2} 为锯齿波，如图 10.2.4(b)所示。

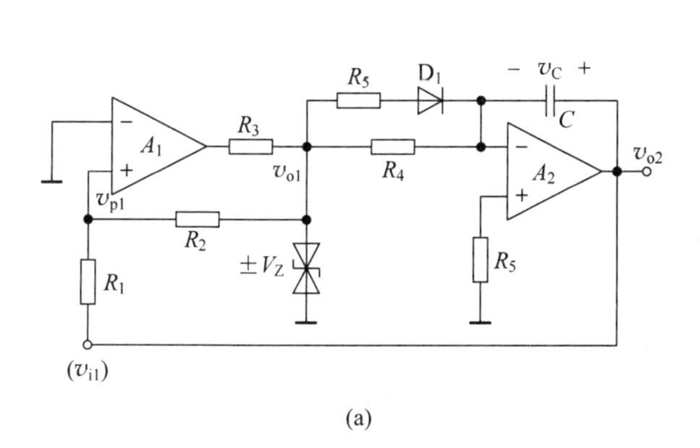

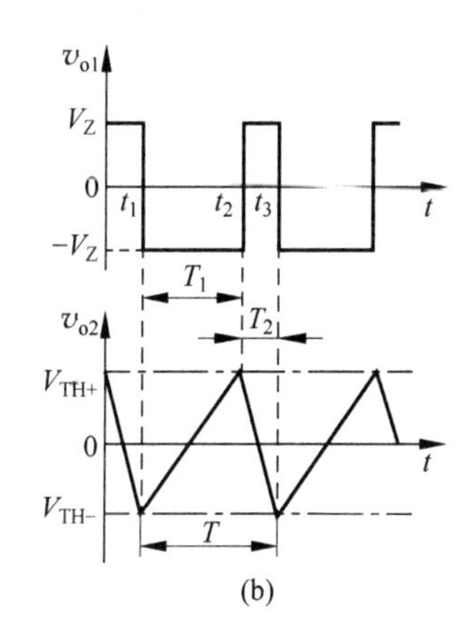

图 10.2.4　锯齿波产生电路

(a) 电路原理图；(b) v_{o1}、v_{o2} 波形图

采用与方波电路求周期相类似的方法，先分别求出上升时间 T_1 和下降时间 T_2，再将 T_1、T_2 相加，即为周期 T

$$T=T_1+T_2=\frac{2R_1R_4C}{R_2}+\frac{2R_1(R_4/\!/R_5)C}{R_2}=\frac{2R_1C}{R_2}(R_4/\!/R_5+R_4)$$

上式表明，选定电路中有关元件的数值后，锯齿波的频率、上升时间和下降时间也随之确定。

一种上升时间与周期之比可调的三角波产生电路如图 10.2.5 所示，其工作原理与图 10.2.2 所示的占空比可调矩形波产生电路类似。该电路输出的三角波信号的周期为

$$T=T_1+T_2=\frac{2R_1(R_4+R_{w1})C}{R_2}+\frac{2R_1(R_4+R_{w2})C}{R_2}=\frac{2R_1(2R_4+R_w)C}{R_2}$$

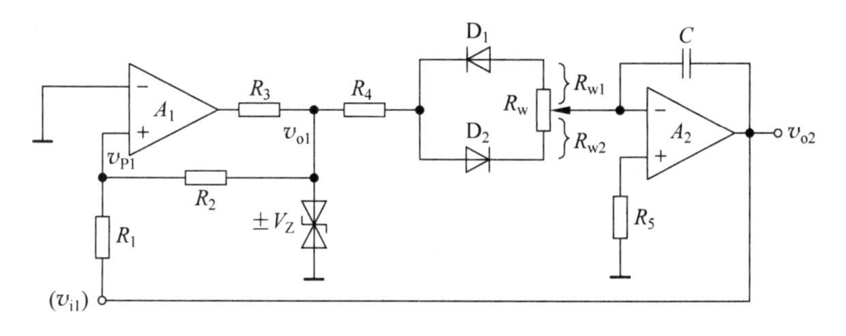

图 10.2.5　上升时间与周期之比可调的三角波产生电路

上升时间与周期之比为

$$\frac{T_1}{T}=\frac{\dfrac{2R_1(R_4+R_{w1})C}{R_2}}{\dfrac{2R_1(2R_4+R_w)C}{R_2}}=\frac{R_4+R_{w1}}{2R_4+R_w}$$

由上述结果可知,通过调节电位器 R_w,即可在一定范围内改变上升时间,而输出信号的周期即频率始终不变。

本章小结

1. 电压比较器

电压比较器能够比较两个模拟信号的大小,并以高、低电平给出比较结果,在实际工程中应用广泛。在集成运放构成的比较器电路中,运放均工作在非线性状态,一种是运放开环应用,另一种是构成正反馈,电路分析时仍可使用"虚断"概念,而"虚短"不再适用。电压比较器的工作性能通常采用电压传输特性来描述,传输特性中有三个要素,即门限电平、输出跳变方向以及输出高、低电平的幅值大小,其中门限电平和输出电平的跳变方向尤其重要,也是电路分析计算的重点。

本章介绍的单门限比较器、过零比较器、迟滞比较器和窗口比较器是几种常用的电压比较器。单门限和过零比较器由运放开环构成,其特点是灵敏度高,且无论 v_i 正向(增大)还是反向(减小)变化,始终只有一个相同的阈值电平,输出电压只产生一次跳变;迟滞比较器电路中的运放构成闭环正反馈,电路具有滞回特性和抗干扰能力强的特点,尽管 v_i 正向和反向变化时的阈值电平不同,但在 v_i 单向变化时输出电压也只产生一次跳变;窗口比较器由两个单门限比较器组合而成,有两个不同的阈值电平,在 v_i 正向或反向变化时,输出电压均会产生两次跳变。

集成电压比较器是一种专用集成电路,构成的比较电路具有切换速度快、延迟时间短等特点,在实际工程中应用广泛。电压比较器还具有开关特性,因此也是非正弦信号产生电路中的重要环节之一。

2. 非正弦周期信号发生器

矩形波、方波、锯齿波和三角波是常用的非正弦周期性信号,其中方波可看作占空比为50%的矩形波,三角波可看作上升沿和下降沿相等的锯齿波。方波信号产生电路是非正弦波产生电路中最常见的电路之一,同时也是产生其他多种非正弦波的基础。

非正弦波发生器的电路结构和工作原理与正弦波产生电路完全不同,因此分析方法也不一样。本节主要介绍了常用的矩形波(含方波)和锯齿波(含三角波)产生电路的工作原理及主要参数的计算。

习题 10

10.1 电路如图题 10.1 所示,设 A 为理想运放,稳压二极管的稳压值为 5.7V,正向导通压降为 0.7V,参考电压 $V_{REF}=2V$,工作电压 $\pm V_{CC}=\pm 12V$:(1)画出电路的传输特性曲线；(2)将输入电压 v_i 与 V_{REF} 位置互换后对传输特性曲线有何影响？(3)若 D_Z 开路，影响如何？

10.2　在图题10.2所示的电路中，设 A 为理想运放，工作电压 $\pm V_{CC}=\pm 10V$，稳压管 D_Z 的稳压值为6V，整流管 $D_1 \sim D_4$ 的正向导通压降为0.7V，求输出电压 v_o。

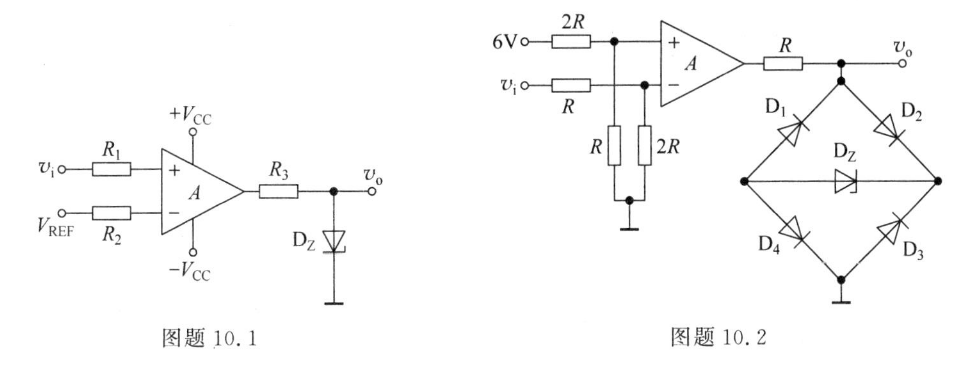

图题10.1　　　　图题10.2

10.3　电路如图题10.3所示，设运放特性均为理想，双向稳压二极管的稳压值为 $\pm 6V$，电容器 C 的初始电压为0V，输入正弦信号 v_i 的周期 $T=2ms$，峰值为1V：(1)画出 v_{o1}、v_{o2} 的波形；(2)求 v_{o2} 的幅值。

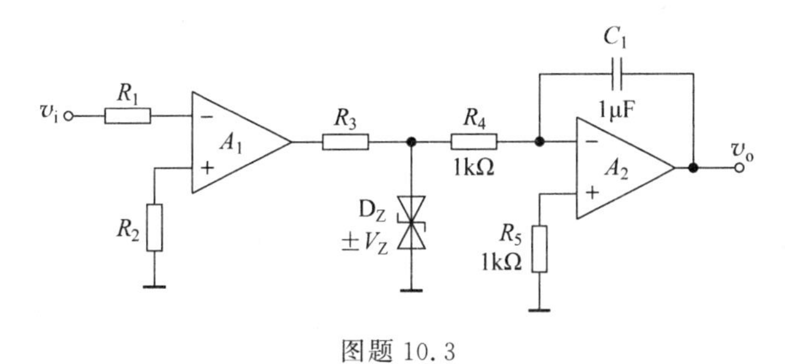

图题10.3

10.4　电路如图题10.4所示，设 A_1、A_2 为理想运放，三极管 $\beta=100$，$R_6=30k\Omega$，$R_7=3k\Omega$，其他电阻均为 $2k\Omega$：(1)当 $v_{i1}=-1V$ 时，$v_o=$？(2)当 $v_{i1}=-5V$ 时，$v_o=$？

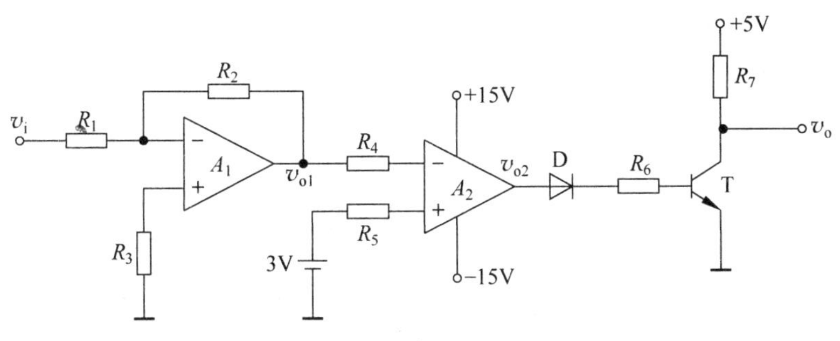

图题10.4

10.5　电路如图题10.5所示，设运放特性理想，试说明开关K在不同位置时电路实现的功能，并计算 v_o：(1)K在位置1，$v_i=-1V$；(2)K在位置2，$v_i=-1V$；(3)K在位置3，

v_o 原为 $+12\text{V}$，v_i 由 -1V 增大到 $+8\text{V}$。

10.6 迟滞比较器如图题 10.6 所示，设运放 A 的特性理想，参考电压 $V_{REF}=-3\text{V}$，双向稳压二极管的稳压值为 $\pm 6\text{V}$，电阻 $R_1=R_3=1\text{k}\Omega$，$R_2=7.5\text{k}\Omega$，$R_4=15\text{k}\Omega$，试画出该电路的电压传输特性曲线。

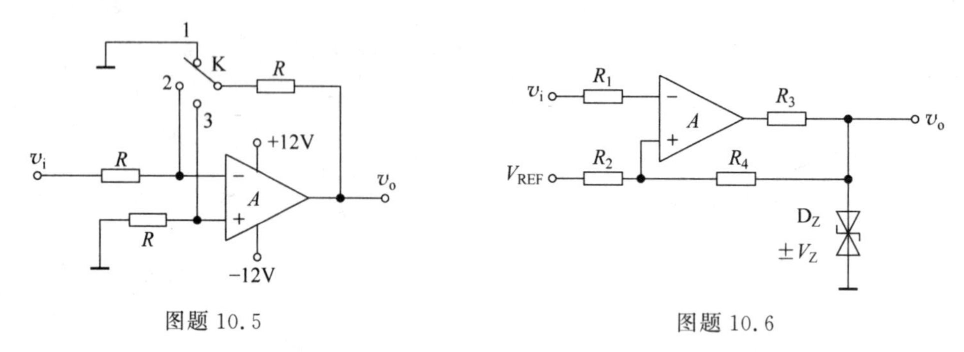

图题 10.5　　　　　　图题 10.6

10.7 由窗口比较器构成的三极管 β 值分选电路如图题 10.7 所示，要求当被测三极管的 β 值在 $80<\beta<120$ 时，发光二极管 D_3 不亮（表示合格），当 $\beta<80$ 或 $\beta>120$，D_3 亮，表示不合格，试确定窗口比较器的门限电平 V_{THH} 和 V_{THL} 的大小。

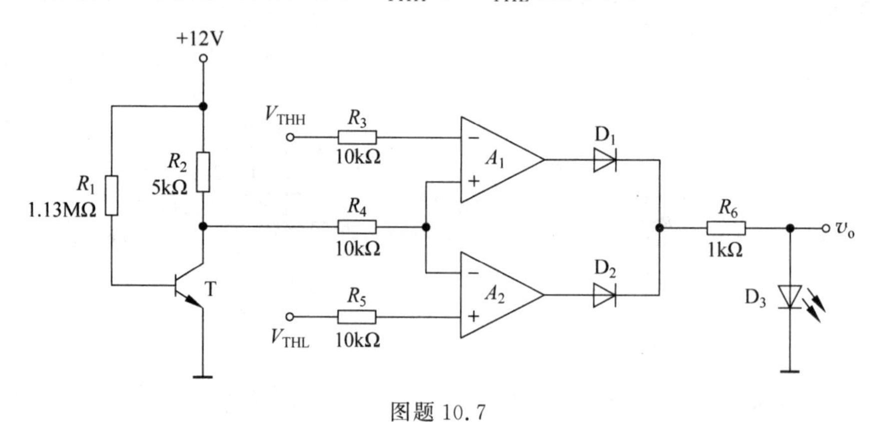

图题 10.7

10.8 波形产生电路如图题 10.8 所示，说明 R_2、R_{w1}、R_{w2} 分别增大或减小时对 v_{o1} 和 v_{o2} 的影响（占空比、频率、幅度等）。设 R_{w1} 处于最上端，定性地画出当 R_{w2} 滑到最上端和最下端时 v_{o1} 和 v_{o2} 的波形。

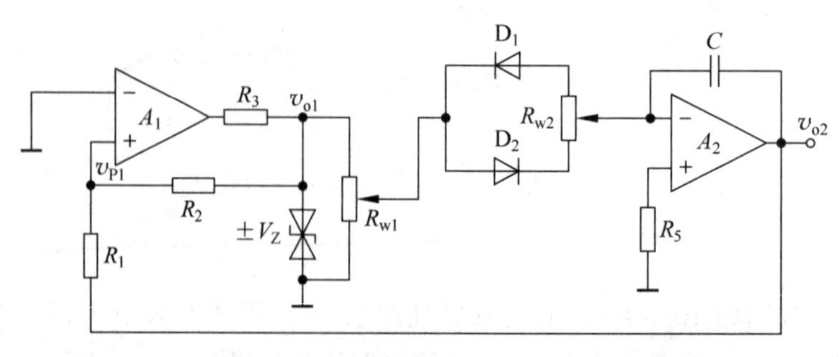

图题 10.8

第11章

直流稳压电源

前述章节介绍的电子电路中，都需要由电压稳定的直流电源提供能量。实际上，在日常的生产生活中，许多场合都需要用到直流电源，比如电解、电镀、电池充电、直流电动机驱动等。尽管利用直流发电机、化学电池、太阳能电池等可以获得直流电，但更多的情况下，利用转换电路对交流电网所提供的交流电源进行转换，可以方便地获得直流电源。本章首先介绍整流、滤波、稳压等一系列概念，随后讨论小功率整流电路，着重介绍单相桥式整流电路的原理和指标，电容滤波电路、电感滤波电路和线性串联型稳压电路的工作原理，然后介绍三端集成线性稳压器的工作原理。

11.1　直流稳压电源的组成

直流稳压电源是一种能量转换电路，它将交流电网提供的 220V/50Hz 或 380V/50Hz 正弦电压，转换为幅值稳定的直流电压(通常为几伏或几十伏)。小功率半导体直流稳压电源通常由电源变压器、整流电路、滤波电路和稳压电路四部分组成(图 11.1.1)。各部分功能如下：

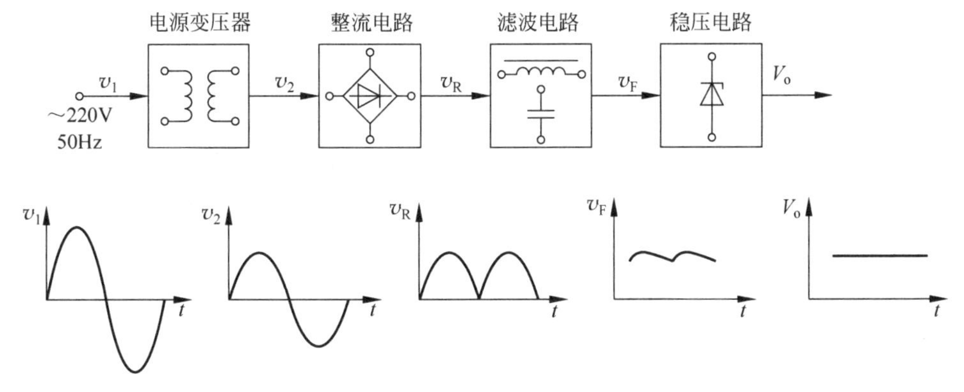

图 11.1.1　直流稳压电源结构图和稳压过程

1）电源变压器

电源变压器将电网的交流电压转换为所需要的幅值，通常变压器副边电压小于原边电压，即对电网 220V 电压进行降压。在某些场合下，也可以不经变压器利用其他方式进行降压。

2）整流电路

经过变压器降压后的交流电压可通过二极管的单向导电性转换成脉动的直流电压。从波形上看，这种脉动的直流电压含有很大的交流分量，其幅值变化很大，无法直接作为电源给电子电路供电。

3）滤波电路

由整流电路输出的脉动电压，可通过滤波电路将其中的交流成分滤掉，输出相对平滑的直流电压。由于电网电压具有±10％的波动，受到电网电压波动和负载电流变化的影响，滤波电路的输出电压依然不稳定。

4）稳压电路

稳压电路利用自动调整的原理，使得输出电压在电网电压波动、负载和温度变化时保持足够的稳定性，即输出直流电压几乎不变。

11.2 单相桥式整流电路

利用二极管的单向导电性可以组成多种形式的整流电路。在第 3 章中，已经介绍过半波整流电路，其结构简单，使用的元件少，但是半波整流电路的输出电压有半个周期为零，对输入交流电压的利用率低。在半波整流电路之外，还有全波、桥式和倍压整流电路。而在小功率电源中，应用最广的是单向桥式整流电路。

11.2.1 工作原理

单相桥式整流电路如图 11.2.1(a)所示，Tr 为电源变压器，其作用是将交流电网电压 v_1 变成整流电路所需要的交流电压 v_2，$D_1 \sim D_4$ 为整流二极管，R_L 为负载，其两端电压为输出电压 v_L，电路中 4 只整流二极管并接成电桥的形式，因此称为桥式整流电路。图 11.2.1(b)是其简化画法。整流桥的 D_1、D_2 的连接处称共阴极，用“＋”标记，电流从此处流出，D_3、D_4 连接处称共阳极，用“－”标记，其他两点表示接交流电源，标记为“～”。

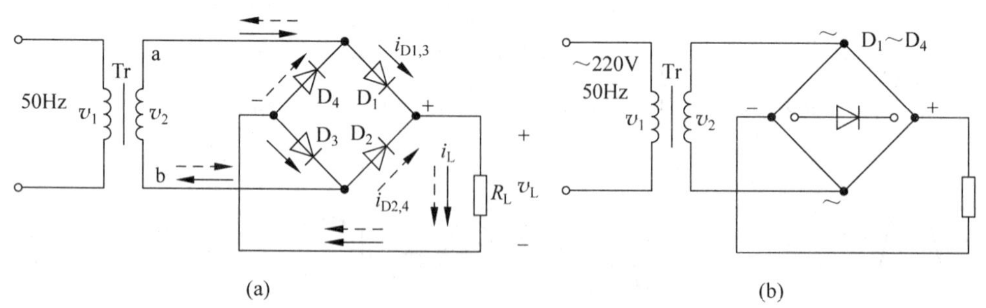

图 11.2.1 单相桥式整流电路

(a) 原理图；(b) 简化画法

为了简化电路分析，假设负载为纯阻性的，整流二极管均采用理想模型，即正向导通电阻为零，压降为零，反向电阻为无穷大，变压器也为理想变压器，无内部压降。

假设变压器副边电压为 $v_2=\sqrt{2}V_2\sin\omega t$，$V_2$ 为其有效值。电源电压的正半周（a 端为正，b 端为负时是正半周）内 D_1、D_3 导通，D_2、D_4 截止，电流经由 a→D_1→R_L→D_3→b 通路，如图中实线所示，此时二极管 D_2、D_4 承受反向电压。电源电压的负半周（b 端为正，a 端为负时是正半周）内 D_2、D_4 导通，D_1、D_3 截止，电流经由 b→D_2→R_L→D_4→a 通路，如图中虚线所示，此时二极管 D_1、D_3 承受反向电压。

由上述分析可见，尽管 v_2 是交变电压，但通过负载 R_L 的电流方向不变，其两端电压 v_L 的方向也不变，负载上得到了单方向的全波脉动波形。通过负载 R_L 的电流 i_L 以及电压 v_L 的波形如图 11.2.2 所示。

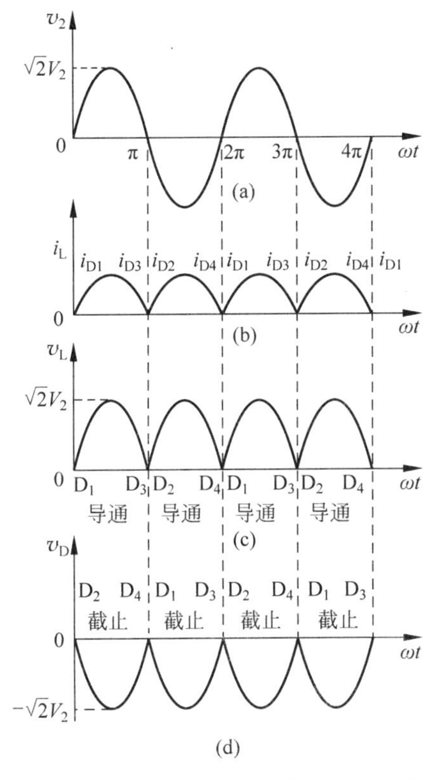

图 11.2.2 单相桥式整流电路中电压电流波形图

(a) 副边电压 v_2；(b) 负载电流 i_L；(c) 负载电压 v_L；(d) 整流二极管承受反向电压 v_D

11.2.2 负载上直流电压和直流电流的平均值

负载上得到的脉动直流电压的平均值为

$$V_L=\frac{1}{T}\int_0^{2\pi}v_L d(\omega t)=\frac{1}{2\pi}\int_0^{2\pi}\sqrt{2}V_2\sin\omega t d(\omega t)=\frac{2\sqrt{2}V_2}{\pi}\approx 0.9V_2$$

对应的直流电流平均值为

$$I_L = \frac{0.9V_2}{R_L} \tag{11.2.1}$$

11.2.3 整流二极管参数选择

在桥式整流电路中,二极管只在半个周期是导通的,所以流经每个二极管的平均电流为

$$I_D = \frac{1}{2}I_L = \frac{0.45V_2}{R_L} \tag{11.2.2}$$

二极管在截止时管子两端承受的最大反向电压是变压器副边电压峰值。当 v_2 处于正半周时,D_1、D_3 导通,D_2、D_4 截止。此时 D_2、D_4 承受的最大反向电压均为 v_2 的最大值,即

$$V_{RM} = \sqrt{2}V_2 \tag{11.2.3}$$

同理,v_2 的负半周,D_1、D_3 也承受同样大小的反向电压。

考虑到一般电网电压波动范围为±10%,在实际应用中,二极管的最大整流平均电流 I_{DM} 和最高反向工作电压 V_R 应留有大于10%的余量。即

$$I_{DM} > 1.1 \times \frac{0.45V_2}{R_L}$$

$$V_R > 1.1 \times \sqrt{2}V_2$$

相对于单相半波整流电路,桥式整流电路的输出电压和电流的平均值均提高了1倍,且二极管所承受的最大反向电压较低。桥式整流电路应用广泛,市场上已有集成电路整流桥堆出售。

11.3 滤波电路

经过整流电路输出的直流电压,其脉动较大,无法直接作为直流电源用于电子电路。采用滤波电路可滤除电路中的交流分量。一般滤波电路由电抗元件组成,利用电容两端的电压不能突变和流过电感的电流不能突变的特性,在负载电阻两端并联电容,或在整流电路输出端与负载间串联电感,可滤除输出电压中的交流成分,保留其直流成分,从而使输出波形平滑,得到理想的直流电压。

11.3.1 电容滤波电路

电容滤波电路是一种常见的滤波电路,图11.3.1所示电路中,在整流电路输出端负载 R_L 两端并联一滤波电容。其基本工作原理如下:假设电容 C 初始电压为0,当副边电压 v_2 处于正半周时,二极管 D_1、D_3 导通,此时 v_2 为负载提供电流的同时对电容 C 进行充电,充电时间常数为

$$\tau_c = R_{int}C \tag{11.3.1}$$

式中,R_{int} 包括变压器副边内阻和二极管的导通电阻。假设电容 R_{int} 一般很小,充电时间常数很小,因此充电较快,电容器两端的电压 $v_C = v_2$。当 v_2 达到最大值 $\sqrt{2}V_2$ 时,v_C 也充电到最大值 $\sqrt{2}V_2$,如图11.3.1(b)中b点。随后 v_2 按正弦规律下降,与此同时,电容由于放电其两端电压 v_C 按照指数规律下降,放电时间常数为

$$\tau_d = R_L C \tag{11.3.2}$$

当 R_L 较大时，放电时间常数较大，因此放电速度较慢。在 v_2 下降的初始阶段，其下降速率较慢，二极管仍然导通，当 v_2 的下降速度超过电容两端电压 v_C 的放电速度时，如图 11.3.1(b)中 c 点，有 $v_2 < v_C$，此时二极管 D_1、D_3 承受反向电压而截止。之后，电容器 C 向负载 R_L 按指数规律放电。当副边电压 v_2 处于负半周时，通过电桥的整流作用，v_2 的数值上升到 $v_2 > v_C$ 时，如图 11.3.1(b)中 d 点，电源再次向电容 C 充电，当 v_C 达到峰值之后，随着 v_2 的下降，电容 C 再次放电，如此周而复始。伴随着滤波电容周期性的充放电过程，在输出端形成相对平滑的直流电压。

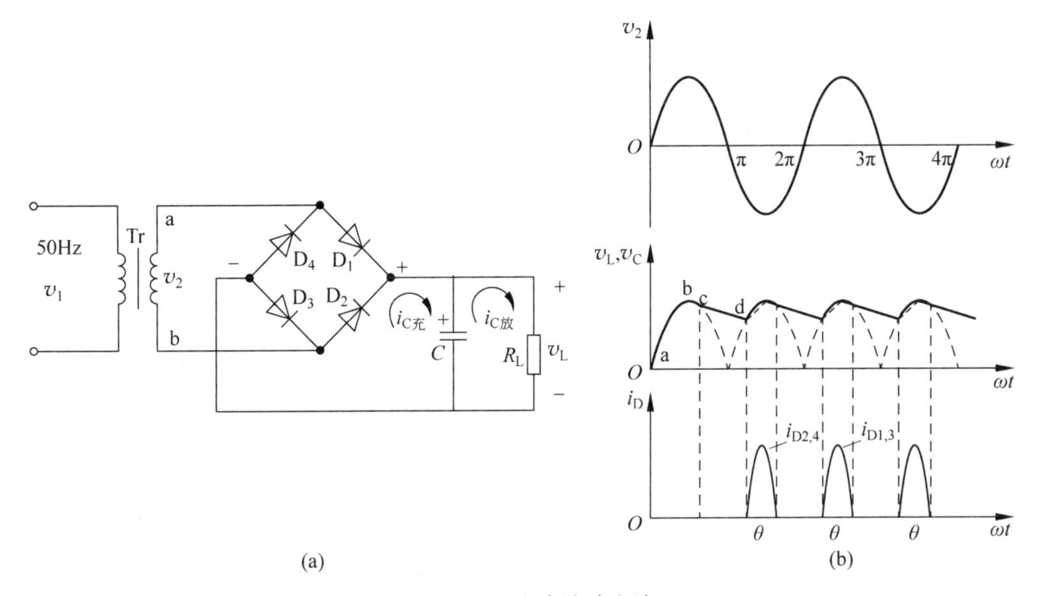

图 11.3.1　电容滤波电路

(a) 电路原理图；(b) 电压、电流和纹波电压波形图

由以上分析可知，电容滤波电路有如下特点。

(1) 二极管的导通角 $\theta < \pi$。在不加滤波电容时，整流二极管在副边电压的半个周期内导通，即导通角 $\theta = \pi$，通过电容滤波后，只有当 $v_2 > |v_c|$ 时，整流二极管才导通，导通角 $\theta < \pi$，流过二极管的瞬时电流很大，$i_{D1,3}$ 和 $i_{D2,4}$ 电流如图 11.3.1(b)所示。且 $R_{int}C$ 越小，在一个周期内充电时间越短，即二极管的导通角 θ 越小，这会导致二极管在短暂的导通时间内流过更大的冲击电流。由于二极管的峰值电流很大，所以选择二极管的整流电流要留有充分的余地，一般选择二极管平均整流电流 I_F 为

$$I_F = (2 \sim 3) I_L \tag{11.3.3}$$

当负载电阻较小、负载电流较大时，整流二极管的选取则变得困难，电容滤波电路适用于输出电压较高、负载电流较小且变化不大的场合。

(2) 滤波电容的选取。由于 $R_L C$ 越大，电容放电速率越慢，输出电压越平滑，负载平均电压越高，因此可以选取较大的电容，但过大的滤波电容会使导通角变小，流过二极管的冲击电流加大，通常对于滤波电容的容量取值满足

$$\tau_d = R_L C \geqslant (3 \sim 5) \frac{T}{2} \tag{11.3.4}$$

式中,T 为电源交流电压的周期。一般滤波电容的容量都选取较大的有极性的电解电容。

(3) 输出电压的平均值。电容滤波电路的负载直流电压随负载电流增加而减小。V_L 随 I_L 变化的特性称为输出特性或外特性(图 11.3.2)。

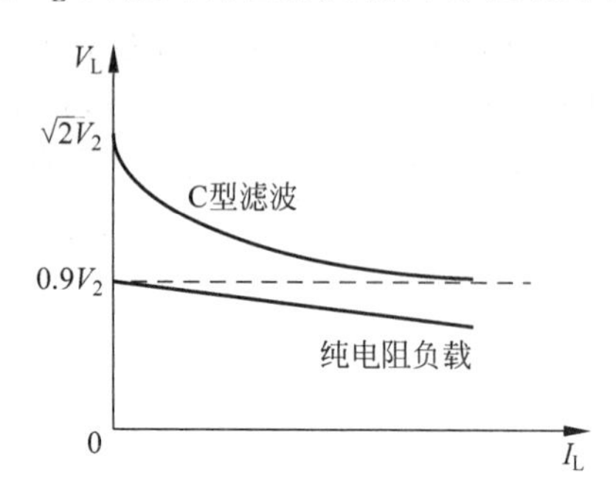

图 11.3.2 纯电阻 R_L 和具有电容滤波的桥式整流电路的输出特性

当 $R_L=\infty$,即空载时(C 值一定),$\tau_d=\infty$,有

$$V_{L0}=\sqrt{2}V_2\approx 1.4V_2 \tag{11.3.5}$$

当 $C=0$,即无电容(纯电阻负载)时,有

$$V_{L0}=0.9V_2 \tag{11.3.6}$$

在整流电路的内阻不太大(几欧)和放电时间常数满足式(11.3.4)的关系时,电容滤波电路的负载电压的平均值满足

$$V_L=(1.1\sim 1.2)V_2 \tag{11.3.7}$$

整流二极管承受的最大反向电压 $V_{RM}=\sqrt{2}V_2$,考虑电网电压波动 10%等因素影响,反向击穿电压应选为

$$V_{BR}\geqslant 2V_2 \tag{11.3.8}$$

11.3.2 电感滤波电路

在整流电路与负载电阻 R_L 之间串入一个电感 L,由于电感对于直流分量的电抗近似为 0,而对于交流分量的电抗为 ωL,因此也可以起到滤波的作用(图 11.3.3)。在适当的取值下,ωL 可以很大,电感上产生的感应电动势的方向总是阻止回路电流的变化,当通过电感线圈的电流增大时,感应电动势将阻止电流增加,同时将部分电能转化为磁场能量存储于电感,当通过电感线圈的电流减小时,存储在电感中的磁场能量将释放出来,感应电动势将阻止电流的减小。

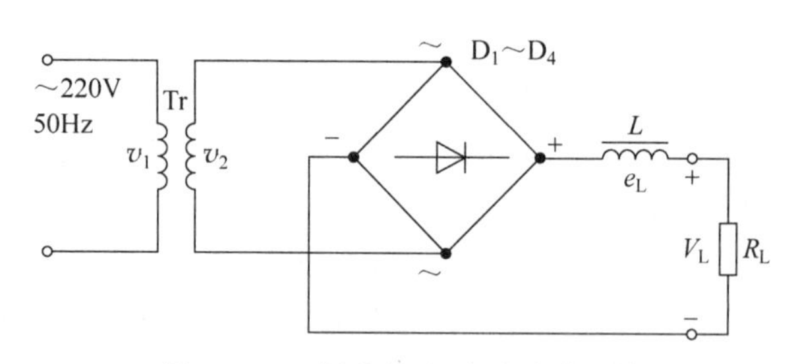

图 11.3.3 桥式整流、电感滤波电路

电感滤波电路有如下特点:

(1) 整流二极管的导通角 $\theta=\pi$,当通过整流二极管的电流变小而趋于截止时,感应电动势将延长电流减小的趋势,使得整流二极管的导通时间变长,由于导通角大,采用电感滤波电路,整流二极管的峰值电流小,输出较为平坦,因此电感滤波电路适用于输出电压较小、负载电流较大的情况。

(2) 对于图 11.3.3 所示的电感滤波电路,其整流电路输出可看成是直流分量 V_D 和交流分量 v_d 的叠加,设电感线圈电阻为 R,则其输出电压直流分量为

$$V_L = \frac{R_L}{R+R_L} \cdot V_D \approx \frac{R_L}{R+R_L} \cdot 0.9V_2$$

当忽略电感 L 的电阻时，负载上输出的平均电压和纯电阻（不加电感）负载相同，即

$$V_L = 0.9V_2$$

（3）电感的选择要满足 $\omega L \gg R_L$，在此条件下电感存储的能量才能维持负载电流的连续性。电感滤波电路输出电压的交流分量为

$$v_L = \frac{R_L}{\sqrt{(\omega L)^2 + R_L^2}} \cdot v_d \approx \frac{R_L}{\omega L} \cdot v_d$$

上式表明，ωL 越大，输出交流分量越小，当 $\omega L \gg R_L$ 时，电感滤波电路输出电压脉动分量较小，输出波形变得平滑。

（4）电感滤波的缺点是电感线圈存在铁芯，因此电路较笨重，体积大，易引起电磁干扰。

11.3.3 复式滤波电路

电容滤波电路和电感滤波电路各有优缺点，有时单独的电容或电感电路还无法达到理想的滤波效果，为了进一步减小负载电压中的脉动成分，可以将电容和电感组合使用，构成复式滤波电路。比如，在电感后面可再接一电容构成 LC 型滤波电路，或在电感前后各接一电容而构成 LCπ 型滤波电路，或在电阻前后各接一电容构成 RCπ 型滤波电路。表 11.3.1 给出不同复式滤波电路的构成形式、性能和适用场合。

表 11.3.1 复式滤波电路比较

性能＼类型	电容滤波	电感滤波	LC 滤波	LCπ 型滤波	RCπ 型滤波
电路结构	C	L	L, C	L, C_1, C_2	R, C_1, C_2
V_O/V_2	1.2	0.9	0.9	1.2	1.2
整流管冲击电流	大	小	小	大	大
适用场合	小电流	大电流	大、小电流	小电流	小电流

11.4 线性稳压电路

第 3 章已经介绍过稳压管稳压电路，它是通过与负载并联的稳压二极管的电流调节作用，实现输出电压恒定。但稳压管稳压电路不适用于负载电流较大且输出电压可调的场合，为了提高稳压电路带负载的能力，可采用串联反馈式稳压电路。

11.4.1 串联型稳压电路

串联反馈式稳压电路如图 11.4.1 所示，它由基准电压电路、误差放大电路、调整管和取

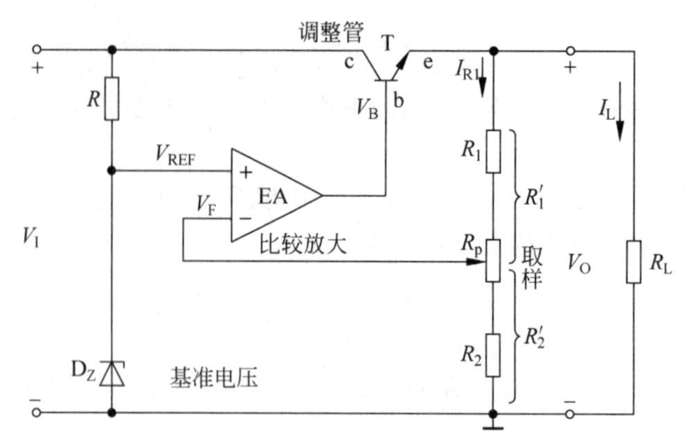

图 11.4.1 串联反馈式稳压电路一般结构图

样电路四部分组成。图中 V_I 是整流滤波电路的输入电压，稳压管 D_Z 与限流电阻 R 串联获得基准电压 V_{DZ}。EA(Error Amplifier)为误差放大电路，其同相端输入基准电压 V_{DZ}，反向端输入由 R_1、R_p 与 R_2 组成的反馈网络采样的反馈电压 V_F。T 为调整管，其作用一方面是进行电流放大，提高电路带负载的能力，另一方面调整管的射极输出与基极输入(通过误差放大电路)相连实现了电压负反馈，使输出电压稳定。电路中起调整作用的 BJT 与负载串联，故称为串联式稳压电路。其基本的稳压原理如下。

当由于某种原因导致输入电压 V_I 增加(或负载电流 I_L 减小)时，输出电压 V_o 增加，而通过取样电路反馈回误差放大电路反向输入端的电压

$$V_F=\frac{R'_2}{R'_1+R'_2}V_O$$

也增加，而误差放大电路的输出为

$$V_B=A_v(V_{DZ}-V_F)$$

式中，A_v 为误差放大电路的开环增益，由于基准电压 V_{DZ} 基本不变，V_F 增加，则 V_B 减小。调整管 T 的管压降 V_{CE} 增大，而调整管是共集电极组态，输出 V_O 将减小，从而实现 V_O 基本保持不变。其稳压过程如下：

$$V_I\uparrow\rightarrow V_O\uparrow\rightarrow V_F\uparrow\rightarrow(V_{DZ}-V_F)\downarrow\rightarrow V_B\downarrow\rightarrow V_{CE}\uparrow\rightarrow V_O\downarrow$$

当输入电压 V_I 减小时，稳压过程中电压变化趋势与上述过程相反，输出电压同样基本保持不变。

图 11.4.1 所示的串联式稳压电路，输出电压 V_O 的变化量首先通过取样电路和运放进行放大，放大后对调整管 T 的输入进行调整。实际上这是一个负反馈的过程，从电路图中可以看出引入的是电压串联负反馈，运放的放大作用使得负反馈深度增加，因此输出电压的稳定性得到增强。

图 11.4.1 所示的电路实际上是一个输入电压为 $V_{REF}=V_{DZ}$ 的同相比例运算电路，其输出电压为

$$V_O=\left(1+\frac{R'_1}{R'_2}\right)V_{REF} \tag{11.4.1}$$

改变电位器 R_p 滑动端的位置可以对输出电压进行调节，R_p 滑动端处于最上端时，$R_1'=R_1$，$R_2'=R_2+R_p$，输出电压最小，即

$$V_{Omin}=\frac{R_1+R_p+R_2}{R_p+R_2}V_{REF} \tag{11.4.2}$$

R_p 滑动端在最下端时，$R_1'=R_1+R_p$，$R_2'=R_2$，输出电压最大，即

$$V_{Omax}=\frac{R_1+R_p+R_2}{R_2}V_{REF} \tag{11.4.3}$$

11.4.2 调整管T极限参数

串联反馈式稳压电路可以输出大电流，而调整管是串联稳压电路中的核心元件，流过调整管的电流近似为负载电流，因此调整管通常选用大功率管，其最大集电极电流应大于最大负载电流，即满足 $I_{CM}>I_{Lmax}$，其承受的最大电压为最大输入电压与最小输出电压之差，该电压不应击穿调整管，即满足 $V_{CEmax}=V_{Imax}-V_{Omin}<V_{(BR)CEO}$，当调整管承受的电压电流都为最大值（$I_{Cmax}$、$V_{CEmax}$）时，功耗不应超过其额定功耗，即要求 $P_{CM}\geqslant I_{Lmax}(V_{Imax}-V_{Omin})$。在调整管的实际选用中，应保证调整管任意时刻都满足上述要求，通常调整管的选择还应该留有一定的余量，并且采取合理的散热措施。

11.5 三端线性集成稳压器

随着半导体工艺发展，对稳压电路进行集成封装，可制成集成稳压器。经过封装后的集成稳压器体积小、使用方便、性能可靠且价格低廉，应用非常广泛。其分类方式通常有以下几种：按照工作方式或结构形式来分，可分为串联型、并联型和开关型；按照输出电压来分，可分为固定输出和可调输出；按照封装引脚来分，可分为三端式和多端式。常用的简单集成稳压电路只有三个端口，本节主要介绍三端集成稳压器的工作原理和应用。

11.5.1 固定输出三端集成稳压器

固定输出三端集成稳压器的输出端与公共端之间的电压是固定的，常见的固定三端稳压器有 W7800 和 W7900 系列，W7800 系列输出为正电压，W7900 系列输出为负电压，后两位（即 00）为对应的输出电压大小，有±5、±6、±8、±9、±10、±12、±15、±18、±24 等不同的输出等级，标称电压值内最大输出电压偏差在±5%以内。对应的输出额定电流分为三个等级，通过在 78 或 79 后面加一字母后缀标示，L 对应 100mA，M 对应 500mA，无标示对应 1.5A。比如 W7805 对应输出电压为 5V，输出电流为 1.5A，W79L12 对应的输出电压为 −12V，输出电流为 100mA。固定输出三端集成稳压器的外形封装和框图如图 11.5.1 所示。

图 11.5.2 所示为 7800 系列内部电路图，其工作原理与串联反馈式稳压电源的工作原理基本相同，在基准电压电路、误差放大电路、调整管和取样电路等部分的基础上，增加了启动电路和保护电路。

固定输出三端集成稳压器使用十分方便，下面介绍几种典型的应用。

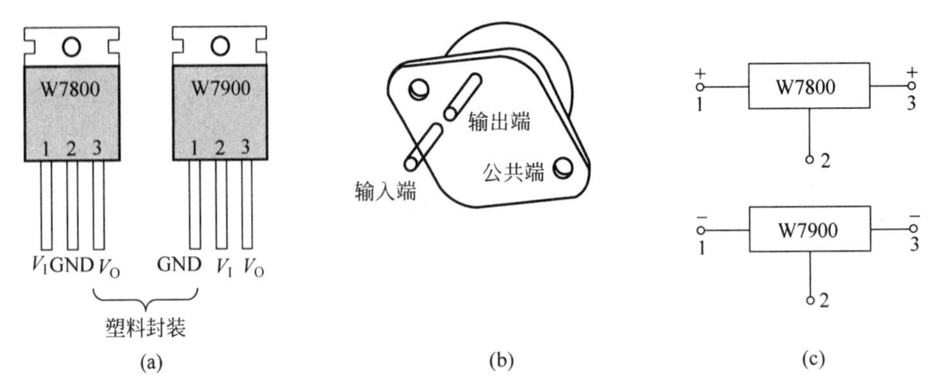

图 11.5.1　7800、7900 型固定输出三端集成稳压器

(a) 塑料封装；(b) 金属封装；(c) 简化符号

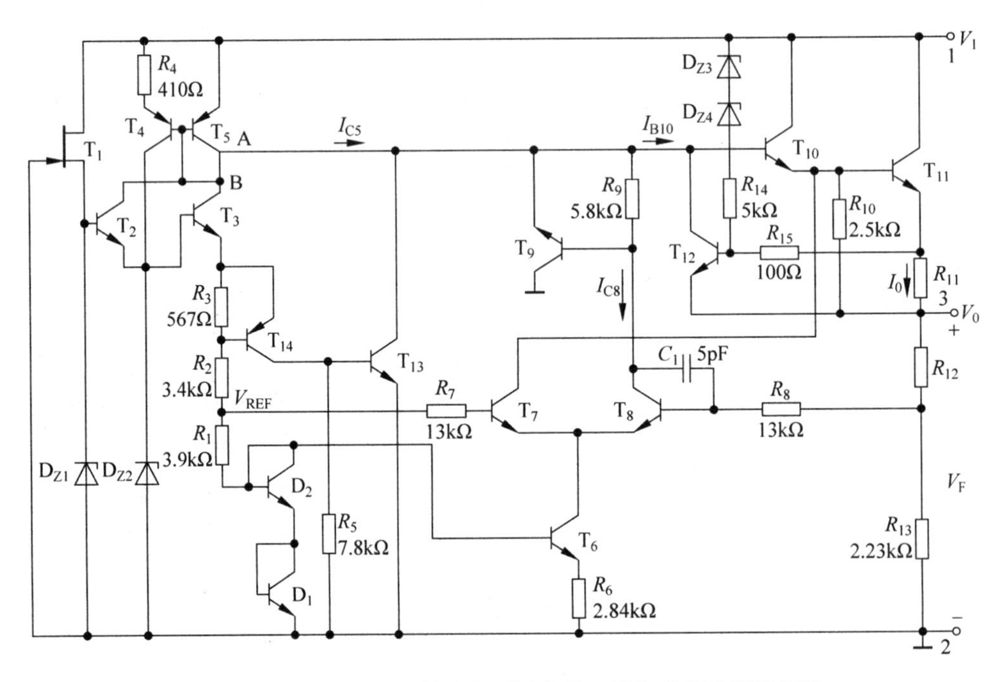

图 11.5.2　78L××型输出电压固定的三端集成稳压器原理图

1. 基本应用电路

图 11.5.3 所示为固定输出三端稳压器的基本应用电路。通常，输入端电压要高于输出端电压 2～3V。输入端接整流滤波后的直流电压 V_I，输出端即为稳定的输出电压 V_O。电容 C_1 用于频率补偿，抵消传输线引起的电感效应，C_1 通常取小于 1μF，典型的取值为 0.33μF；电容 C_2 用来抑制稳压电路的自激振荡，改善负载的瞬态响应，C_2 典型的取值为 0.1μF。C_3 为电解电容，用以减小电源由输入端引入到输出端的低频干

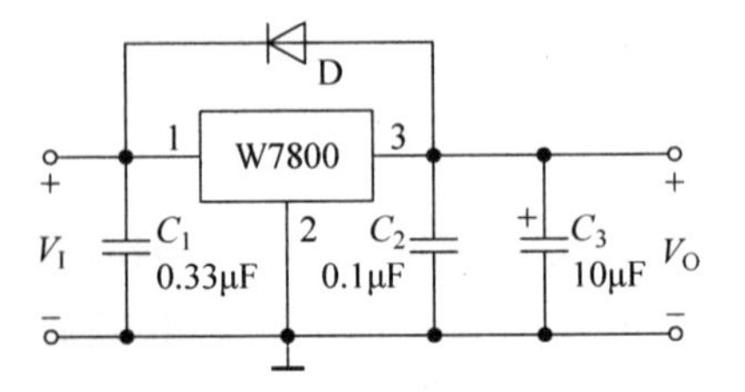

图 11.5.3　固定输出三端稳压器的基本应用

扰，其典型值为 10μF。输入端短路的情况下，C_3 两端的电压将直接作用于调整管的发射结，因此在输入输出端接一个二极管 D，给 C_3 一个放电回路，用以保护稳压器不受损坏。

2. 扩流输出应用电路

固定输出三端稳压器的输出电流取决于内部调整管的集电极最大允许电流，W7800 系列的最大输出电流为 1.5A，如果要提高输出电流，可以采用扩流电路。扩流电路通常都是通过在稳压器的外电路接入一个大功率三极管来实现的。图 11.5.4(a)所示为在输入端接入大功率三极管的扩流电路，该电路中

$$I_{O}=I_{O1}+I_{O2}$$

其中

$$I_{O1}=I_{C1}\approx V_{BE3}/R_3$$

该电路中，T_1 采用大功率管 PNP 管时，其最大输出电流 I_{O1} 可达 3.5A，因此整个稳压电源电路的输出电流可达 5A。T_2、T_3 为保护管，正常工作时，两管均截止，当 I_O 过大时，R_3 电阻上的压降使 T_2、T_3 导通，则 T_1 的 V_{BE} 降低，I_{C1} 下降，从而保护 T_1 管不被损坏。

图 11.5.4(b)所示为在输出端接大功率三极管的扩流电路，三端稳压器的输出端接大功率管 T，输出电流 I_O 即为 T 的基极电流(R 取值较大时 I_R 可忽略不计)，通过三极管 T 的电流放大作用，其最大负载电流为

$$I_L\approx I_E\approx(1+\beta)I_O$$

式中，β 为大功率三极管 T 的电流放大系数，该电路中负载 R_L 上的输出电压 V_O 满足

$$V_O=V'_O+V_D-V_{BE}$$

电路中，通过调整电阻 R 改变通过二极管 D 的电流，可使 $V_D=V_{BE}$，则 $V_O=V'_O$。

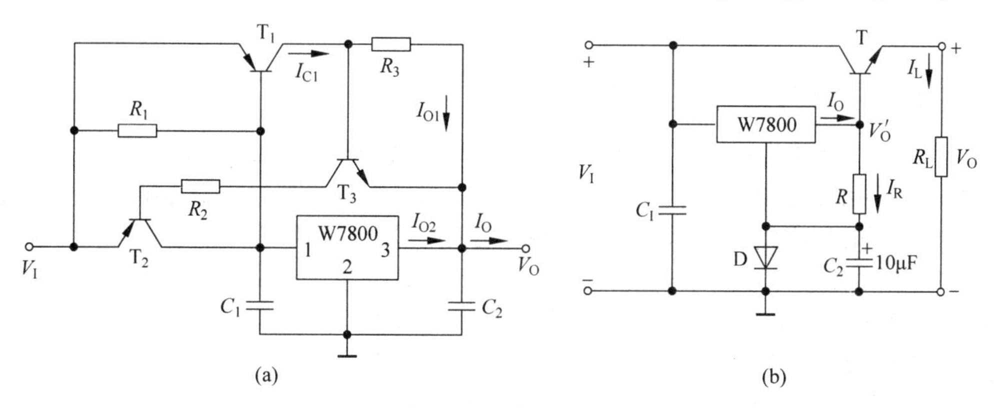

图 11.5.4 扩流电路

(a) 输入端接大功率三极管；(b) 输出端接大功率三极管

3. 扩压输出应用电路

固定输出稳压器可以使用外接电阻实现输出电压可调，图 11.5.5(a)给出了一种简单的固定式三端稳压器的扩压电路，图中 R_1 和 R_2 构成简单的串联分压电路，固定输出稳压器的公共端接在分压点上。其输出电压为

$$V_O=\left(1+\frac{R_2}{R_1}\right)V'_O$$

选定合适的 R_1 和 R_2 值，则可以得到所需要的输出电压。

78××和79××系列作为输出电压固定的三端稳压器，采用扩压电路调节输出电压时，其公共端的电流变化，将对输出电压产生影响，因此需要采用电压跟随器或比例电路将稳压器与取样电阻隔离。图 11.5.5(b)给出了改进的扩压电路，图中 V'_O 为固定三端稳压器的输出电压，等于 R_1 和滑动变阻器上端电阻部分的电压之和，调节滑动变阻器，则输出电压随之改变，输出电压的调节范围由下式给出：

$$\left(\frac{R_1+R_p+R_2}{R_1+R_p}\right)\cdot V'_O \leqslant V_O \leqslant \left(\frac{R_1+R_p+R_2}{R_1}\right)\cdot V'_O$$

由上式可知，图 11.5.5(b)所示的扩压电路，若 $R_1=R_p=R_2$，固定三端稳压器为 W7812，其输出电压调节范围为 18～36V。选择不同的三端稳压器、运放 A 和电阻 R_1、R_p、R_2 的值，可以设计不同输出电压范围的稳压电路。

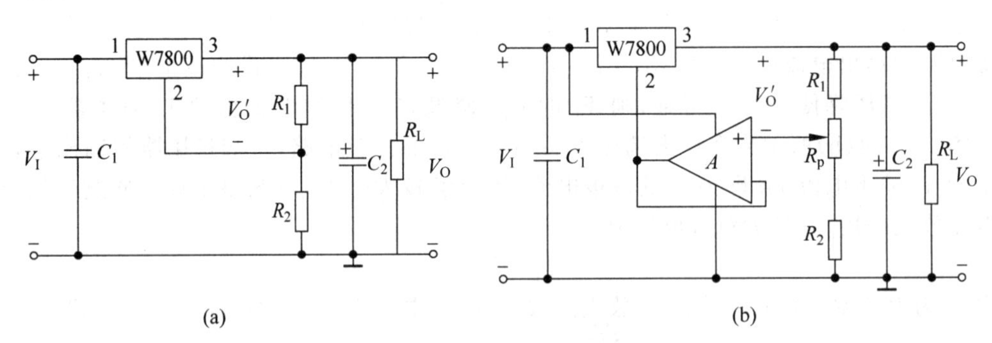

图 11.5.5 扩压输出电路

(a) 固定三端稳压器扩压电路；(b) 改进的固定三端稳压器扩压电路

11.5.2 可调式三端集成稳压器

固定三端稳压器进行扩压输出时，需要采用相对复杂的外部电路，使用起来不够方便，为了解决这一问题，在固定三端稳压器的基础上发展了可调式三端集成稳压器。可调式三端集成稳压器芯片的公共端电流很小，其输入电流几乎全部流入输出端，因此仅需少量的外部元件即可构成精密可调稳压电路。常见的可调式三端集成稳压芯片有正电压输出 LM117、LM217、LM317 系列和负电压输出 LM137、LM237、LM337 系列，第一位数字的“1”“2”“3”分别表示工作温度。其中“1”对应工作温度 −55～150℃，“2” 对应工作温度 −25～150℃，“3”对应工作温度 0～125℃。图 11.5.6(a)所示为 LM117 外接分压电阻的电路结构。可调式三端稳压器三个接线端分别称为输入端 V_I、输出端 V_O 和调整端 adj。

LM117 系列的内部电路由比较误差放大器、偏置电路、电流源电路(I_O)和基准电压 V_{REF} 等电路组成。图 11.5.6(a)给出可调式三端集成稳压器的简化结构，为了简化分析，图中未画出偏置电路，通常基准电压采用能隙基准电压源，对应的 V_{REF} 在 1.2～1.3V 之间，通常取 1.25V。

图 11.5.6 所示电路的输出电压表达式如下：

$$V_O=V_{REF}+I_2R_2=V_{REF}+\left(\frac{V_{REF}}{R_1}+I_{adj}\right)R_2=V_{REF}\left(1+\frac{R_2}{R_1}\right)+I_{adj}R_2$$

一般 I_{adj} 很小，比如对于 LM117，其 $I_{adj}=50\mu A \ll I_1$，因此上式可简化为

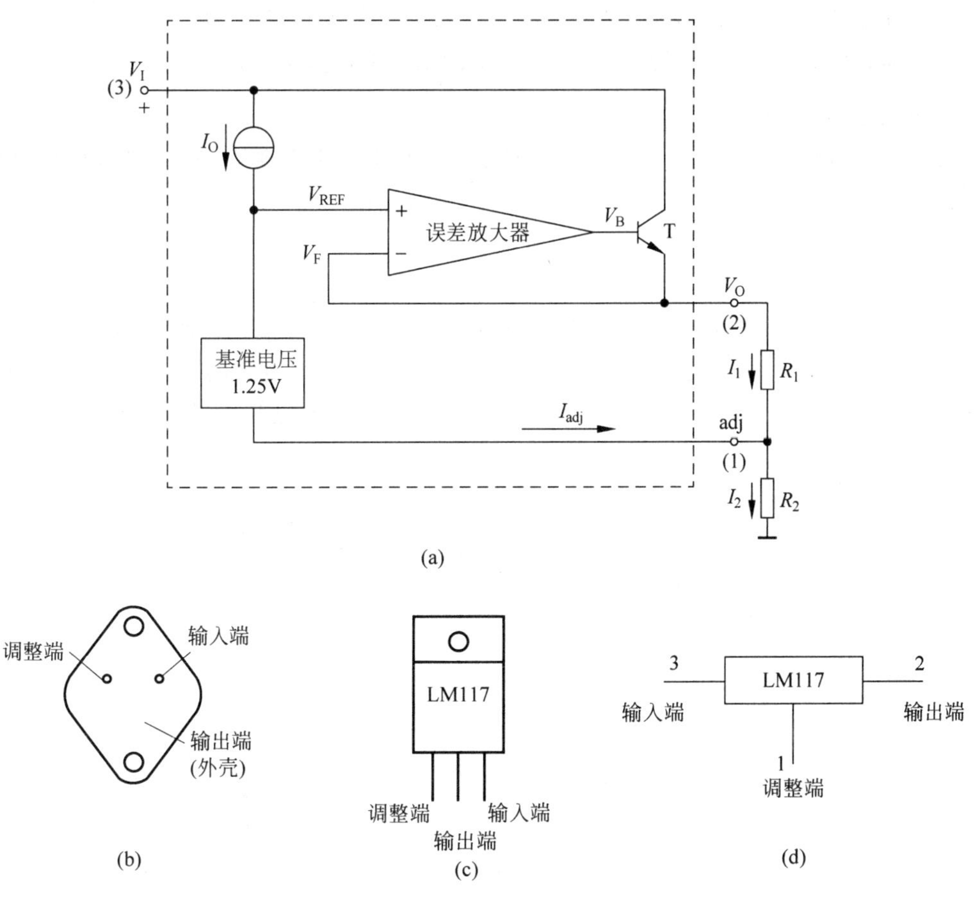

图 11.5.6　可调式三端集成稳压器

(a) 简化结构；(b) 金属封装；(c) 塑料封装；(d) 简化符号

$$V_O = V_{REF}\left(1+\frac{R_2}{R_1}\right) \approx 1.25\text{V} \times \left(1+\frac{R_2}{R_1}\right)$$

LM117 系列的输出端与输入端之间电压差为 3～40V，过低的压差无法保证调整管工作在放大区，失去稳压作用，过高的压差可能击穿调整管，因此需要选择合适的外部调整电阻 R_1、R_2。图 11.5.6 所示电路的输出电压范围为 1.25～37V(LM117 输出上限电压为 37V)。需要指出的是，电阻 R_1、R_2 除了起到调节输出电压的功能外，还为电路空载时提供了静态电流对地的通路。

LM137 系列稳压器是与 LM117 对应的负压三端可调集成稳压器，它的工作原理和电路结构与 LM117 系列相似。

可调式三端稳压器的输出电压在较宽的范围内连续可调，且电压调节率、电流调节率等指标优于固定式三端稳压器。下面介绍 LM117 系列稳压器的应用。

1. 基准电压源电路

由于 LM117 系列具有非常稳定的基准电压 V_{REF}，因此可以将其用作基准电压源，图 11.5.7 所示为 LM117 构成的基准电压源电路，调整端与输出端之间的电压即为基准电

压 $V_{REF}=1.25V$,R 为泄放电阻,为稳压器空载时提供静态电流对地的通路,对于 LM117 系列稳压器,其最小负载电流为 10mA,对应 R 的最大取值为 125Ω。

2. 典型应用电路

可调式三端稳压器输出电压可调主要是依靠外接电阻来实现的,图 11.5.8 给出可调式三端稳压器的典型应用电路。忽略调整端电流,其输出电压为

$$V_O=V_{REF}\left(1+\frac{R_2}{R_1}\right)$$

若 R_2 采用滑动变阻器,则输出电压可通过调节 R_2 的滑动端进行调节。为了保证输出电压的精度和稳定性,需要选择高精度电阻并且尽量减少连线电阻的影响。图 11.5.8 中,若 $V_{REF}=1.25V$,$R_1=240\Omega$,$R_2=2.4k\Omega$,则对应的输出电压可调节范围为 1.25～13.75V。

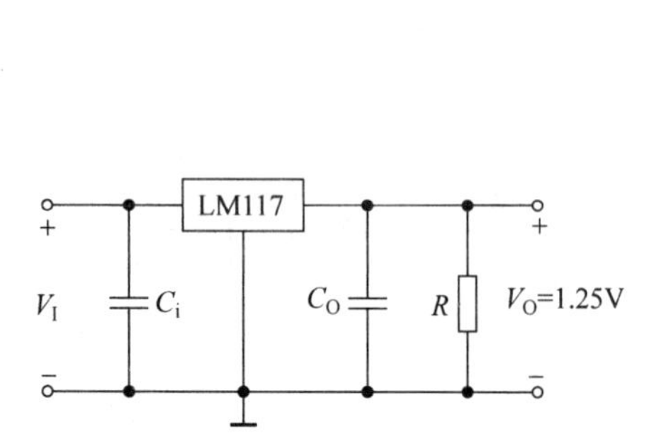

图 11.5.7 基准电压源电路

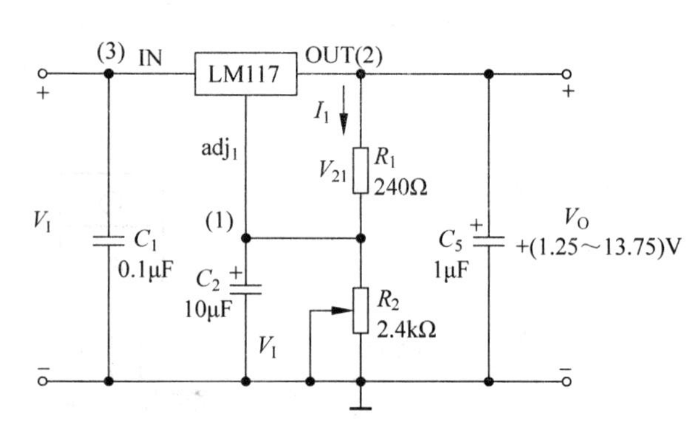

图 11.5.8 可调式三端稳压器典型应用电路

利用 LM117 和 LM137 还可以组成正、负输出电压可调的稳压器,如图 11.5.9 所示,若 $V_{REF}=1.25V$,$R_1=240\Omega$,$R_2=2.4k\Omega$,则对应的输出电压可调节范围为±(1.25～13.75)V。

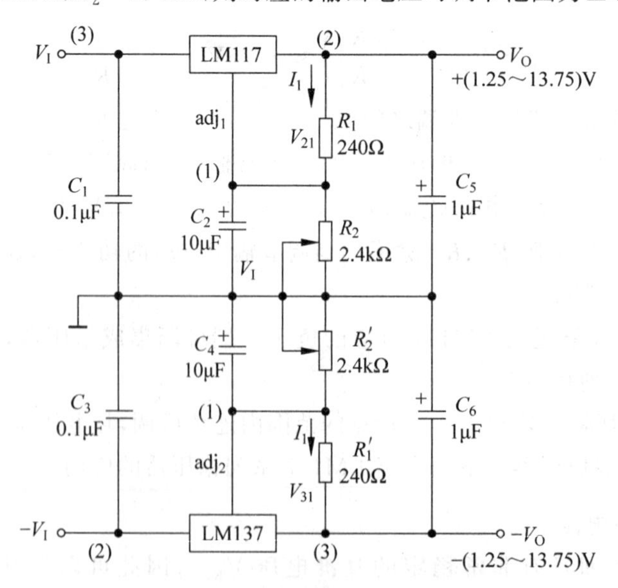

图 11.5.9 可调式三端集成稳压器用于输出正负电压可调的稳压电路

3. 并联扩流输出稳压电路

可调式三端集成稳压器的稳定输出电流为 1.5A，若要提高输出电流，可采用并联扩流稳压电路。图 11.5.10 给出由两个可调式稳压器 LM317 组成的并联扩流电路，其输出电流 $I_O = I_{O1} + I_{O2} = 3A$，改变电阻 R_5 可调节输出电压的数值，图中输出电压可调范围为 1.25～22V。电路中集成运放 741 用来平衡两稳压器的输出电流。当 LM317-1 输出电流大于 LM317-2 输出电流时（$I_{O1} > I_{O2}$），电阻 R_1 上的压降 $V_{R1} = I_1 R_1$ 增加，运放的同相输入端电位 $V_p = (V_1 - I_1 R_1)$ 降低，对应输出端电压 V_{AO} 降低，通过调整端 adj_1 使输出电压 V_O 下降（图 11.5.6），输出电流 I_{O1} 减小，恢复平衡；反之，若 $I_{O1} < I_{O2}$，$V_{R1} = I_1 R_1$ 减小，V_p 升高，对应 V_{AO} 升高，则 V_O 升高，输出电流 I_{O1} 变大。

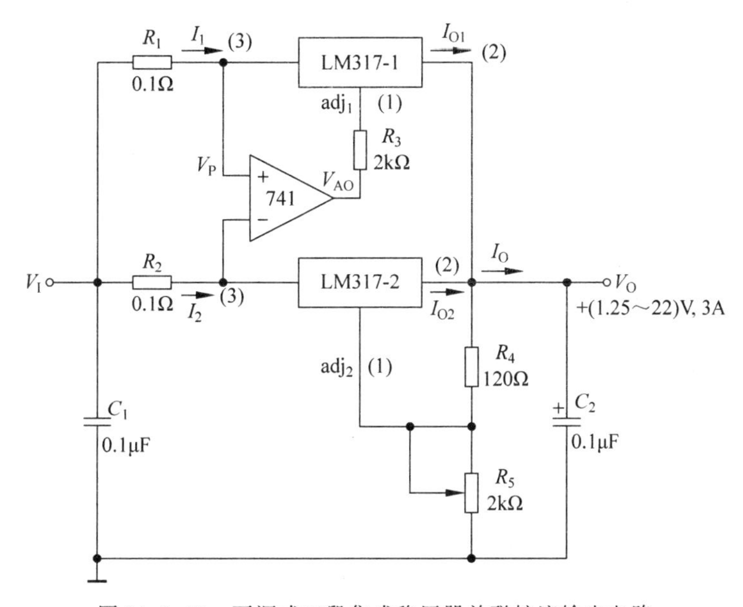

图 11.5.10　可调式三段集成稳压器并联扩流输出电路

11.6　开关型稳压电路

串联反馈式稳压电源虽然具有结构简单、调节方便、输出电压稳定性强、纹波电压小等优点，但其工作时，调整管始终工作在线性放大区，因此管耗很大，导致电源效率较低，通常仅为 40%～60%，管耗过大导致的发热还需要给电路配备散热装置。利用开关式稳压电路可以克服这一缺点，在开关式稳压电路中，调整管工作在开关状态，当其截止时，其穿透电流 I_{CEO} 很小，当其饱和导通时，其管压降 V_{CES} 很小。因此管耗始终很小，其电源效率可达 75%～95%。开关型稳压电路体积小、重量轻、造价低廉，其缺点是纹波电压较大。

11.6.1　串联开关型稳压电路

图 11.6.1(a)所示为脉冲宽度调制（Pulse-Width Modulation，PWM）开关型电路，图中，V_1 是需要进行稳压处理的直流电压，T 为开关管，其基极与 PWM 电路相连，R_1、R_2 是

采样电阻，PWM 电路根据 F 点采样电平输出脉宽可调的矩形波，从而控制开关管的工作状态，电路中电感 L 和电容 C 组成 LC 滤波电路，D 为续流二极管。

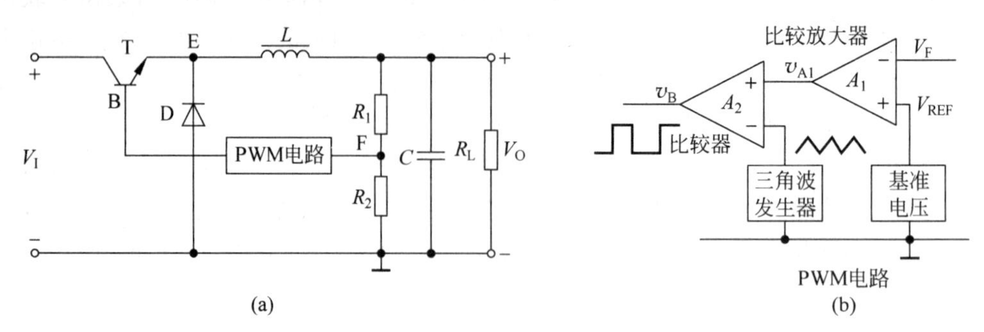

图 11.6.1 PWM 开关电路

(a) 串联开关型稳压电路原理图；(b) PWM 电路原理图

当 PWM 电路输出为高电平信号时，开关管 T 将饱和导通，此时输入电压 V_I 经 T 加到二极管 D 两端，开关管发射极电位 $v_E=V_I-V_{CES}\approx V_I$，二极管 D 承受反向电压而截止，电感 L 存储能量，电容 C 充电；当 PWM 电路输出为低电平信号时，开关管 T 将截止，电感 L 存储的能量开始释放，其感生电动势使得二极管 D 导通，同时，电容 C 也放电，负载 R_L 中电流方向不变。此时 $v_E=-V_D\approx 0$，V_D 为二极管压降。根据上述分析，虽然开关管处于开关状态，由于二极管的续流作用，以及电感 L 和电容 C 的滤波作用，并且在 L、C 足够大以保证开关管 T 截止期间负载 R_L 的电流不会迅速下降的情况下，该电路的输出电压是相对平稳的。

图 11.6.2(a)给出 v_B、v_E、v_O 的波形。v_B 即为 PWM 电路输出的矩形波，在一个周期 T 内，高电平持续时间 T_{on} 为开关管的导通时间，对应的低电平持续时间 T_{off} 为开关管的截止时间，开关转换周期为 $T=T_{on}+T_{off}$。输出电压的平均值可由下式给出：

$$V_O=\frac{T_{on}}{T}(V_I-V_{CES})+\frac{T_{off}}{T}(-V_D)\approx\frac{T_{on}}{T}V_I=kV_I$$

式中，$k=T_{on}/T$ 为矩形波的占空比。由上式可见，改变占空比 k，即可调节输出电压 V_O 的大小。由于占空比 $k<1$，故输出电压总是小于输入电压，因此串联开关型稳压电路也称降压型稳压电路。

由上述讨论，在图 11.6.1(a)中，若输入电压 V_I 变大，则对应的输出电压 V_O 必然增大，若要获得稳定的输出电压(即 V_O 不变)，则 PWM 电路须根据输出电压 V_O 的变化自动减小占空比 k。图 11.6.1(b)给出一个典型的 PWM 脉冲调制控制器。F 点采样电压 $v_F=\frac{R_2}{R_1+R_2}v_O$，$v_F$ 经误差放大器 A_1 与 V_{REF} 进行比较，对应 A_1 的输出电压 $v_{A1}=A_v(V_{REF}-v_F)$。A_2 为比较器，v_{A1} 作为比较器的阈值电压与三角波 v_T 进行比较，输出即为控制信号 v_B。当 $v_{A1}>v_T$ 时，比较器输出高电平，反之 $v_{A1}<v_T$ 时，比较器输出低电平。可见，在三角波不变的情况下，v_{A1} 的变化将改变 PWM 电路输出矩形波的占空比，图 11.6.2(b)给出 v_{A1} 对 v_B 占空比 k 的影响，V_O 变小，v_F 变小，v_{A1} 变大(v_{A1} 上移至 v'_{A1})，T_{on} 增加，$k(T_{on})$变大；V_O 变大，v_F 变大，v_{A1} 变小(v_{A1} 下移至 v''_{A1})，T_{on} 减小，$k(T_{on})$变小。

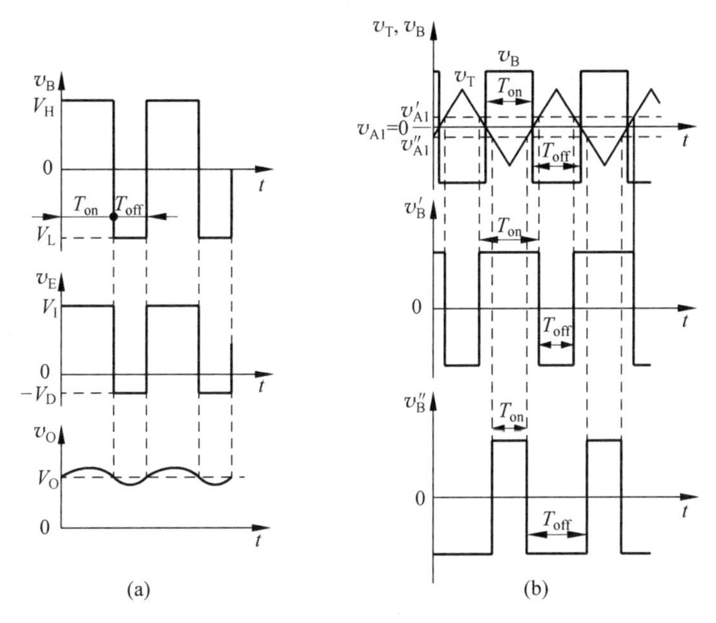

图 11.6.2 开关型稳压电路相关波形

(a) 串联开关型稳压电路 v_B、v_E、v_O 的波形；(b) PWM 电路 v_{A1} 对 v_B 占空比 k 的影响

假设电路处于稳定输出状态时，输入电压 V_I 变大导致输出电压 V_O 增大，则对应采样电压 v_F 增大，误差放大器 A_1 的输出电压 v_{A1} 减小，对应 v_B 占空比 k 减小，V_O 减小，从而实现输出电压的稳定。上述过程可简化如下：

$$V_I\uparrow \longrightarrow V_O\uparrow \longrightarrow v_F\uparrow \longrightarrow v_{A1}\downarrow \longrightarrow T_{on}\downarrow \longrightarrow k\downarrow$$
$$V_O\downarrow \longleftarrow T_{on}\downarrow$$

同理，当输入电压 V_I 变小导致输出电压 V_O 减小时，与上述过程相反：

$$V_I\downarrow \longrightarrow V_O\downarrow \longrightarrow v_F\downarrow \longrightarrow v_{A1}\uparrow \longrightarrow T_{on}\uparrow \longrightarrow k\uparrow$$
$$V_O\uparrow \longleftarrow T_{on}\uparrow$$

必须指出，由于负载电阻 R_L 的大小会影响 LC 滤波电路的滤波效果，对于开关型稳压电路，负载 R_L 不宜变化较大。

除了通过上述的脉冲宽度调制方式来调节脉冲的占空比之外，还可以固定开关管的导通时间 T_{on}，通过改变整个脉冲的频率 f(或周期 T)也可以实现稳压输出，该方法称为脉冲频率调制(Pulse Frequency Modulation, PFM)。还可以同时调整开关管的导通时间 T_{on} 和截止时间 T_{off} 来稳定输出电压，称为混合调制型开关电路。

11.6.2 并联开关型稳压电路

并联开关型稳压电路如图 11.6.3(a)所示，图中，V_I 是需要进行稳压处理的直流电压，电感 L 与输入直接相连，T 为开关管，其基极与 PWM 电路相连，电感 L 和电容 C 组成滤波电路，D 为续流二极管，由于电路中开关管 T 与负载并联，故称为并联开关型稳压电路。

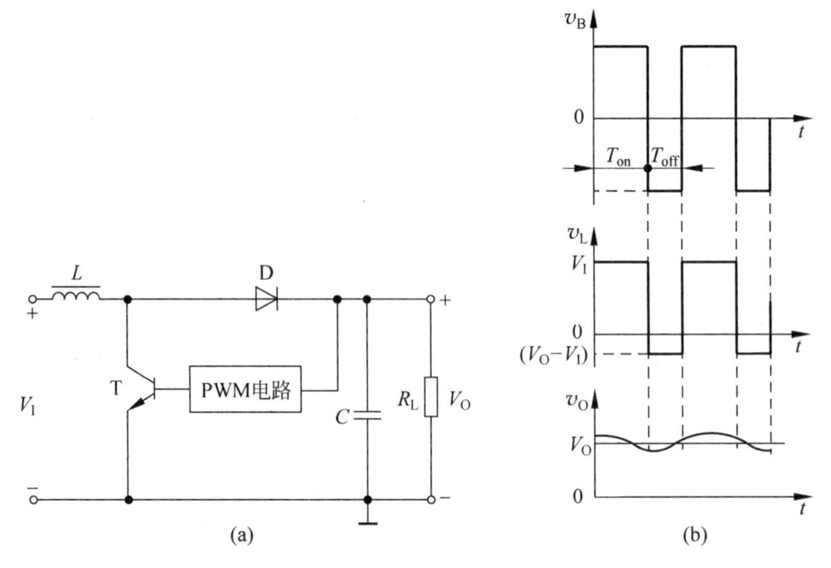

图 11.6.3 并联开关型稳压电路

(a) 原理图；(b) 并联开关型稳压电路 v_B、v_L、v_O 波形

当 PWM 电路输出为高电平信号时，开关管 T 将饱和导通，此时输入电压 V_I 经 T 加到电感 L 的两端，电感 L 充电储能，充电电流线性增加，其感生电动势使得电感 L 两端的电压方向为左正右负，二极管 D 由于承受反向偏压而截止，此时，电容 C 向负载放电，放电时间常数满足 $\tau=R_LC\gg T_{on}$ 的条件下，V_O 基本保持不变。当 PWM 电路输出为低电平信号时，开关管 T 将截止，此时电感 L 存储的能量开始释放，其感生电动势阻止电流的变化，电感 L 两端的电压方向为左负右正，即与输入电压 V_I 同向，v_L 与 V_I 叠加作用，二极管 D 导通，给负载提供电流，同时电容 C 充电。由于 $v_L+V_I>V_I$，此时输出电压 $V_O>V_I$，因此该电路也称为升压型稳压电路。需要指出，电感 L 须足够大，才能实现升压。

图 11.6.3(b)给出 v_B、v_L、v_O 的波形，由上述讨论，电感 L 和电容 C 都应足够大，才能实现升压并保持输出电压脉动较小。在此基础上 T_{on} 越大，开关管导通时间越长，电感 L 储能越多，T_{off} 期间电感 L 释放的能量就越多，在负载不变的情况下，输出电压越高。图 11.6.3(a)所示电路中，PWM 电路的脉宽调制原理与图 11.6.1 所示电路相同，通过输出电压反馈控制矩形波的占空比来稳定输出电压。

根据开关稳压电路的工作场合，应选择不同类型的开关管。功耗为几千瓦时，其调整管可以选用 BJT 功率管，功耗为几十千瓦时，可选择 MOSFET 功率管，更高功率情况下，可选用绝缘栅极双极型(IGBT)功率管或 VMOS 功率管。

本章小结

(1) 直流稳压电源将交流电网电压转换为幅值稳定的直流电压。稳压过程需要通过变压、整流、滤波和稳压四个环节来实现。

(2) 桥式整流电路利用二极管的单向导电性，将交流电转换为脉动直流电。通常该脉冲直流电依然含有较大的纹波分量，因此在整流电路后需接有滤波环节。

(3) 电容滤波电路是电容 C 与负载 R_L 并联，整流二极管导电角 $\theta<\pi$，滤波效果与电容 C 和负载电阻 R_L 的乘积有关，RC 越大，滤波效果越好，但对应的二极管导电角越小，导电电流尖峰越大；电感滤波电路是电感 L 和负载 R_L 串联，电路中 $\omega L \gg R_L$ 时，电流为连续，整流二极管导电角 $\theta=\pi$，电感一定时，负载电流大，滤波效果好。电容滤波电路和电感滤波电路各有优缺点，可以将电容和电感组合使用，构成复式滤波电路。

(4) 串联型稳压电路的调整管工作在线性区，通过控制调整管的管压降调节其输出电压，实际上是一个带负反馈的闭环有差调节系统，其输出电压小于输入电压，调整管功耗大，电源效率较低(40%～60%)，纹波电压较小。

(5) 三端集成稳压器分为固定输出三端集成稳压器和可调式三端集成稳压器。固定输出三端集成稳压器的输出端与公共端之间的电压是固定的，可外接电路进行扩流、扩压输出，但需采用相对复杂的外部电路，使用起来不够方便。可调式三端集成稳压器芯片的公共端电流很小，其输入电流几乎全部流入输出端，因此仅需少量的外部元件即可构成精密可调稳压电路。

(6) 开关型稳压电源的调整管工作在开关状态，通过控制调整管导通和截止的占空比来调整和稳定输出电压。典型的开关型稳压电源有串联(降压)型和并联(升压)型，控制方式有脉宽调制(PWM)型、脉冲频率调制(PFM)型和混合调制型。开关管在转换过程中消耗能量较小，电源效率较高(可达75%～95%)，但开关型稳压电源的纹波电压较大。

习题 11

11.1 在如图题11.1所示的单相桥式整流电路中，已知变压器副边电压 $V_2=10\text{V}$(有效值)：(1)工作时，求直流输出电压 V_O。(2)如果二极管 D_1 虚焊，将会出现什么现象？(3)如果四个二极管全部接反，求直流输出电压 V_O。

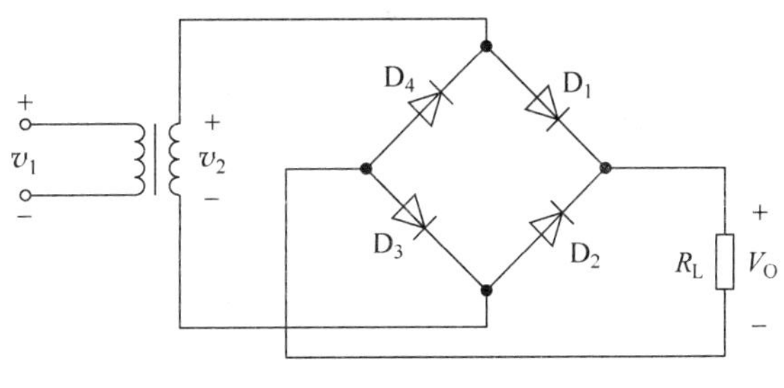

图题 11.1

11.2 桥式整流电路如图题11.2所示，要求输出直流电压 V_O 为25V，输出直流电流为200mA。试问：(1)输出电压是正是负？电解电容 C 的极性如何连接？(2)变压器次级绕组输出电压 V_2 的有效值为多大？(3)电容 C 至少应选多大数值？(4)整流管的最大平均整流电流和最高反向电压如何选择？

11.3 电路如图题11.3所示，已知输入电压 V_I 的波动范围为±10%，调整管的饱和管压降 $V_{CES}=2\text{V}$，输出电压 V_O 的调节范围为5～20V，$R_1=R_2=200\Omega$。试问：稳压管的稳

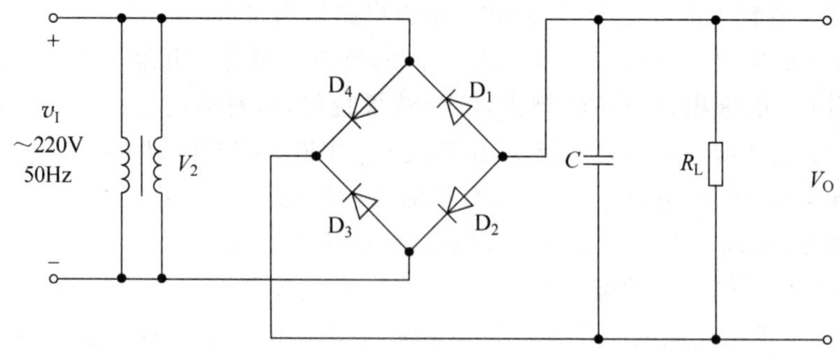

图题 11.2

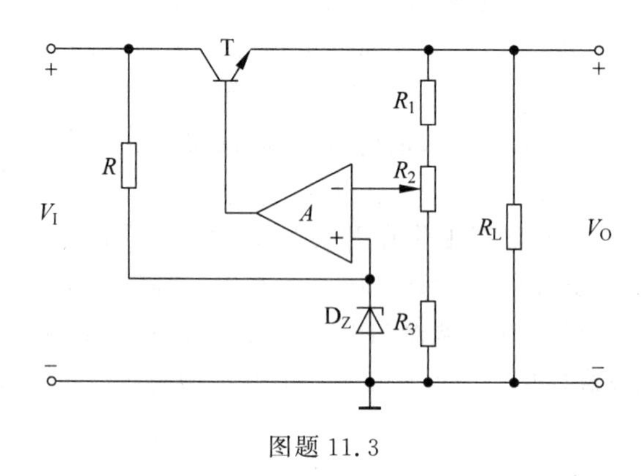

图题 11.3

定电压 V_Z 和 R_2 的取值各为多少?

11.4 由集成三端稳压器与运放组成的可调式稳压电路如图题 11.4 所示,试计算输出电压 V_O 的调节范围并指出集成运放的作用。

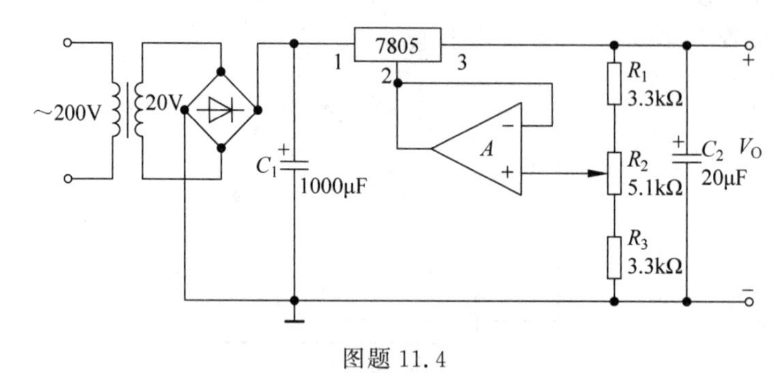

图题 11.4

11.5 串联反馈式稳压电路如图题 11.5 所示,当 $V_{32}=V_{REF}=9V$ 时。求:(1)R_p 电阻在电路中起什么作用?(2)$V_I=50V$,求输出电压 V_O 的调节范围。

11.6 由 7915 稳压器组成的串联反馈式稳压电路如图题 11.6 所示。求输出电压 V_O 的调节范围。

11.7 在图题 11.7 所示电路中,输入电压 $V_I=60V$,已知 7812 的输出电压 $V_{32}=12V$,$R_1=R_3=R_2=1k\Omega$,试求输出电压 V_O 的调节范围。

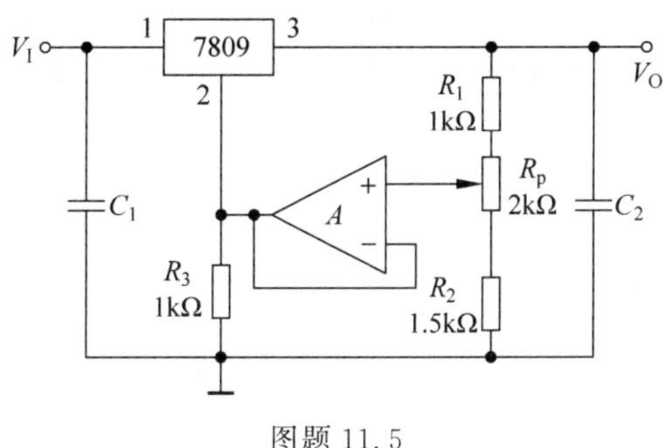

图题 11.5

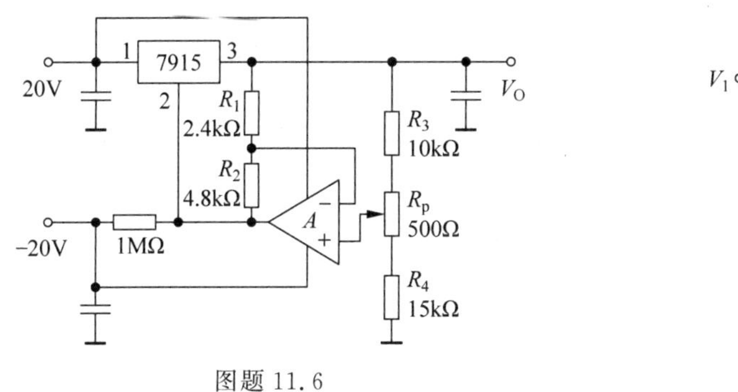

图题 11.6

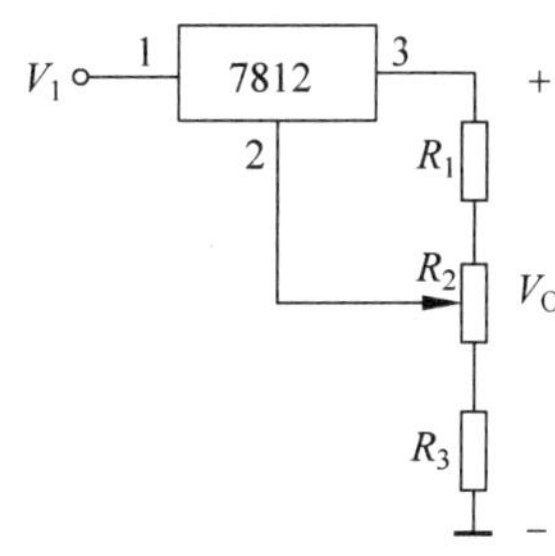

图题 11.7

11.8　由 LM317 组成输出电压可调的典型电路如图题 11.8 所示，当 $V_{31}=V_{REF}=1.5V$ 时，流过 R_1 的最小电流 I_{Rmin} 为 5～10mA，调整端 1 输出的电流 $I_{adj} \ll I_{Rmin}$，$V_I-V_{Omax} \geqslant 2V$。(1)求 R_1 的值；(2)当 $R_1=260\Omega$，$R_2=3k\Omega$ 时，求输出电压 V_O；(3)当 $V_O=35V$，$R_1=260\Omega$ 时，求 R_2 的值；(4)调节 R_2 从 0 变化到 6kΩ 时，输出电压的调节范围是多少？

11.9　由 LM317 组成的串联反馈式稳压电路如图题 11.9 所示，当 $V_{31}=V_{REF}=1.25V$，$I_{adj}\approx 0$ 时。(1)求输出电压 V_O 的值；(2)当把 R_1 换成一个 3kΩ 的可调电阻时，求 V_O 的变化范围。

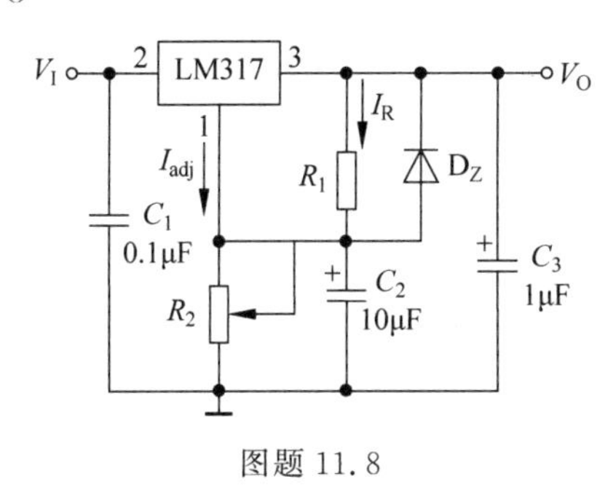

图题 11.8

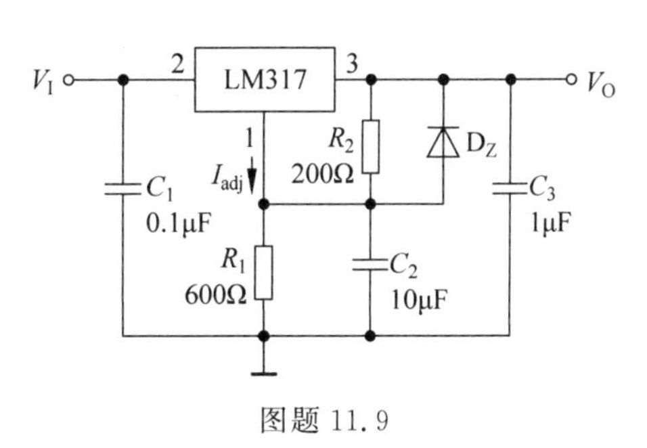

图题 11.9

11.10　可调恒流源电路如图题 11.10 所示。(1)当 $V_{31}=V_{REF}=1.2V$，R 从 0.8～120Ω 变化时，恒流电流 I_O 的变化范围如何(假设 $I_{adj}\approx 0$)；(2)当 R_L 用待充电电池代替，若 50mA 恒流充电，充电电压 $V_E=1.5V$，求电阻 R_L 等于多少？

11.11 如图题11.11所示三端可调式集成稳压器应用电路，设稳压器 $V_{31}=V_{REF}=1.25V$，调整端电流 $I_A=10\mu A$，稳压器的最小负载电流为5mA，求：(1) R_1 应取多大；(2)输出电压最大值 V_{Omax}。

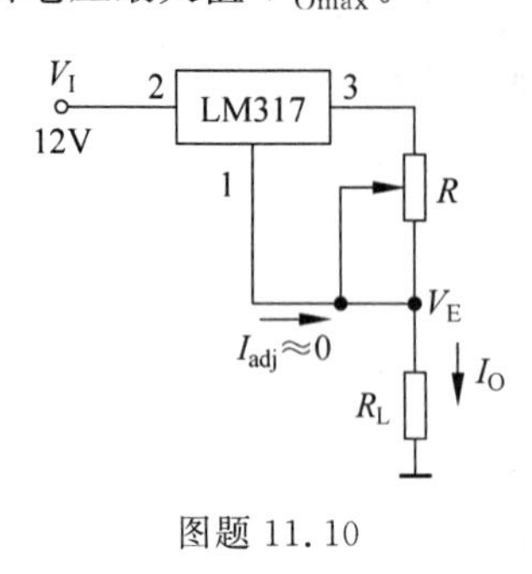

图题11.10

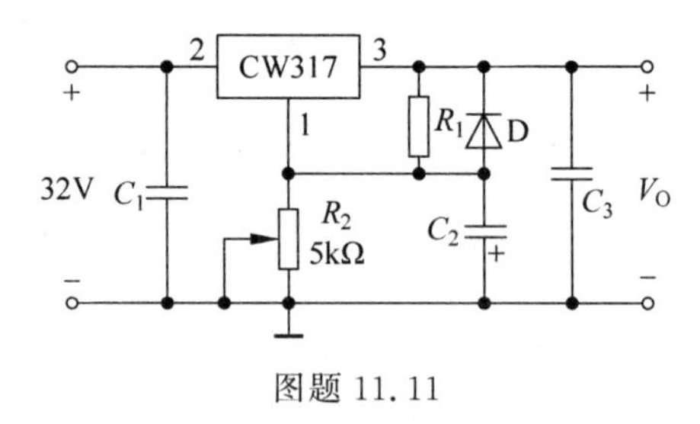

图题11.11

第12章

OrCAD 16.6仿真设计与分析

模拟电路在结构与参数上复杂多变，电路性能与器件工艺密切相关，特别是随着集成电路的发展，计算机辅助设计已成为模拟电路设计必不可少的工具。本章基于 OrCAD/PSpice 软件，简要介绍其组成和基本功能，以及如何使用该软件设计与分析模拟电子电路。

12.1 OrCAD 16.6 简介与主要功能

12.1.1 OrCAD 简介

PSpice(Popular Simulation Program with Intergrated Circuit Emphasis)是侧重于集成电路的通用模拟程序的简称。它是美国加州大学伯克利分校于 1972 年开发的电路仿真程序，后由伯克利本人改进为著名的 PSpice2 电路模拟器发展而来的。1983 年，美国仙童公司(Microsim)推出 PSpice1.01 版本用在 PC 机上作电路设计和仿真。

1998 年美国 OrCAD 公司与 Microsim 公司合并之后，将 PSpice 整合到原先 OrCAD 系统(包含"电路图输入"的 OrCAD Capture、"印刷电路板布局"的 OrCAD Layout 及"可编程逻辑(Programmable Logic)电路合成"的 OrCAD Express)，推出 OrCAD 9.0 版本，其中 PSpice A/D 9.0 中增加了优化设计。2000 年，OrCAD 公司被益华计算机(Cadence Design System, Inc.)收购，并推出 Cadence OrCAD。在 2003 年，推出 OrCAD 10.0。在 2005 年，进一步与益华计算机的 PCB(印刷线路板)设计软件 Allegro15.5 一起推广给客户，故版本号码直接跳到 15.5。至 2015 年，OrCAD 更新至功能增强的 16.6 版本。OrCAD 作为世界上使用最广的 EDA 软件，每天都有上百万的电子工程师使用它。

除了针对市场的商业版本外，Cadence OrCAD 还推出了免费的精简版(OrCAD 16.6 Lite)。Lite 版本包含商业版的所有功能，在使用上也没有时间限制，只在元件库数量、设计规模和复杂度上有所删减。Cadence OrCAD 16.6 中包含 Capture CIS(原理图绘制工具与器件信息管理系统)、PSpice A/D(模数分析)、PSpice Advanced Analysis(AA)(高级分析)

和 PCB 设计等主要功能模块。根据本课程涉及的知识，我们主要介绍 Capture CIS 和 PSpice A/D 在模拟电子电路中的基本使用方法。

12.1.2 OrCAD Capture CIS 模块功能

OrCAD Capture 是电路原理图绘制软件，能够提供直观的输入界面，已经成为原理图设计输入的工业标准。Cadence 公司提供 OrCAD Capture 和 OrCAD Capture CIS 两个层次的电路原理图绘制软件。两者主要区别在于 OrCAD Capture 软件中不包含器件信息管理系统(Component Information System，CIS)模块。

OrCAD Capture CIS 不仅提供 Capture 的完整功能，而且提供了元器件数据库的接口，可以对元器件的使用和库存实施高效管理。OrCAD Capture CIS 可以通过 Microsoft Windows 的 ODBC 接口链接不同的数据库，整合元器件数据库的所有信息。使用这个功能可以全面地设计输入工具和管理环境，减少查找和手工输入元器件资料的时间及人为的错误。

OrCAD Capture CIS 作为 Cadence Studio 系统的总体输入器，利用 Capture 连接 OrCAD Layout、Allegro PCB Layout 或其他 Layout 的软件，完成 PCB 设计。同时整合了 PSpice 与 VHDL(NC Verilog)的环境，提供给用户作模拟与数字电路的前端设计平台。另外也可以配合 SpectraQuest 解决高频问题。

12.1.3 PSpice A/D 模块功能

PSpice A/D 是对模拟、数字或者混合式电路进行仿真分析的工具。PSpice A/D 分析在当代产品开发中占有重要地位。产品设计的过程中，首先根据设计要求画出合理的电路原理图，然后利用 PSpice 对电路进行仿真，检验电路是否达到设计要求，与此同时优化参数。待仿真成功后，再设计印制板电路图(可利用 Cadence OrCAD 自动完成)。

PSpice A/D 分析包含四项基本分析功能：静态工作点分析、瞬态分析(时域分析)、直流扫描分析、交流扫描分析(频域分析)。电路仿真时，一次只能进行一种基本分析。在这四项分析的基础上，又可以进行温度分析、参数分析、蒙特卡罗分析和最坏情况分析这四种选项分析。

12.2 使用 OrCAD Capture CIS 绘制电路原理图

12.2.1 启动与退出 OrCAD Capture CIS 绘图程序

(1) 开始菜单→程序菜单→Cadence→OrCAD Capture CIS Lite，即可进入 Getting Started 页面(图 12.2.1)。

每次启动 Capture 软件时，都会出现开始页面，该页面包含内容：Getting Started 包含打开和新建设计(Design)或者项目(Project，或称工程)的快速链接，Project 与 Design 是上下级关系，一个 Project 可以包含很多个 Design；开始页面的教程和介绍文件；Your Software 包含了你所用 OrCAD Capture 的版本信息；Your Channel Partner 来源于你所在地区渠道合作商的内容。

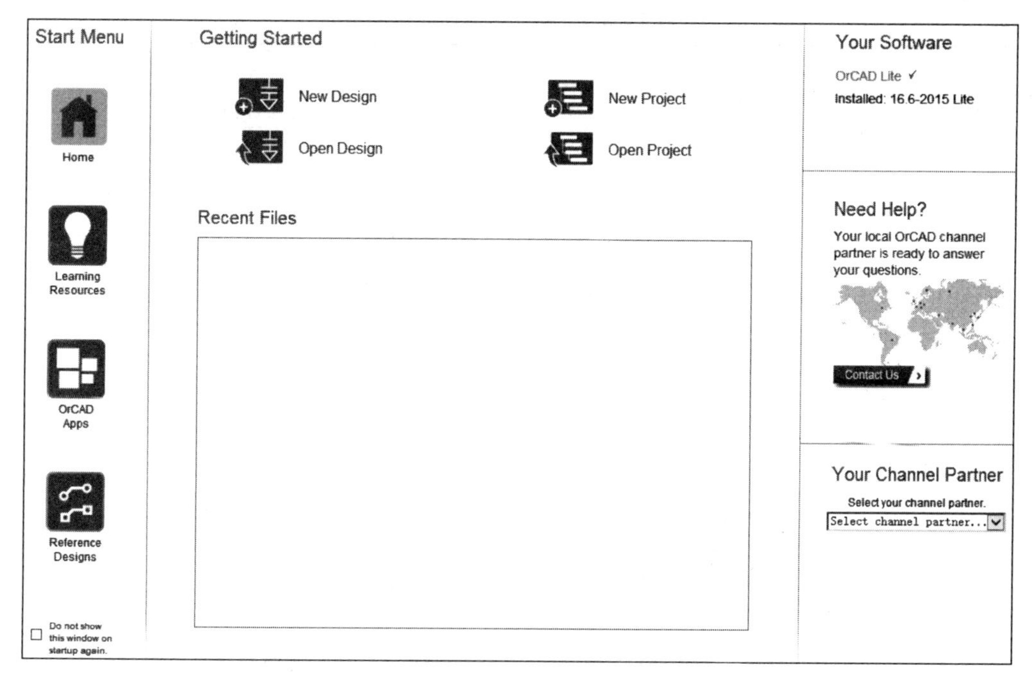

图 12.2.1　开始页面

(2) 在开始页面选择 New Project，或者在菜单栏选择 File→New→Project，出现如图 12.2.2 所示窗口。

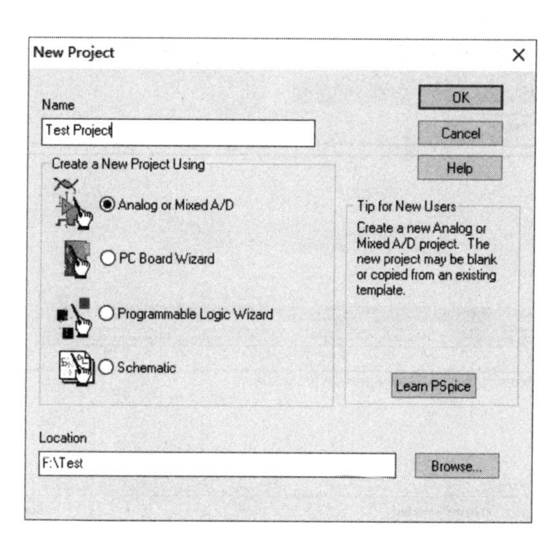

图 12.2.2　New Project 会话窗口

(3) 在 Name 栏给项目命名，其后缀名为.opj(项目名可包含空格)。

(4) 选择 Analog or Mixed A/D，这是直接调用 PSpice 仿真的选项。各选项的功能见表 12.2.1。

表 12.2.1　新建仿真功能选项

序号	名称	功能
1	Analog or Mixed A/D	数模混合仿真
2	PC Board Wizard	系统级原理图设计
3	Programmable Logic Wizard	CPLD 或 FPGA 设计
4	Schematic	原理图设计

(5) Location 栏通过 Browse 按钮选择或直接键入项目所保存的路径。

(6) 单击 OK 按钮，出现如图 12.2.3 所示窗口。

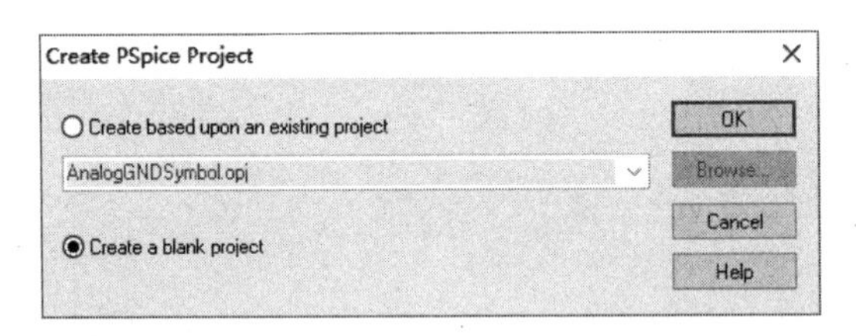

图 12.2.3　新建 PSpice 工程窗口

(7) 选择 Create a blank project，并单击 OK 按钮，出现 OrCAD Capture 项目工作空间，如图 12.2.4 所示。

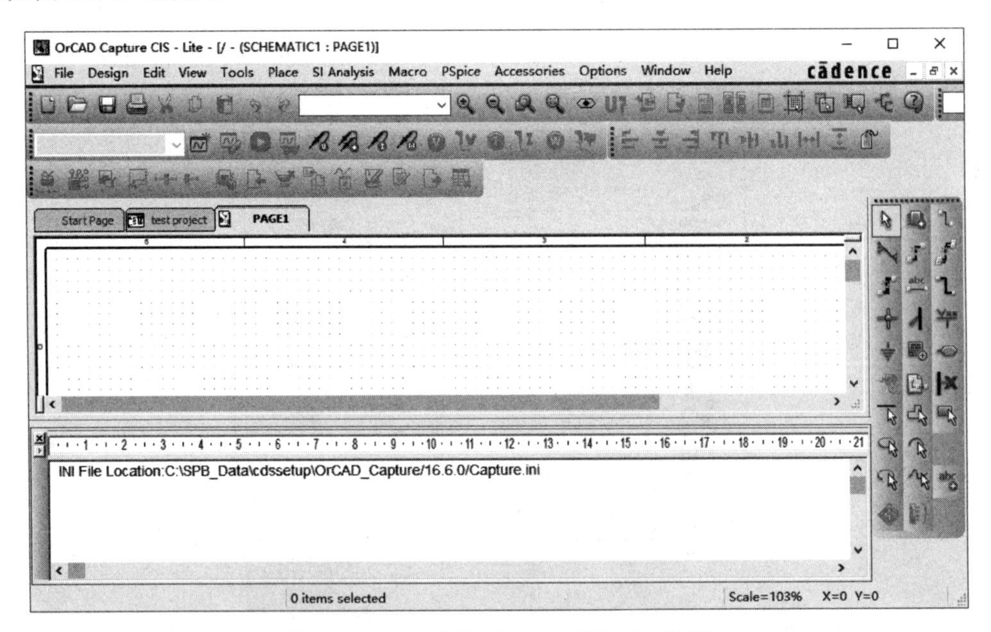

图 12.2.4　OrCAD Capture CIS Lite 界面

OrCAD Capture 是一个用于电路原理图设计的图形化用户界面。在活动窗口的顶部有“Start Page”开始页面标签、“Project Page”项目管理标签 和“Schematic Page”原理图标签可选。如果标签字母右上角显示“ * ”字符，说明此部分工作未保存，请注意及时保存所做工作。“Project Page”提供了一个层次化的“资源管理器”，用于访问设计中的各类资源。中间的原理图页面和右侧的元件编辑器为用户提供了一种固定且简单的方法来创建和修改设计所需的页面和元件。下方会话窗口记录应用程序消息。现在就可以开始设计用于仿真的电路图了。

(8) 退出：可通过在菜单栏选择 File→Exit，或直接单击窗口关闭按钮 ☒ 退出 OrCAD Capture。

12.2.2 绘制电路原理图

1. 绘图界面

在 OrCAD Capture CIS 绘图界面(图 12.2.5)可以看到常用的三个工具栏，分别是 Capture 基本工具栏、仿真工具栏、绘图工具栏。

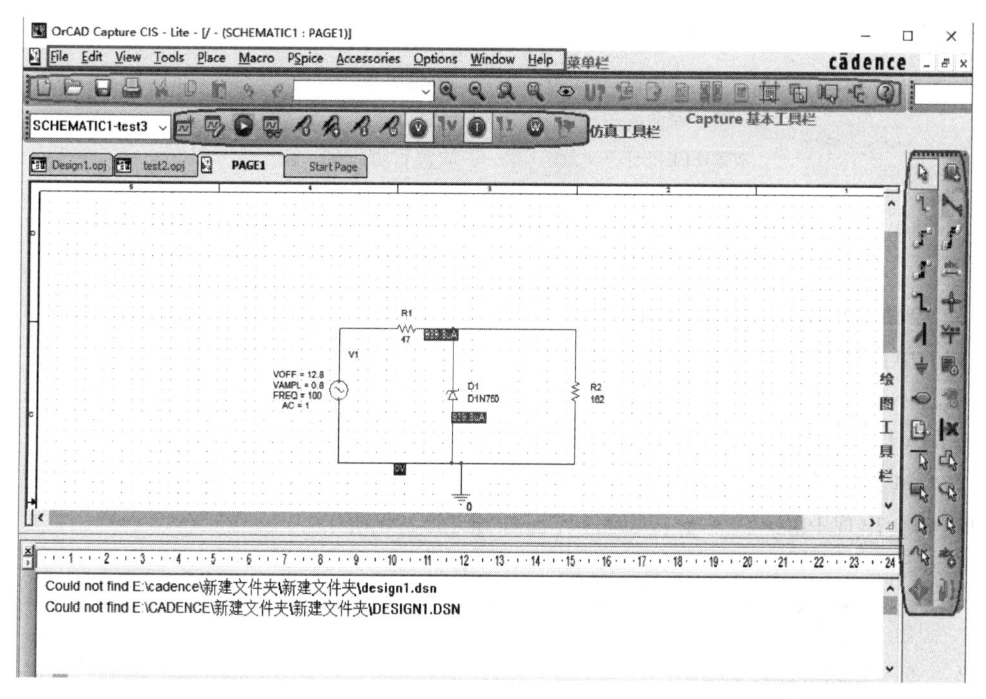

图 12.2.5 绘图界面及工具栏简介

绘图工具栏各个按钮功能如图 12.2.6 所示。

2. 原理图绘制基本要求

OrCAD 统一由 Capture 窗口进行输入和调用 PSpice 分析。为保证仿真能够顺利进行，在使用 PSpice 绘制原理图时应该注意以下几点：

(1) 新建 Project 时应选择 Analog or Mixed A/D。这是由 Capture 直接调用 PSpice 的按钮。

(2) 调用的器件必须有 PSpice 模型。OrCAD 16.6 Lite 版软件提供部分常见元件的模型库，这些库文件存储路径为 Capture\Library\pspice，可以直接调用。

(3) 必须有激励源，所有的激励源都存储在 Source 和 SourceTM 库中。

(4) 保存路径须为英文，否则仿真运行时会出错，图 12.2.5 下方会话窗口中会显示出错信息。

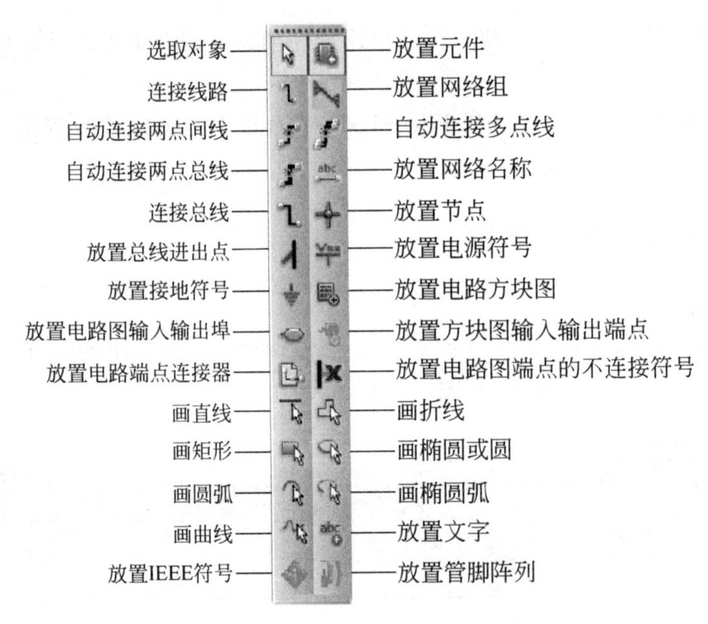

图 12.2.6　绘图工具栏按钮功能

3. 电路原理图基本绘制流程

(1) 单击绘图页标签(默认 page1)。

若看不到绘图页,可以在项目管理器中(图 12.2.7)选择 Design Resources→.\test2.dsn→SCHEMATIC1→PAGE1 并双击,即可打开绘图页面(图 12.2.5)。

(2) 单击绘图工具栏按钮右上角的 Place Part 按钮,也可以直接在键盘按快捷键 P,窗口右侧会出现 Place Part 面板,面板界面如图 12.2.8 所示。

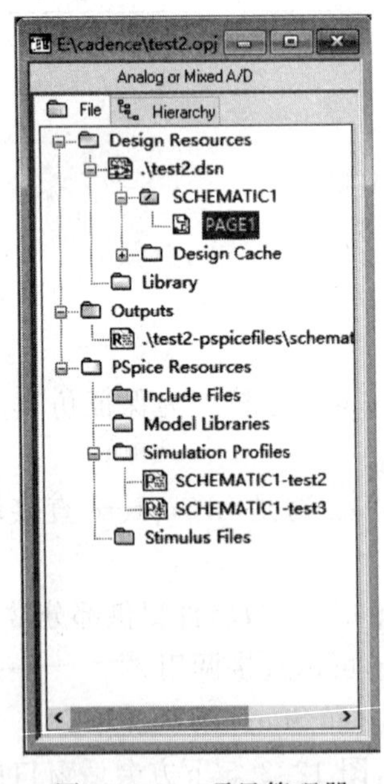

图 12.2.7　项目管理器

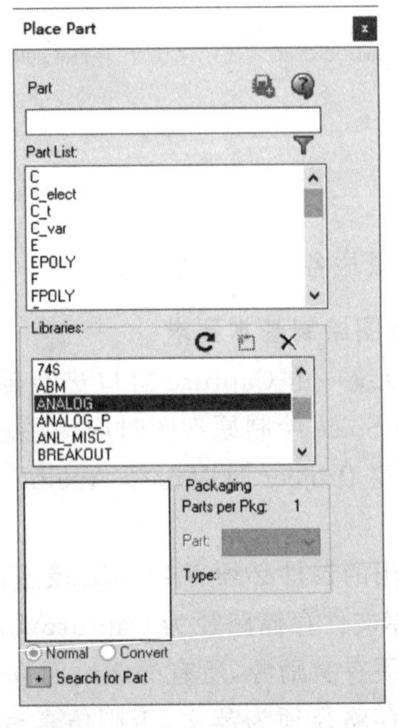

图 12.2.8　Place Part 面板

(3) 如果在面板的 Libraries 列表中看不到所有的库文件,单击 Add Library 按钮 ,可以看到"PSpice"文件夹中所有的库文件,选中添加即可。注意:来源于其他目录下的库文件有可能导致仿真错误。

(4) 选择所需要的元器件,双击元器件型号,或在键盘上按 Enter 键,则该元器件出现在绘图窗口。如果需要迅速找到所需要的元器件,在 Part 下方的搜索栏可以输入所需要的元器件型号名进行快速搜索。

(5) 在绘图窗口选定元件后,按 R 键对元件进行旋转操作,或者单击右键进行旋转与镜像操作。

(6) 每单击鼠标一次,可放置一个该类型元件于合适的位置。单击多次可以放置多个同类型元件。如果需要复制一组不同类型的元件,可以通过鼠标选中该组元件,按住 Ctrl 键并单击鼠标进行拖拽复制。

(7) 在键盘按 Esc 键,或者单击鼠标右键,选择 End Mode,结束放置该元件。

(8) 单击 Wire 按钮 ,或键盘快捷键 W,将光标置于元件尾端,通过拖拽即可将各元件通过导线连接,连接完成,按 Esc 键或者单击鼠标右键,选择 End Wire。

(9) 插入接地点,单击 Ground 按钮 (快捷键为 G)。注:在库文件列表中必须有 Source 库文件,在模拟电路中,通常选择 0/CAPSYM 作为接地。每个模拟电路必须至少包含一个接地点。

(10) 如要改变元件值,双击所显示的元件值,在对话框中改变所需的元件值,如图 12.2.9 所示。

(11) 如果要改变的元件参数没有显示,选中该元器件通过双击鼠标左键或单击鼠标右键,选择 Edit Properties 进行编辑,如图 12.2.10 所示。

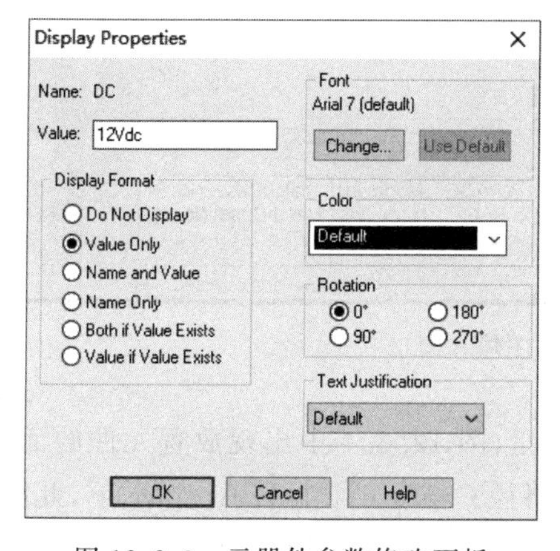

图 12.2.9　元器件参数修改面板

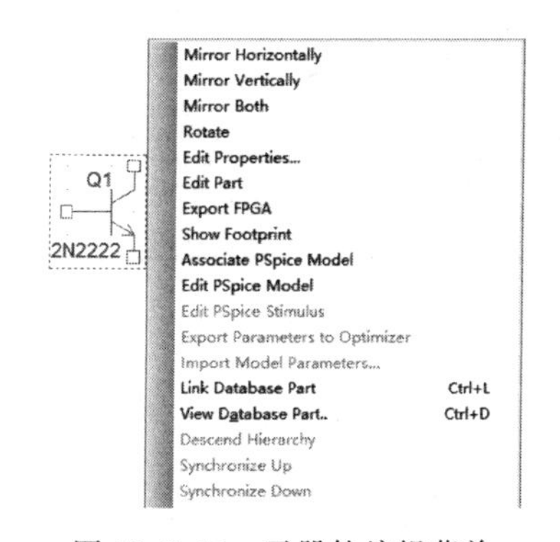

图 12.2.10　元器件编辑菜单

12.3　PSpice 基本分析的仿真使用

OrCAD 16.6 通过 PSpice A/D 模块对 Capture CIS 绘制的原理图进行仿真。下面针对 PSpice A/D 分析包含的四项基本分析功能,分别介绍其主要分析方法和相关参数设置。

12.3.1 直流扫描分析

直流扫描分析(DC Sweep),简称直流分析,是指使电路某个元器件参数作为自变量在一定范围内变化,对自变量的每个取值,计算电路的输出变量的直流偏置特性。此过程中还可以指定一个参变量,并确定取值范围,每设定一个参变量的值,均计算输出变量随自变量的变化特性。直流分析也是交流分析时确定小信号线性模型参数和瞬态分析确定初始值所需的分析。模拟计算后,可以利用 Probe 功能绘出 V_O-V_I 曲线,或任意输出变量相对任一元件参数的传输特性曲线。

下面以一个简单的二极管稳压电路为例来熟悉直流分析及其设置。

(1) 启动 OrCAD Capture CIS 绘图程序,新建仿真项目,命名为“DC”,设置好保存路径并创建空白项目。进入仿真电路图绘制窗口,如图 12.3.1 所示。

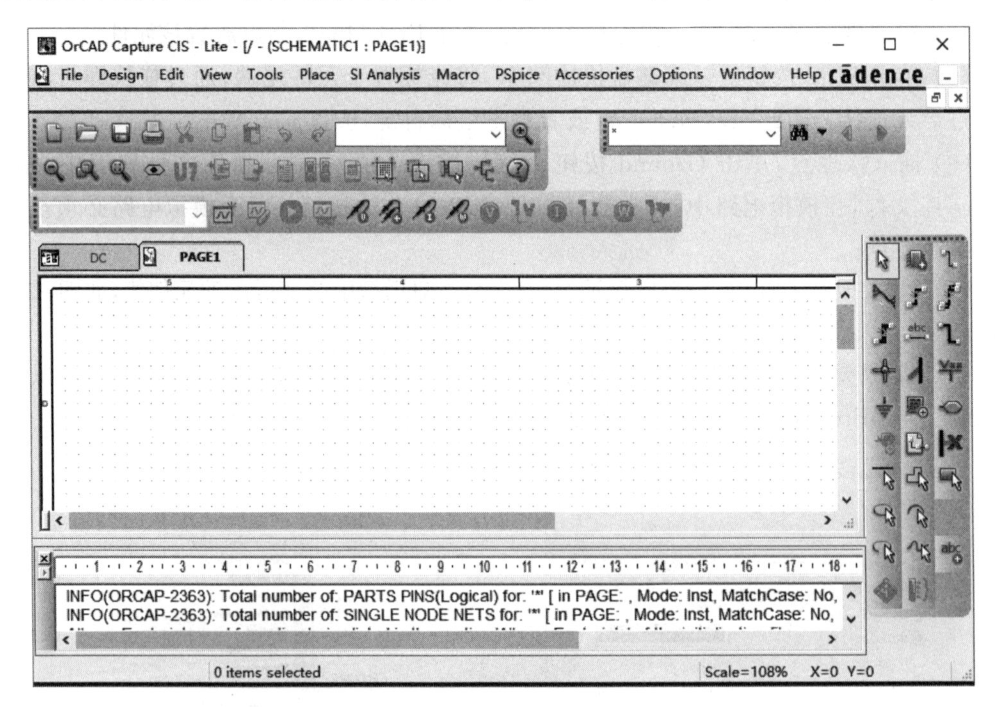

图 12.3.1 仿真电路图输入窗口

(2) 选择并放置器件。单击绘图工具栏按钮,图 12.3.1 中出现放置元件的面板,如图 12.3.2 所示。注意选择的器件库必须存储在路径 Capture\Library\pspice 下,此路径中的所有器件都提供了 PSpice 模型,可以直接调用。如果是使用自己的器件,必须保证 *.olb、*.lib 两个文件同时存在,而且器件属性中必须包含 PSpice Template 属性,即在图 12.3.2 中选中的器件需要有标记。

如图 12.3.2 所示,在元件栏输入 R,找到在 ANALOG 库下的电阻器件,或者选择 ANALOG 库,找到其中的电阻 R,双击或者按 Enter 键就可以放置到绘图窗口中了。类似的,在 EVAL 库中找到稳压管 D1N750(稳压值 4.7V),在 SOURCE 库中找到直流电源 VDC。单击按钮,在 Place Ground 面板中选择名称为 0 的接地,如图 12.3.3 所示。单击 1 按钮，完成连接。修改直流电源电压为12V。如图12.3.4所示，原理图绘制完成后，及时保存，在菜单栏选择 File→Save。

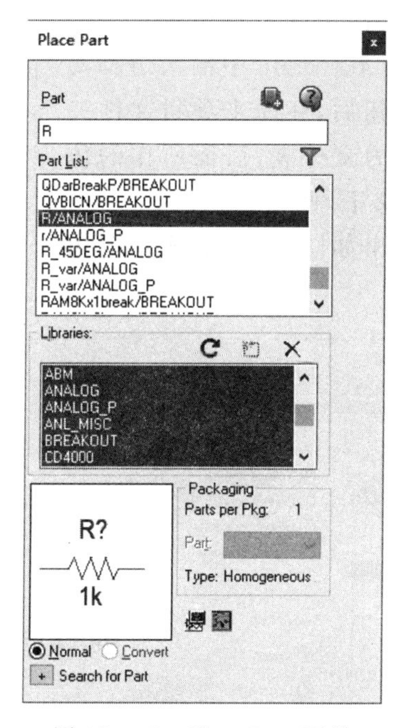

图12.3.2　Place Part 面板

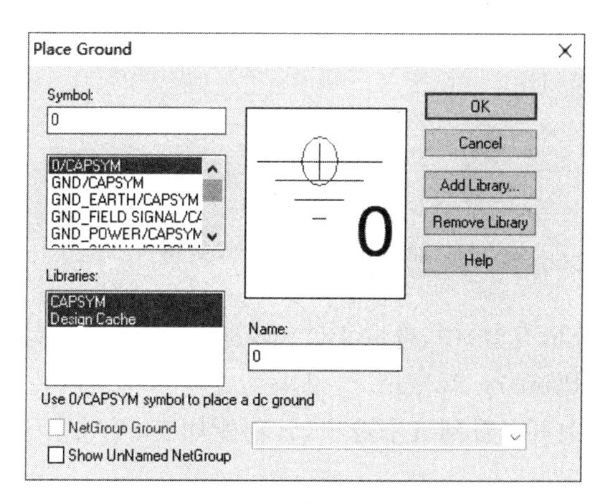

图12.3.3　接地选择面板

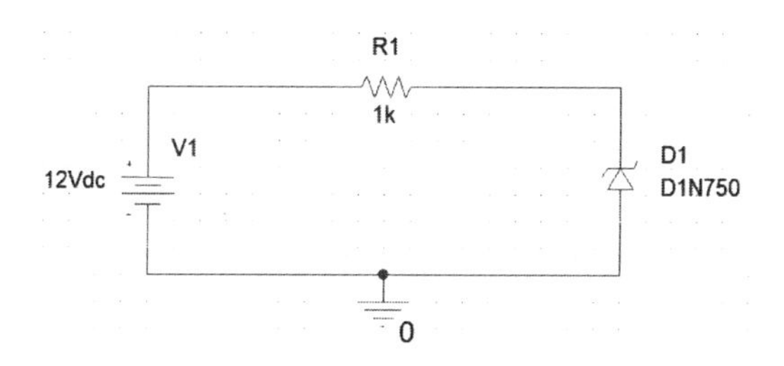

图12.3.4　原理电路图

(3) 设置仿真参数。

① 新建一个仿真配置文件，在菜单栏选择 PSpice→New Simulation Profile，或者单击仿真工具栏 按钮，得到如图 12.3.5 所示对话框。在 Name 中输入仿真文件名，如：DC。单击 Create 按钮后，在原来项目文件夹中就会自动生成一个名为 DC 的文件夹，后面所作的仿真结果和项目均保存在该文件夹下，便于管理。

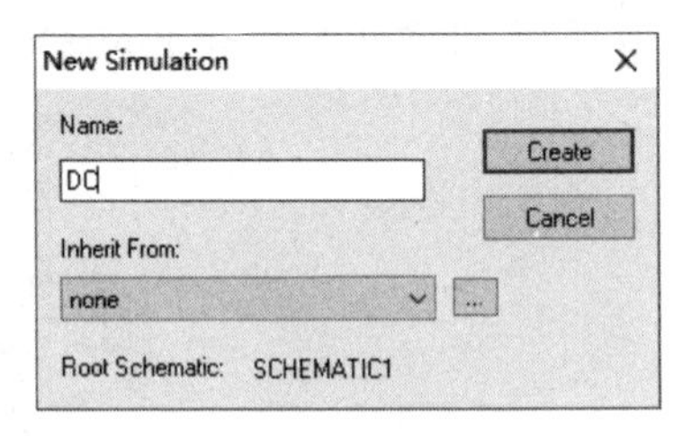

图 12.3.5 新建仿真配置对话框

② 完成仿真命名后，会弹出如图 12.3.6 所示的仿真参数设置窗口。

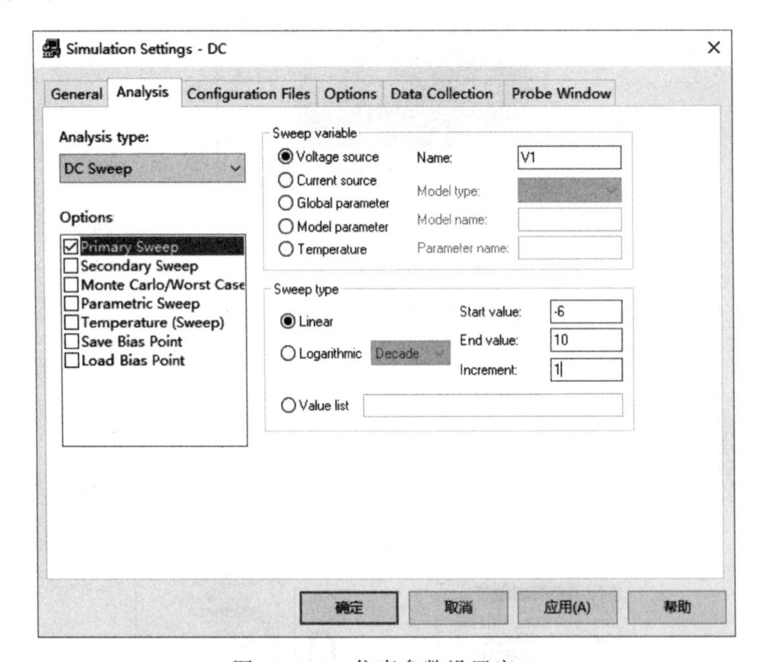

图 12.3.6 仿真参数设置窗口

在 Analysis type(分析类型)中，选取 DC Sweep。

在 Option 中，选取 Primary Sweep。

在 Sweep variable 中可以看到五个选项，其功能如表 12.3.1 所示。

表 12.3.1 扫描变量说明

序号	变量名	说明
1	Voltage source	电压源信息
2	Current source	电流源信息
3	Global parameter	全局参数
4	Model parameter	模型参数
5	Temperature	温度设置

在 Sweep type 中，可以设置为 Linear(线性)、Logarithmic(对数)或 Value list(设置点)。对电压源 V1 进行设置，扫描范围为 −6～10V，步长每次递增 1V(单位默认为 V)。

设置完成后,单击"确定"按钮。

(4) 运行仿真。

① 单击仿真工具栏按钮,运行仿真。软件调出 PSpice 的界面,如图 12.3.7 所示。

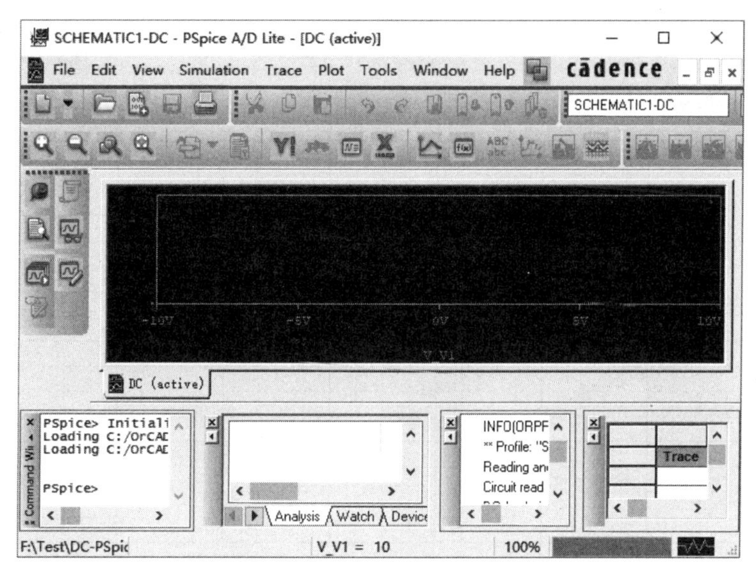

图 12.3.7　PSpice 执行模拟窗口

② 在菜单栏选择 Trace→Add Trace,或者单击按钮,得到如图 12.3.8 所示对话框,可以看到有两个标签 Simulation Output Variables 与 Functions or Macros。Simulation Output Variables 中包含许多变量,Functions or Macros 中有需要测量的信息函数。

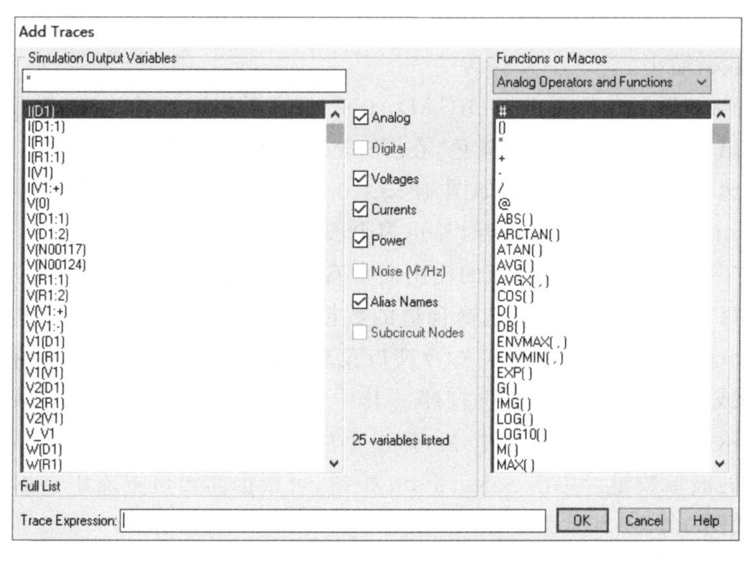

图 12.3.8　加入波形对话框

③ 在操作过程中,如要显示最大值的时候,先选择 Max()函数,再选择变量的类型 V1(D1),就可以在 Trace Expression 中看到表达式: MAX(V1(D1))。这是一个最为基本

的步骤。若选择输出 V2(D1),得到图 12.3.9 所示稳压管输出电压的波形。通过波形可以判断是否满足设计要求。

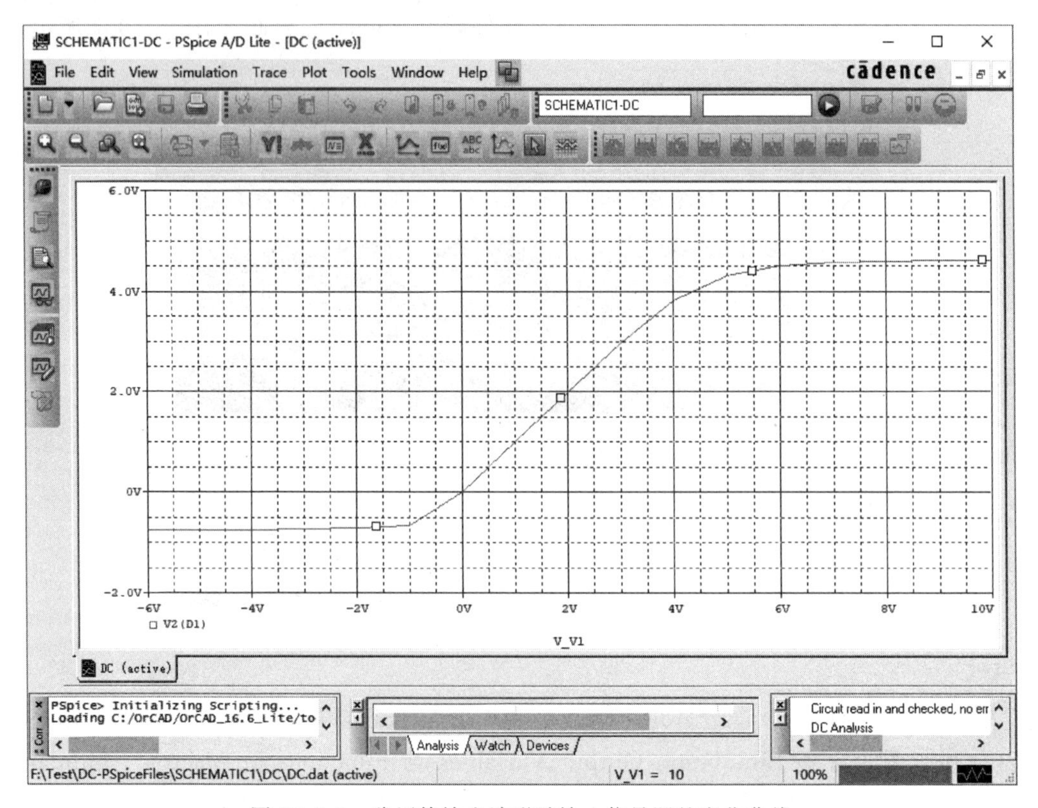

图 12.3.9　稳压管输出波形随输入信号源的变化曲线

(5) 仿真数据输出。

① 背景色与波形颜色的更改。OrCAD 16.6 在仿真波形的输出区,默认背景是黑色,不适合数据输出打印。若想改变背景色,在 PSpice A/D 窗口菜单栏选择 Tools→ Options,在弹出窗口中选择 Color Settings,如图 12.3.10 所示。在下拉列表中选择背景色与前景色。Trace Color Ordering 可选择同时显示多个波形时,波形颜色的顺序。

② 数据输出。OrCAD 仿真波形的输出通常有两种情况:一是导出数据,在 PSpice A/D 窗口菜单栏选择 File→ Export,可选择合适的数据类型,供 Origin 等第三方数据处理软件使用;二是打印输出波形,在 PSpice A/D 窗口菜单栏选择 File→ Print,选择 PDF、XPS 等文件类型输出或者直接打印机纸质打印。其中 XPS 格式为矢量格式,清晰度较高,如图 12.3.11 所示。单击 Page Setup 按钮,弹出页面设置对话框,可设置输出数据的页边距以及每页显示的波形数量。单击 Select Font 按钮,可根据需要设置输出字体以及坐标轴字号的大小等,如图 12.3.12 所示。

OrCAD 的原理图也可以打印输出。在 Capture CIS 界面选择 File→ Print,或者 File→ Print Area,可以整体或者局部打印输出,其设置与波形图输出类似。

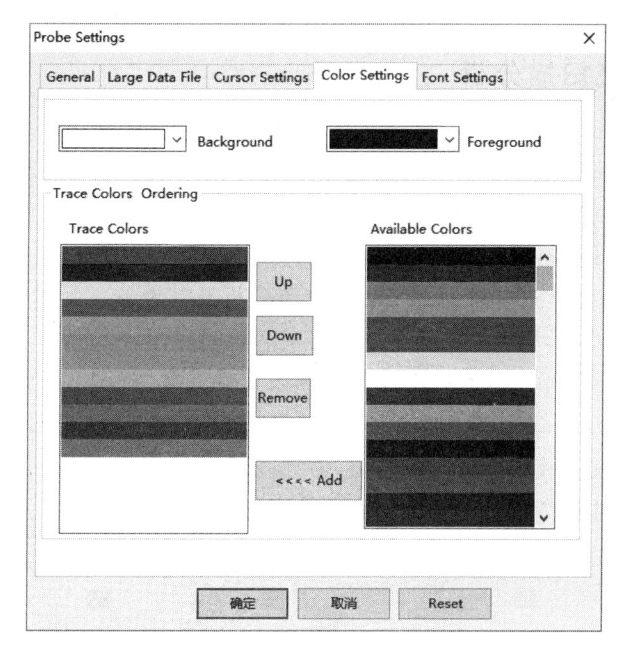

图 12.3.10　输出波形颜色设置窗口

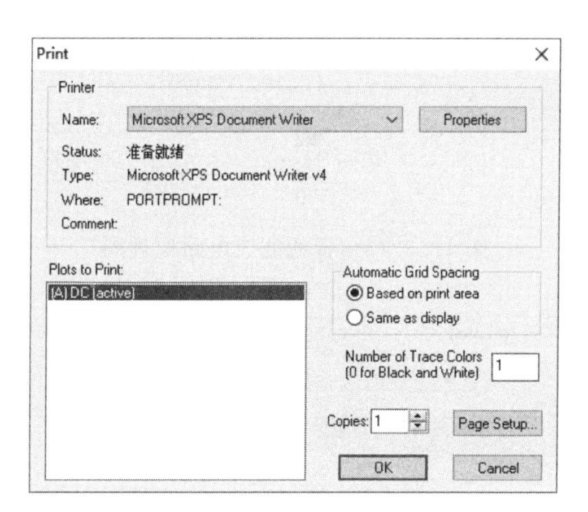

图 12.3.11　打印输出设置窗口

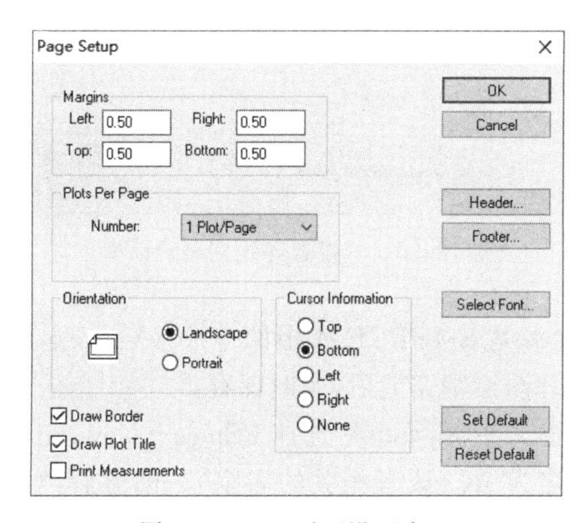

图 12.3.12　页面设置窗口

12.3.2 交流扫描分析

交流扫描分析(AC Sweep),简称交流分析,其作用是计算电路的交流小信号频率响应特性。PSpice 可对小信号线性电子电路进行交流分析,此时半导体器件皆采用其线性模型。它是针对电路性能因信号频率改变而变动所作的分析,它能够获得电路的幅频响应和相频响应以及转移导纳等特性参数。

以一个基本的带通滤波电路为例来熟悉交流分析及其设置。

(1) 和直流分析类似,启动 OrCAD Capture CIS 绘图程序,新建仿真项目,并命名为 AC。

(2) 和直流分析类似,完成原理图绘制并修改元件参数,如图 12.3.13 所示。为便于分析原理图,可以给部分导线添加别名,如 in 或 out。在绘图工具栏单击放置网络别名工具,在弹出的 Place Net Alias 对话框中,为导线设置别名 in,如图 12.3.14 所示。单击 OK 按钮后,需要把别名放置到相应导线上才能完成命名。

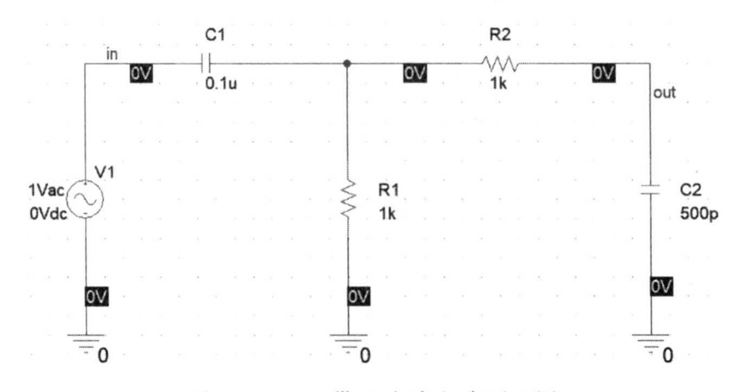

图 12.3.13 带通滤波电路原理图

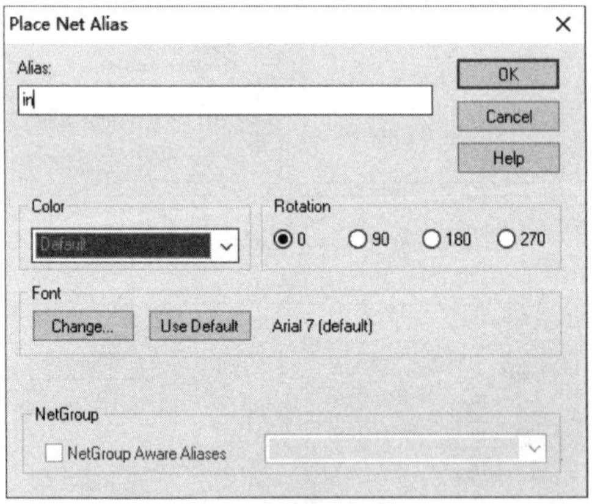

图 12.3.14 设置导线别名对话框

图 12.3.13 中,交流电源是 SOURCE 库中的 VAC(VAC 主要用于交流分析),电容 C 来自于 ANALOG 库。原理图绘制完成后,及时保存。

(3) 新建一个仿真配置文件,在菜单栏选择 PSpice→New Simulation Profile,或者单击仿真工具栏按钮,并命名为 AC(或者相关的名字)。创建后,对 Simulation Setting 进行设置,如图 12.3.15 所示。

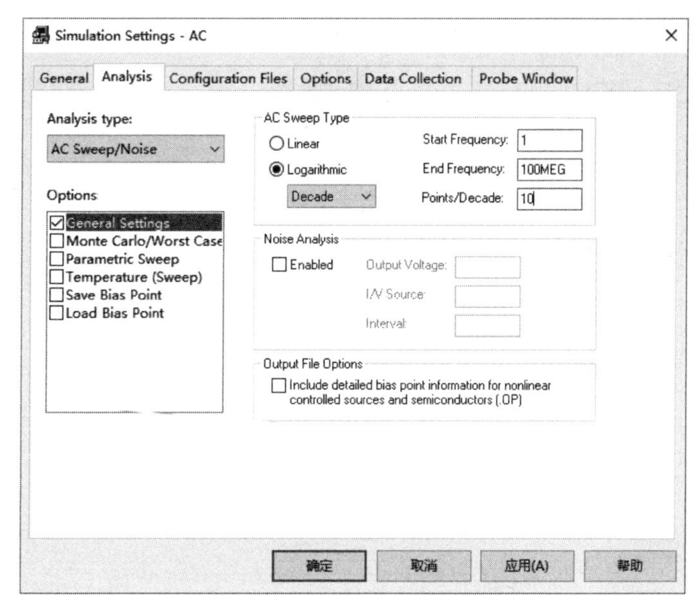

图 12.3.15　仿真参数设置窗口

① 在 Analysis 对话框，选择 Analysis type 为 AC Sweep/Noise。

② 在 AC Sweep Type 设置扫描参数，Linear 为线性坐标，Logarithmic 为对数坐标，Start Frequency 为起始频率，End Frequency 为终止频率，Points/Decade 为十倍频程取样点。设置频率从 1Hz 变化到 100MHz。注意 PSpice 中英文字母不分大小写，因此表示兆(M)时要用 meg，而不能用 M，因为 M 代表的是毫。设置完成后，单击“确定”按钮。

(4) 运行仿真。

① 单击仿真工具栏按钮，运行仿真。与直流分析相同，软件调出 PSpice 的界面。

② 幅频特性分析。在菜单栏选择 Trace→Add Trace，或者单击按钮，在 Functions or Macros 中选择 DB( )，然后在 Simulation Output variables 中找到 V(out)，如图 12.3.16 所示。单击 OK 按钮后，得到如图 12.3.17 所示的输出端波形，这是用分贝表示的幅频特性曲线。

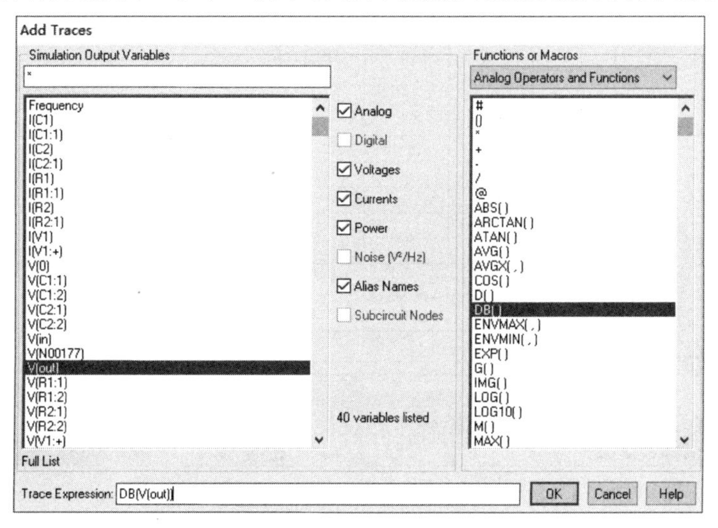

图 12.3.16　加入波形对话框

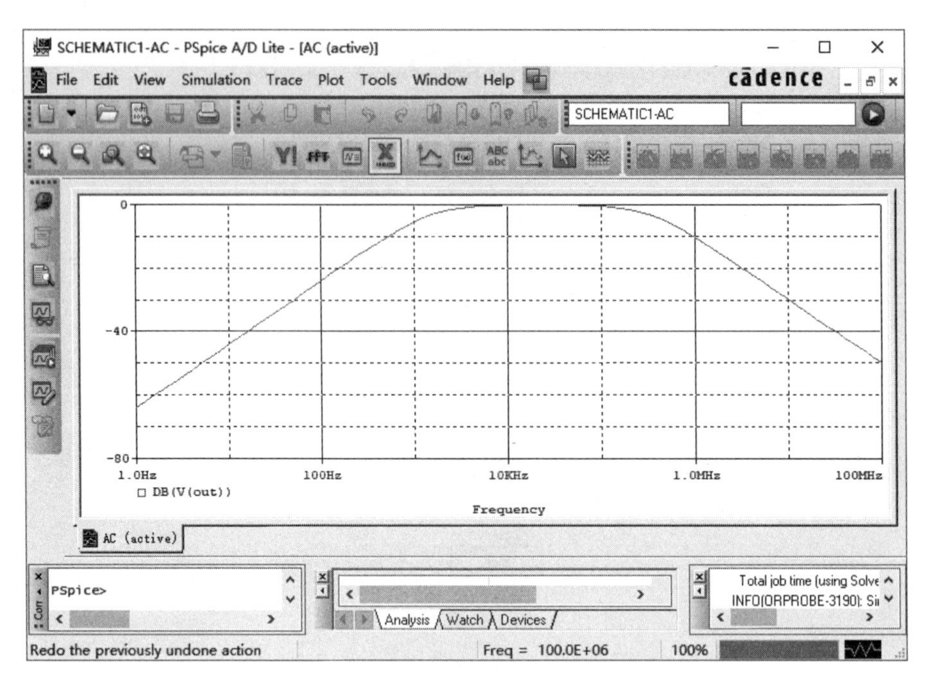

图 12.3.17 用分贝表示的带通滤波器的幅频特性曲线

③ 相频特性分析。在 PSpice A/D 窗口菜单栏选择 Plot→Add Y Axis，添加一个 Y 轴，再在菜单栏选择 Trace→Add Trace，或者单击 按钮，在 Functions or Macros 中选择 P( )，然后在 Simulation Output Variables 中找到 V(out)，得到如图 12.3.18 所示的输出端波形幅频和相频特性曲线。

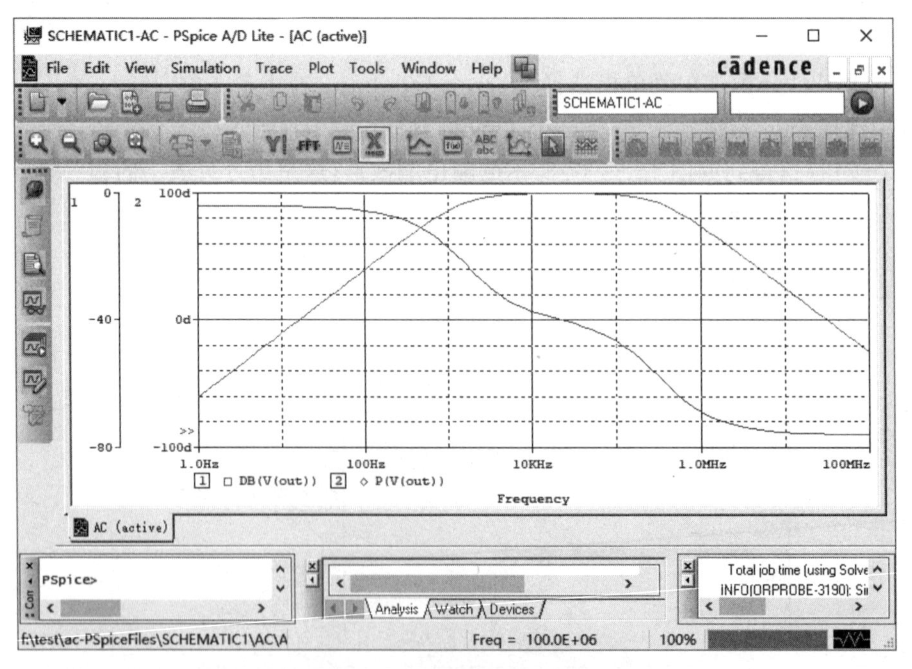

图 12.3.18 带通滤波器的幅频特性和相频特性曲线

④ 若需要计算该带通滤波器的带宽和上下限频率，可以调用特征函数，单击 按钮，弹出如图 12.3.19 所示的 Evaluate Measurement 界面，选择 Bandwidth(1,db_level)，括号中的 1 代表输入的变量，因此在 Simulation Output Variables 中选择 V(out)，然后再输入 3，在 Trace Expression 中显示 Bandwidth(V(out),3)。单击 OK 按钮后，会在波形显示窗口下显示 3dB 带宽的数值。同样还可以计算上下限频率等，结果如图 12.3.20 所示。

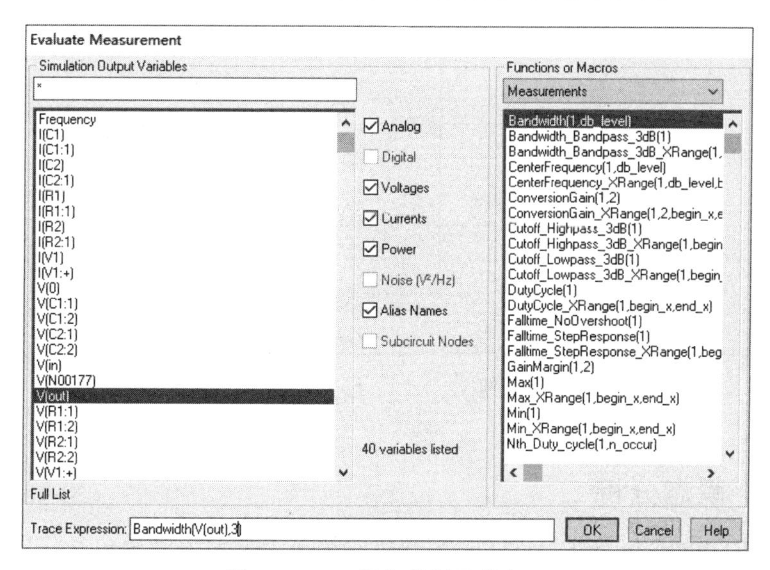

图 12.3.19 添加特征函数窗口

	Evaluate	Measurement	Value
	☑	Bandwidth(V(out),3)	320.85317k
	☑	Cutoff_Highpass_3dB(V(out))	1.57404k
▶	☑	Cutoff_Lowpass_3dB(V(out))	322.42721k
		Click here to evaluate a new measurement...	

图 12.3.20 特征函数计算结果

⑤ 波形显示后，还可以用 Toggle Cursor 工具来进行测量，单击工具栏 按钮，可以看到后面的工具栏由灰色锁定状态变为可用状态，其功能为定位光标最高、最低点和斜率等。同时右下角还会多出一个数据显示信息框，该信息框的内容可以复制到 Word 或 Excel 中，如图 12.3.21 所示。

Probe Cursor

Trace Color	Trace Name		Y2	Y1 - Y2		Y1(Cursor1)
	X Values	15.991M	1.0000	15.991M		Y1 - Y1(Cursor1)
CURSOR 1,2	DB(V(out))	-33.945	-64.036	30.092		0.000
	P(V(out))	-88.838	89.964	-178.802		-54.893

图 12.3.21 游标信息框

对于图 12.3.13 所示的电路，可以在图中标注上下限的频率值。用鼠标在波形图上选择需标注的曲线，找到对应的频率值，然后单击工具栏按钮，即可标注，如图 12.3.22 所示。

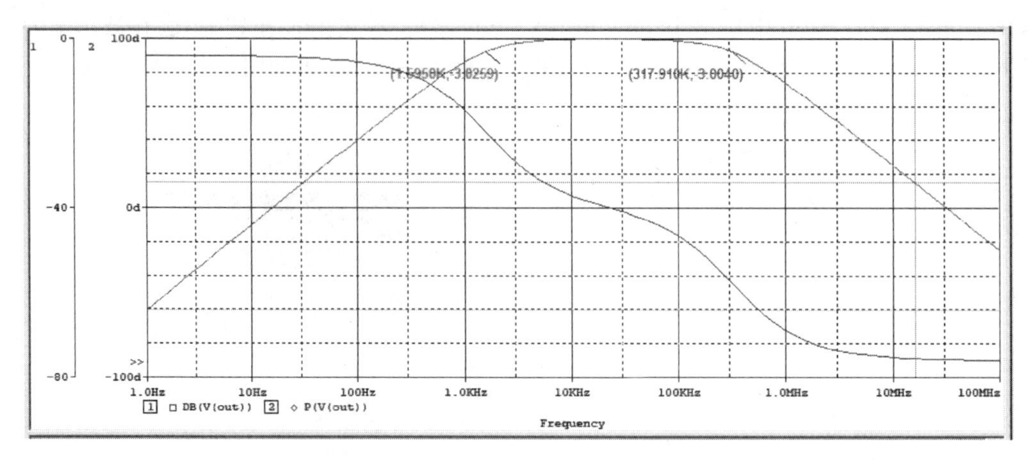

图 12.3.22　标注波形

12.3.3　瞬态分析

瞬态分析(Time Domain(Transient))的目的是在给定输入激励信号作用下，计算电路输出端的瞬态响应。进行瞬态分析时，首先计算 $t=0$ 时的电路初始状态，然后从 $t=0$ 到某一给定的时间范围内选取一定的时间步长，计算输出端在不同时刻的输出电平。瞬态分析结果自动存入以.dat 为扩展名的数据文件中，可以用 Probe 模块分析显示仿真结果的信号波形。瞬态分析在 PSpice 基本分析中运用最多，也最复杂，而且是计算机资源消耗最高的部分。

下面以简单的一阶 RC 微分电路为例，熟悉瞬态分析及其设置。

(1) 和直流分析类似，启动 OrCAD Capture CIS 绘图程序，新建仿真项目，并命名为 Transient。然后完成原理图绘制并修改元件参数，如图 12.3.23 所示。图 12.3.23 中，使用了一个脉冲信号源 VPulse，来自于 SOURCE 库。表 12.3.2 列出了其参数的主要含义。

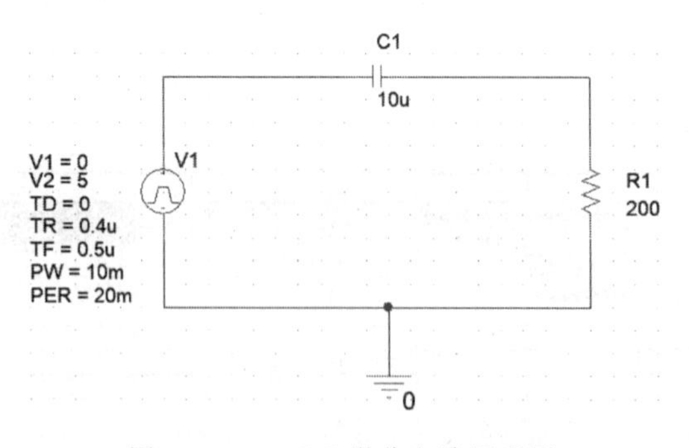

图 12.3.23　RC 微分电路原理图

表 12.3.2 VPulse 信号源参数列表

序号	参数名	含义	默认单位
1	V1	起始电压	V
2	V2	脉冲电压	V
3	TD	延迟时间	s
4	TR	上升时间	s
5	TF	下降时间	s
6	PW	脉冲宽度	s
7	PER	脉冲周期	s

(2) 仿真参数设置。在 Analysis 对话框中选择 Analysis type 为 Time Domain (Transient)。在 Run to time 栏输入扫描终止的时间(TSTOP)。比如我们取 100ms,由于默认单位是秒,所以此处可以输入 100m,也可以输入 100ms。在 Start saving data after 栏输入起始时间 0,表明从 0 秒开始运行仿真。Maximum step size 栏表示分析的时间步长,如图 12.3.24 所示。设置完成后单击"确定"按钮。

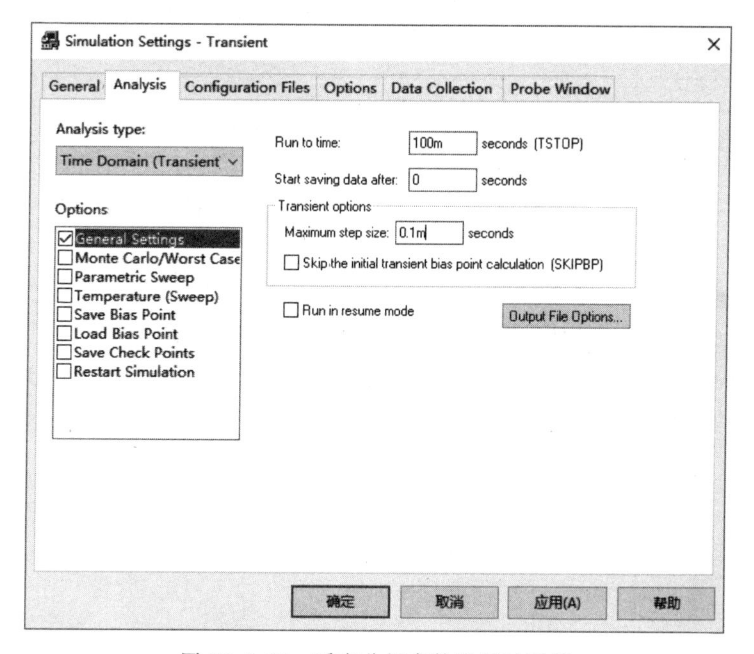

图 12.3.24 瞬态分析参数设置对话框

(3) 运行仿真。单击仿真工具栏按钮,在调出的 PSpice 界面菜单栏选择 Trace→Add Traces,或者单击按钮,在 Simulation Output Variables 中找到 V(R1:2),如图 12.3.25 所示,得到如图 12.3.26 所示的微分输出波形。可以选定波形曲线,单击鼠标右键,选择 Trace Property,如图 12.3.27 所示,在弹出的如图 12.3.28 所示的对话框中,根据不同的需求,可以改变曲线的颜色、线型和宽度等。

(4) 增加波形显示窗口。通过在菜单栏选择 Plot→ Add Plot to window 增加窗口显示输入波形。在菜单栏选择 Trace→ Add Trace,或者单击按钮,在 Simulation Output Variables 中找到 V(V1:+),得到如图 12.3.29 所示的仿真输出波形。

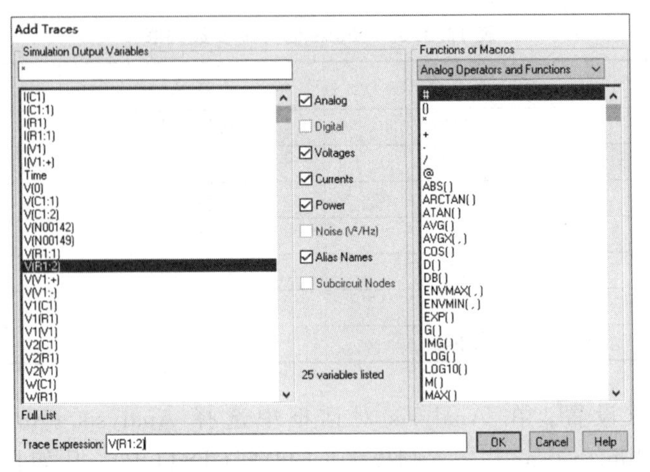

图 12.3.25 添加特征函数窗口

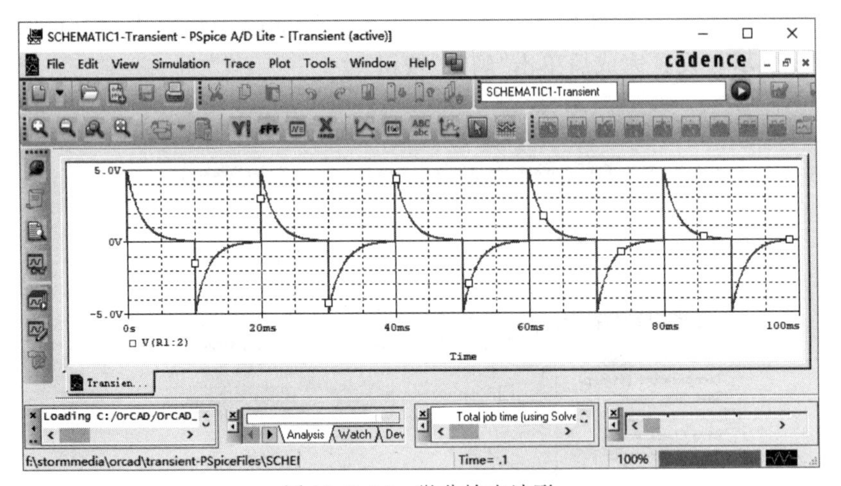

图 12.3.26 微分输出波形

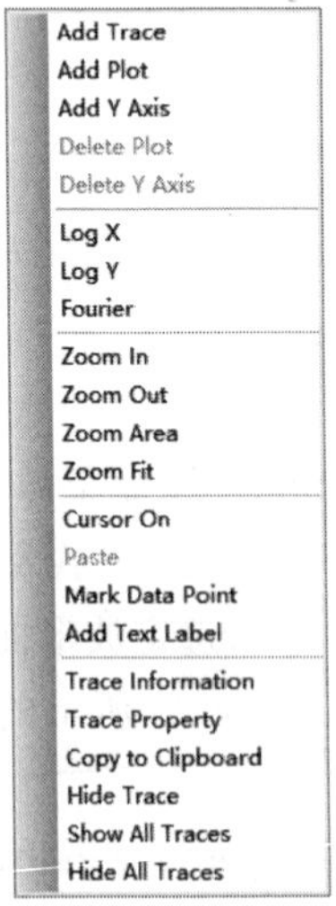

Add Trace
Add Plot
Add Y Axis
Delete Plot
Delete Y Axis
Log X
Log Y
Fourier
Zoom In
Zoom Out
Zoom Area
Zoom Fit
Cursor On
Paste
Mark Data Point
Add Text Label
Trace Information
Trace Property
Copy to Clipboard
Hide Trace
Show All Traces
Hide All Traces

图 12.3.27 输出曲线右键菜单

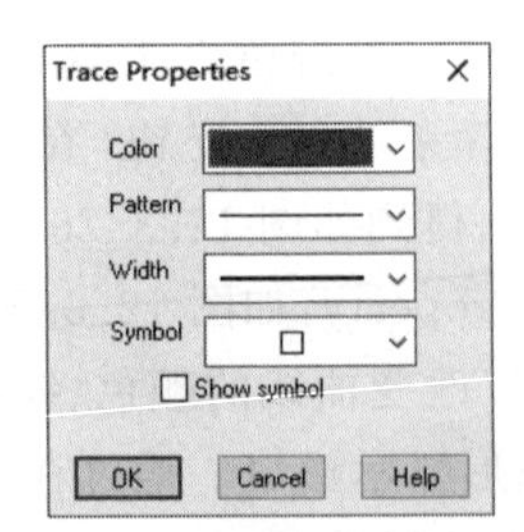

图 12.3.28 输出曲线特性设置对话框

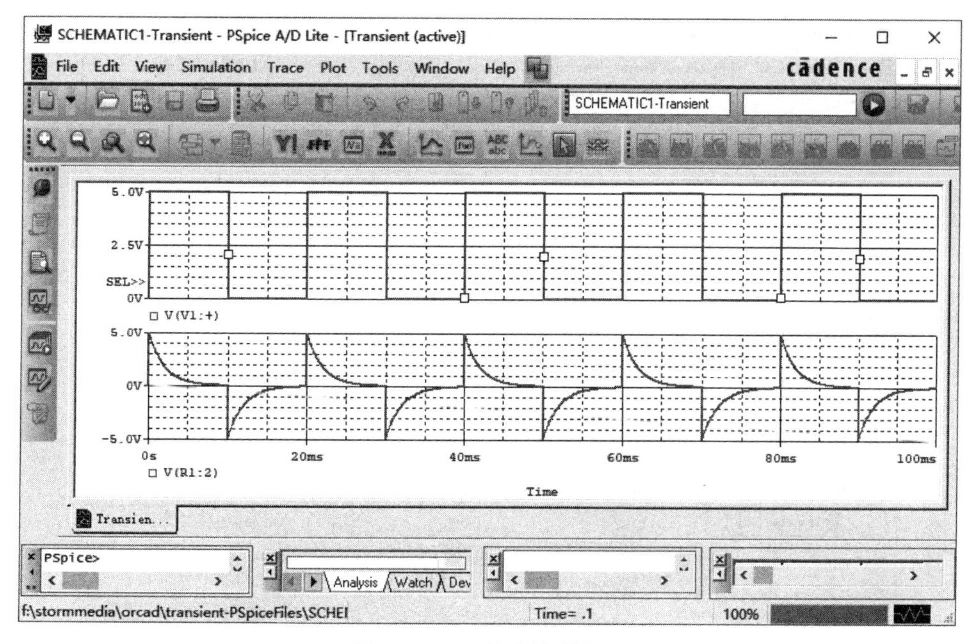

图 12.3.29 仿真波形窗口

如果觉得仿真波形周期过多，想改变仿真波形的显示周期数，可在坐标轴虚线网格上单击右键，选择 Settings，弹出如图 12.3.30 所示对话框，在 Data Range 栏可更改仿真时间。单击 OK 按钮后，显示新的仿真输出波形，如图 12.3.31 所示。

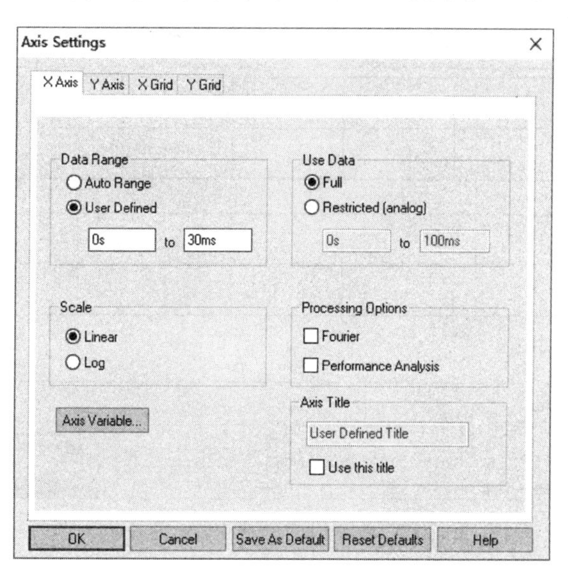

图 12.3.30 波形坐标设置窗口

(5) 修改电路参数观察波形变化。比如修改电容值为 1μF，可发现由于 RC 这个时间常数变短，导致输出波形的脉冲信号变尖了，如图 12.3.32 所示。

(6) 前后分析结果比较。如果需要对两次分析结果进行比较，可以这样操作，即：将

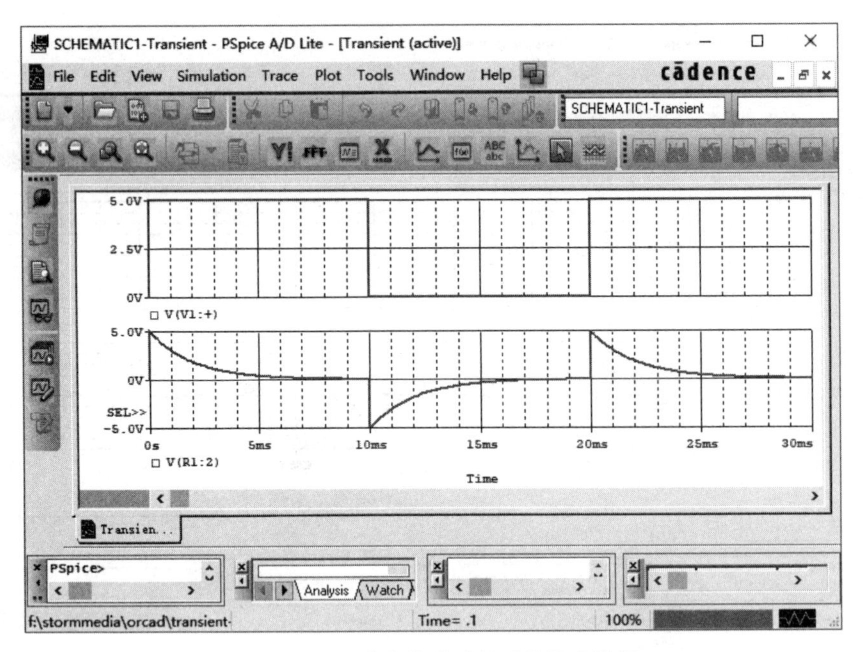

图 12.3.31 改变仿真时长后的输出波形

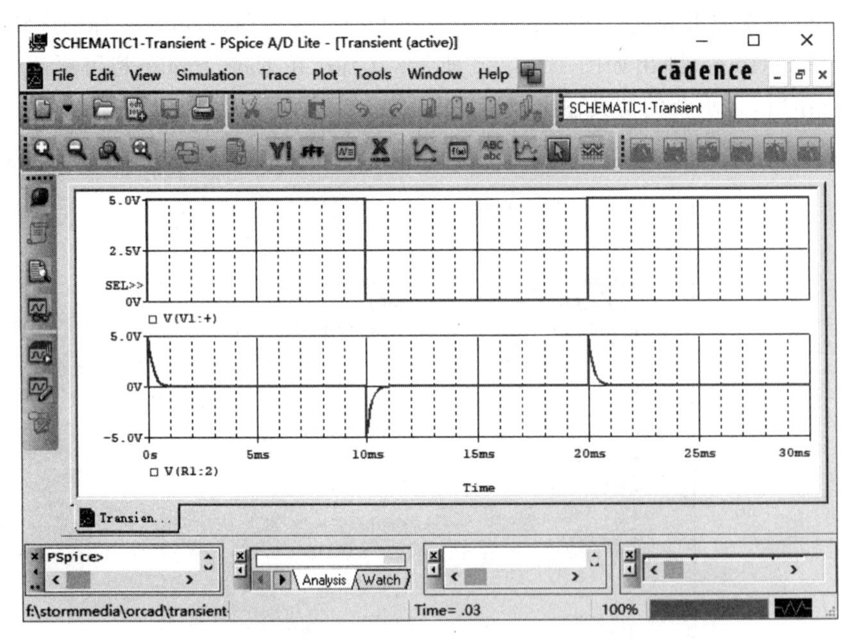

图 12.3.32 改变时间常数 RC 后的输出波形

$C_1=10\mu F$ 时的波形保存(如 10u.dat),关闭 PSpice A/D 窗口。然后修改原理图中的元件参数,再次运行仿真。得到结果后,在菜单栏选择 File→Append Waveform(.dat),在弹出的选择文件对话框中找到刚才保存的 10u.dat 文件,这样就可以比较修改前后的波形变化,如图 12.3.33 所示。

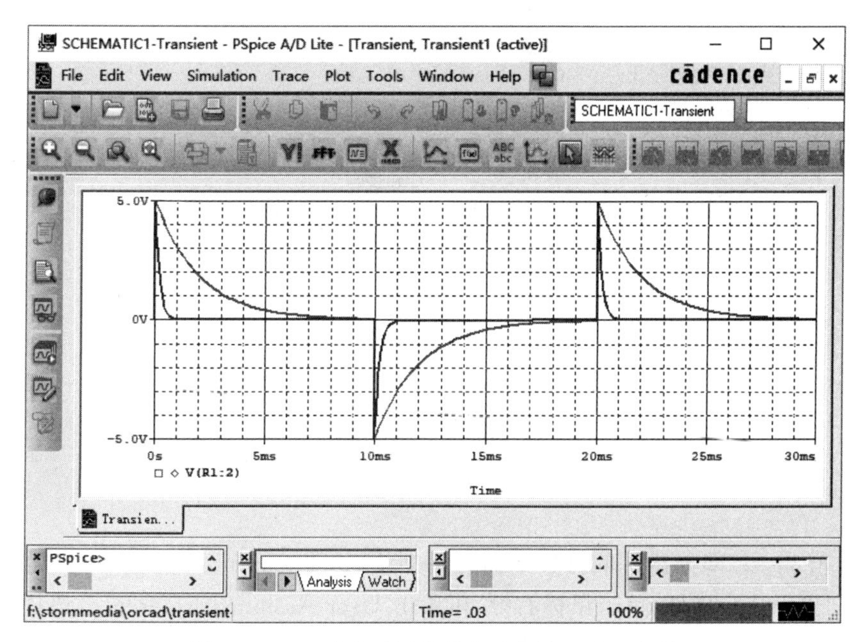

图 12.3.33 改变时间常数前后的输出对比波形

12.3.4 静态工作点分析

静态工作点分析(Bias Point)指在电路中电感短路、电容开路的情况下,对各个信号源取其直流电平值,利用迭代的方法计算电路的静态工作点。分析结果包括各个结点或元件的电压电流值、电路的总功耗、晶体管的偏置电压和各极电流及在此工作点下的小信号线性化模型参数。结果自动存入.out 输出文件中。在电子电路中,确定静态工作点十分重要,因为有了它便可决定半导体晶体管等的小信号线性化参数值。尤其是在放大电路中,晶体管的静态工作点直接影响放大器的各种动态指标。下面以一个 BJT 的小信号放大电路为例来说明静态工作点分析的使用及其仿真结果的表示。

(1) 新建一个项目,命名为 Bias。绘制原理图和新建仿真文件的操作步骤与直流分析相同。原理图如图 12.3.34 所示。

图 12.3.34 中,BJT“Q2N2222”来自于 ANALOG 库。输入信号 V1 是一个通用电压源,是 SOURCE 库的“VSRC”器件。

通用电压源 VSRC 可以表示直流信号、交流信号或者瞬态信号,在不同参数设置时表示不同的功能。此电压源有三个参数:DC 表示直流参数;AC 表示交流参数;TRAN 表示信号源类型和参数的初始瞬态值,信号源类型通常为正弦信号或脉冲信号。

① 脉冲信号格式:TRAN=pulse(起始电压,脉冲电压,延迟时间,上升时间,下降时间,脉宽,周期)。

② 正弦信号格式:TRAN=sin(起始电压,振幅,频率)。图 12.3.34 中 TRAN=sin(0, 1, 10k)表示起始电压为 0,振幅为 1V,频率为 10kHz。

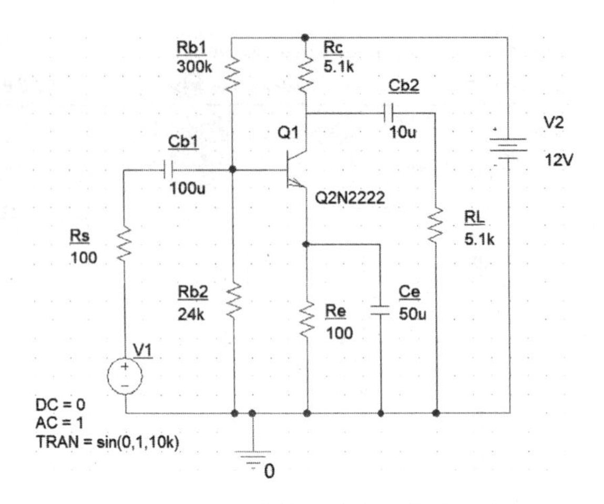

图 12.3.34 共射极放大电路原理图

图 12.3.34 中，部分器件的符号下面有下划线，这是 Capture 的提示，说明器件更改过符号。我们可以选定器件，单击鼠标右键，再单击 User Assigned Reference，选择 Unset，即可消去下划线，如图 12.3.35 所示。原理图绘制完成后，及时保存。

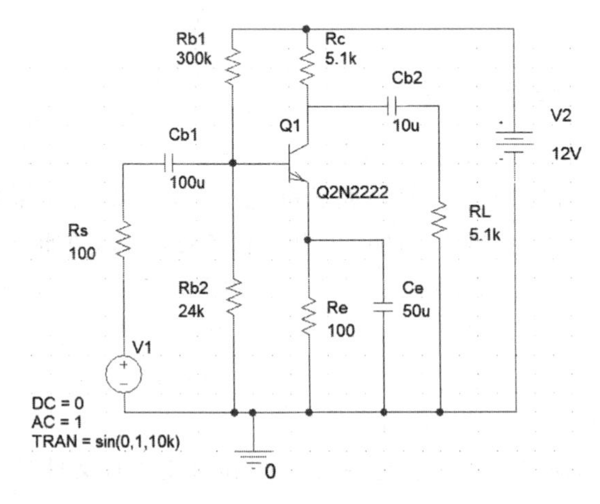

图 12.3.35 修改后的共射极放大电路原理图

(2) 仿真参数设置。在 Analysis 对话框，选择 Analysis type 为 Bias Point。在 Output File Options 栏，第一项表示输出包含晶体管的静态电流和电压值，第二项为直流灵敏度分析，第三项为小信号直流增益分析，如图 12.3.36 所示。设置完成后单击"确定"按钮。

(3) 运行仿真。同样单击仿真工具栏按钮，运行仿真。这样又调出了 PSpice 的界面。在菜单栏选择 View→Output File，或者直接在工具栏单击按钮，如图 12.3.37 所示，打开存储静态工作点仿真结果的文件。如图 12.3.38 所示，放大器确定静态工作点主要观察晶体管的 V_{CEQ}，I_{BQ} 和 I_{CQ} 三个值，合适的静态工作点需要位于晶体管输出特性曲线上的放大区，最好接近交流负载线的中点。

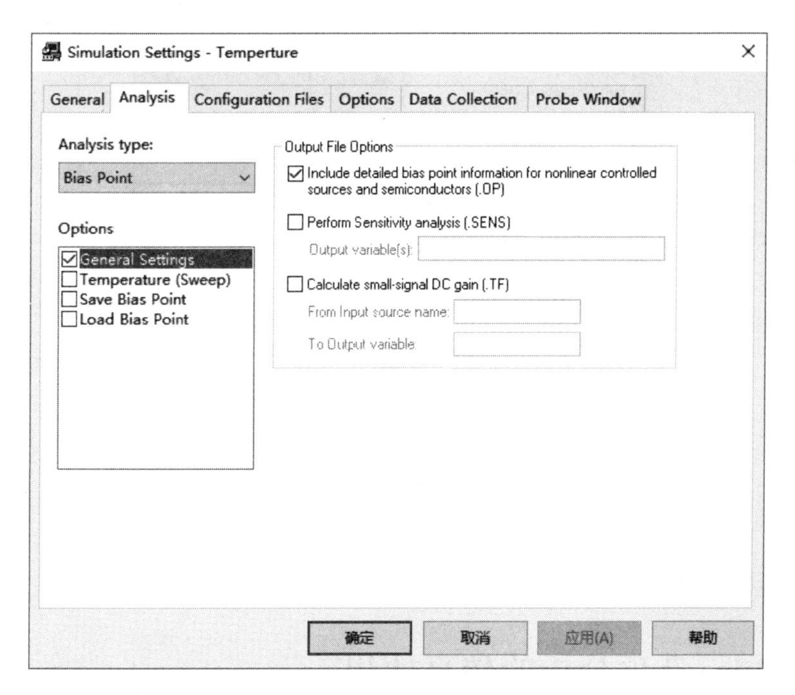

图 12.3.36　静态工作点分析设置对话框

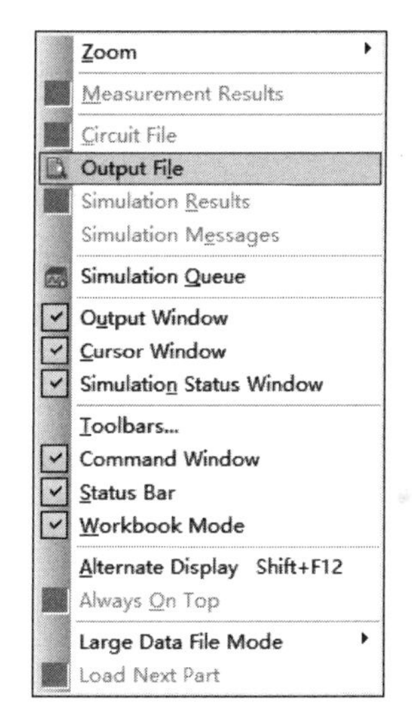

图 12.3.37　仿真输出文件菜单

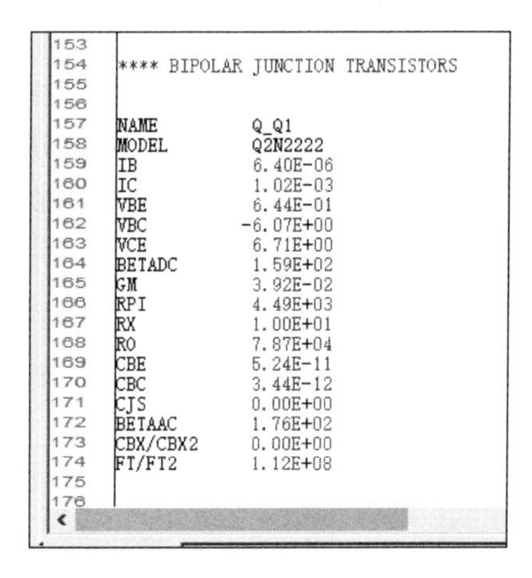

```
153
154  **** BIPOLAR JUNCTION TRANSISTORS
155
156
157  NAME         Q_Q1
158  MODEL        Q2N2222
159  IB           6.40E-06
160  IC           1.02E-03
161  VBE          6.44E-01
162  VBC         -6.07E+00
163  VCE          6.71E+00
164  BETADC       1.59E+02
165  GM           3.92E-02
166  RPI          4.49E+03
167  RX           1.00E+01
168  RO           7.87E+04
169  CBE          5.24E-11
170  CBC          3.44E-12
171  CJS          0.00E+00
172  BETAAC       1.76E+02
173  CBX/CBX2     0.00E+00
174  FT/FT2       1.12E+08
175
176
```

图 12.3.38　静态工作点分析结果

（4）在原理图绘制页，可以通过选择仿真工具栏 V I W 按钮，或者通过菜单栏选择 PSpice→ Bias Points 设置是否显示电压、电流和功率(图 12.3.39)。

静态工作点的电压、电流及功率的显示开关也可以通过选择对应的元件或者结点，并通过仿真工具栏的 V、I 和 W 按钮来单独控制。

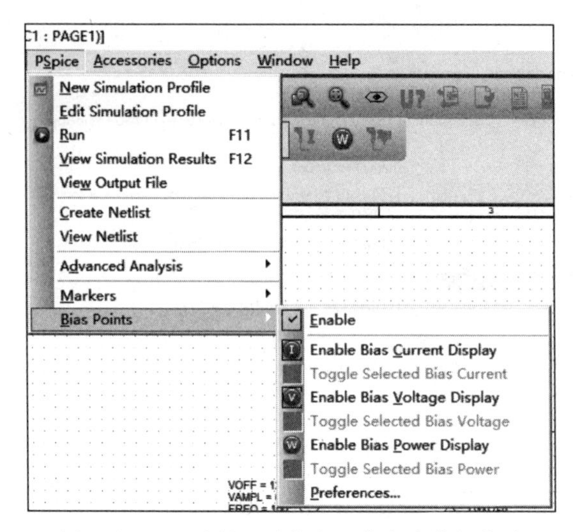

图 12.3.39 选择显示静态工作点参数的菜单

12.4 PSpice 选项分析的仿真使用

OrCAD 16.6 具有温度分析、参数分析、蒙特卡罗分析和最坏情况分析这四种选项分析功能。根据本书的内容，本节简要介绍前两种选项分析方法和参数设置。

12.4.1 温度分析

PSpice 中所有的元器件参数和模型参数都是设定其在常温下的值（常温默认值为27℃），在进行基本分析的同时，可以用温度分析（Temperature (Sweep)）指定不同的工作温度。在直流、交流、瞬态分析三大基本分析中都能对元器件参数和模型参数进行温度分析。

1. 绘制原理图

基于图 12.3.35 所示共射极放大电路原理图，简要说明温度分析的设置与仿真。为方便分析，把信号源振幅设置为 1mV，如图 12.4.1 所示。

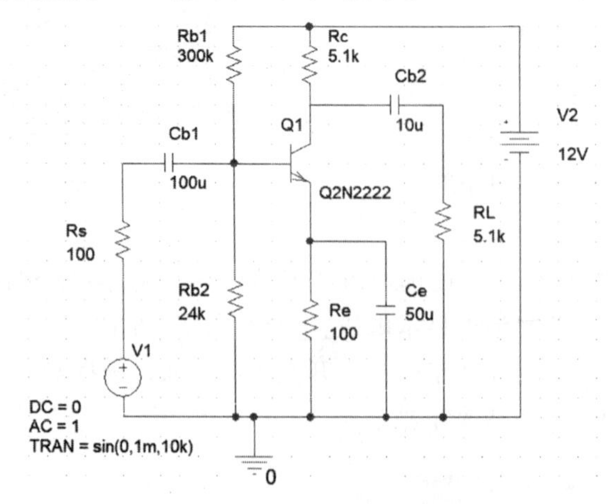

图 12.4.1 共射极放大电路原理图

图 12.4.1 所示电路使用的是一个通用信号源，可以产生正弦信号。在进行时域分析时，也可以直接使用正弦信号源。

另外，需要注意，信号源有两类：一类是 SOURCE 库中提供的，这类电源真正提供激励信号，可以赋予一定的电压或电流值；另一类，在绘图工具栏 对应的 Place Ground 面板里的 CAPSYM 库中，也有几种信号源，如图 12.4.2 所示。CAPSYM 指的是“Capture Symbol”，是为 Capture 软件而制作的电气符号库，里面的任何一个 Symbol 仅仅是一种符号，在电路图中同一 Symbol 连接处具有相同的电气特性，具有全局相连的特点。或者说电路中相同名称的多个电源符号在电气上是相连的，即这些连接处实际上都连接在同一个结点上。如果没有将这个 Capture Symbol 与 SOURCE 中的激励源相连，它不具有任何的电压或电流值。Capture Sympol 中唯一一个具有电气特性的就是“0”或叫“0/CAPSYM”，它可以放在电路图中作为直流地。但是“GND”或“GND/CAPSYM”就必须与“0”相连后才能作为地使用，其本身只是个符号。在绘制原理图时，为便于布线，往往也引入 CAPSYM 库中的电源符号。

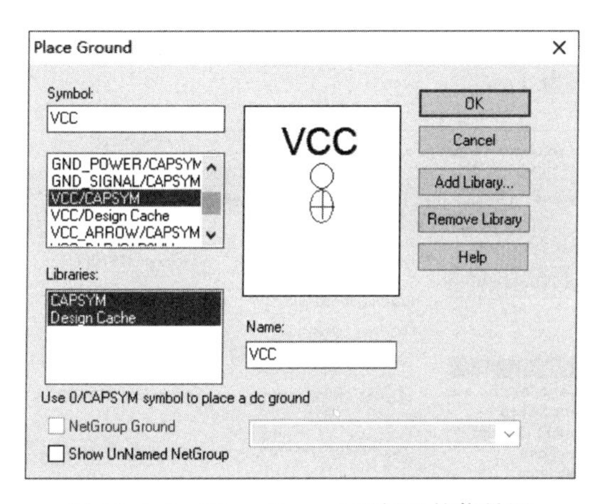

图 12.4.2 Place Ground 面板里的信号源

本例在换用正弦信号源(SOURCE 库)与 CAPSYM 电源后，可以修改为如图 12.4.3

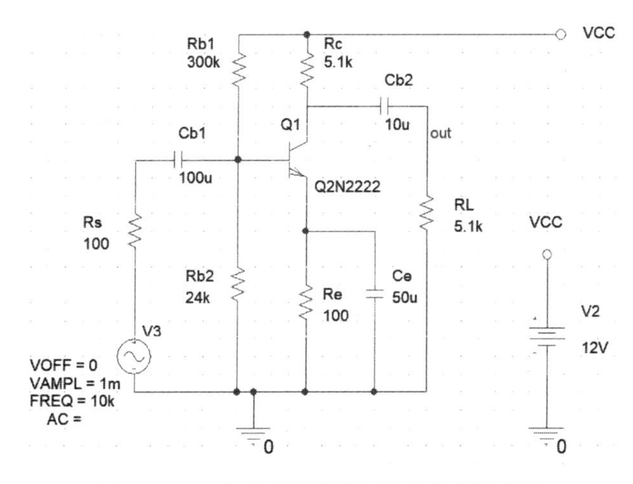

图 12.4.3 修改后的共射极放大电路原理图

所示的原理图。两个 VCC 符号所对应的电压值相同，都是 12V，这样在电路复杂的情况下，可以方便线路或者电源的布置。正弦电压信号源对应参数的含义如表 12.4.1 所示，其中 AC 为交流扫描分析时的参数，不填或者填任意值，对瞬态分析没有影响。为方便观察，我们在电阻 RL 上方导线加一个别名“out”，表明这是信号输出端。

表 12.4.1 VSIN 电压源参数含义

序号	参数	含义	默认单位
1	VOFF	偏置值	V
2	VAMPL	振幅	V
3	FREG	频率	Hz
4	AC	交流参数	V

2. 仿真参数设置

(1) 在菜单栏选择 PSpice→ Edit Simulation Profile，或者单击按钮，出现设置参数的界面，如图 12.4.4 所示，选择瞬态分析(Time Domain (Transient))，设置时域参数，时间范围 0～0.5ms。步长设为 1μs。

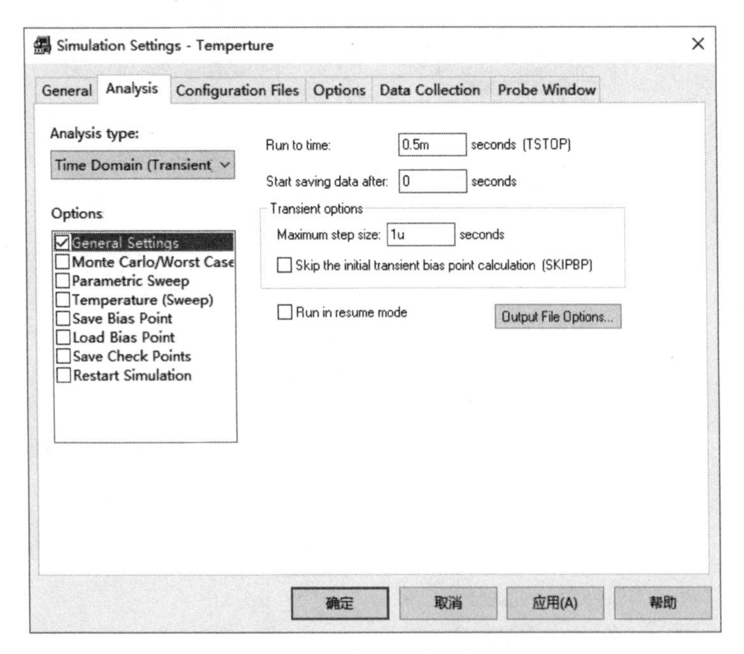

图 12.4.4 基本仿真参数设置

(2) 在 Options 选项中，将 Temperature(Sweep)前的小方框打钩，选中温度分析，并对其进行设置，如图 12.4.5 所示。右方第一栏表示在指定的某个温度下分析，第二栏表示在指定的一系列温度下分析。我们指定五个不同的温度，温度间用空格分开。单击“确定”按钮。

3. 运行仿真

(1) 单击仿真工具栏按钮，运行仿真。此时会执行模拟分析，模拟结束后，会出现如

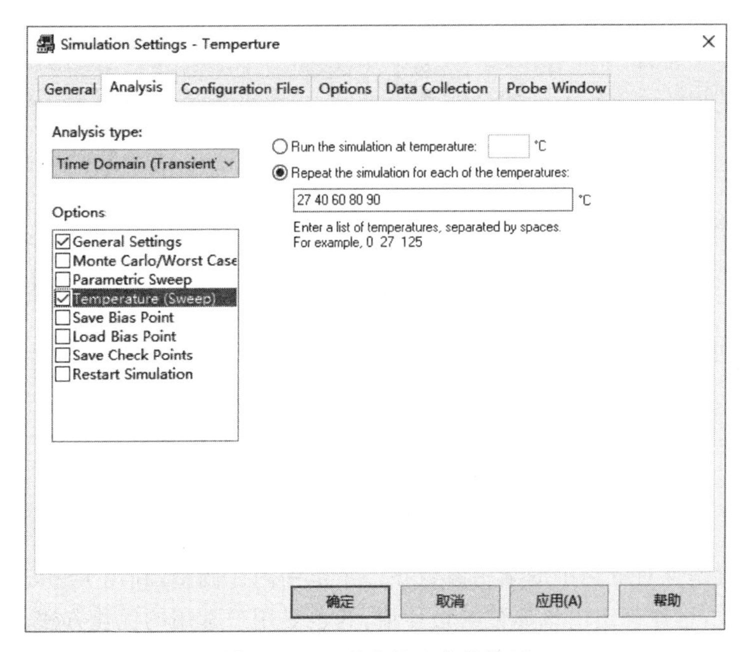

图 12.4.5　温度仿真参数设置

图 12.4.6 所示的画面，表示有五个温度信息可供选择。可以选择其中一条，也可以默认全选，确认后结束对话框。

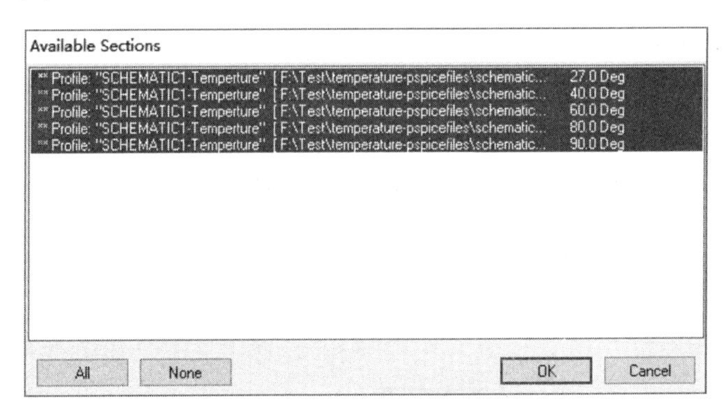

图 12.4.6　仿真温度选择界面

(2) 在 PSpice A/D 界面，在菜单栏选择 Trace→ Add Traces，或者单击 按钮，在 Simulation Output Variables 中找到 V(out)，得到如图 12.4.7 所示的五个不同温度下的仿真输出波形。

12.4.2　参数分析

在许多电路的设计过程中，常需要针对某一个元器件值作调整，以达到所要求的规格。一般解决这类问题时，采用计算方式将该元器件的参数解出来，或者不断更换元器件，直到输出(响应)值合乎规格为止。这样做费时费力，所得结果又不是很理想。PSpice 的参数分析(Parametric Analysis)方法就是针对这样的情况提出的。

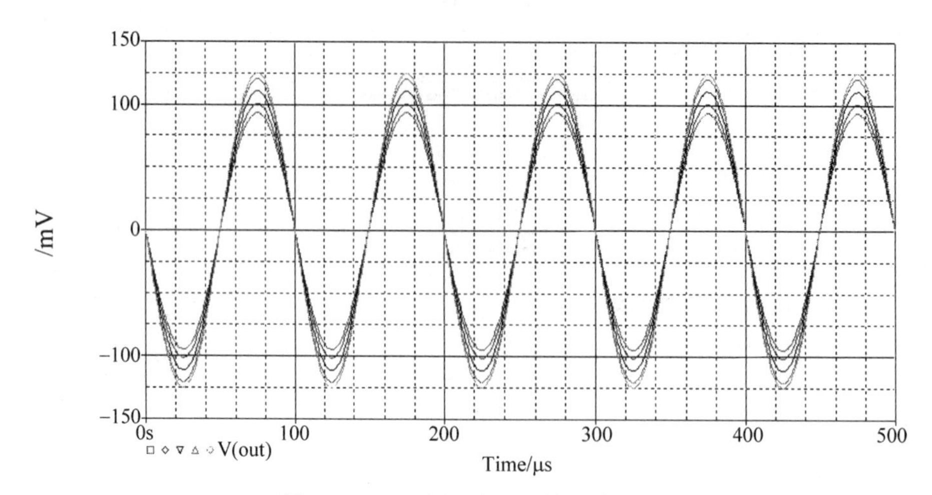

图 12.4.7　不同温度下的输出波形图

参数分析就是针对电路中的某一参数在一定范围内作调整，利用 PSpice 分析得到清晰易懂的结果曲线，迅速确定出该参数的最佳值，这也是用户常用的优化方法。参数分析用于判别电路响应与某一元器件之间的关系，所以它必须和其他基本分析搭配使用。在瞬态特性分析、交流扫描分析及直流特性扫描分析中都可设置参数扫描分析。

下面以一个 RLC 串联谐振电路为例介绍参数分析的仿真与使用方法。

1. 绘制原理图

(1) 启动 OrCAD Capture CIS 绘图程序，新建仿真项目，并命名为 Param。然后完成原理图绘制并修改元件参数，如图 12.4.8 所示。取电阻 R1 为电路中需要变化的参数，双击阻值，在弹出窗口中，将阻值改为{Rvar}，或其他字符，{}不能遗漏，如图 12.4.9 所示。参数分析需要用到 PARAMETERS 元件，放置时选取 SPECIAL 库中的 PARAM 元件。

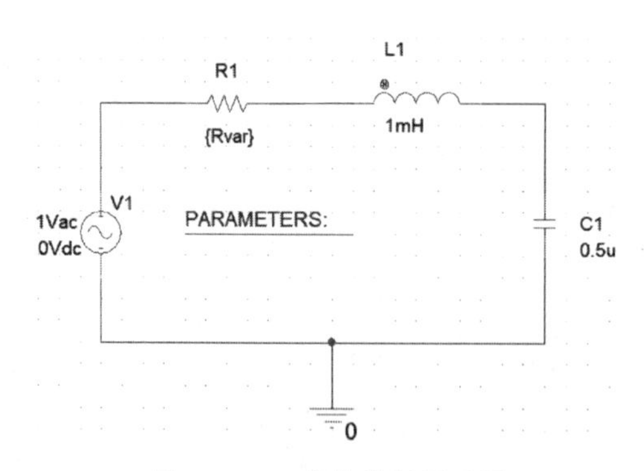

图 12.4.8　参数分析原理图

(2) 设置 PARAM 属性。双击元件"PARAMETERS:"，在弹出界面单击 New Property... 按钮，添加需要分析的参数，如弹出警告框，单击 Yes 按钮。随后出现如图 12.4.10 所示的对话框，在 Name 栏中输入 Rvar，注意，此时不需要大括号。在 Value 栏中输入 Rvar 的值 60，此值为电阻的基准值，和仿真设置的阻值无关，也可以输入别的阻值。每一个 PARAM 符号中均可以填入三个参数及其对应值，由于参数分析一次只能对一个参数进行分析，若读者设定了多个参数，则模拟过程中其他参数以其基准值参与计算。单击 OK 按钮，如弹出警告框，单击 Yes 按钮，关闭 PARAMETERS 特性编辑器窗口。单击原理图编辑标签，回到原理图绘制页面。

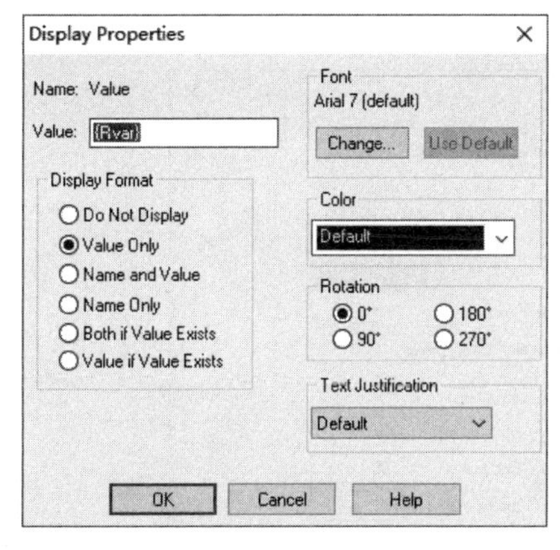

图 12.4.9　参数仿真元件值设置对话框

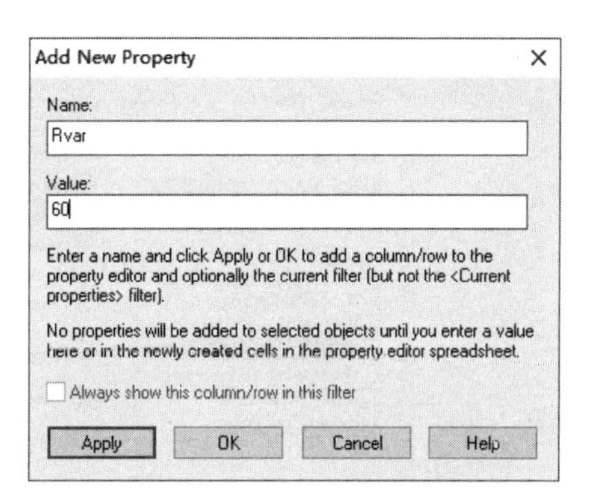

图 12.4.10　添加参数特性窗口

2. 仿真参数设置

(1) 在菜单栏选择 PSpice→ Edit Simulation，或者单击按钮，出现设置参数的界面，如图 12.4.11 所示，分析类型选择交流分析(AC Sweep)，扫描类型选择线性扫描，扫描频率范围 1～15kHz。

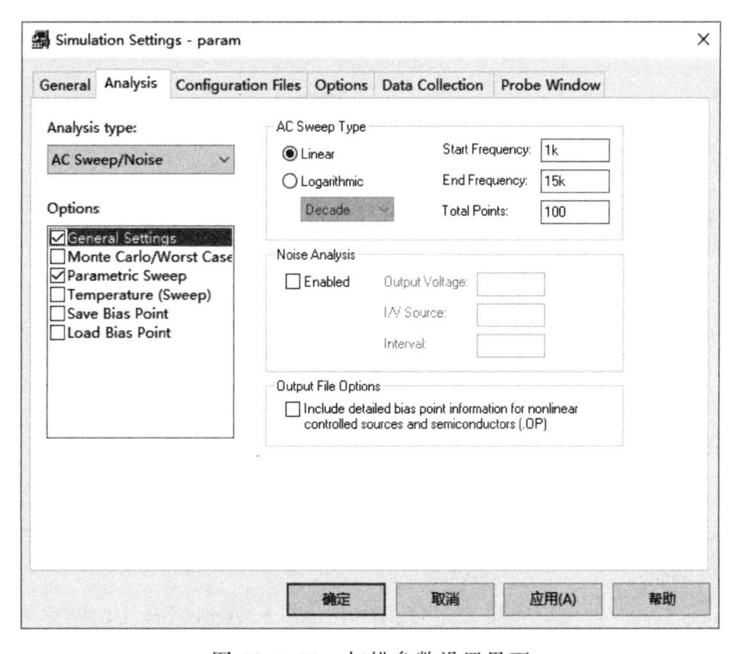

图 12.4.11　扫描参数设置界面

(2) 在 Options 选项中选中 Parametric Sweep，分析参数设置如图 12.4.12 所示。扫描变量类型选择 Global Parameter(全局变量)，参数名输入之前设置的 Rvar。扫描方式可选择 Linear(线性扫描)、Logarithmic(对数扫描)或 Value list(按输入的数值扫描)。选择线性扫描,扫描值从 10Ω 到 100Ω,步长为每次增加 20Ω。也可选择按需要的数值扫描,手动输入各扫描数值,数值间用空格或","分隔,如图 12.4.13 所示。设置完成后,单击"确定"按钮。

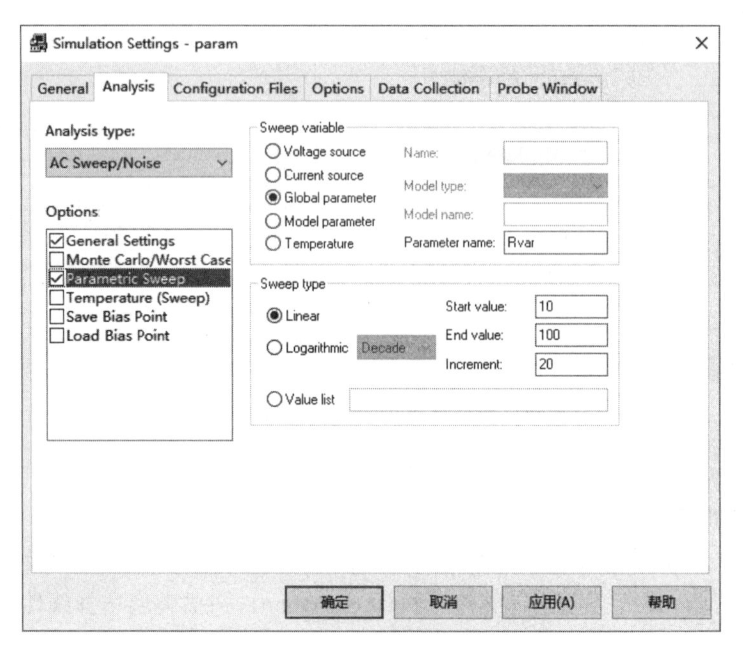

图 12.4.12 参数扫描变量设置界面

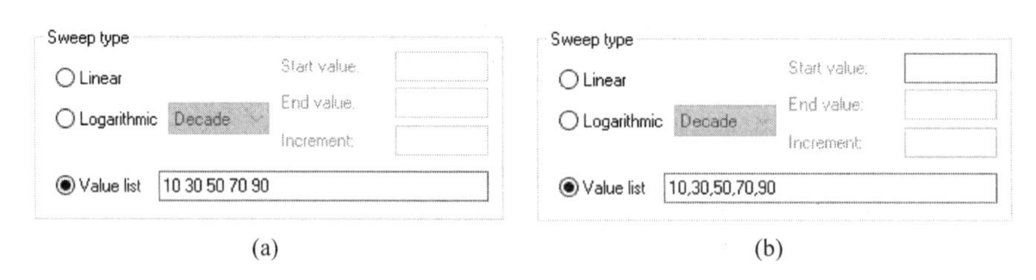

图 12.4.13 按输入数值扫描设置

(a) 空格分隔;(b) 逗号分隔

3. 运行仿真

(1) 单击仿真工具栏按钮,运行仿真。此时会执行模拟分析,模拟结束后,会出现如图 12.4.14 所示的画面,表示有五个阻值信息可供选择。可以选择其中一条,也可以默认全选,确认后结束对话框。

(2) 在 PSpice A/D 界面,从菜单栏选择 Trace→ Add Trace,或者单击按钮,在 Simulation Output Variables 中找到 I(L1),得到如图 12.4.15 所示的五个不同阻值下的仿真输出波形。这组波形表明了电路中回路电流与信号源频率的关系,同时还反映了电路品质因数对电路相应电流的影响。R 越小,品质因数越大,曲线越尖锐,表明选择性更好。也可以看出,RLC 串联电路的谐振频率与电阻值无关,都在 7kHz 附近发生谐振。

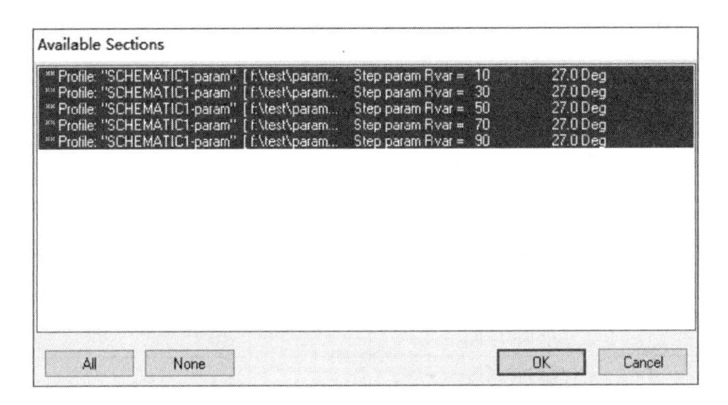

图 12.4.14　仿真阻值参数选择对话框

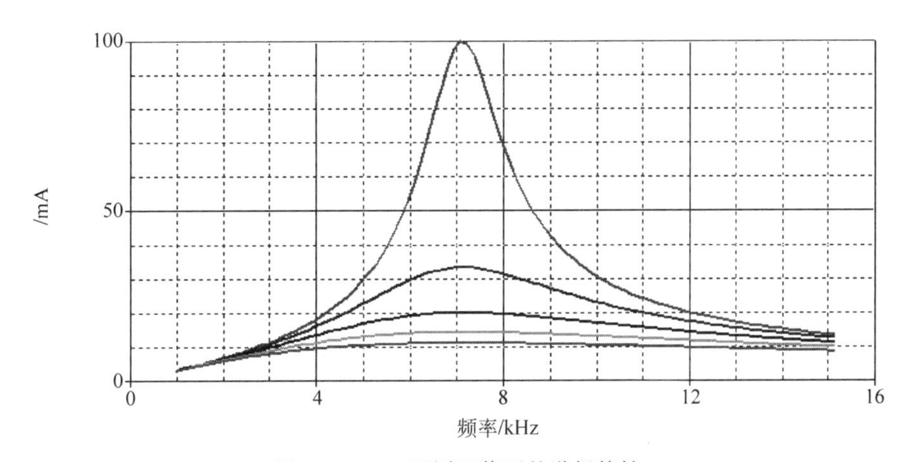

图 12.4.15　不同阻值下的谐振特性

12.5　用于模拟电路的常用信号源参数

信号源是作 PSpice 仿真时必不可少的元件，PSpice 可以使用独立和非独立电压源和电流源。本书主要介绍 OrCAD 16.6 在模拟电路仿真中常用的几种独立电源。其中电平参数针对的是独立电压源。对独立电流源，只需将字母 V 改为 I，其单位由伏变为安。

12.5.1　脉冲信号源（VPULSE 和 IPULSE）

脉冲信号是在瞬态分析中用使用较多的一种激励信号。信号源均在 OrCAD 的电源库 source.lib 中选择，脉冲信号电压源和电流源符号如图 12.5.1 所示。

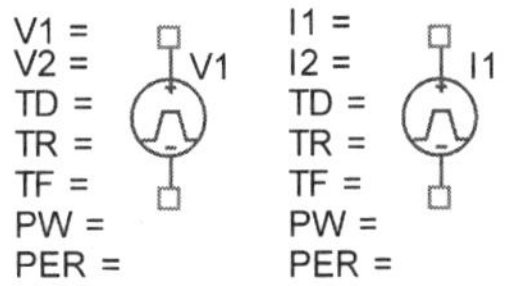

V1 =
V2 =
TD =
TR =
TF =
PW =
PER =
V1

I1 =
I2 =
TD =
TR =
TF =
PW =
PER =
I1

图 12.5.1　脉冲电压源和电流源

描述脉冲信号波形涉及 7 个参数，表 12.5.1 列出了描述这些参数的含义、单位及缺省值（内定值或默认值）。电流源参数和电压源一致，只是将 V 改为 I，将电压改为电流，将伏改为安即可。我们均以电压源为例来说明。表中 TSTOP 是瞬态分析中参数 Final Time 的设置值；TSTEP 是参数 Print Step 的设置值。

表 12.5.1 描述脉冲信号波形的参数

参数名	含义	单位	缺省值
V1	起始电压	V	无
V2	脉冲电压	V	无
TD	延迟时间	s	0
TR	上升时间	s	TSTEP
TF	下降时间	s	TSTEP
PW	脉冲宽度	s	TSTOP
PER	脉冲周期	s	TSTOP

12.5.2 调幅正弦信号(VSIN 和 ISIN)

调幅正弦波信号的符号如图 12.5.2 所示，描述调幅正弦信号涉及 7 个参数。表 12.5.2 列出了这些参数的含义、单位和缺省值。后三个参数缺省值都为 0，需要设置时，双击电源即可以编辑。

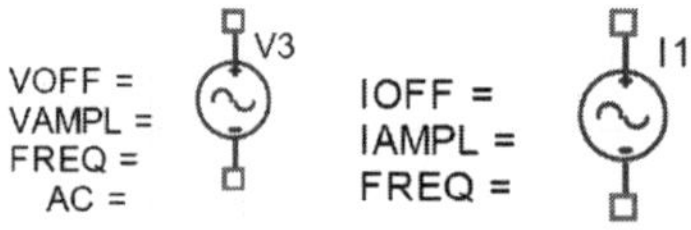

V3
VOFF =
VAMPL =
FREQ =
AC =

I1
IOFF =
IAMPL =
FREQ =

图 12.5.2 正弦电压源与电流源

调幅正弦波的表达式为

$$V_{\mathrm{SIN}}(t)=V_{\mathrm{off}}+V_{\mathrm{ampt}}\mathrm{e}^{-df(t-td)}\sin(2\pi f(t-td)-\theta)$$

表 12.5.2 描述调幅信号的参数

参数名	含义	单位	缺省值
VOFF	偏置值	V	无
VAMPL	峰值振幅	V	无
FREQ	频率	Hz	1/TSTOP
AC	交流分析电压	V	无
PHASE	相位	(°)	0
DF	阻尼因子	1/s	0
TD	延迟时间	s	0

调幅正弦信号可以用于瞬态分析，也可以用于交流分析。若阻尼因子与偏置值均为 0，则调幅信号成为标准的正弦信号。在进行交流分析时只有参数 AC 是起作用的，该参数一般设为 1，这样在分析电路传递函数的频率特性时只要观察输出端的频率特性就可以了。

12.5.3 调频信号源(VSFFM 和 ISFFM)

调频信号的符号如图 12.5.3 所示，描述调频信号涉及 5 个参数。表 12.5.3 列出了这些参数的含义、单位和缺省值。

调频信号的表达式为

$$V_{\mathrm{SFFM}}(t)=V_{\mathrm{off}}+V_{\mathrm{ampl}}\sin(2\pi f_{\mathrm{c}}t+\mathrm{mod}\times\sin2\pi f_{\mathrm{m}}t)$$

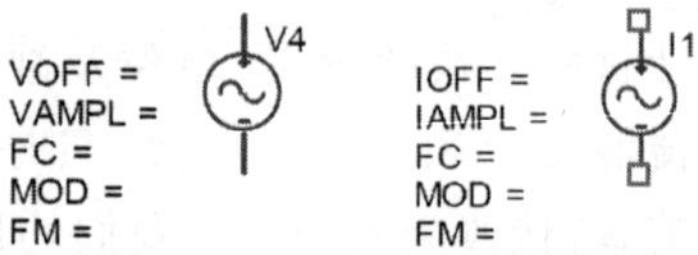

V4
VOFF =
VAMPL =
FC =
MOD =
FM =

I1
IOFF =
IAMPL =
FC =
MOD =
FM =

图 12.5.3 调频电压源与电流源

表 12.5.3　描述调频信号的参数

参数名	含义	单位	缺省值
VOFF	偏置电压	V	无
VAMPL	峰值振幅	V	无
FC	载频	Hz	1/TSTOP
FM	调制频率	Hz	1/TSTOP
MOD	调制因子		0

12.5.4　指数信号源(VEXP 和 IEXP)

指数信号源的符号如图 12.5.4 所示,描述指数信号源涉及 6 个参数。表 12.5.4 列出了这些参数的含义、单位和缺省值。需要设置时,双击电源即可以编辑。

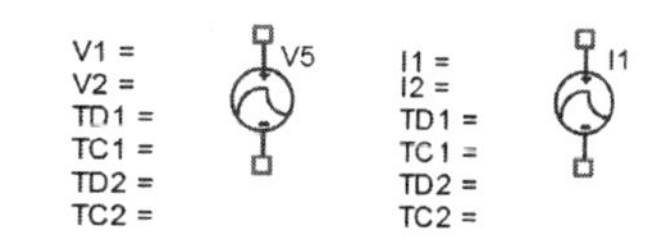

图 12.5.4　指数电压源与电流源

表 12.5.4　描述指数信号的参数

参数名	含义	单位	缺省值
V1	起始电压	V	无
V2	峰值电压	V	无
TD1	上升(下降)延迟	s	0
TC1	上升(下降)时间常数	s	TSTEP
TD2	下降(上升)延迟	s	Td1+TSTEP
TC2	下降(上升)时间常数	s	TSTEP

12.5.5　通用信号源(VSRC 和 ISRC)

通用信号源可以用于简单表示以上各种信号源,它的符号如图 12.5.5 所示,包含三个参数,DC 表示直流参数,AC 表示交流参数,TRAN 表示信号源类型和参数的初始瞬态值,信号源类型通常为正弦信号或脉冲信号。

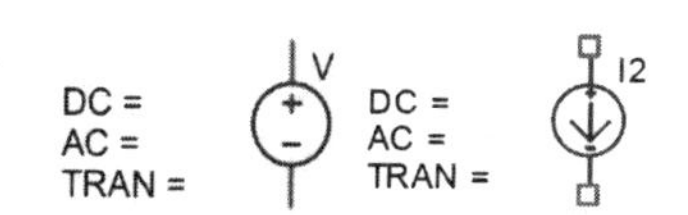

图 12.5.5　通用电压源与电流源

(1) 脉冲信号格式:TRAN=pulse(起始电压,脉冲电压,延迟时间,上升时间,下降时间,脉宽,周期)。

(2) 正弦信号格式:TRAN=sin(起始电压,振幅,频率)。

(3) 表示其他的信号源时,TRAN 参数依此类推,在关键词后加上括号,括号内的参数设置与上述缺省参数设置顺序相同。

12.6　OrCAD 16.6 基本元器件模型参数

在编辑模型或创建模型时,经常会不清楚 PSpice 模型中各参数的含义,或者不清楚如何设置和修改。本节主要介绍模拟电子技术中常用元器件的模型参数。

12.6.1 电阻模型参数

电阻是电路中使用最多的元件，一般使用电阻时主要考虑其阻值，所以在 ANALOG 库中选取的电阻是不可编辑模型的。需要考虑电阻的温度参数和容差参数时，需要在 BREAKOUT 库中调用 RBreak 元件，对其进行温度参数和容差参数的设置。编辑时可以添加表 12.6.1 所示的参数。

表 12.6.1 电阻模型参数

序号	参数名	含义	缺省值
1	R	电阻因子	1
2	Tc1	线性温度系数	0
3	Tc2	二次温度系数	0
4	Tce	指数温度系数	0
5	Dev	器件容差	0
6	Lot	批容差	0

其中，Tce 未指定时电阻值与温度的关系为

$$Rnew = Value * R * [1 + Tc1 * (T - T0) + Tc2 * (T - T0)^2]$$

Tce 指定时电阻值与温度的关系为

$$Rnew = Value * R * 1.01Tce * (T - T0)$$

12.6.2 电容模型参数

电容也是最基本的电路元件，普通电容在 ANALOG 库中选取，当需要添加其他参数时，同样需要在 BREAKOUT 库中选择 CBreak 元件，该元件可以进行模型编辑，可以添加的参数见表 12.6.2。

表 12.6.2 电容模型参数

序号	参数名	含义	缺省值
1	C	电容因子	1
2	Vc1	线性电压系数	0
3	Vc2	二次电压系数	0
4	Tc1	线性温度系数	0
5	Tc2	二次温度系数	0
6	Dev	器件容差	0
7	Lot	批容差	0

电容值与电压和温度的关系为

$$Cnew = Value * C * [1 + Vc1 * V + Vc2 * V2] * [1 + Tc1 * (T - T0) + Tc2 * (T - T0)^2]$$

12.6.3 电感模型参数

电感也是最基本的电路元件，普通电感在 ANALOG 库中选取，当需要添加其他参数时，同样需要在 BREAKOUT 库中选择 LBreak 元件，该元件可以进行模型编辑，可以添加

的参数见表 12.6.3。

表 12.6.3 电感模型参数

序号	参数名	含义	缺省值
1	L	电感因子	1
2	IL1	线性电流系数	0
3	IL2	二次电流系数	0
4	Tc1	线性温度系数	0
5	Tc2	二次温度系数	0
6	Dev	器件容差	0
7	Lot	批容差	0

电感值与电流和温度的关系为

$$Lnew = Value * L * [1 + IL1 * I + IL2 * I2] * [1 + Tc1 * (T - T0) + Tc2 * (T - T0)^2]$$

12.6.4 二极管

当选择一个二极管,并对它进行模型编辑时,会看到该模型文件中包含很多参数,而当我们自己建模时也需要设置这些参数。用鼠标右键单击 Edit PSpice Model,打开二极管库中型号为 D1N4148 的二极管,看到它的模型文件:

```
.MODEL D1N4148
+IS=2.682n
+N=1.836
+RS=.5664
+IKF=44.17m
+XTI=3
+EG=1.11
+CJO=4p
+M=.3333
+VJ=.5
+FC=.5
+ISR=1.565n
+NR=2
+BV=100
+IBV=100u
+TT=11.54n
```

二极管模型各参数含义如表 12.6.4 所示。

表 12.6.4 二极管模型参数

序号	参数名	含义	缺省值	典型值	单位
1	IS	饱和电流	1E-14	1E-14	A
2	N	发射系数	0		

续表

序号	参数名	含义	缺省值	典型值	单位
3	RS	寄生电阻	0	10	Ω
4	TT	渡越时间	0	0.1n	s
5	CJO	零偏置结电容	0	2p	F
6	VJ	PN 结电势	1	0.6	V
7	M	PN 结电容梯度因子	0.5	0.5	
8	EG	禁带宽度	1.11	1.11(硅)	eV
9	XTI	饱和电流温度系数	3	3	
10	KF	闪烁噪声系数	0		
11	AF	闪烁噪声指数	1		
12	FC	正偏耗尽电容系数	0.5	0.5	
13	BV	反向击穿电压	无穷大	50	V
14	IBV	反向击穿电流	1E-3	1E-3	A
15	ISR	复合电流参数	0	1E-15	A
16	NR	ISR 发射系数	2	1.5	
17	IKF	大注入"膝点电流"	1E-14	50m	A

12.6.5 双极型晶体管模型

双极型晶体三极管由两个 PN 结组成，其工作方式可分为 NPN 型和 PNP 型两种，两类晶体管都分为基区、发射区和集电区三个区，每个区分别引出了电极，称为基极(B)、发射极(E)和集电极(C)。基区和发射区之间的 PN 结称为发射结；基区和集电区之间的 PN 结称为集电结。不同型号的三极管使用共同的 OrCAD 参数，只是不同型号参数的数值是不相同的。如：在三极管库中型号为 Q2N3904 的三极管的 OrCAD 模型为：

```
.model Q2N3904    NPN(Is=6.734f Xti=3 Eg=1.11 Vaf=74.03 Bf=416.4 Ne=1.259
+Ise=6.734f Ikf=66.78m Xtb=1.5 Br=.7371 Nc=2 Isc=0 Ikr=0 Rc=1
+Cjc=3.638p Mjc=.3085 Vjc=.75 Fc=.5 Cje=4.493p Mje=.2593 Vje=.75
+Tr=239.5n Tf=301.2p Itf=.4 Vtf=4 Xtf=2 Rb=10)
* National    pid=23          case=TO92
* 88-09-08 bam    creation
```

三极管模型各参数含义如表 12.6.5 所示。

表 12.6.5 三极管模型参数

序号	参数名	含义	缺省值	典型值	单位
1	IS	反向饱和电流	1E-16	1E-16	A
2	XTI	饱和电流温度指数	3		
3	EG	禁带宽度	1.11	1.11(硅)	eV
4	VAF(VA)	正向欧拉电压	无穷大	200	V
5	BF	放大倍数 β	100	100	
6	NE	B-E 漏注入系数	1.5	2	
7	ISE(C2)	B-E 漏饱和电流	0	1000	A

续表

序号	参数名	含义	缺省值	典型值	单位
8	IKF(IK)	正向 BF 电流下降点	无穷	10M	A
9	XTB	放大倍数温度系数	0		
10	BR	反向放大系数	1	0.1	
11	NC	B-C 漏发射系数	2.0	2.0	
12	ISC(C4)	B-C 漏饱和电流	0	1	A
13	IKR	反向 β 大电流下降点	无穷大		A
14	RC	集电极电阻	0	10	Ω
15	CJC	B-C 零偏压耗尽结电容	0	2P	F
16	MJC(MC)	B-C 结梯度因子	0.33		
17	VJC(PC)	B-C 固有电势	0.75	0.5	V
18	TR	反向渡越时间	0	10n	s
19	TF	正向渡越时间	0	0.1n	s
20	ITF	TF 的大电流参数	0		A
21	VTF	描述 TF 随 VBC 变化的电压	0		V
22	XTF	渡越时间系数	0		
23	RB	零偏压基级电阻	0	10	Ω
24	VAR	反向欧拉电压	无穷大	200	V
25	RE	发射极体电阻	0	1	Ω
26	RBM	大电流时最小基极欧姆电阻	RB	10	Ω
27	IRB	基极电阻下降到最小值的 1/2 时的电流	无穷大	0.1	A
28	PTF	$1/(2\pi\tau F)$	0		
29	VJE	B-E 结内建电动势	0.75	0.7	V
30	VJC	B-C 结内建电动势	0.75	0.7	V
31	CJS	衬底零偏置电容	0	5p	F
32	VJS	衬底结内建电动势	0.75	0.7	V
33	MJS	衬底结梯度因子	0.33		
34	FC	正偏压耗尽电容公式中的系数	0.5		
35	XCJC	B-C 结耗尽电容连到基极内结点的百分数	1		
36	KF	闪烁噪声系数	0		
37	AF	闪烁噪声指数	1		
38	NF	正向电流发射系数	1	1	
39	NR	反向电流发射系数	1	1	
40	CJE	B-E 结零偏置耗尽电容	0～30p	2p	F
41	MJE	B-E 结梯度因子	0.33	0.35	

12.6.6 场效应管

场效应晶体三极管也是一种半导体三极管，简称场效应管(FET)。它的功能和双极型晶体管相同，可用作放大元件或开关元件，其外形与双极型晶体管相似，但是其工作原理却与双极型晶体管不同，在双极型晶体管中是电子和空穴两种极性的载流子同时参与导电，而在场效应管中仅靠多数载流子一种极性的载流子参与导电，故场效应管也称为单极型晶体管。两种晶体管的控制特性也有很大区别。双极型晶体管是电流控制型元件，通过控制基极电流从而控制集电极电流或发射极电流，而场效应管是电压控制型元件，它是利用输入回路的电场效应来控制输出回路的电流，因而称为场效应管。

场效应管从结构上可分为绝缘栅和结型两大类，且每大类按其导电沟道分还分为N沟道和P沟道两类。场效应管的OrCAD模型中同样包含很多参数，如结型场效应管J2N3819的OrCAD模型参数如下：

```
.model J2N3819  NJF(Beta=1.304m Betatce=-.5 Rd=1 Rs=1 Lambda=2.25m
Vto=-3
+Vtotc=-2.5m Is=33.57f Isr=322.4f N=1 Nr=2 Xti=3 Alpha=311.7u
+Vk=243.6 Cgd=1.6p M=.3622 Pb=1 Fc=.5 Cgs=2.414p Kf=9.882E-18 Af=1)
*  Nationalpid=50        case=TO92
*  88-08-01 rmnBVmin=25
```

结型场效应管模型各参数含义如表12.6.6所示。

表12.6.6 结型场效应管模型参数

序号	参数名	含义	缺省值	典型值	单位
1	BETA	跨导系数	1E-4	1E-3	A/V^2
2	BETATCE BETA	指数温度系数	0		%/℃
3	RD	漏极串联电阻	0		Ω
4	RS	源极串联电阻	0		Ω
5	LAMBDA	沟道长度调制系数	0	1E-4	V^{-1}
6	VTO	阈值电压(夹断电压)	-2	-2	V
7	VTOTC	VTO温度系数	0		V/℃
8	IS	栅PN结饱和电流	1E-4	1E-4	A
9	CGS	零偏G-S结电容	0		F
10	CGD	零偏G-D结电容	0		F
11	PB	栅结内建电动势	1		V
12	M	电容梯度因子	0.33	0.35	
13	FC	正偏耗尽电容系数	0.5		
14	KF	闪烁噪声系数	0		
15	AF	闪烁噪声指数	0		

MOS场效应管模型各参数含义如表12.6.7所示。

表12.6.7 MOS场效应管模型参数

序号	参数名	含义	缺省值	典型值	单位
1	LEVEL	模型种类	1	2	
2	LD	扩散区长度	0	1E-6	m
3	WD	扩散区宽度	0		m
4	VTO	门限电压	1	1	V
5	KP	跨导	2E-5	2.5E-5	A/V^2
6	GAMMA	基体门限参数	0	0.35	$V^{1/2}$
7	PHI	表面电势	0.6	0.65	V
8	LAMBDA	沟道常数调节系数(LEVEL=1,2)	0	0.02	V^{-1}

续表

序号	参数名	含义	缺省值	典型值	单位
9	RD	漏极电阻	0	10	Ω
10	RS	源极电阻	0	10	Ω
11	RSH	D-S扩散电阻	0	30	Ω
12	IS	饱和电流	1E-14	1E-15	A
13	JS	饱和电流/面积	0	1E-8	A/m^2
14	PB	基体PN结电势	0.8	0.75	V
15	CBD	B-D零偏压电容	0	5P	F
16	CBS	B-S零偏压电容	0	2P	F
17	CJ	基体零偏压底电容/长度	0		F/m
18	CJSW	基体零偏压周电容/长度	0		F/m
19	MJ	基体PN结底系数	0.5		
20	JMJSW	基体PN结侧面底系数	0.33		
21	FC	正偏压耗尽电容系数	0.5		
22	CGSO	G-S覆盖层电容/沟道宽度	0		F/m
23	CGDO	G-D覆盖层电容/沟道宽度	0		F/m
24	CGBO	G-B覆盖层电容/沟道长度	0		F/m
25	NSUB	衬底掺杂浓度	0	1E-15	$1/cm^3$
26	NSS	表面态密度	0	1E-10	$1/cm^2$
27	NFS	快表面态密度	0	1E-10	$1/cm^2$
28	TOX	氧化厚度	1E-7	1E-7	m
29	TPG	栅极材料种类	1=硅栅		0=铝栅
30	XJ	金属结深度	0	1E-6	m
31	UO	表面移动性	600	700	$cm^2/(V\cdot s)$
32	UCRIT	迁移率下降时临界电场	10000	10000	V/cm
33	UTRA	迁移率下降时横向电场系数	0	0.5	
34	VMAX	最大漂移速度	0		m/s
35	NEFF	沟道电荷系数	1	5	
36	XQC	漏端沟道电荷分配系数	1		
37	DELTA	门限宽度效应	0		
38	THETA	迁移率调制系数	0		
39	ETA	静态反馈	0		
40	KAPPA	饱和因子	0.2		
41	KF	闪烁噪声系数	0	1E-26	
42	AF	闪烁噪声指数	1	1.2	

本章小结

本章针对模拟电子技术的内容介绍了OrCAD/PSpice电路仿真软件的组成及其基本使用方法。主要介绍了Capture CIS的原理图绘制方法及PSpice A/D分析中的静态工作点分析、瞬态分析、直流分析和交流分析四种基本分析与温度分析、参数分析两种选项分析。

通过电路设计与分析，读懂波形图，理清输入与输出信号的关系，弄清放大的原理。基于本章的基础理论与分析方法，与前面各章节的具体内容相结合，为模拟电子技术原理的工程实践应用打下基础。

习题 12

12.1 按要求完成如下仿真设计：

(1) 设计要求：

电路如图题12.1所示，图中 $R=10\text{k}\Omega$，二极管选用D1N4148，且 $I_s=10\text{nA}$，$n=2$。对

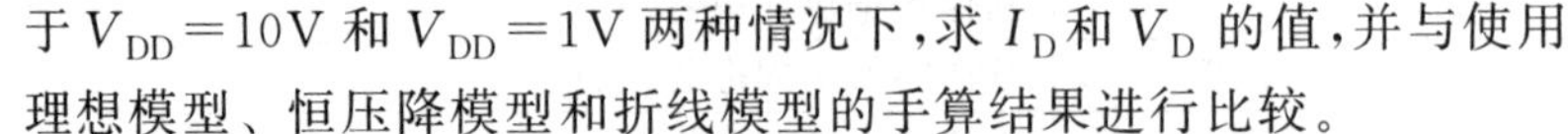

于 $V_{DD}=10\text{V}$ 和 $V_{DD}=1\text{V}$ 两种情况下，求 I_D 和 V_D 的值，并与使用理想模型、恒压降模型和折线模型的手算结果进行比较。

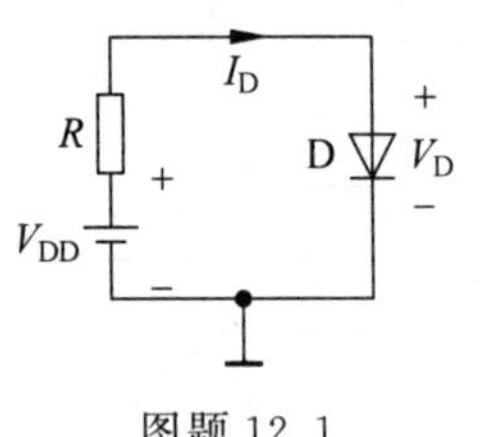

图题 12.1

(2) 设计目的：

用PSpice直流扫描分析来验证二极管的伏安特性曲线。学习如何改变二极管的模型参数。

(3) 操作提示：

① 二极管的 I_s、n 参数在PSpice Model属性中设置(选中二极管，通过右键菜单选择编辑)，电源使用VDC。

② 静态工作点的仿真设置参考12.3.4节中内容。

12.2 按要求完成如下仿真设计：

(1) 设计要求：

限幅电路如图题12.2所示，$R=1\text{k}\Omega$，$V_{REF}=3\text{V}$。二极管选用D1N4148，且 $I_s=10\text{nA}$，$n=2$。

① 试绘出电路的电压传输特性 $v_o=f(v_i)$；

② 当 $v_i=6\sin\omega t(\text{V})$时，试绘出 v_o 的波形，并与使用理想模型和 恒压降模型分析的结果进行比较。

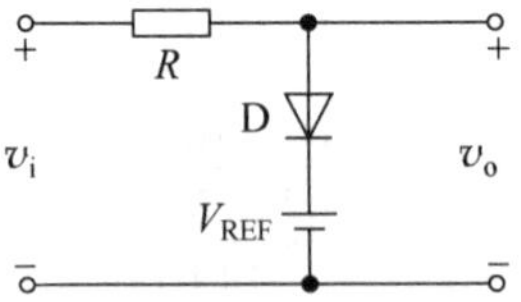

图题 12.2

(2) 设计目的：

使用PSpice直流扫描分析来验证二极管的电压传输特性曲线。学习如何进行波形仿真。

(3) 操作提示：

① 电源使用VSIN，其中VOFF=0，VAMPL=6，FREQ=1。

② 传输特性使用的仿真类型为DC Sweep中的Voltage Source选项，Name为 V_1，选择Linear。

③ 输出波形使用的仿真类型为Transient中的Run to time选项。

④ 在PSpice窗口中可使用Trace → Add traces来添加波形。

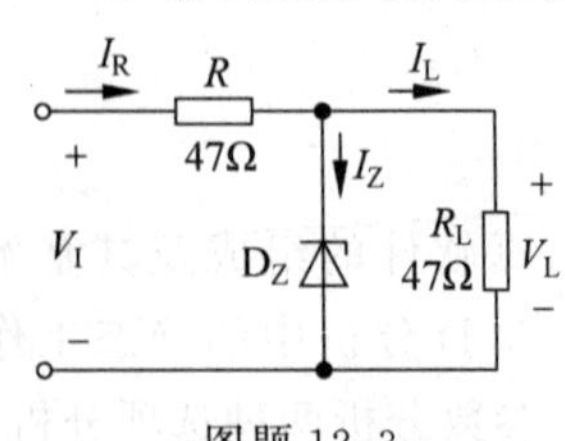

图题 12.3

12.3 按要求完成如下仿真设计：

(1) 设计要求：

如图题12.3所设计的稳压电路，用直流偏移为12.8V、振幅为0.8V、频率为100Hz的正弦信号源来模拟汽车电源 V_I，稳

压管使用 D1N750。试绘出负载上电压 V_L 的波形，观察电路的稳压特性。

（2）设计目的：

使用 PSpice 观察电路的稳压特性，学习二极管参数的设计。

（3）操作提示：

① 电源使用 VSIN。

② 使用 Transient 选项。

12.4　按要求完成如下仿真设计：

（1）设计要求：

共射极放大电路分别如图题 12.4(a)和(b)所示，两图中 BJT 均为 NPN 型硅管，型号为 Q2N3904，$\beta=50$。图题 12.4(a)中，信号源内阻 $R_s=0$。图题 12.4(b)中，信号源内阻 $R_s=0$，C_e 是 R_e 的旁路电容。试用 OrCAD 程序分析：

① 分别求两电路的 Q 点；

② 作温度特性分析，观察当温度在 $-30\sim+70$℃范围内变化时，比较两电路 BJT 的集电极电流 I_c 的相对变化量。

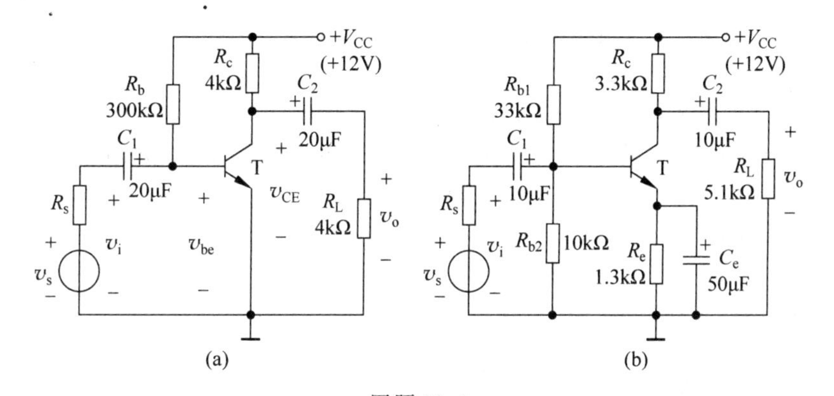

图题 12.4

(a) 基本共射极电路；(b) 射极偏置电路

（2）设计目的：

用 PSpice 观察共射极放大电路，集电极电流 I_{CQ} 随温度变化的曲线。认识 BJT 的 PSpice 模型部分常用主要参数。

（3）操作提示：

① $\beta=50$，在 Model 中设置 Bf=50。

② 温度特性使用的仿真类型为 DC Sweep 中的 Temperature 选项，Start Value=－30，End Value=70，Increment=10。

12.5　按要求完成如下仿真设计：

（1）设计要求：

电路如图题 12.5 所示，设信号源内阻 $R_s=0$，BJT 的型号为 Q2N3904，$\beta=80$，$r_{bb'}(r_b)=100\Omega$，C_e 是 R_e 的旁路电容。试分析电压增益的幅频响应和相

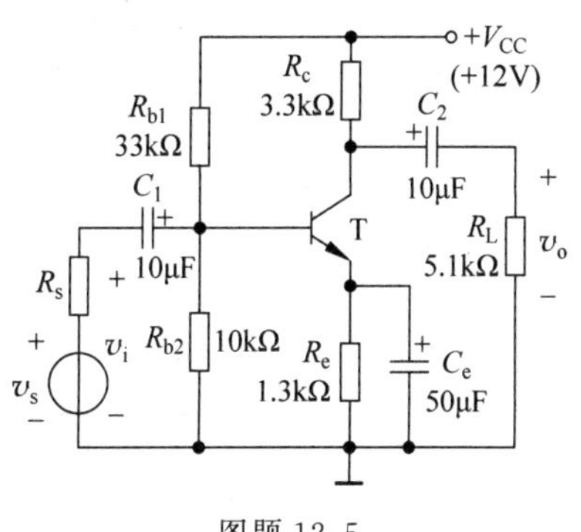

图题 12.5

频响应，并求 f_L 和 f_H。

（2）设计目的：

利用 PSpice 分析电压增益的幅频响应和相频响应。

（3）操作提示：

① 信号源设置参考：AC=5m，VAMPL=30m，VOFF=0，FREQ=1k。

② 频域分析使用的仿真类型为 AC Sweep，在 AC Sweep type 中选对数坐标 Logarithmic，下拉菜单选 Decade，Start Frequency 为 10，End Frequency 为 100Meg，Pts/Decade 使用默认值 101。

③ Trace 设置：幅频 DB(V(Vo)/ V(Vi))，相频 P(Vo)－P(Vi)。f_L 和 f_H 的位置在 f_o 能量衰减 3dB 处，需添加 Curse 和坐标来确定。

12.6　按要求完成如下仿真设计：

（1）设计要求：

电路如图题 12.6 所示，设信号源内阻 $R_s=0$，BJT 的型号为 Q2N3904，$\beta=50$，$r_{bb'}(r_b)=100\Omega$。试分析 C_e 在 1～100μF 之间变化时，下限频率 f_L 的变化范围。

（2）设计目的：

利用 PSpice 观察电路下限频率 f_L 的变化范围。

（3）操作提示：

① 信号源设置参考：AC=5m，VAMPL=30m，VOFF=0，FREQ=1k。

② 对 C_e 的 Value 设置为{Cval}，PARAMETERS 参数，Edit properties → Add new property(new column)→Name：Cval，Value：1u。

③ 选择 Global Parameter，Name 为 Cval。选择 ValueList，Value 为 1u、5u、10u、20u、50u、80u 和 100u。同样选择 AC Sweep，设置 Decade，Start 为 1.0，End 为 100meg。

④ Trace 设置：添加 DB(V(Vo)/ V(Vsin))。

⑤ 分析 f_L 的变化。

12.7　按要求完成如下仿真设计：

（1）设计要求：

单级共射极放大电路，如图题 12.7 所示。设 BJT 的型号为 Q2N2222，信号源内阻 $R_s=0$。调试静态工作点，观察仿真输入、输出电压波形，作幅频特性、相频特性、输入电阻及输出电阻特性曲线。根据仿真结果，说明其电压放大倍数、输入输出阻抗的大小以及通频带范围。

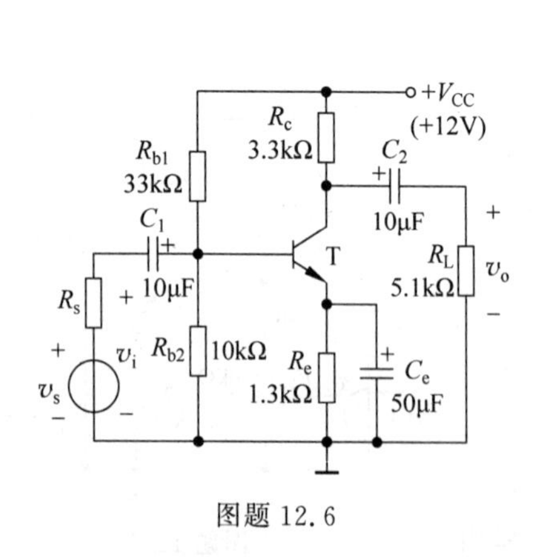

图题 12.6

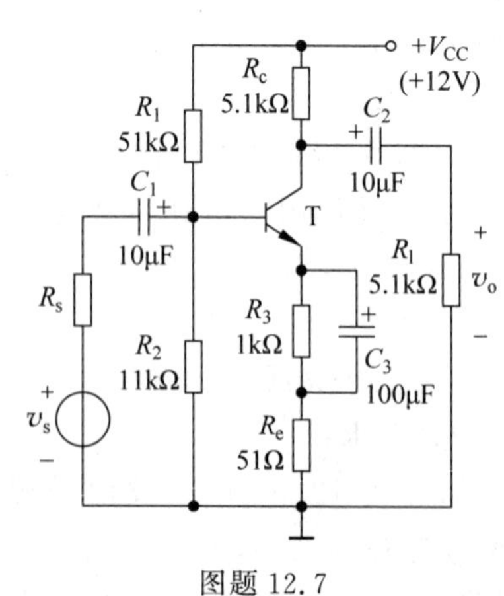

图题 12.7

（2）设计目的：

通过 PSpice 对单级共射极放大电路进行综合仿真。

（3）操作提示：

信号源设置参考：AC=1，VAMPL=30m，VOFF=0，FREQ=1k。

12.8 按要求完成如下仿真设计：

（1）设计要求：

双电源互补功率放大电路如图题 12.8(a)所示，试运用 OrCAD 软件分析电路：

① 设输入信号 v_i 是频率为 1kHz，振幅为 5V 的正弦电压。试观察输出电压波形的交越失真，并求交越失真对应的输入电压范围。

② 为减小和克服交越失真，在 T_1、T_2 两基极间加上两只二极管 D_1、D_2 及相应电路，如图题 12.8(b)所示，构成甲乙类互补对称功率放大电路。试观察输出 v_o 的交越失真是否消除。

③ 求最大输出电压范围。

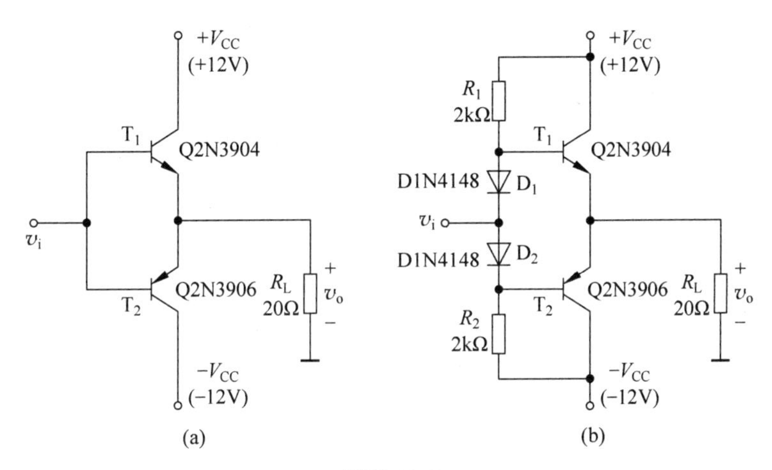

图题 12.8

(a) 双电源乙类互补功率放大电路；(b) 双电源甲乙类互补功率放大电路

（2）设计目的：

利用 PSpice 分析乙类互补对称功率放大电路，了解 BJT 参数设定。

12.9 按要求完成如下仿真设计：

（1）设计要求：

带恒流源负载的射极耦合差分放大电路如图题 12.9 所示，其中 T_1、T_2、T_5、T_6 采用 Q2N3904，T_3、T_4 采用 Q2N3906。所有 BJT 的 $\beta=107$，$r_{bb'}=200\Omega$。电阻和电源参数如图所示，试求：

① 电路中基准电流 I_{REF}，偏置电流 I_{c5}、I_{c1}、I_{c2} 和电压 V_{CE1}、V_{CE2}；

② 电路的差模电压增益 A_{vd2}，输入电阻 R_{id} 和输出电阻 R_o；

③ 绘出放大电路幅频响应和相频响应的波特图。

（2）设计目的：

利用 PSpice 分析射极耦合差分放大电路。

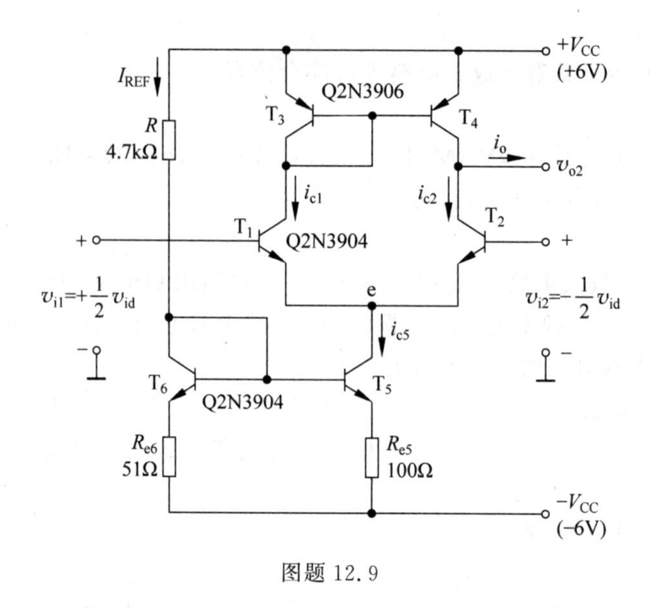

图题 12.9

(3) 操作提示：

信号源设置参考：AC=1，VAMPL=5m，VOFF=0，FREQ=1k。

参 考 文 献

[1] 康华光.电子技术基础(模拟部分)[M].6版.北京：高等教育出版社，2013.
[2] 毕满清.模拟电子技术基础[M].北京：电子工业出版社，2011.
[3] 谢红.模拟电子技术基础[M].哈尔滨：哈尔滨工程大学出版社，2008.
[4] 杨拴科.模拟电子技术实用教程[M].北京：高等教育出版社，2017.
[5] 傅丰林.模拟电子技术基础[M].北京：人民邮电出版社，2008.
[6] 刘波粒.模拟电子技术基础[M].2版.北京：高等教育出版社，2016.
[7] 华成英.模拟电子技术基本教程[M].北京：清华大学出版社，2006.
[8] 王卫东.模拟电子电路基础[M].西安：西安电子科技大学出版社，2003.
[9] 元增民.模拟电子技术[M].北京：中国电力出版社，2009.
[10] 艾永乐.模拟电子技术基础[M].北京：中国电力出版社，2008.
[11] 李凤鸣.模拟电子技术[M].北京：清华大学出版社，2014.
[12] 吴运昌.模拟电子线路基础[M].广州：华南理工大学出版社，2005.
[13] 魏英.模拟电子技术基础教程[M].北京：清华大学出版社，2015.
[14] 刘伟静.模拟电子技术基础[M].北京：清华大学出版社，2018.
[15] 何宝祥.模拟电路及其应用[M].北京：清华大学出版社，2008.
[16] 杨凌.电路与模拟电子技术基础[M].北京：清华大学出版社，2017.
[17] 吴友宇. 模拟电子技术基础[M].北京:清华大学出版社，2009.
[18] 杨凌.电路与模拟电子技术基础[M].北京：清华大学出版社，2017.
[19] ROBERT BOYLESTAD.模拟电子技术(英文版)[M].北京：电子工业出版社，2016.
[20] 王骥.模拟电路分析与设计[M].北京：清华大学出版社，2016.